AF441970

# Ingeniería
# **gastronómica**

**EDICIONES UNIVERSIDAD CATÓLICA DE CHILE**
Vicerrectoría de Comunicaciones y Educación Continua
Alameda 390, Santiago, Chile
editorialedicionesuc@uc.cl
www.edicionesuc.cl

**INGENIERÍA GASTRONÓMICA**
**Los alimentos como estructuras sabrosas,**
**saludables y sustentables**
José Miguel Aguilera

© **Inscripción Nº 197.525**
Derechos reservados
marzo 2011
I.S.B.N. Nº 978-956-14-1161-6

Primera edición
Diseño: Diseño Corporativo UC
Impresor: Andros

**C.I.P. - Pontificia Universidad Católica de Chile**
Aguilera, José Miguel.
Ingeniería gastronómica / José Miguel Aguilera R. –
Incluye notas bibliográficas.
1. Tecnología de los alimentos.
2. Composición de los alimentos.
I t
2010        664+ddc22        RCAA2

# Ingeniería
# gastronómica

José Miguel Aguilera R.

# Tabla de contenidos

Imaginemos por un momento que nos tendemos en la cama después de una excelente cena en un buen restaurante y nos quedamos dormidos. En un sueño se nos develan todas las cosas que tuvieron que pasar para que llegáramos a este estado de satisfacción y bienestar.

*Muchos elementos básicos de la vida llamados moléculas, similares a los de nuestro cuerpo, se crearon y organizaron para dar lugar a las estructuras de plantas, animales y peces que formaron parte de los materiales con que se hizo la comida. Hubo que eliminar previamente algunas moléculas dañinas y microorganismos malos que nos pudieron causar problemas, pero algunos se deslizaron imperceptiblemente y existió un riesgo en su consumo del que sólo sabremos en las próximas horas o quizá más tarde en la vida. Sin embargo, la inmensa mayoría de las moléculas que llegaron a nuestras bocas eran inocuas y nutritivas, algunas más que otras, y todo esto porque científicos dedicados están en este momento preocupados de averiguarlo y comunicarlo.*

*La industria de los alimentos que casi no existía 100 años atrás, hizo su parte, por ejemplo, aportando productos congelados y refrigerados que no correspondían a la estación del año, o en formas más convenientes y saludables que las naturales, como el edulcorante no calórico que tenía la bebida gaseosa. Quizá fue un pequeño empresario el que con su ingenuidad desarrolló un nuevo ingrediente en polvo para sazonar los guisos. Algunos ingredientes vinieron de muy lejos y aunque aportaron sabores increíbles, dejaron su huella en el medio ambiente durante el transporte, como también lo hicieron los cultivos, el procesamiento y los envases que protegieron a los productos por tanto tiempo.*

*Hubo un chef que fue capaz de sorprendernos combinando sabores tradicionales con otros que jamás imaginamos. En la cocina, moléculas y estructuras, cada cual a su propio ritmo, sufrieron cambios espectaculares que recién estamos siendo capaces de entender y controlar, pero que sabemos están regidos por principios de la química y la física. En la boca las estructuras diseñadas en la cocina se rompieron de forma deliciosa y liberaron aromas y sabores que nos hicieron disfrutar y, a ratos, evocar experiencias pasadas.*

*Esto lo comentamos con nuestros vecinos en la mesa, pues esta comida se organizó para que fuera un evento social. Sabemos, porque nos hemos preocupado de averiguarlo, que no todo lo ingerido fue nutricionalmente adecuado, pero lo pasamos muy bien y eso es bueno. También estamos conscientes de que en los días corrientes podemos igualmente gozar con comidas tradicionales hechas y consumidas en el hogar, sin embargo, esto es cada vez más infrecuente por el ritmo de la vida moderna. En un momento dado el organismo nos señaló que ya era suficiente comida y paramos. Y aunque quizá pudimos habernos terminado el postre, decidimos con mucha pena dejar la mitad, orgullosos de nuestra fuerza de voluntad. Al momento de pagar la cuenta nos hicimos más pobres, pues el acceso a los alimentos en este mundo, nos guste o no, depende de lo que podamos pagar por ellos. Haber gastado tanto dinero parece ahora un poco extraño habiendo tenido la alternativa de ir a un lugar de comida rápida y pagar la cuarta parte por casi las mismas moléculas. Mientras tanto, cientos de millones de seres humanos en este planeta, especialmente niños, no tuvieron tanta suerte y sufren de hambre y enfermedades viviendo con menos de un dólar por día. Otros tantos que han comido en demasía casi sin darse cuenta, padecen de sobrepeso y obesidad y acarrean los males que acompañan a estas condiciones, una paradoja de la que el siglo XXI deberá hacerse cargo.*

*Pero ahora nuestro organismo está ocupado desdoblando las estructuras sabrosas y lanzando moléculas a las células, donde genes antiquísimos están detrás de la maquinaria que repone tejidos y aporta energía, cuadrando un balance que si es positivo se transforma en un aumento de peso. A estas alturas ya no hay mucho que hacer. ¿Y mañana? Mañana habrá que gastar el exceso de calorías y comer menos que lo usual para compensar. Afortunados ellos y ellas que tienen un trabajo que requiere de actividad física, pero para los que trabajan sedentariamente la alternativa es caminar al Metro, subir escaleras, o simplemente trotar. Hay que robarle tiempo a la tele, a Internet y a los videojuegos, pues la termodinámica no perdona: lo que no se gasta, se acumula. Antes de despertar recordamos que cada día hay más y mejor información sobre el tema de cómo alimentarnos y su efecto en la salud y el bienestar. Prometemos dedicarle un pedacito de tiempo.*

Ciertamente el mundo de la alimentación es fascinante. La humanidad dispone actualmente de la mayor cantidad, variedad y calidad de alimentos *per cápita* de la historia, aunque muy mal distribuidos. Por primera vez se están estableciendo relaciones basadas en la ciencia entre lo que comemos y cómo nos sentimos o el riesgo de sufrir ciertas enfermedades. A pesar de esto, aun no sabemos cómo alimentarnos. La obesidad se ha transformado en la enfermedad evitable más prevalente en el mundo (*globesidad*), superando al tabaquismo, con los consecuentes efectos en la salud humana y en los costos de salud pública. Lamentablemente, este fenómeno alcanza también a los estratos más pobres y menos educados de todas las sociedades. Parte del problema es que al no conocer bien al amigo lo hemos transformado en un enemigo. Por tanto, una mejor comprensión de qué son los alimentos, del importante papel que han jugado en el desarrollo de la humanidad, de la ciencia que hay detrás de ellos, como también de la versatilidad de formas en que se pueden presentar para otorgarnos nutrición, salud, bienestar y placer es fundamental para orientar informadamente nuestros hábitos alimentarios.

Los objetivos centrales de este libro se basan en cuatro tendencias trascendentales para la alimentación del siglo que se inicia: i) el empoderamiento de los consumidores y la aparición del eje que une la célula y el cerebro, que se intersecta con el que trae los alimentos hacia la boca; ii) la creciente evidencia que las estructuras alimentarias son tan importantes como las moléculas nutritivas y sabrosas que contienen; iii) la segregación entre una elite que disfruta de la gastronomía y una gran masa que sólo desea comer harto y rápido al menor costo; y iv) una paradójica preocupación general por la salud y el bienestar, y en las sociedades avanzadas, por el medio ambiente. Por esta razón se ha hecho un esfuerzo por contextualizar en una sola obra mucha de la información sobre el tema, que se encuentra dispersa a nivel de disciplinas como la ciencia y tecnología de alimentos, la nutrición y la gastronomía, y relacionarla con el mundo en que vivimos. Sin embargo, este libro está muy lejos de ser una referencia especializada en cualquiera de ellas. Por otro lado, se ha tratado de explicar ciertos conceptos de ingeniería y de ciencia de los materiales alimentarios de manera entretenida pero suficientemente rigurosa. Por lo mismo, este es sólo un texto de divulgación y así debe ser considerado. Finalmente, se ha favorecido una cierta terminología científica para facilitar la comunicación entre los que crean el conocimiento nuevo y el público educado, especialmente los amantes de la cocina y quienes quieren disfrutar de una buena alimentación. El lenguaje usado y los conceptos expuestos debieran permitir el acceso a textos especializados y a ciertas revistas científicas pero, sobre todo, a la "buena información" que hoy en día es posible rescatar en Internet. Este libro tiene el formato de secciones cortas sobre un tema específico (o bocados temáticos), algunas de las cuales pueden ser leídas como si fueran columnas de opinión, y la mayoría se pueden revisar independientemente del resto, haciendo uso de las referencias cruzadas. Al final, nos debiéramos sorprender de cuánta ciencia y conocimiento existen sobre los alimentos que consumimos, y cuánto queda por entender y descubrir.

Yendo a lo más específico, el énfasis de este libro y su novedad es que se detiene a examinar las estructuras alimentarias que transformamos en la cocina y saboreamos en la boca, más que los compuestos químicos, que es lo tradicional en este tipo de publicaciones. Lo que compramos, cocinamos y comemos son estructuras y no moléculas, si no usaríamos pipetas y tubos de ensayo en vez de cucharas, tenazas, cacerolas y sartenes. En las últimas décadas ha ido emergiendo la idea que son las estructuras o matrices que contienen a las moléculas de los alimentos las responsables de la aceptabilidad, y en buen grado de la nutrición y la salud. Por ejemplo, las moléculas que podrían protegernos de ciertos tipos de enfermedades ejercen su efecto dependiendo del modo en que están contenidas dentro de los alimentos, la forma en que se liberan de ellos y cómo aparecen al momento de ser absorbidas en el sistema digestivo en su trayecto a las células. Evidentemente, aunque este enfoque es más real, también es más complejo y no exento de casos particulares, por ejemplo, a nivel de cada individuo y de cada comida, pero las consecuencias de este cambio de paradigma son insospechadas. Por el momento empiezan a caer ciertos mitos, la nutrición pasa a enfocarse en los alimentos tal como los comemos y los digerimos, se abren posibilidades de diseñar nuevas estructuras alimentarias y se reconoce que es necesario ampliar la base científica de la tecnología de alimentos accediendo a otras disciplinas.

Cocineros y cocineras en cafeterías, casinos y restaurantes, y científicos y tecnólogos de alimentos en las industrias del rubro son hoy responsables de la mayoría de las comidas que consumimos. Si es válida la hipótesis de que muchos de los productos que se desarrollen a futuro debieran ser apetecibles, entonces las cocinas y los laboratorios tendrían que transformarse en espacios para la experimentación y creación de estructuras que sean **sabrosas**. Este es un requisito *sine qua non* de una alimentación que no nos "seque el alma". Pero el fin último es que las moléculas que consumimos sean seguras, contribuyan a alejarnos de enfermedades crónicas evitables, nos ayuden a mantener un peso estable y nos otorguen vitalidad y bienestar. Por todo esto, las estructuras alimentarias deben ser **saludables**. Lo anterior, sin embargo, debe darse en un planeta que está enfermo con contaminación y escasez de recursos, por tanto las cadenas que cubran la generación, transformación y consumo de estas estructuras deben ser **sustentables**.

El esquema que se presenta en la figura 0.1 resume la organización del libro y parte de su título. Se parte de moléculas que la naturaleza convierte en estructuras, las que experimentan una re-ingeniería en la cocina y la industria para que formen parte de nuestra alimentación. Al final, todo vuelve a ser moléculas, algunas deliciosas y otras que hacen funcionar nuestro organismo. Todo esto ocurre en un planeta que es limitado y frágil, en el cual imperan algunas "leyes" que no podemos violar.

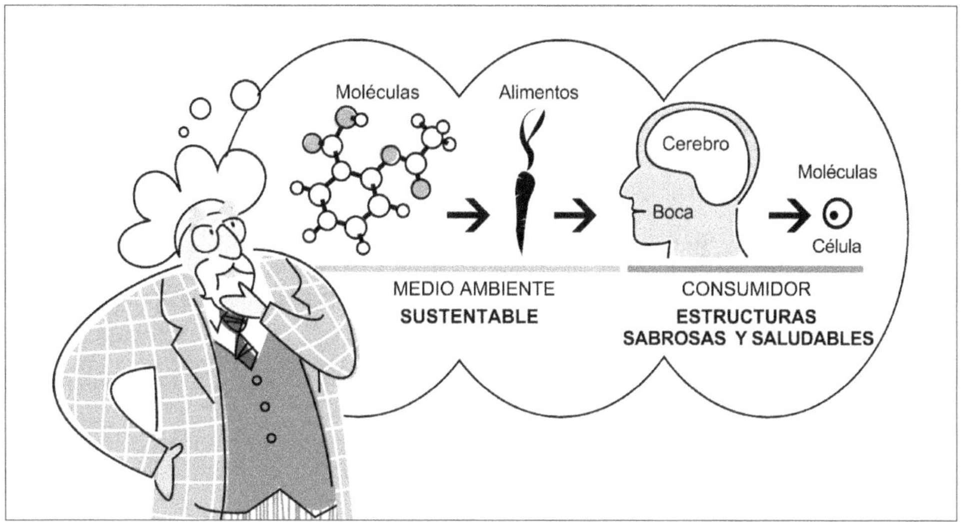


FIGURA 0.1. **Esquema que resume la organización del libro y su título.**

He decidido asumir con mínimos compromisos el desafío de ser un francotirador en este tema. He enseñado tecnología de los alimentos e investigado sobre los procesos y la microestructura de materias primas y productos durante casi 35 años. A través de este tiempo como profesor a menudo he explicado principios básicos de ciencia e ingeniería usando como ejemplos los alimentos y los procesos culinarios, con la ventaja que estos son familiares a mis alumnos. En los últimos cinco años he recibido a jóvenes *chefs* en mi laboratorio, para sorpresa de mis colegas profesores de ingeniería, y he disfrutado de la experimentación culinaria conjunta. En este libro ofrezco mi visión sobre los alimentos, la alimentación y la gastronomía, y por tanto, el contenido de muchas de las secciones es debatible. De eso se trata.

Hay un trasfondo que apunta a que cada individuo maneje un mínimo de información que le permita establecer aquella relación con los alimentos que le proporcione el mayor bienestar personal, por lo tanto, no hay recomendaciones sobre una manera única de ver el mundo de la alimentación. Establecer esta relación no es fácil pues los ciudadanos del mundo moderno, particularmente los miles de millones que viven en grandes centros urbanos, deben compartir el tiempo dedicado a la alimentación con el que demanda el transporte, el trabajo y las múltiples distracciones. El Nobel de Literatura 1967, Miguel Ángel Asturias lo resumió muy bien:

> *De las cocinas huyeron las horas amorosas de la preparación de platos y pasteles, y la tristeza disfrazada de preocupación por la gordura, la línea, el pecado, el costo y tener que estar a horario, acabó con lo que antes era grato y placentero: sentarse a comer. (Comiendo en Hungría, Ediciones Universidad Católica, Chile, 2009).*

Soy un agradecido de haber sido capaz de ver la "otra" ingeniería en los alimentos, aquella que ocurre en su "micromundo" interior y de proponer algunas interpretaciones que pueden no ser compartidas, pero pretenden ser originales y motivadoras. Si no, de qué sirve haberse dedicado a la vida académica. Doy gracias a mis alumnos que recibieron desafíos y respondieron con proposiciones inteligentes, rigurosas y elegantes, muchas de las cuales están en este libro. Mi gratitud también a varias personas que contribuyeron con sus sugerencias a los contenidos de diversas partes del libro. Por último, agradezco a mi esposa Astrid y mis hijos Carolina, Sebastián y Magdalena quienes muchas veces soportaron largas y sesudas interpretaciones a la hora de almuerzo y comida, sin jamás exigirme una prueba empírica de mis argumentos.

José Miguel Aguilera es profesor titular de la Escuela de Ingeniería de la Pontificia Universidad Católica de Chile (PUC). De profesión ingeniero industrial mención ingeniería química (PUC, 1971), obtuvo una maestría en ciencias en el MIT (1973), un doctorado en la Universidad de Cornell (1976), ambos con especialización en alimentos, y posteriormente un MBA en la Universidad de Texas A&M (1983). Ha sido Director del Departamento de Ingeniería Química y Bioprocesos de la PUC por varios períodos, Director de Desarrollo (vicedecano) y Director de Investigación y Postgrado en esa Escuela de Ingeniería. Es autor o editor de 12 libros, 25 capítulos de libros y más de 160 artículos sobre tecnología e ingeniería de alimentos publicados en revistas internacionales de corriente principal (indexadas en ISI). Es miembro del comité editorial de seis revistas científicas internacionales, incluyendo *Journal of Food Science, Food Engineering* y *Trends in Food Science and Technology*. Ha sido profesor visitante en la Universidad de California (Davis), *Cornell University* y de la Universidad Técnica de Munich, consultor de la FAO, y asesor del Centro de Investigaciones de Nestlé en Suiza por más de 12 años. Entre sus distinciones más importantes están las becas de la Comisión Fulbright (1989), de la Fundación Guggenheim (1991) y, el premio Alexander von Humboldt para la Investigación (Berlín, 2002), y los premios Internacional (1993), de Investigación y Desarrollo (2005) y Marcel Loncin a la investigación (2006) del *Institute of Food Technologists* de EE.UU. Es Comendador de la Orden de Orange y Nassau por el Gobierno de Holanda. En 2008 le fue otorgado el Premio Nacional de Ciencias Aplicadas y Tecnológicas, el más alto honor a que puede acceder un científico en Chile, y en 2010 fue el primer chileno elegido a la *National Academy of Engineering* de los EE.UU., por sus contribuciones a entender el rol de la estructura de los alimentos en sus propiedades.

# Moléculas nutritivas y sabrosas

*Tanto los alimentos como nuestros cuerpos están hechos por moléculas y por eso es fundamental que las conozcamos con nombre y apellido. Es cierto que a veces incomoda la nomenclatura química, pero actualmente no hay manera de soslayarla: hablamos de ácidos grasos "trans", de dioxinas y de antioxidantes. Nos aprestamos a conocer los ladrillos de las estructuras de los alimentos en sus múltiples facetas.*

## 1.1. Comemos moléculas y eso somos

Suele decirse que somos lo que comemos y desde el punto de vista químico esto es correcto pues estamos formados fundamentalmente por *moléculas* que provienen de los alimentos que consumimos (figura 1.1). Apreciamos la intimidad de los alimentos en la boca y la nariz y durante la digestión los reducimos a moléculas sencillas, las cuales son absorbidas y transportadas hacia los distintos tejidos. Las *células* ensambladas en un gran *Lego* que es nuestro cuerpo, crean a partir de ellas fábricas químicas en miniatura llamadas *organelos* que permiten su funcionamiento. Pero tal como un automóvil, no somos sólo chasis y carrocería, sino que también necesitamos *energía* para realizar nuestras actividades y mantener la vida, y esta proviene de la *oxidación* de ciertas moléculas. Hay algunas moléculas que no podemos sintetizar a partir de otras y necesariamente deben estar en nuestra dieta: los minerales, algunas vitaminas, aminoácidos y ácidos grasos. De hecho, compramos suplementos nutricionales que contienen moléculas que consideramos no están en la proporción adecuada en los alimentos. Veremos más adelante que no todas las moléculas en los alimentos son beneficiosas para nuestra salud.

La cadena del flujo de moléculas parte en el Sol y continúa en nuestro planeta con la captación de energía solar por las plantas. Menos del 1% de la energía solar que

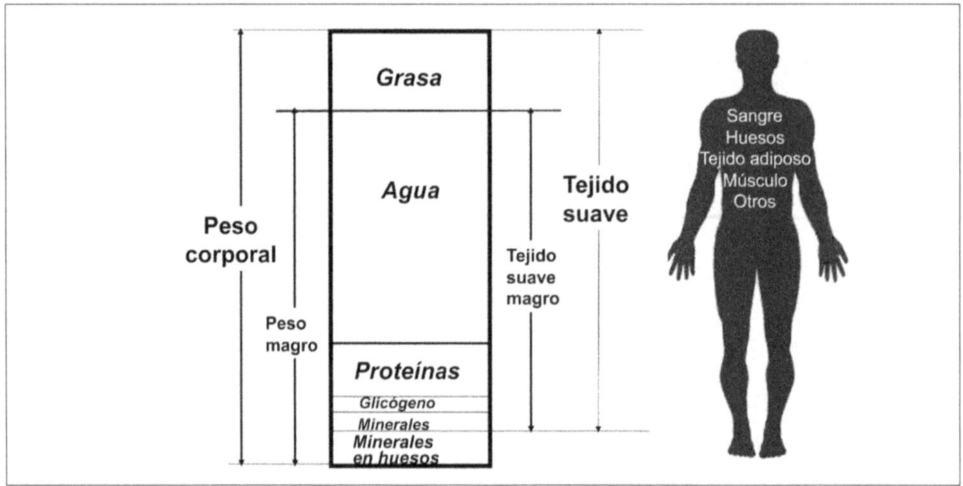


FIGURA 1.1. **Los tejidos y fluidos corporales están formados por moléculas.**

incide sobre la Tierra es capturada por la *clorofila* de las plantas (junto a algas y algunas bacterias) en un proceso que se denomina *fotosíntesis* y es guardada en forma de moléculas que constituyen la biomasa. La transformación de dióxido de carbono y agua mediada por la energía solar en azúcares y oxígeno que se libera a la atmósfera, procede de acuerdo a la ecuación:

$$nCO_2 + nH_2O + energía \rightarrow (CH_2O)_n + nO_2$$

De aquí se derivan las cadenas de alimentos que permiten nuestra vida. La mayoría de las moléculas en las comidas fueron en algún momento moléculas de otros organismos, lo que nos convierte en seres heterótrofos, nos alimentamos de otros. Una vez dentro de las células, las *mitocondrias* hacen la tarea inversa y usan los azúcares y el oxígeno para generar la energía que sustenta la síntesis o desdoblamiento de todas las moléculas que permiten el funcionamiento de los seres humanos lo que se denomina *metabolismo*. De lo anterior se puede desprender tres cosas importantes para lo que sigue a continuación. Lo primero es la dependencia de otros organismos con quienes compartimos el medioambiente para nuestra supervivencia; en segundo lugar está el hecho que las moléculas que necesitamos vienen de estructuras organizadas; y tercero, por más que se desee, no se puede obviar la naturaleza química que conlleva nuestra alimentación, pues en lo corporal somos un arreglo de moléculas. Y aquí viene el primer problema a enfrentar. Si lo que ve nuestro organismo son moléculas ¿hace diferencia que una molécula de ácido ascórbico venga de una tableta efervescente producida por una industria farmacéutica o esté en el jugo de una naranja? Esta pregunta no es menor, pues es la base de la controversia entre alimentos naturales y aquellos artificiales o sintéticos. Este es tema para más adelante, pues requiere de cierto "calentamiento" previo.

## 1.2. **Los bloques de la construcción**

La naturaleza molecular de los alimentos y el rol de las moléculas en la fisiología y nutrición humana obliga a tratar el tema de la *química*, aunque sea muy superficialmente. La sección que sigue es una introducción muy general al vocabulario asociado a las principales moléculas que aparecerán más adelante y es un tributo a los químicos del siglo XIX, que dieron origen a la *bromatología* (del griego *broma* = alimento) o la química de los alimentos. Los primeros grupos de moléculas estudiadas fueron a la larga los más importantes, y corresponden a las proteínas, los lípidos y los carbohidratos que aparecen o debieran aparecer en la información nutricional de todo alimento envasado que pasa por nuestras manos.

Las *proteínas* son *macromoléculas* o *polímeros* (moléculas largas) constituidos por la unión de muchas unidades pequeñas (monómeros) que se denominan *aminoácidos*.[1] En las proteínas alimentarias existen 22 aminoácidos que poseen en sus estructuras un *grupo amino* ($-NH_2$) y un *grupo ácido* (-COOH). Nueve de ellos (histidina, lisina, metionina, triptófano, treonina, fenilalanina, isoleucina, leucina y valina) se denominan *aminoácidos esenciales* pues no pueden ser sintetizados por los humanos. El número de aminoácidos en una proteína puede ir desde unos pocos (como en los *péptidos*), a cientos (como en las proteínas del suero de la leche) o hasta varios miles (como en la caseína de la leche). La secuencia de los diferentes aminoácidos determina el plegamiento de la cadena proteínica en el espacio y su asociación en estructuras más complejas, y por ende muchas de sus propiedades fisicoquímicas y biológicas. Las proteínas en la naturaleza adoptan una conformación espacial o *estructura nativa* y así algunas aparecen enrolladas como un ovillo de lana y se denominan *proteínas globulares*, mientras otras permanecen extendidas y se conocen como *proteínas fibrilares*. Es común que cuando a las proteínas se las cambia de ambiente, como al subir la temperatura (calentamiento) o agregarles ácido (cambio de pH), se denaturen y adquieran otras características y propiedades. Las *enzimas* son proteínas que aceleran algunas reacciones químicas muy específicas (catalizadores), como por ejemplo, la papaína usada para el ablandamiento de carnes. Las moléculas que hoy denominamos *vitaminas* no son "aminas" para la vida, como lo sugiere su nombre erróneamente asignado en 1912 por su descubridor, el bioquímico polaco *Casimir Funk*.

Los *lípidos* son un grupo variado de moléculas que tienen la característica peculiar de ser insolubles en agua. Los lípidos más abundantes en alimentos se conocen como grasas y aceites, y contienen moléculas llamadas *ácidos grasos* (AG), donde el monómero $CH_2$ se repite hasta más de 20 veces en una cadena que termina en un grupo ácido (-COOH).[2] La mayoría de las grasas y aceites son en realidad *triglicéridos* (tam-

---

1   El tamaño de las moléculas no se expresa por su largo o volumen, sino que por su peso molecular (PM), y en el caso de los polímeros, por el número de monómeros (unidades básicas) que los componen. Por ejemplo, la beta-lactoglobulina del suero de la leche de vaca es una proteína bastante pequeña (mide unos pocos nanómetros), está formada por 162 monómeros (aminoácidos) y tiene un PM de 18,4 kDa.

2   A temperatura ambiente las grasas son sólidas y los aceites, líquidos, pero ambos son lípidos y tienen el mismo tipo de moléculas.

bién llamados *triacilglicéridos*) donde tres AG se encuentran unidos a una molécula de glicerol y penden de ella dando formas de triglicéridos conocidas como "tenedor" o "silla", que adquieren gran importancia al momento que estos solidifican (sección 3.9). También existen los *monoglicéridos* y los *diglicéridos* que contienen sólo uno o dos AG, respectivamente. El tipo de AG es responsable de que una grasa sea *insaturada* o *saturada*, dependiendo si existe o no un doble enlace uniendo a dos monómeros en la cadena del AG. Las grasas saturadas son normalmente más sólidas a una temperatura dada que las grasas insaturadas. En los aceites insaturados se puede transformar un doble enlace en un enlace simple agregando átomos de hidrógeno (*hidrogenación*), con lo que se consigue una grasa que se derrite a temperaturas más altas, como se necesita en las margarinas. El inserto 1.1 describe la terminología usada para referirse a los AG insaturados. Una de las propiedades más destacables de los aceites y grasas es que no se mezclan con el agua, más bien la odian y padecen de *hidrofobicidad*. También pueden alcanzar temperaturas de hasta 190°C sin descomponerse, lo que los hace aptos para freír un alimento en un líquido caliente. Entre los lípidos con relevancia tecnológica están también los *fosfolípidos* como la lecitina, que son moléculas parecidas a los ácidos grasos, que tienen una cabeza polar (cargada eléctricamente) seguida de una larga cola apolar (sin carga eléctrica). Por lo tanto, estas moléculas se sienten bien en las interfases donde coinciden el agua con el aceite o el aire (como las emulsiones y las espumas, respectivamente), y sumergen la cabeza polar en la fase acuosa, extendiendo su cola hacia la fase oleosa o el aire. Los fosfolípidos son componentes fundamentales de las *membranas biológicas* en que se disponen en dos capas con las cabezas polares hacia el exterior acuoso y las colas apolares escondidas en el centro.

INSERTO 1.1. **Breve glosario de la terminología usada para ciertos ácidos grasos (AG) insaturados y moléculas relacionadas que se encuentran en los alimentos. Siguiendo a una letra C, se especifica el número de átomos de carbono y de dobles enlaces, por ejemplo, C20:5.**

**Ácidos grasos poliinsaturados.** En inglés se conocen como *PUFAs* y son AG que contienen más de un doble enlace en la cadena. Otorgan beneficios saludables en la prevención de enfermedades coronarias, hipertensión, y en el desarrollo y crecimiento del cerebro.

**Ácidos grasos poliinsaturados de cadena larga (AGPICL).** Los AGPICL omega-3 (como el C18:3, α-linolénico) y los AGPICL omega-6 (como el C18:2, linoleico) se consideran esenciales y deben ser proporcionados por la dieta, puesto que el cuerpo humano no es capaz de sintetizarlos; el ácido α-linolénico se puede convertir en EPA y DHA. Dietas altas en AGPICL omega-6 no son recomendables. Omega-3 y omega-6 se refiere a la posición del doble enlace en la cadena.

**Ácidos grasos poliinsaturados de cadenas muy largas.** El EPA (C20:5, eicosapentaenoico) y el DHA (C22:6, docosahexaenoico) se consideran valiosos desde el punto de vista fisiológico y nutricional. Buenas fuentes son los pescados y las microalgas.

**inserto 1.1** continua en página siguiente ▶▶

**Ácido linoleico conjugado (CLA, en inglés).** Son variaciones del ácido linoleico que tienen enlaces dobles *cis* y *trans* en posiciones C:9 y C:11. Se invoca que reduce la grasa corporal, aumenta la masa muscular y reduce los niveles de colesterol y triglicéridos en la sangre. Se encuentran en la leche, quesos y carnes.

**Ácidos grasos *trans*.** Los AG *trans* son del tipo insaturado, con al menos un doble enlace que produce un doblez en la cadena distinto (*trans*) al que ocurre naturalmente en los aceites (*cis*). Se forman durante la hidrogenación parcial de aceites vegetales líquidos para hacerlos semisólidos, y usarlos en la confección de margarina o grasas de fritura. Las grasas que contienen AG *trans* disminuyen el *HDL* o "colesterol bueno" y aumentan el riesgo de enfermedades cardiovasculares (ECV).

**Tocoferoles.** También se conocen como vitamina E y desarrollan una actividad antioxidante. Están presentes en oleaginosas, vegetales de hoja y en la zanahoria.

**Esteroles y estanoles.** También conocidos como *fitoesteroles* y *fitoestanoles* cuando son derivados de plantas, son estructuralmente distintos de otros lípidos y más parecidos al colesterol. Se sostiene que son beneficiosos como antioxidantes y por sus efectos hipolipidémicos (reducen el nivel de colesterol en la sangre).

**Lipoproteínas plasmáticas.** Son macromoléculas complejas de proteínas y lípidos que permiten a estos últimos ser transportados en la sangre (que es un medio acuoso). Existen las *HDL* (lipoproteínas de alta densidad) que remueven colesterol y las *LDL* (lipoproteínas de baja densidad) que pueden contribuir a la formación de placas en las arterias (aterosclerosis).

Los *carbohidratos* son moléculas abundantes y baratas, cuyo nombre sugiere una composición del tipo $C_x(H_2O)_y$ que sólo es válida como fórmula pues no contienen agua. En bioquímica se conoce como *azúcar* (del griego *saccharum*) a una molécula donde $x$ e $y$ valen 6 ó 12. Los carbohidratos comprenden moléculas pequeñas, como los *monosacáridos* (por ejemplo, la *glucosa*, presente abundantemente en plantas y en nuestro cuerpo, y el azúcar *fructosa* de la miel) y *disacáridos* (por ejemplo, *sacarosa* o azúcar de mesa, cuya molécula está formada por la unión de glucosa y fructosa, y la *lactosa* de la leche, formada por galactosa y glucosa). Muy importantes son los polímeros o *polisacáridos*, moléculas de gran tamaño donde distintos tipos de azúcares se unen formando una gran cadena lineal y a veces ramificada. Una de las cosas que hacen atractiva a la química es que una misma molécula pegada de distinta manera puede dar lugar a polímeros con propiedades muy diferentes, como es el caso de ciertas cadenas lineales de glucosa en el *almidón* (amilosa) y la *celulosa*. Sobre el almidón, el polisacárido más importante en los alimentos, se hablará en la sección 2.1 y del *glicogeno*, el carbohidrato sintetizado en el cuerpo y almacenado en los músculos y el hígado, en la sección 6.4. También pertenecen a los polisacáridos las llamadas *gomas* o hidrocoloides que se obtienen de las paredes celulares de frutas, como las pectinas (figura 1.2) o de algas, como los alginatos, el agar y las carrageninas. Otras gomas comestibles se extraen de leguminosas (goma guar), son secretadas por árboles (goma arábiga y goma tragacanto) o microorganismos (goma xantana). Como son moléculas

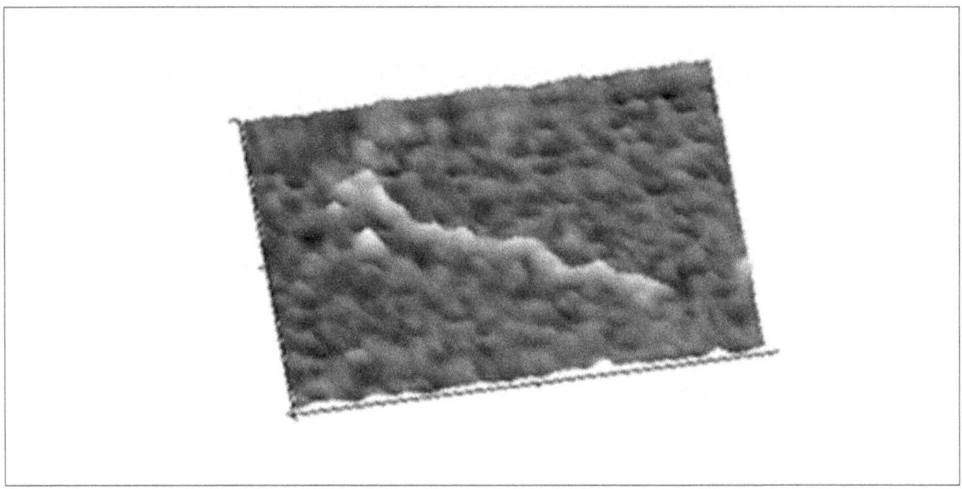

FIGURA 1.2.  **Actualmente las moléculas se pueden "ver". Imagen 3-D obtenida por microscopía de fuerza atómica de una molécula de pectina depositada sobre mica (fondo oscuro). La escala es 109 x 160 nanómetros (nm). La longitud de la molécula es ~70 nm y el grosor ~0,6 nm. Gentileza del Dr. Vic Morris, Institute of Food Research, Norwich, R.U.**

muy largas cuando forman parte de una solución le otorgan una alta viscosidad o la espesan. En nutrición se denomina *fibra dietaria* a un grupo de polisacáridos vegetales que son resistentes a la degradación en el sistema digestivo humano. Existe la *fibra insoluble* (celulosa, hemicelulosas y lignina) que promueve el movimiento de material en el intestino y la *fibra soluble* (gomas, mucílagos, pectinas) que forma geles con el agua y puede ayudar a reducir los niveles de colesterol y de glucosa. El almidón que no es degradado por las enzimas del intestino también es considerado fibra dietética (sección 7.7).

Se ha dejado para el final al *agua*, que a nivel de número de moléculas es el componente principal de los alimentos, aun de aquellos que se consideran deshidratados o secos, como las pasas o los fideos. El agua es un reactivo fundamental en muchas reacciones químicas, ejerce un rol de solvente que permite que otras moléculas se muevan y dispersen en las matrices alimentarias, además de ser indispensable para la multiplicación de microorganismos y responsable que la textura de alimentos sea suave o dura. Es notable que el agua sea el único componente en la naturaleza y en los alimentos que existe en los tres estados físicos, como sólido (hielo), líquido y vapor. Pero atención, que el "agua de la llave" no es igual en todas partes y cantidades mínimas de compuestos químicos disueltos en ella pueden tener un efecto no menor sus propiedades culinarias.

## 1.3. Moléculas cambiantes

Aunque el énfasis del libro estará en las estructuras alimentarias más que en las moléculas, no se puede dejar de mencionar algunas de las *reacciones moleculares* importantes que ocurren en los alimentos y afectan su calidad y nuestra salud, entre ellas, las que se listan en el inserto 1.2. Si algunas moléculas en los alimentos no cambiaran continuamente y otras se volvieran reactivas durante el procesamiento, no podríamos disfrutar de los aromas de frutas, vinos y el café tostado, ni de las texturas de un queso *Camembert* o una palta madura. Pero tampoco tendríamos que preocuparnos por la aparición de algunas moléculas producidas durante el procesamiento y la cocción que pueden implicar riesgos para la salud (sección 1.10).

Algunos alimentos son muy susceptibles a sufrir cambios indeseables por reacciones en que participa el oxígeno, llamadas en forma genérica *oxidaciones*. Las grasas insaturadas son muy susceptibles a la oxidación y producen olores y sabores indeseables, por lo cual muchas veces se remueve el oxígeno del envase o se usan antioxidantes. La oxidación de lípidos en alimentos progresa muy rápidamente una vez que se han formado compuestos intermedios llamados *radicales libres* que son moléculas altamente reactivas. Existen otros tipos de oxidaciones como aquella que afecta al color de la carne e involucra al pigmento *mioglobina* en los músculos. Cortes frescos de carne exhiben el color rojo que nos atrae, pero lentamente ocurre una oxidación del átomo de fierro que ocupa una posición central en la molécula de mioglobina y se produce una coloración café. El *curado* de la carne usando nitritos y nitratos tiene como objetivo estabilizar a la mioglobina en tonalidades rojizas y los compuestos que se forman son estables al calor.

Muchas moléculas son forzadas a modificarse para producir cambios deseables en la textura y sabores de los alimentos. Las *reacciones enzimáticas* son mediadas por enzimas, y aquellas que producen rompimiento de enlaces químicos específicos y liberan moléculas más pequeñas (reacciones de hidrólisis o hidrolíticas) son importantes en la industria alimentaria. Proteínas, almidones y grasas son cortados por enzimas que reciben los nombres genéricos de *proteasas, amilasas* y *lipasas*, respectivamente. Los hidrolizados proteicos se usan como saborizantes y los productos de la hidrólisis del almidón son apreciados por su solubilidad y dulzor (sección 1.2). Durante la maduración de los *quesos* las lipasas producidas por hongos y bacterias escinden ácidos grasos de los triglicéridos de la grasa de la leche, produciendo poderosas moléculas odoríferas, aunque también se suelen agregar con el mismo fin enzimas de origen microbiano. Aunque las enzimas normalmente escinden moléculas grandes también pueden catalizar la reacción contraria y pegar moléculas pequeñas bajo condiciones especiales, lo que se realiza normalmente fuera del alimento. Veremos más sobre esto en las secciones 1.12 y 2.2.

INSERTO 1.2.    **Algunas de las reacciones químicas importantes en los alimentos y que afectan su sabor y color.**

**Oxidación de lípidos.** Se produce por la interacción de AG insaturados con el oxígeno, generándose intermediarios altamente reactivos llamados *radicales libres* que desatan una reacción en cadena. Un ejemplo de oxidación es la formación de olores desagradables en pescados grasos.

**Pardeamiento no-enzimático.** Conjunto de reacciones entre *azúcares reductores* (principalmente glucosa) y grupos amino libres en proteínas, que resulta en el desarrollo de colores pardos y olores. Entre muchos ejemplos es responsable de las cervezas oscuras y los aromas del café tostado.

**Reacciones enzimáticas.** Son mediadas por enzimas intrínsecas a los alimentos (por ejemplo, la oxidación de legumbres por la lipoxigenasa) o agregadas a ellos (por ejemplo, coagulación de la leche). Dan como resultado desde cambios en las propiedades físicas hasta organolépticos (percibidos por los sentidos).

**Pardeamiento enzimático.** Reacción de pardeamiento en vegetales producida por enzimas llamadas polifenoloxidasas o peroxidasas, como ocurre al rebanar papas.

**Rancidez enzimática.** Liberación de ácidos grasos (generalmente de cadena corta) de los triglicéridos por medio de una hidrólisis enzimática mediada por lipasas, que produce olores y sabores desagradables, por ejemplo, en la mantequilla (ácido butírico). No se debe confundir con la oxidación de lípidos.

**Reacción de Maillard.** Ver pardeamiento no-enzimático.

Tan importante como las transformaciones mismas son las velocidades a que ellas ocurren. En general, los cambios químicos transcurren más lentamente al bajar la temperatura, remover el agua de los alimentos o al adicionar inhibidores específicos (por ejemplo, los antioxidantes). Pero estudiar una reacción química usando reactantes puros en solución y en tubos de ensayo (lo que se llama "química húmeda") y extrapolar los resultados a lo que ocurre en un alimento puede ser frustrante. Para comenzar, en un alimento existen varios compuestos que pueden potenciar o inhibir una reacción. Algunos reactantes pueden estar en compartimentos celulares o ligados a otros componentes, o el mismo medio suele restringir el movimiento de las moléculas, todo lo cual puede afectar las velocidades de reacción. Más sobre velocidades de reacciones químicas en alimentos se verá en la sección 5.4.

## 1.4. ¡Hay un aditivo en mi sopa!

Basta leer la etiqueta de un alimento procesado o una receta para apreciar que hay muchas moléculas que se agregan a los ingredientes básicos de una formulación con fines muy diversos. En la jerga técnica se conocen como *aditivos alimentarios* a todas aquellas sustancias naturales o artificiales que son agregadas intencionalmente a los alimentos en pequeñas cantidades a fin de preservar o intensificar sus cualidades, ya sea conservándolos ante la acción de microorganismos, realzando su gusto, su color o mejorando su textura.[3,4] Los colorantes y aromatizantes, naturales o sintéticos, son los aditivos más usados. Pero hasta un alimento tan simple como la sal comercial contiene un aditivo antiapelmazante (generalmente carbonato de magnesio o dióxido de silicio) que evita que grumos producidos por la humedad taponen los orificios de los saleros. Los aspectos químicos de los aditivos se encuentran tratados en muchos textos, entre ellos en el libro clásico de *Química de Alimentos* del profesor H.-D. Belitz y colaboradores.[5] El tema es tan extenso y especializado que se sugiere a los lectores interesados consultar las fuentes originales.[6]

Hay aditivos naturales muy antiguos como el humo y la sal. También están aquellos derivados de las especies traídas por Marco Polo de Oriente en el siglo XIV o introducidas por los árabes, como el azafrán, y los ingredientes que provinieron de América en el siglo XVI. Algunas especies como el tomillo y el romero que se usan para condimentar platos o productos tradicionales, tienen además una alta actividad antioxidante y reducen la formación de sabores indeseables. El paso siguiente fue extraer de las materias primas originales las moléculas más importantes, refinarlas y concentrarlas para dar lugar a potentes *extractos*. El uso de los aditivos naturales es también muy diverso, como lo es la clasificación (ejemplos en paréntesis): *conservantes* que prolongan la vida de anaquel (ácidos "débiles" como los ácidos láctico, acético, tartárico y cítrico), *colorantes* (cúrcuma, azafrán, etc.), *aromatizantes* (aceites esenciales de varios tipos, vainilla, etc.), *antioxidantes* (ácido ascórbico, alfa tocoferol), *espesantes o texturantes* (almidones, hidrocoloides), emulgentes o emulsionantes que ayudan a hacer mezclas homogéneas (lecitina), *humectantes* que retardan la pérdida de humedad (sorbitol, glicerol), *potenciadores de sabor* (glutamato monosódico, inosinato disódico, etc.), entre otros.

Con el tiempo se descubrió que la base de algunos aditivos naturales eran moléculas que se podían producir en el laboratorio y de ahí nacieron los colorantes y aromatizantes sintéticos. Otras moléculas producidas industrialmente funcionaban mejor que las naturales o eran más baratas, como es el caso de los antioxidantes BHA, BHT y el galato de propilo que leemos en algunas etiquetas.[7] Pero sin lugar a dudas fue en el siglo XX y con el desarrollo de la industria alimentaria cuando se produjo la masificación en el uso de aditivos para la preservación de la calidad, inocuidad y el atractivo de los alimentos procesados. Hoy en día los aditivos mencionados en los

---

3    La definición de la Unión Europea es: *Aditivo alimentario* es toda sustancia que normalmente no se consuma como alimento en sí misma ni se use como ingrediente característico de los alimentos, tenga o no valor nutritivo, y cuya adición intencionada con un propósito tecnológico a un alimento durante su fabricación, transformación, preparación, tratamiento, envasado, transporte o almacenamiento, tenga por efecto, o quepa razonablemente prever que tenga por efecto, que el propio aditivo o sus subproductos se conviertan directa o indirectamente en un componente del alimento.

4    Existe una *Gastropedia* de aditivos alimentarios en el sitio www.cocineros.info

5    Belitz, H.D. y Grosch, W. 2004. *Química de los Alimentos*, 2ª ed., Editorial Acribia, Zaragoza.

6    Existen muchas fuentes sobre aditivos alimentarios pero hay que tener presente que la reglamentación cambia periódicamente y es diferente en distintos países. Se puede acceder fácilmente a una buena enciclopedia que está en Internet: www.bizlink.com/foodfiles/PDFs/apr2006/food_encyclopedia_food_additives_apr06.pdf. También se puede consultar la *Encyclopedia of Food & Color Additives* de G.A. Burdock, publicada por CRC Press en 1996.

7    El butil hidroxianisol (BHA), el butil hidroxitolueno (BHT), la terbutil hidroquinona (TBHQ) y el galato de propilo (PG) son antioxidantes sintéticos autorizados para ser usados en alimentos.

envases de algunos alimentos causan cierta angustia, pues difícilmente se entiende por qué se encuentran allí y en tanta variedad. Para tener una idea de cuánta química puede adicionarse legalmente a nuestros alimentos, el listado de aditivos del Código Alimentario Español contiene sobre 350 aditivos permitidos, muchos de ellos sintéticos.[8] La industria alimentaria está bajo una fuerte presión para eliminar algunos de ellos, reducir su contenido o reemplazarlos por aditivos de origen "natural". Por ejemplo, se ha descubierto una variedad de conservantes naturales llamados *bacteriocinas*, que matan o inhiben el crecimiento de bacterias indeseables y que son producidos por microorganismos que existen en los alimentos. Uno de ellos, la *nisina*, se encuentra autorizada para el uso comercial como conservante de alimentos en más de 50 países desde hace aproximadamente 30 años.

Obviamente, todos los aditivos están sujetos a una estricta regulación por parte de las agencias de inocuidad alimentaria que determinan sus usos y cantidades a emplear en cada aplicación. En EE.UU. una categoría muy importante son los *aditivos GRAS* (*Generally Recognized As Safe*) que corresponden a aquellos cuya inocuidad proviene de una larga historia de uso seguro en alimentos (a lo menos anterior a 1958), o que ha sido probada científicamente. Los aditivos alimentarios autorizados en Europa se identifican por un número E (por ejemplo, el ácido cítrico usado para conservar el color de frutas y verduras recién cortadas es E330).[9] En general, el uso de cualquier nuevo aditivo alimentario debe ser peticionado por el fabricante adjuntando extensos estudios científicos y pruebas en animales, utilizando grandes dosis del aditivo por largos períodos, de los que se puede "concluir" que la sustancia no causa efectos nocivos en las personas cuando se usa en dosis razonables. Como era de esperar, este tipo de estudios, sus conclusiones y la extrapolación de resultados a humanos son altamente cuestionados y poco convincentes para algunos.[10]

Si el lector se siente un poco incómodo a estas alturas con tanto nombre de moléculas (y vendrán algunos más en las secciones siguientes), el inserto 1.3 presenta un listado de algunos ingredientes que aparecen en los envases de un variado grupo de alimentos comprados en un supermercado y de uso común. La mención de todos los aditivos que contiene un producto ha sido una gran victoria de las asociaciones de consumidores y proporciona información relevante a la hora de tomar decisiones de con que alimentarse.

Evidentemente, el uso de todos estos aditivos está permitido dentro de niveles adecuados, aunque aquel que se declara como "saborizante o aroma idéntico al natural" no aporta mucha información y deslinda con lo engañoso. Si nos preocupa tanto lo que comemos ¿seremos capaces de responder por qué y para qué están esas molécu-

---

8    Ver www.aditivosalimentarios.com/. Sitio visitado el 03.02.10.

9    Se puede acceder a una lista de los aditivos alimentarios permitidos en la Unión Europea y sus números E en http://histolii.ugr.es/EuroE/NumerosE.pdf. Sitio visitado el 20.03.10.

10   Hay varios libros que sugieren riesgos en el consumo de aditivos. Entre ellos se puede mencionar de Simontacchi, C.N. 2000. *The Crazy Makers: how the food industry is destroying our brains and harming our children*, Tarcher/Putnam, Nueva York.

las allí? Como hay alrededor de 25 distintos aditivos en el inserto 1.3 se puede hacer un test y calificar el número de respuestas satisfactorias: entre **20-25**: excelente, debiera ser Director de la Agencia de Alimentos (¿o vende aditivos alimentarios?); **15-19**: muy bueno, debiera sentirse orgulloso porque más del 70% de las veces sabe lo que come; **10-14**: bien, pero siga leyendo el libro porque aún le falta conocer la otra mitad; **5-9**: se nota que ha cocinado alguna vez y pasó el curso de básico de química; **0-4**: ¡cuidado con beber ácido sulfúrico, que hace mal!

INSERTO 1.3.　　**Algunos ingredientes con nombres extraños que se listan en los envases de diversos alimentos.**

**Sopa deshidratada.** Maltodextrina, glutamato monosódico, inosinato y guanilato de sodio, saborizante idéntico a natural, suero de leche.

**Aderezo para ensalada.** Suero de leche, jarabe de glucosa-fructosa, almidón modificado, goma guar, goma xantana.

**Galletas con sabor.** Antioxidante BHT, suero de leche, fructosa, bicarbonato de amonio, estearoil lactilato de sodio, aromas idénticos al natural, lecitina de sodio, metabisulfito de sodio.

**Néctar de naranja.** Ácido cítrico, goma guar, ácido ascórbico, goma arábiga, saborizante idéntico a natural, betacaroteno.

**Camarón apanado congelado.** Harina de trigo blanqueada, almidón de maíz modificado, pirofosfato ácido de sodio, suero, aceite de soya parcialmente hidrogenado, tripolifosfato de sodio.

**Leche semidescremada sabor frutilla.** Saborizante idéntico a natural (frutilla), fosfato disódico, carragenina, colorante Ponceau 4R.

**Postre tipo yogurt.** Almidón estabilizado de maíz, gelatina, suero láctico, saborizante idéntico a natural, sorbato de potasio y carmín de cochinilla.

**Sal común.** Silico-aluminato de sodio y/o dióxido de silicio, yodato de potasio.

## 1.5. Las dulces moléculas

El sabor dulce es muy apreciado en los alimentos. Caramelos, confites, postres, pasteles, tortas y helados deben su gran popularidad y aceptación al dulzor que les otorga el azúcar o *sacarosa* (sección 1.2). El azúcar de caña recién ingresó en nuestra alimentación en forma masiva en el siglo XVIII, y las primeras fábricas de azúcar de remolacha se construyeron en Europa alrededor de 1813. Antes se usaba la miel de abejas como endulzante. Sin embargo, el contenido calórico del azúcar, su incidencia en la diabetes y el efecto cariogénico (relacionado con caries dentales) han promovido la búsqueda de sustitutos que proporcionen el dulzor, pero evitando o reduciendo los afectos negativos. El azúcar es muy difícil de reemplazar totalmente en dulces, postres y helados porque participa en una alta proporción y además juega un papel fisicoquímico importante ligando agua y contribuyendo a las *reacciones de carameli-*

*zación* (sección 2.3). A pesar que el azúcar refinada a partir de caña o de remolacha contiene en ambos casos 99,95% de sacarosa y por tanto el dulzor impartido es el mismo, para los entendidos no son idénticas. El minúsculo 0,05% restante, mezcla de minerales y proteínas que sobreviven al proceso de refinación, es lo que haría la diferencia al momento de cocinar *crème brûlée*, galletas y queques.[11] Desde la segunda mitad del siglo pasado los *jarabes de maíz* son muy usados comercialmente como azúcar líquida, sobretodo en bebidas gaseosas. Como el almidón es una cadena de puras moléculas de glucosa, si se rompe enzimáticamente o con ácidos se transforma en un *jarabe de glucosa* que tiene un dulzor que es la mitad del otorgado por la sacarosa. Mediante el uso de otra enzima, la glucosa se puede transformar parcialmente en fructosa dando un *jarabe de glucosa/fructosa* que tiene un dulzor equivalente a un 80% del de la sacarosa (revisar sección 1.2).

Se entenderá por *edulcorante* a una sustancia que sin ser azúcar, confiere un sabor dulce a los alimentos y su origen puede ser natural o artificial. Los edulcorantes se comparan por su poder endulzante en relación con el azúcar. Entre los edulcorantes naturales más conocidos están el sorbitol, el manitol, la isomalta y el xilitol. El xilitol, que es un ingrediente en algunos chicles, es particularmente interesante pues se dice que previene las caries dentales y su poder edulcorante es similar al del azúcar, pero hay que estar alerta pues ocasiona un efecto laxante en algunas personas.

Entre los edulcorantes artificiales no-calóricos destacan la sacarina, los ciclamatos, el aspartamo, la sucralosa, el acesulfamo de potasio, la taumantina y el neotamo. Tres de estos edulcorantes fueron descubiertos por accidente.[12] En 1879 un químico de la Universidad Johns Hopkins probó una sustancia que estaba preparando en el laboratorio y se había derramado sobre su mano, advirtiendo que era dulce (aparentemente en esa época los químicos estaban mucho más preocupados que ahora en oler y probar los materiales con que trabajaban). Previendo su posible uso, patentó la sustancia *sacarina* (del latín *saccharum*, azúcar), que es el más potente edulcorante artificial aprobado: unas 300 veces más dulce que el azúcar a igual peso. En 1937 un estudiante de postgrado en química en la Universidad de Illinois, notó un sabor dulce en el cigarrillo que fumaba (práctica prohibida en los laboratorios modernos) y lo atribuyó al fármaco que trataba de sintetizar. La sustancia hoy se conoce con el nombre genérico de *ciclamatos*. El *aspartamo* fue descubierto en 1956 en los laboratorios de la compañía farmacéutica G. D. Searle & Co., mientras se buscaba un remedio para la úlcera. El aspartamo es un dipéptido 200 veces más dulce que el azúcar, formado por los aminoácidos *fenilalanina* y el *ácido aspártico*. Lo notable de estos tres edulcorantes es que sus fórmulas químicas son totalmente distintas a las de las azúcares naturales (para partir, no son químicamente azúcares), sin embargo, su efecto fisiológico de producir una sensación de dulzor es similar (aunque algunos dejan un

---

11  De acuerdo a un artículo en *The San Francisco Chronicle* del 31 de marzo de 1999, aunque el azúcar de caña y el azúcar de remolacha comparten la misma química, actúan de modo diferente en la cocina.

12  Roberts R.M. 1989. *Serendipity: accidental discoveries in science*, Wiley Science Editors, Nueva York, pp. 150-154.

sabor amargo). Mientras la sacarina y los ciclamatos contienen nitrógeno o azufre, el aspartamo como se ha dicho, es un péptido al igual que el neotamo y ambos se metabolizan como cualquier trozo de proteína (en la sección 1.10 se discute los riesgos de estos edulcorantes y en la 6.4 su efecto en la ingesta calórica). El aspartamo no es recomendado para personas que sufren la enfermedad genética *fenilcetonuria* pues no pueden metabolizar la fenilalanina.

Es probable que muchos problemas nutricionales asociados al alto consumo de calorías provenientes del azúcar no existirían de haberse descubierto la *Stevia rebaudiana* antes que la caña de azúcar o la remolacha. Esta planta crece en regiones tropicales de Sudamérica y produce un edulcorante natural llamado *estevosídeo* que no aporta calorías. Sus hojas han sido consumidas por los nativos de Paraguay desde tiempos inmemoriales. El extracto comercial de la *Stevia* endulza 200 veces más que el azúcar y actualmente está siendo usado en muchos países, incluyendo Japón y desde fines del 2008, en los EE.UU. La mayoría de los edulcorantes mencionados anteriormente pueden presentar un problema del *retrogusto* o el dejo de sabores amargos o metálicos luego de la ingesta a concentraciones altas.

## 1.6. **Sal para todos los gustos**

La *sal común* o sal de mesa (cloruro de sodio, NaCl) es el aditivo alimentario más ampliamente difundido en el mundo. ¿Se come acaso lo desabrido sin sal?, preguntaba Job en la Biblia (*Job* 6:6) y Plutarco afirmaba que la sal era "el más noble de los alimentos, el mejor condimento". En la antigüedad la sal era un elemento escaso, de hecho la palabra *salario* se deriva del pago en sal que se hacía a las milicias romanas y hasta hoy se llama *asalariados* a quienes reciben una paga baja. Por lo mismo, los saleros fueron símbolos de estatus en las mesas de la Edad Media y un gran tamaño acompañado de rica ornamentación denotaba riqueza.

En contacto con agua la molécula de sal forma dos especies químicas: el ión cloruro que tiene una carga negativa ($Cl^-$) y el ión sodio cuya carga es positiva ($Na^+$). Esta disociación a nivel molecular en un líquido se denomina *solución*, término que no hay que usar como sinónimo de *dispersión*, que es cuando pequeñas partículas o gotitas se encuentran esparcidas en un medio líquido. Como la molécula de cloruro de sodio pesa muy poco, una pequeña cantidad de ellas produce muchos iones y una solución salina es muy distinta al agua pura. Los iones migran rápidamente hacia cargas de signo contrario en otras moléculas "apantallando" su efecto eléctrico. Así, al hacer huevos duros conviene agregar una pizca de sal al agua pues las proteínas de la clara que pueden escapar a través roturas en la cáscara son rápidamente coaguladas por los iones de la sal produciendo un tapón que evita la salida. A través del tiempo la sal se ha usado en dos métodos de preservación de alimentos: en la *salazón* en seco, donde carnes y pescados se recubren con sal granulada, y usando *salmueras* en las cuales se maceran vegetales y frutas. Los granos de sal al disolverse extraen agua de los tejidos por el fenómeno de *osmosis* (paso de agua a través de membranas) y la sal que penetra al interior reduce la posibilidad de multiplicación de microorganismos. En la historia de la alimentación ibérica las salazones de anchoas y bacalao han tenido gran importancia económica y culinaria.

La sal común interesa tanto a los cocineros, como a tecnólogos de alimentos, químicos, médicos y nutricionistas. Participa en el sabor y en la textura de algunos alimentos. El pan con sal tiene una textura más fina y un sabor más suave. Es usada para preservar productos de la multiplicación de microorganismos, y afecta químicamente el medio en que están dispersas otras moléculas. El sodio contenido en la sal (40% en peso) es esencial para mantener el equilibrio en los líquidos del cuerpo, pero para esto un adulto sólo necesita ingerir unos 2,3 gramos de sodio al día (equivalente a unos 5,8 gramos de sal), casi dos tercios del promedio consumido actualmente. Hay suficiente evidencia que el exceso de sodio hace que el cuerpo retenga más agua, lo que eleva la presión sanguínea y lleva a la *hipertensión*, que es un factor de riesgo para el desarrollo de enfermedades al corazón e incidentes cerebro-vasculares. El problema es que se estima que alrededor del 75% de la sal que ingerimos está "oculta" en los alimentos procesados, a la que se ha denominado "sal invisible". Medio cubito de caldo contiene 660 miligramos de sal, 10 papas *chips* alrededor de 200 mg, una porción de 100 gramos de algunos quesos y mortadelas casi 800 mg, y una marraqueta hasta 1,6 gramos por unidad. Por su amplio uso y bajo costo, la *sal yodada* (que generalmente contiene yodato de potasio) ha sido un vehículo importante para combatir la deficiencia de yodo que aún existe en amplios sectores de la población mundial.

El desafío de los procesadores de alimentos es cómo reducir el contenido de sal sin que estos pierdan su palatabilidad (y de paso bajen las ventas). Para percibir el gusto del cloruro de sodio este debe estar ionizado, es decir en solución o disuelto por la saliva. Normalmente, sólo un 20% de la sal en una papa *chip* se alcanza a disolver en la lengua antes de que producto sea tragado y por lo tanto el 80% de la sal no cumple con su rol gustativo y sólo causa problemas posteriormente. Ya existen empresas trabajando con cristales microscópicos de sal que pueden ser más efectivos en el paladar reduciendo la posibilidad que restos de granos de sal pasen al sistema digestivo sin ser degustados y se absorban. Este reemplazo podría reducir los niveles de sodio en los *snacks* hasta en un 25%.[13] También existen versiones de sal común en forma de cristales "esponjosos" que contienen aire, pero lo único que hacen es dar menos sal por unidad de volumen.

El principal sustituto de la sal es el *cloruro de potasio* (¡también es una sal!) que contiene potasio en vez de sodio y ayuda a mantener el gusto salado hasta en sustituciones de un 25%. Sin embargo, el cloruro de potasio a menudo deja un retrogusto amargo. Comercialmente se vende como tal o en mezclas con cloruro de sodio para conservar algo del gusto de la sal común. Otra alternativa de sustitución parcial de

---

13   La información completa está en el artículo "PepsiCo develops designer salt to chip away at sodium intake", *The Wall Street Journal*, 22 de marzo de 2010.

la sal es combinarla con potenciadores del sabor salado como extractos de levadura, proteína vegetal hidrolizada o compuestos específicos como el glutamato monosódico, guanilato disódico y el inosinato disódico.

A la industria alimentaria le cabe un papel muy importante en la reducción de los contenidos de sal por la importancia en la salud pública. El consumidor, por su parte, que puede blandir el salero a discreción, debiera estar consciente de los riesgos involucrados en el consumo excesivo de sal. Por último, parte de la solución tendría que venir de la ciencia, en la medida que se entienda mejor cómo los seres humanos perciben el sabor salado y se descubran maneras en que puedan ser "engañados" con dosis más reducidas.

## 1.7. Moléculas para la salud

En adición a las moléculas que participan en la formación de estructuras alimentarias (capítulo 2) o que son fuente de energía, el cuerpo necesita una variedad de nutrientes en pequeñas cantidades o *micronutrientes*, como las vitaminas y los minerales. Algunas enfermedades devastadoras hasta el siglo pasado se debieron a dietas deficientes en estos micronutrientes y pasaron pronto a ser evitables al aumentar su consumo. Las *vitaminas* son un grupo heterogéneo de moléculas orgánicas que cumplen varias funciones, pero no pueden ser sintetizadas por el organismo a partir de otros nutrientes. Desde nuestro punto de vista interesa saber que algunas son solubles en aceite o *liposolubles* (como las vitaminas A, D, E y K) y se absorben mejor en el intestino en presencia de grasas. Otras son *hidrosolubles* y hay que tener cuidado pues se pierden parcialmente durante la cocción en agua. Hay vitaminas *termolábiles* o que se destruyen por el tratamiento térmico, como la vitamina C (ácido ascórbico) y la vitamina B1 (tiamina). El otro grupo de micronutrientes son los *minerales*, donde 16 de estos cumplen roles esenciales para la vida y también deben ser aportados por la dieta. Entre los principales elementos minerales están el calcio y el fósforo (huesos y dientes), el hierro (hemoglobina de los glóbulos rojos), el sodio y el potasio (transmisión de impulsos nerviosos y contracción muscular), el yodo, el magnesio y el zinc. Los minerales en las plantas provienen del suelo, de modo que una dieta variada procedente de distintos lugares no debiera dar lugar a deficiencias importantes en estos micronutrientes (aunque el caso del hierro es especial).

Los *alimentos funcionales* (AF) son aquellos en que algunos de sus componentes activan "funciones" de nuestro organismo promoviendo un efecto fisiológico beneficioso más allá del valor nutritivo intrínseco del alimento.[14] Su efecto adicional puede ser una contribución a mantener la salud y el bienestar, o bien a disminuir el riesgo de contraer una enfermedad. Se denomina *nutracéutico* a una sustancia que se encuentra en los alimentos y que proporciona *per se* beneficios para la salud. Los AF y los

---

14   El tema de alimentos funcionales está tratado extensamente en libros y revistas. Se recomienda ver el libro de Webb, G.P. 2006. *Complementos Nutricionales y Alimentos Funcionales*. Editorial Acribia, Zaragoza.

nutracéuticos en su conjunto pueden tomar la forma de alimentos propiamente tal, de suplementos que se adicionan a alimentos, o bien ser consumidos separadamente en forma de tabletas o cápsulas.

Es probable que el concepto de AF provenga de estudios realizados por el científico ucraniano *Elie Metchnikoff* (1845-1916) quien recibió el Premio Nobel de Medicina en 1908 por sus trabajos en inmunología. Metchnikoff se sintió curioso por la longevidad de personas en Bulgaria que consumían grandes cantidades de alimentos fermentados con bacterias del tipo *lactobacilos* como el yogurt y sugirió que estos microorganismos benéficos sustituían en el intestino a microbios nocivos. Incluso desarrolló tabletas que contenían estos microorganimos aunque no se sabe si estaban vivos, que es la forma en que ejercen su acción (figura 1.2). Hoy estos y otros microorganismos benéficos para la flora intestinal se conocen como *probióticos* y están presentes incluso en la leche materna a donde llegan desde el intestino de la madre.

En tiempos recientes se ha acumulado evidencia científica que relaciona a compuestos que existen en pequeñas cantidades en plantas, llamados genéricamente *fitoquímicos*, con efectos positivos para la salud. Esto no es de extrañar pues en la medicina china el uso de alimentos como terapia tiene larga data y para Hipócrates los alimentos debían considerarse como medicamentos. De hecho, la palabra *receta* se usa en muchas lenguas indistintamente para señalar instrucciones de un médico respecto de un remedio o de un *chef* para preparar un plato, lo cual habla de un posible origen común. También es conocido que en la medicina popular se atribuye a ciertos componentes de plantas y de alimentos una función preventiva o curativa de enfermedades.

Fotografía: Alfredo Barriga A.

FIGURA 1.3.  **Cajita metálica de principios del siglo XX (propiedad del autor) que contenía comprimidos de "lactobacilina" preparados bajo las instrucciones del Profesor Metchnikoff.**

La historia moderna de los AF comenzó en Japón alrededor de 1950 y hoy día existen en dicho país productos regulados que pueden invocar beneficios para la salud y que se identifican por la sigla FOSHU (*Foods for Specified Health Use*). Los aspectos regulatorios de los AF son cada día más importantes pues si lo que se invoca es la cura de una enfermedad, se entra en la categoría de drogas o medicamentos cuya venta y uso están estrictamente normados, pero si se dice que el producto promueve la salud, es considerado un alimento, y por tanto está sujeto a normativas distintas. La estimación del mercado mundial de alimentos funcionales es incierta debido a la amplia gama de productos que se pueden incluir como alimentos funcionales, pero lo que está claro es que las tasas de crecimiento en las ventas de esta categoría de productos oscilan alrededor del 10% anual.[15]

La tabla 1.1 muestra la diversidad de materias primas, compuestos bioactivos y beneficios invocados para la salud de algunos alimentos funcionales. Las materias primas incluyen frutas, verduras, hojas, semillas, algas y microorganismos, mientras que las moléculas van desde aquellas que proporcionan color a frutas y verduras (por ejemplo, caroteno) hasta un conjunto heterogéneo de macromoléculas que se denomina fibra. Los beneficios aludidos son de la más diversa índole, pero predomina el efecto antioxidante.

TABLA 1.1. **Algunos componentes de los alimentos funcionales y su beneficio potencial.**

| Clase/Componente | Origen | Beneficio invocado |
| --- | --- | --- |
| *Betacaroteno* | Zanahoria | Neutraliza radicales libres que podrían dañar las células |
| *Luteína* | Vegetales verdes | Contribuye a una visión sana |
| *Licopeno* | Tomate | Reduce el riesgo de cáncer de próstata |
| *Fibra insoluble* | Cáscara de trigo | Prebiótico. Reduce el riesgo de cáncer de colon |
| *Betaglucanos* | Avena | Reducen el riesgo de ECV |
| *Ácidos grasos omega-3* | Aceites de peces | Reducen el riesgo de ECV y mejoran otras funciones |
| *Catequinas* | Té | Neutralizan radicales libres, podrían reducir el riesgo de cáncer |
| *Esteroles vegetales* | Maíz, soya, trigo | Reducen los niveles de colesterol sanguíneo |
| *Isoflavonas* | Soya | Podrían reducir los síntomas de la menopausia |
| *Polifenoles* | Vino, manzanas | Neutralizan radicales libres, podrían reducir el riesgo de cáncer |
| *Lactobacilos y Bifidobacterias* | Yogurt | Probióticos. Mejoran la salud gastrointestinal |

15 Hay información y proyecciones de mercado de los alimentos funcionales muy diversas. El profesor Jeya Henry, Director del *Functional Food Centre* en Oxford, R.U., estima que en el 2010 el mercado de alimentos funcionales será de unos 500.000 millones de dólares por año (comunicación personal). En Menrad, K. 2003. "Market and marketing of functional food in Europe". *Journal of Food Engineering*. 53, 181-188, se sugería un mercado global más cercano a los 30.000 millones de dólares anuales.

Con la excepción de los probióticos, los compuestos bioactivos o funcionales listados en la tabla 1.1 ejercen su acción benéfica en nuestros cuerpos a nivel molecular, es decir, no basta que estén presentes en un alimento sino que deben estar libres para ser asimilados por nuestro organismo. Por consiguiente, la liberación y recuperación de estas moléculas desde la matriz tisular donde se encuentran en la naturaleza condiciona el tipo de proceso de extracción e influye en la preservación de su bioactividad, y otro lado influye en la absorción por parte de nuestro organismo (ver sección 7.8).

Entre los antioxidantes un caso bastante estudiado es el *licopeno*, un carotenoide responsable en parte del color rojo intenso de los tomates y que al parecer otorga protección contra una serie de cánceres, entre ellos el de la próstata. Durante el procesamiento industrial del tomate ocurren dos eventos que son relevantes para la acción beneficiosa del licopeno. Primero, la trituración de los tomates para hacer jugos y pastas, rompe las paredes celulares liberando al licopeno de la matriz del tejido, haciéndolo más bioaccesible. Segundo, el calentamiento en los procesos térmicos o en la evaporación para hacer pastas y concentrados de tomate ocasiona una transformación de la forma natural *trans* a la forma *cis*, que es absorbida más rápidamente por el organismo.[16] Desde este punto de vista, y aunque a algunos les cueste aceptar, puede ser mejor para la salud comer salsa o pasta de tomate que tomate fresco.

En el caso de los *probióticos* la acción benéfica de inhibir ciertos patógenos, estimular el sistema inmune, asistir en la síntesis de vitaminas (como la vitamina K), etc., la ejercen microorganismos vivos, por lo que ellos deben sobrevivir el tránsito por la parte superior del sistema digestivo y colonizar el intestino. Para que esto suceda de manera eficiente es a menudo necesario protegerlos con cápsulas artificiales, proceso que se denomina *microencapsulación*. No hay que confundir a los probióticos con los prebióticos que son ingredientes no digeribles de los alimentos (por ejemplo, los fructo-oligosacáridos y la inulina) que estimulan la multiplicación y la actividad de las bacterias prebióticas en el colon.

Existen también opiniones que discrepan de la condición de panacea para la salud que se les ha querido dar a los AF y se sostiene que no son un sustituto de una dieta bien equilibrada, que es y seguirá siendo la piedra angular de una buena nutrición. El caso de los AF es distinto al de las vitaminas y minerales que curan deficiencias nutricionales específicas. Por ejemplo, el efecto beneficioso de la vitamina C para aliviar el escorbuto o del yodo para curar el bocio son fácilmente demostrables al suministrar el compuesto. Si bien algunos alimentos funcionales y nutracéuticos pueden tener efectos positivos en algunas personas, ciertamente no son igualmente beneficiosos para todos (ver sección 5.3). Antes de incursionar en los AF los consumidores debieran considerar la evidencia que hay detrás de las reivindicaciones y la

---

16 Cuando existe un doble enlace uniendo dos átomos de carbono en una molécula larga, se produce en ese punto una restricción a la rotación de los extremos de la molécula, existiendo la posibilidad que la molécula quede con los átomos de hidrógeno en un mismo lado (*cis*) o en lados opuestos (*trans*). Esto vale también para los ácidos grasos (sección 1.2). Como se puede advertir, las moléculas en *configuraciones cis* o *trans* tienen la misma fórmula química (por tanto se llaman igual), pero propiedades diferentes.

comprobación a través de pruebas clínicas, además de considerar su situación personal de salud, e informarse de los posibles inconvenientes asociados en su consumo.

## 1.8. Genes al plato

Los cambios genéticos en plantas y animales han ocurrido en forma natural desde que hay vida en este planeta, ya sea por *mutaciones* espontáneas (errores en la copia del material genético durante la división celular) o por cruzamiento entre individuos de la misma especie. El *mejoramiento genético* para fines alimentarios ha sido practicado durante milenios para seleccionar aquellas variedades más productivas, más dulces, o más resistentes a pestes y factores abióticos (como el agua o la temperatura, etc.). A partir de 1960 se introdujeron en países del Tercer Mundo variedades mejoradas de trigo y arroz que tenían rendimientos al menos tres veces superiores a los cultivos tradicionales. Fue la llamada *Revolución Verde* que le valió el Premio Nobel de la Paz en 1970 al genetista de plantas *Norman E. Borlaug* (1914-2009) y sepultó momentáneamente las profecías Malthusianas (sección 4.2).[17] Pero no todo eran buenas noticias, especialmente para el mundo en desarrollo. Las nuevas semillas germinaban mejor en buenos suelos, necesitaban de abundante riego y de una aplicación mayor de fertilizantes, factores que eran y continúan siendo escasos para los pequeños agricultores pobres. Otra crítica que a menudo han recibido los mejoradores de variedades, es que su énfasis está en rendimientos superiores o mayor resistencia a pestes, lo que no siempre va de la mano con las propiedades culinarias, sabores y texturas que se aprecian en las variedades tradicionales.

Actualmente el 99% de la producción agrícola se concentra en 24 especies de plantas, de las cuales el arroz, el trigo y el maíz proporcionan la mayoría de las calorías que consumimos. Para estas y otras plantas el mejoramiento genético convencional es lento y no siempre permite dirigir los cambios hacia nuevas y mejores propiedades agrícolas y nutricionales. A principios de los años 1970 los científicos descubrieron maneras de cortar un trozo de *ácido desoxirribonucleico* (ADN) que contiene información genética específica e introducirlo en otro organismo, y hacia fines de esa década ya se usaba esta técnica de ADN *recombinante* para producir insulina e interferón en bacterias (sobre ADN y genes se trata en la sección 12.2). La *ingeniería genética* es una tecnología que manipula y trasfiere ADN de unos organismos a otros con fines comerciales. Se entenderá como *organismo genéticamente modificado* (OGM), y en particular como *alimento genéticamente modificado* (AGM), a aquellos microorganismos, plantas, animales o productos derivados de ellos, que comemos y en que su material genético ha sido alterado por el ser humano usando *ingeniería genética*. El nombre *transgénico* resalta que los genes vienen de organismos o especies distintas a los del huésped. La presencia de los nuevos genes aporta a la planta la información para hacer proteínas que proporcionan tolerancia a pestes o enfermedades, mejoran

---

17  Es interesante hacer notar que este es el único Premio Nobel directamente relacionado con los alimentos. Ver sitio www.nobelprize.org.

el balance aminoacídico, cambian el perfil de los ácidos grasos, etc. En la práctica, los *cultivos transgénicos* actuales, entre los que destacan los de la soya, el algodón y el maíz, sólo muestran rasgos agronómicos mejorados. La tabla 1.2 muestra algunos de los posibles beneficios y los riesgos involucrados en los cultivos transgénicos.

TABLA 1.2. **Algunos beneficios y riesgos invocados para los cultivos transgénicos**[18]

| Beneficios | Riesgos |
|---|---|
| Rendimientos más altos. Los cultivos transgénicos podrían ayudar a alimentar al mundo subdesarrollado. | Propagación de genes a parientes silvestres y otras especies, y alteración de la biodiversidad. |
| Reducción significativa de la fumigación contra insectos y malezas. Resistencia a herbicidas. | Mejor resistencia al estrés abiótico (p. ej., sequedad de suelos, altas temperaturas, etc.) que se derivará del cambio climático. |
| Aceleración de la resistencia de insectos y malezas a las moléculas usadas para combatirlos. | Algunos de los posibles principales beneficiarios (p. ej., habitantes de la región sub-Sahara) podrían no verse favorecidos. |
| Mayor contenido y mejor calidad de proteínas, e incorporación de micronutrientes y compuestos bioactivos en cultivos de gran consumo.[19] | Posible efecto alergénico de algunas proteínas expresadas por nuevos genes. |

Mientras el consumidor norteamericano parece desinteresado en el uso de OGM en alimentos, el europeo y el neozelandés se muestran escépticos a aceptarlos. De hecho, en Nueva Zelanda no se permiten los cultivos con fines alimentarios que hayan sido modificados genéticamente, y su uso experimental está confinado y controlado de manera estricta. Es paradójico el hecho que muchos justifican el desarrollo de alimentos transgénicos no porque aumentará la oferta mundial de alimentos y se acabará con el hambre en el mundo, sino porque ofrecen la posibilidad de reducir significativamente la aplicación de pesticidas y insecticidas, una bandera de lucha de los más enérgicos opositores a los OGM. Los *cultivos cisgénicos* son una alternativa interesante a los OGM, desde el punto de vista del impacto sobre la biodiversidad, pues a diferencia de los transgénicos, se introducen genes que existen en variedades salvajes de la misma especie pero que no se encuentran en las actualmente domesticadas.

Pero en esto de los AGM existen también otros matices. Las alteraciones genéticas efectuadas en plantas se manifiestan en nuevas proteínas, algunas de las cuales intervienen directa o indirectamente en la síntesis de los componentes básicos de los alimentos. El aceite que proviene de una oleaginosa transgénica con mayor resistencia a ciertos herbicidas es igual al aceite de la planta original, sólo unas pocas proteínas

---

18  Ackerman, J. 2002. "Alimentos. ¿Son seguros? ¿Están modificados?" *National Geographic* (en español), 10(5), 24-37.

19  El ejemplo más conocido de un cultivo transgénico que tiene propiedades nutritivas mejoradas es el arroz con mayor contenido de betacaroteno. Mediante la introducción de dos genes se logra que el betacaroteno se acumule en el grano de arroz en vez que en las hojas. Hasta la fecha no existe producción comercial de este "arroz dorado".

que intervienen en la síntesis del aceite son diferentes. Obviamente, el residuo que queda luego de la extracción del aceite (que normalmente va a alimentación animal y en pocos casos al consumo humano) contendrá la o las proteínas sintetizadas por el o los genes introducidos.

Distinto es el caso en que la proteína foránea permanece como componente integral del alimento, puesto que su ingestión viene aparejada con el consumo. Un estudio reciente realizado en Argentina mostró que algunos productos comerciales, incluyendo la polenta cruda y pre-cocida, los *snacks* de maíz y las hojuelas de desayuno (*corn flakes*), contenían cantidades mínimas de la proteína CryIA(b) presente en maíz Bt modificado genéticamente.[20] Al comer es imposible detectar esta proteína, luego, debe ser declarada en los alimentos que la contienen. Más allá de las cuestiones de fondo, los críticos de los AGM destacan la imposibilidad de que las personas que no deseen consumirlos puedan advertir su presencia en los alimentos.[21] Lo importante es que la presencia de genes foráneos en granos o alimentos puede ser detectada y cuantificada casi en cualquier laboratorio de biología molecular, tanto a nivel del ADN (genes) como de la proteína expresada. Las técnicas se basan en el uso de PCR (*polymerase chain reaction*), tecnología de chips de ADN y en el análisis por espectrometría de masa.

En las puertas del siglo XXI es impensable ignorar el enorme potencial de la biotecnología en la producción agropecuaria, en formas de vacunas, ensayos de diagnóstico, etc. Pero es necesario asegurar al consumidor que tanto científicos como productores y las agencias reguladoras han establecido los controles necesarios para su uso adecuado y seguro en la producción de alimentos.

## 1.9. Los invitados de piedra

Los *microorganismos* (virus, bacterias, levaduras y hongos) son los invitados de piedra en los alimentos y también en este capítulo, pues, ciertamente no son moléculas. Los hemos dejado entrar usando el subterfugio de que producen moléculas tanto tóxicas (por ejemplo, la toxina del *Clostridium botulinum*) como beneficiosas (por ejemplo, algunos preservantes naturales de los alimentos llamados bacteriocinas), y porque participan en reacciones moleculares importantes en las fermentaciones (transformaciones en los alimentos producidas por microorganismos como bacterias, levaduras u hongos). Han entrado también a la fuerza, pues en nuestro intestino grueso los microorganismos que componen la flora intestinal son 10 veces más en número que todas las células de nuestro cuerpo, pesan alrededor de un kilo en un adulto, y cumplen un rol importante en la nutrición y la salud. Por último, no cabían en otra parte de este libro.

20  Margarit, E., Reggiardo, M.I., Vallejos, R.H. y Permingeat, H.R. 2006. "Detection of BT transgenic maize in foodstuffs". *Food Research International* 39, 250-255.

21  Para conocer los puntos de vista de los que se oponen a los AGM se recomienda el libro de Teitel, M. y Wilson, K.A. 2003. *Alimentos Genéticamente Modificados: cambiando la naturaleza de la naturaleza*, Lasser Press Mexicana, México D.F., que tiene un prólogo de Ralph Nader.

El aire que respiramos en este instante puede contener miles de microorganismos por metro cúbico y otro tanto ocurre con el suelo y superficies con las cuales pueden entrar en contacto los alimentos (como también nuestras manos). Entonces, no es extraño que los microorganismos (llamados coloquialmente gérmenes) sean omnipresentes en los alimentos, pero excepto en los productos fermentados suelen ser los invitados de piedra pues aparecen sin que se los convide. La gran mayoría de los alimentos que comemos contienen microorganismos que son inofensivos para la salud humana o a lo más causan la descomposición del producto. Los peligrosos son los *microorganismos patógenos* que producen ya sean *infecciones* (en que el agente es el microorganismo mismo) o *intoxicaciones* a través de sus toxinas, por lo que no debieran estar presentes en un alimento inocuo. Las *esporas* son las formas más resistentes al calor y a agentes químicos en que se presentan algunas bacterias, y corresponden a un estado latente de encapsulación, desecación y dormancia en que se preserva la capacidad del organismo de volver al *estado vegetativo*, que permite su metabolismo pleno y la reproducción.

Ante el llamado de Napoleón a producir alimentos estables para sus tropas, el cocinero francés *Nicolás-François Appert* (1752-1841) inventó hacia 1810 un procedimiento para conservar las comidas en contenedores cerrados manteniéndolos en agua caliente por un buen tiempo. Pero fue el químico *Louis Pasteur* (1822-1895), quien además realizó numerosas contribuciones a la ciencia, el que propuso más tarde que algunas enfermedades se debían a la penetración en el cuerpo humano de gérmenes patógenos. De aquí en adelante es la historia de la conservería o enlatado (aunque a veces se usan otros tipos de materiales de envase distintos a las latas) y de otros procesos térmicos de preservación de los alimentos.

La manera más común de deshacernos de los microorganismos peligrosos que contaminan los alimentos es usando calor (y en el futuro, utilizando altas presiones), pero también se inhiben cuando no hay suficiente agua (salvo las esporas) o si hay presente algunas moléculas que dificultan su crecimiento (sección 5.5). Se denomina *pasteurización* al proceso que elimina todos los *microorganismos patógenos* (causan enfermedades) pero deja vivos algunos que pueden causar la descomposición posterior del alimento. Esto se hace en beneficio de la calidad organoléptica (como el color y el sabor) y nutricional del alimento (pues algunas vitaminas también se destruyen por el calor), que disminuirían con un tratamiento térmico más intenso. Una gota de *leche pasteurizada* (por ejemplo, tratada a 70-75°C por 15 segundos) no contiene ningún patógeno, pero puede albergar unos 500 microorganismos vivos por centímetro cúbico y debe refrigerarse para extender su vida útil. Un alimento sometido a *esterilización comercial* o *appertización* que ha experimentado un calentamiento mayor, como la leche de larga vida o UHT (unos 3 segundos a 145°C), está prácticamente libre de microorganismos y se puede guardar a temperatura ambiente por varios meses. Su deterioro en el envase se debe fundamentalmente a reacciones químicas que afectan el color y el sabor. Una vez abierto, el alimento esterilizado comercialmente debe guardarse bajo refrigeración, pues nuevamente se podrían introducir desde el aire microorganismos que lo descompondrían.

Hay varios desafíos permanentes para la inocuidad microbiológica de los alimentos. Por una parte está la capacidad inherente de los microorganismos de mutar y adaptarse a ambientes desfavorables. Los procesos térmicos y los antibióticos van eliminando a los genotipos más débiles y seleccionando aquellos más resistentes, pero además nuevos microorganismos encuentran "ventanas ecológicas" (nichos donde compiten favorablemente con otros microorganismos) para ir desarrollándose lentamente y pasan a la categoría de *microorganismos emergentes*. Este es el caso de la *Listeria monocytogenes*, patógeno que se encuentra distribuido ampliamente en el ambiente pero que sólo empezó a reinar dentro de los refrigeradores a partir de los años 1980 por la mayor demanda de alimentos convenientes que requerían de poca o ninguna cocción. Ahora la principal fuente de contaminación con *Listeria* son las plantas procesadoras de alimentos, donde se puede alojar incluso en los desagües. Este deseo de contar cada vez con alimentos más parecidos a los productos frescos, pero que permanezcan atractivos y saludables en el tiempo, ha dado lugar al concepto de *procesamiento mínimo* en que los tratamientos de preservación son cada vez más leves, pero los riesgos más grandes.

Como se había dicho, los microorganismos son los invitados de honor en la producción de alimentos fermentados como yogurt, queso, chucrut, *tempeh*, salame, vino y cerveza, entre otros. Tanto las bacterias (chucrut), como levaduras (vinos, pan) y mohos (quesos y *tempeh*) contaminaron nuestros alimentos hace mucho tiempo y el resultado ha probado ser saludable y delicioso. En la fermentación de quesos existe una gran actividad enzimática que degrada moléculas generando sabores y olores, pero también modifica estructuras, contribuyendo a la textura.[22] También, diversos microorganismos son usados como "mini-fábricas" para la producción de metabolitos industriales como productos químicos, fármacos, biocombustibles (etanol y biodiesel), plásticos y aromas.

## 1.10. **Siempre existe el riesgo**

Corremos un riesgo por el solo hecho de introducir un trozo de alimento en la boca. Los ingleses, que llevan buenas estadísticas, han determinado que al año mueren alrededor de 80 personas en el Reino Unido, principalmente niños, atragantadas con alimentos perfectamente saludables. Por otra parte, existen más de 160 alimentos inocuos para la gran mayoría de las personas, pero que pueden producir alergias o reacciones inmunológicas en otras, incluso causando la muerte.[23]

---

22  Se estima que en Francia existen más de 500 variedades de quesos y en el mundo cerca de 2.000. El ex presidente Charles de Gaulle se quejaba de lo difícil que era dirigir a los franceses, que ni siquiera se habían puesto de acuerdo en un queso.

23  Otras reacciones al consumo de alimentos que no involucran una respuesta inmunológica se denominan *intolerancias*, por ejemplo, la intolerancia a la lactosa.

A través de la vida se consumen unas 30 a 40 toneladas de alimentos y son muy pocas las veces en que estos causan algún daño directo. Según una encuesta realizada 20 años atrás en EE. UU., el consumir alimentos no estaba entre las actividades (relacionadas con productos tecnológicos) que eran percibidas por la gente dentro de las más riesgosas. Antes se situaban el conducir un auto o una motocicleta, el fumar, el consumo de alcohol y el uso armas de fuego, por nombrar algunas. Incluso, la energía nuclear superaba a la ingesta de colorantes artificiales en la percepción del riesgo.[24] Que un peligro esté documentado e incluso que sea evitable, no significa necesariamente que las personas lo soslayarán. Así actúan los cerca de 1.300 millones de fumadores que habría en el mundo según la *Organización Mundial de la Salud* (OMS), para quienes aparentemente se justifica correr el riesgo de fumar. Tampoco hacen mucho caso de la mayor probabilidad de desarrollar cáncer a la piel los millones de bañistas que todos los veranos se asolean prolongadamente sin mucha protección.

Hay que tener en cuenta que la presencia de sustancias peligrosas en alimentos es prácticamente inevitable. Para comenzar, existen miles de sustancias químicas en ellos y algunas pueden ser de cuidado en alimentos considerados como perfectamente "naturales" y "saludables" (tabla 1.3). La espinaca contiene ácido oxálico que puede causar cálculos renales, la casava o mandioca posee compuestos cianogénicos que atacan el sistema nervioso, los porotos (fréjoles) tienen inhibidores de enzimas que actúan como factores antinutricionales, las papas pueden contener alcaloides tóxicos, etc. Afortunadamente varios de estos compuestos son desactivados o eliminados durante el procesamiento y la cocción.

Muchos de los procesos empleados por siglos producen precursores químicos o usan sustancias que bajo condiciones de laboratorio y en dosis muy altas, se ha probado que tienen efectos tóxicos. Casos emblemáticos son las moléculas que pueden aumentar el riesgo de cáncer como las *aminas heterocíclicas* de las carnes asadas a altas temperaturas y las *nitrosaminas* que se producen en el estómago a partir de nitritos usados en el curado de carnes. Últimamente la noticia es la *acrilamida*, también potencial inductor de cáncer, que se forma cuando se calienta a altas temperaturas un alimento que contiene el aminoácido *asparagina* en presencia de azúcares, como ocurre en ciertos productos de horneo y fritos.[25] Pero también son potencialmente riesgosas algunas moléculas que agregamos para nuestro beneficio. Este es el caso de ciertos edulcorantes artificiales (sección 1.5) como los ciclamatos, que en grandes dosis se ha demostrado que producen cáncer a la vejiga en ratas y no son recomendados para fenilcetonúricos, a quienes podría causar daño cerebral.[26] Otras moléculas pasan a formar parte de los alimentos en forma inadvertida, como aquellas que

24   Slovic, P. 1987. "Perception of risk". *Science* 236, 280-285.

25   Ver, por ejemplo, Stadler, R.H., Blank I., Varga, N., Robert, F., Hau, J., Guy, P.A., Robert, M.C. y Riediker, S. 2002. "Acrylamide from Maillard reaction products". *Nature* 419, 449. (www.nature.com/nature). Todos estos investigadores pertenecen al Centro de Investigaciones de Nestlé en Suiza.

26   Un artículo muy citado sobre enfermedades causadas por los alimentos (3.581 citas al 30.01.2010) es el de Mead, P.S., Slutsker, L., Dietz, V., McCaig, L.F., Bresee, J.S., Shapiro, C., Griffin, P.M. y Tauxe, R.V. 2000. "Food-related illness

migran de los envases plásticos como los fabricados con policarbonatos. En el caso de los polucionantes orgánicos persistentes (dioxinas, bifenilos policlorados, etc.) estos son acarreados por el medioambiente y se acumulan en la carne y la leche (tabla 1.3). Nuevos peligros aparecen con el tiempo a medida que progresa la investigación, mejoran los métodos de detección y se acumulan nuevas evidencias. Ciertos micro-organismos patógenos que actualmente son muy importantes como el *Campylobacter jejuni*, la *Escherichia coli O157:H7* y la *Listeria monocytogenes*, no eran relevantes en alimentos hace unas décadas atrás.

La evaluación del riesgo en los alimentos debe tener en cuenta lo expresado por el médico suizo Paracelso, quien en el siglo XVI afirmaba: "*...todas las sustancias son tóxicas, sólo la dosis distingue entre un remedio y un veneno*".[27] Por ejemplo, para los niños es muy recomendable una dosis diaria de hierro de alrededor de 10 a 15 mg, sin embargo, una ingestión de 600 mg de la misma sustancia podría ser letal, como también lo podría ser una sobredosis de vitamina A.[28]

Se debe distinguir entre el *peligro* ante la posibilidad de sufrir efectos adversos, y el *riesgo* de la exposición a este por los humanos. Así, por ejemplo, el choque de un meteorito con la Tierra sería muy peligroso, pero el riesgo de que ello ocurra es muy bajo. Por ello es necesario fijar límites de toxicidad que garanticen la salud y constituyan una base para hacer una evaluación del riesgo. El criterio básico para los límites tolerables de exposición es la *dosis diaria admisible* (DDA) que representa la cantidad de un compuesto (expresada en mg/kg de peso/día) que puede penetrar en el organismo humano diariamente a lo largo de la vida, sin que resulte perjudicial para la salud. Desgraciadamente, la DDA es difícil de estimar y debe fijarse a partir de información recogida de ensayos experimentales con animales. Otro parámetro importante en toxicología es la *dosis letal media* ($DL_{50}$) de una sustancia, que corresponde a la cantidad necesaria para matar a la mitad los miembros de una población de prueba y depende de características genéticas y de factores ambientales.

Como se ha dicho, existe la posibilidad que los alimentos se contaminen con molé-culas que son inseguras o simplemente tóxicas, pero que no han sido introducidas intencionalmente. Su origen es muy diverso: el ambiente, residuos de la agricultura y la crianza de animales, los materiales de los envases, etc. Normalmente, las canti-dades son muy pequeñas y se expresan en partes por mil millones o ppb (*parts per billion*), que equivale a 1 dividido por mil millones. Para dar una idea de esta mag-

---

and death in the United States". *Journal of Environmental Health* 62, 9-18. El artículo sostiene que a la fecha de su pre-paración, más de 200 enfermedades conocidas se transmitían por los alimentos y sus causas eran los virus, bacterias, parásitos, toxinas, metales y priones. Los síntomas de la gama de enfermedades transmitidas por alimentos van de la gastroenteritis leve a aquellas potencialmente mortales que involucran daños neurológicos, hepáticos y renales. Según el artículo, en los Estados Unidos las enfermedades transmitidas por los alimentos afectarían entre seis millones y 81 millones de personas, y causarían hasta 9.000 muertes cada año.

27  Es interesante que técnicamente un veneno es una sustancia tóxica que se emplea intencionadamente.

28  Dato tomado de Ribas, B. 2000. "Importancia del hierro en la alimentación". En *Alimentos y Salud* (B. Sanz Pérez, ed.), Real Academia de Farmacia, Madrid, pp. 237-264. La sobredosis tóxica de vitamina A para niños es 1.500 IU/kilo de peso/día.

nitud, equivale a una gota de tinta dispersa en el agua de una piscina olímpica. Con el constante mejoramiento de la sensibilidad de las técnicas analíticas de detección de compuestos químicos, la capacidad de saber si existen trazas de un componente tóxico en un alimento aumenta cada día.

Las estadísticas muestran que anualmente en países desarrollados una de cada cuatro o cinco personas queda registrada en un hospital a causa de una contaminación microbiológica de alimentos; se estima que en EE.UU. mueren alrededor de 5.000 personas al año por este motivo (tabla 1.3). En la mayoría de los casos se trata de infecciones por *Salmonella* y *Campilobacter*. Gran parte de los casos ocurre por una mala manipulación de los alimentos en el hogar y sólo uno de cada 10 incidentes tiene su origen en las cadenas de restaurantes.[29] Sin embargo, la mayoría de la gente percibe que los riesgos de intoxicación por consumo de alimentos en una cadena de comida rápida son muchas veces más de lo que realmente son. ¿Por qué? La respuesta parece estar en que las personas asocian riesgo con el recuerdo de eventos negativos. Obviamente, cada vez que alguien se indigesta en un local de una multinacional de comida rápida, una gran cantidad de individuos se informan a través de las noticias de televisión y diarios, lo comentan y recuerdan. Volviendo al ejemplo del riesgo a la exposición al sol, sólo nos enteramos de una muerte por cáncer a la piel cuando le ocurre a alguien cercano o a algún personaje famoso, sin embargo, esta es la causa de cerca de 12.000 decesos anuales en los EE.UU. Aunque algunos síntomas de intoxicaciones por alimentos son casi inmediatos, como es el caso de las causadas por algunos microorganismos, en otras instancias las consecuencias se manifiestan en el largo plazo y la evidencia es menos obvia (por ejemplo, en el caso de consumo de metales pesados o de agentes cancerígenos).

La mejor manera de protegerse contra los posibles riesgos de la alimentación es comer de variadas fuentes y mantenerse bien informado. Esto demanda, por una parte, que las investigaciones realizadas por la industria, la academia y el gobierno respecto a posibles riesgos sean informadas oportunamente y de tal manera que la mayoría del público (constituencia o *stakeholders*) las entienda y las internalice. Pero muy importante también es que la gente sea capaz de comprender la información en forma correcta y esto requiere de una capacidad de interpretar los mensajes. El análisis de los riesgos en alimentos es responsabilidad de las autoridades nacionales encargadas de la inocuidad alimentaria y consiste en estimar los riesgos para la salud (evaluación), aplicar medidas adecuadas para controlarlos (gestión) y comunicar a las partes interesadas los riesgos y las medidas aplicadas (comunicación).[30]

---

29  Ver http://passionatefoodie.blogspot.com/2007/09/food-poisoning-at-restaurants.html.

30  Entre muchos documentos relacionados con riesgos relativos a los alimentos están: FAO. 2007. "Análisis de Riesgos relativos a la Inocuidad de los Alimentos", *Estudio FAO Alimentación y Nutrición* 87, Roma; y, Winter, C.K. y Francis, F.J. 1997. "Assessing, managing and communicating chemical food risks". *Food Technology* 51(5), 85-92.

## 1.11. ¿Quién podrá protegernos?

Entre tanta molécula que consumimos en los alimentos ¿de qué manera podemos sentirnos protegidos y confiados de que estos sean sanos e inocuos? Esta es una pregunta muy pertinente a la vista de episodios que atentan contra nuestra salud (¡y nuestras vidas en algunos casos!) donde los portadores del posible daño son los alimentos. Cuatro son los vectores que más inciden en hacer inseguros a los alimentos: los microorganismos patógenos, los contaminantes de origen químico, unos pocos componentes naturales que son tóxicos o alergénicos (ver tabla 1.3), y en mucha menor medida, algunos aditivos sintéticos autorizados. Desgraciadamente, la acción de cualquiera de estos agentes ocurre a niveles tan bajos que no pueden ser detectados por la visión, el olfato ni el gusto (a menos que se coman alimentos descompuestos). En tiempos pasados había que esperar desenlaces traumáticos o fatales para advertir su rol adverso para la salud, pero hoy la ciencia moderna puede, en la gran mayoría de los casos, detectarlos a tiempo e incluso anticiparse a su ocurrencia o advertir su posible presencia, como es el caso de los alérgenos.[31]

La complejidad de la vida moderna exige que se traspase al Estado ciertas funciones que no pueden ser realizadas individualmente y entre ellas está garantizar que los alimentos consumidos sean seguros y no causen daño.[32] En este punto se debe distinguir entre dos términos usados en español indistintamente, y erróneamente en algunos casos, pero que en inglés significan cosas muy diferentes. Por *seguridad alimentaria* (*food security*), se entiende que los individuos tengan en todo momento acceso a suficientes alimentos inocuos y nutritivos que satisfagan las necesidades nutricionales y preferencias alimentarias conducentes a una vida activa y sana. La *inocuidad alimentaria* (*food safety*), en cambio, es contar con alimentos que cuando se consumen, ya sea por seres humanos o animales, no causen riesgos para la salud. La inocuidad es un requisito no transable en los alimentos.

---

31 En los envases de algunos productos, particularmente aquellos de confitería o *snacks*, aparece la leyenda "Elaborado en una instalación que procesa maní, almendras, otros granos, proteína de trigo, leche y proteína de huevo". Esta advertencia es necesaria porque para desatar un cuadro de alergia en personas sensibles sólo se necesita de cantidades ínfimas de estos ingredientes, que podrían haber sido introducidas inadvertidamente, por ejemplo, al no haber limpiado adecuadamente un equipo.

32 Frase adaptada de una declaración de Barak Obama, Presidente de EE.UU., el 14 de marzo de 2009. La cita textual es: "*Somos una nación construida sobre la fortaleza de la iniciativa individual. Pero hay ciertas cosas que no podemos hacer nosotros mismos. Hay ciertas cosas que sólo un gobierno puede hacer. Y una de esas cosas es asegurar que los alimentos que comemos sean seguros y no nos causen daño*".

TABLA 1.3. **Algunos agentes peligrosos y contaminantes de los alimentos**

| Agente | Tipo | Algunos portadores más comunes o posibles |
|---|---|---|
| *Bacterias* | Campylobacter jejuni | Aves de corral |
| | Echerichia coli | Produce una poderosa toxina |
| | Salmonella enteritidis | Pollos y huevos |
| | Listeria monocytogenes | Quesos suaves y carnes procesadas |
| | Vibrio parahemolítico | Mariscos crudos |
| *Alga* | Marea roja | Mariscos crudos |
| *Contaminantes* | Pesticidas | Frutas, verduras, jugos |
| | Aflatoxinas | Frutas, pienzos para animales |
| | Sust. químicas diversas | Migración desde envases plásticos |
| | Bifenilos policlorinados (PCBs) | Grasas animales y pescados |
| | Hidrocarburos aromáticos policíclicos | Pescado ahumado, carnes a la parrilla |
| | Plomo | Migración desde latas y emisiones al ambiente |
| | Cadmio | Pescados, mariscos y algas |
| | Dioxinas | Pollos y otras carnes, leche |
| | Nitrosaminas | Carnes curadas |
| *Sustancias Naturales* | Alérgenos | Leche, huevos, pescados, mariscos, maní, trigo, etc. |
| | Hemaglutininas | Porotos, soya |
| | Alcaloides | Algunos lupinos, papas inmaduras |

Las Agencias de Inocuidad Alimentaria o los Ministerios de Salud tienen como misión hacer normativas que protejan al consumidor, controlar que los alimentos cumplan con esas normas, y también llevar a cabo la evaluación, gestión y comunicación de los riesgos involucrados (como se ha visto anteriormente en la sección 1.10). En los EE.UU., la *Administración de Alimentos y Fármacos (FDA o Food and Drug Administration*, sitio web www.fda.gov), es responsable de avalar y regular los alimentos y bebidas, tanto para seres humanos como para animales, y los suplementos alimenticios.[33] La Unión Europea, por su parte, cuenta desde 2002 con la *Autoridad Europea de Seguridad Alimentaria (EFSA o European Food Safety Authority*, sitio web www.efsa.europa. eu) para la evaluación de riesgos en relación con la alimentación y la seguridad de las cadenas alimentarias. De acuerdo a su sitio en Internet "... (la EFSA actúa) en

---

33 La cosa no es tan sencilla. El Departamento de Agricultura de los Estados Unidos (USDA) participa también en el control de la inocuidad de alimentos a través del *Servicio de Inspección y Salud Alimentaria* (FSIS, www.fsis.usda.gov), organismo de salud pública responsable de supervisar el suministro comercial de carne, pollo, huevos y los productos derivados de estos, y del *Servicio de Inspección y Sanidad de Plantas y Animales* (APHIS, www.aphis.usda.gov), agencia encargada de proteger la agricultura, que por tanto, supervisa las importaciones de origen agrícola (por ejemplo, frutas frescas) a los EE.UU.

estrecha colaboración con las autoridades nacionales y en consulta abierta con las partes interesadas (*stakeholders*), proporciona asesoramiento científico independiente y comunicación clara sobre los riesgos existentes y emergentes en los alimentos".[34] Los procedimientos usados por estas u otras agencias para evaluar los riesgos en el consumo de los alimentos y la aprobación de nuevos aditivos necesitarían muchas páginas para ser comentados aquí, pero están bien descritos en documentos de acceso público.[35]

La exposición a microorganismos patógenos, contaminantes ambientales y alérgenos naturales es actualmente consustancial al consumo de los alimentos. No es este el caso cuando se crea una molécula nueva aduciendo un fin loable, como una mejor apariencia y sabor (colorantes y saborizantes) o la reducción de calorías en productos de consumo masivo (edulcorantes, sustitutos de grasas). Un caso emblemático en años recientes ha sido la introducción de *Olestra* (ver sección 1.12), un sustituto sintético no-calórico de las grasas que es un poliéster de la sacarosa (molécula de azúcar que tiene adosada varios ácidos grasos) que no existe naturalmente en los alimentos. La molécula no es reactiva y pasa intacta por el sistema digestivo, por lo tanto no aporta calorías pero produce diarrea en ciertos individuos y al reemplazar al aceite puede afectar la absorción de vitaminas hidrosolubles. Treinta años y 200 millones de dólares en investigación le costó a Procter & Gamble convencer a la FDA que Olestra era un ingrediente seguro y que podía reducir el consumo de grasas, particularmente a través de su uso en los *snacks*.

Otro caso notable del celo extremo de las agencias reguladoras es la *irradiación de alimentos*, tecnología destinada a destruir bacterias patógenas y parásitos, y que se conoce desde principios del siglo XX. El proceso consiste en tratar los alimentos con energía ionizante (suficientemente potente para romper moléculas y producir iones) proveniente de rayos X, haces de electrones y rayos gama, los cuales provocan daño irreversible en el ADN de microorganismos, insectos y plantas, pero sin afectar otras moléculas ni elevar la temperatura. Debido a este particular mecanismo de acción, la irradiación ha sido estudiada como ningún otro método de preservación de alimentos desde el punto de vista de la inocuidad, demostrándose que en dosis apropiadas es tan segura como otras alternativas usadas con fines semejantes. Su aplicación se extendió a partir de mediados de los 1980s y actualmente la irradiación está autorizada en más de 50 países para productos específicos (entre ellos carne molida, especias, pollos, pescados y mariscos, etc.) y en dosis calificadas. Una aplicación importante es como reemplazo de ciertos agentes químicos usados para la fumigación de frutas y verduras frescas, y que son dañinos para la salud. Para información del

---

34  Los países de la Unión Europea aún mantienen sus propias agencias encargadas de la inocuidad de los alimentos y sus reglamentos.

35  Un artículo que revisa en detalle el procedimiento de aprobación de aditivos alimentarios por parte del FDA y comenta algunos casos específicos es: Rulis, A.M. y Levitt, J.A. 2009. "FDA'S food ingredient approval process: safety assurance based on scientific assessment". *Regulatory Toxicology & Pharmacology* 53, 20-31.

consumidor existe un símbolo internacional para la irradiación que debe ir en los envases cuando todo el alimento ha sido irradiado, así como también la frase "tratado por irradiación".

Las industrias de alimentos y cada vez más las empresas de comida fuera de casa, implementan protocolos preventivos para detectar los peligros que afectan la inocuidad microbiológica o higiene de los alimentos, que son conocidos como *Análisis de Peligros y Puntos Críticos de Control* (*HACCP* en inglés). Las multinacionales tienen sus propios laboratorios de investigación relacionados con inocuidad de los alimentos, en donde trabajan en forma conjunta químicos, toxicólogos y microbiólogos, los que obviamente se pensará que son parte interesada. En las universidades, los grupos de *microbiología alimentaria* son muy activos dentro de los departamentos de ciencias de los alimentos e investigan en temas como microorganismos emergentes, técnicas rápidas de análisis microbiológico y genética molecular. A nivel académico también existe el área de *toxicología de alimentos* donde se estudia la naturaleza, propiedades y detección de sustancias tóxicas en alimentos y cómo se manifiestan sus efectos en los humanos. Las Academias de Ciencias en distintos países y la FAO convocan cada cierto tiempo a grupos expertos a expresar sus puntos de vista sobre temas específicos y elaboran los informes respectivos que son de dominio público.[36] Pero son los consumidores informados los que hoy en día están llamados a hacer valer sus derechos y exigir una comida sana e inocua. En países desarrollados existen grupos organizados de consumidores como también organizaciones no gubernamentales preocupados por la inocuidad alimentaria cuyos sitios en Internet son de fácil acceso.[37]

## 1.12. Moléculas diseñadas

Es muy lógico preguntarse si no habrá moléculas mejores para la nutrición y la salud que las proporcionadas actualmente por la naturaleza a través de los alimentos que consumimos. Después de todo, nuestro planeta es hasta cierto punto imperfecto y no existen algunos elementos químicos que según la Tabla Periódica debieran estar, y que a decir de los científicos podrían tener aplicaciones insospechadas.[38] Se podría pensar que en el proceso lento pero eficaz de la evolución es poco probable que la naturaleza se haya equivocado mucho en las soluciones que ha dado a los problemas del mundo real. Pero cuando las cosas cambian rápidamente en relación a los tiempos de la biología, como es el caso de la alimentación moderna ¿no será que el tranco de la naturaleza es un poco lento?

---

36    Respecto al rol que la nanotecnología podría tener en los alimentos, la *National Academy of Sciences* de EE.UU., a través de su Instituto de Medicina, llamó a un panel de expertos en diciembre de 2008. Los resultados están en el libro *Nanotechnology in Food Products*, The National Academies Press, Washington D.C. (2009).

37    Para mantener alertados a los consumidores norteamericanos, *Consumer Reports* ofrece en su página de Internet denuncias de casos que tienen que ver con la inocuidad de alimentos (http://blogs.consumerreports.org/safety/food/). *Greenpeace* también tiene un sitio activo, principalmente para oponerse a los alimentos genéticamente modificados.

38    Desde 1981 se han descubierto seis elementos químicos que llevan los números atómicos 107 a 112. El último se ha denominado *Copernicio* (Cp). A principios de abril de 2010 un equipo de científicos rusos y norteamericanos informaron haber descubierto el elemento con número atómico 117, que tuvo una vida media de 78 milisegundos.

Como se ha visto, algunas moléculas presentes en los alimentos naturales no son tan buenas, sólo que hemos aprendido a transformarlas o eliminarlas a través del tiempo. Por otra parte, no dudamos en introducir en nuestros cuerpos moléculas producidas en laboratorios farmacéuticos porque su demostrado poder de sanación es incomparable ante cualquier alternativa natural. En los alimentos no se ha ido tan lejos, y las moléculas diseñadas que tratan de superar limitaciones en funcionalidad o propiedades nutricionales de moléculas naturales mediante modificaciones inducidas por métodos químicos, físicos o enzimáticos, son miradas con sospecha. A través de la biotecnología es posible también generar cambios en las moléculas directamente en la planta u organismo que las sintetizan, pero esto no es suficiente. Como es de suponer, en todos los casos la producción y uso de estas moléculas diseñadas serán ampliamente investigados y, además, regulados por las agencias de inocuidad alimentaria.

A la lista de edulcorantes artificiales y otros aditivos sintéticos como colorantes y saborizantes, que forman parte de nuestros alimentos, pero que tienden a ser desplazados por ingredientes naturales, se puede agregar otras moléculas que brindan beneficios importantes tanto en la reducción del contenido calórico como en las propiedades culinarias que otorgan a los productos. Lo que sigue trata de enfatizar la naturaleza química de las transformaciones y de los productos obtenidos, los cuales ya son consumidos en una variedad de alimentos.

Los *almidones modificados* pretenden superar algunas limitaciones de los almidones naturales como la excesiva degradación física, la inestabilidad por efectos térmicos y pHs muy ácidos, la retrogradación (recristalización) y la sinéresis (exudación de agua). La modificación química de los almidones es común en la industria alimentaria, siendo algunos de los mecanismos más usados la formación de derivados en forma de éteres, ésteres y compuestos oxidados, y el entrecruzamiento o bien la hidrólisis (rompimiento) de cadenas de amilosa y amilopectina (sección 2.1). Por ejemplo, los *almidones oxidados* (que provienen de un tratamiento con hipoclorito de sodio, el mismo que se usa para blanquear ropas) dan viscosidades bajas a mayonesas y aderezos de ensaladas, y no se retrogradan (o convierten en cristales duros) ni forman geles opacos dentro del producto.[39] Los *éteres de almidón* se usan porque proporcionan una mayor estabilidad a los productos congelados al ser más resistentes a los ciclos de congelación-descongelación y se encuentran en los rellenos de frutas de los *kúchenes* congelados. Algunos almidones modificados se digieren en menor grado que los naturales y generan menos glucosa, lo que es beneficioso para la contabilidad de calorías y los diabéticos (sección 7.7). Mediante la hidrólisis o rompimiento del almidón por ácidos en condiciones de baja humedad (<15%) y altas temperaturas (150 a 200°C), se producen polímeros cortos de glucosa en forma de unos polvos

---

39  En este momento bien vale la pena un viaje al refrigerador para revisar el listado de ingredientes de la mayonesa *Light*. Obviamente, ninguna etiqueta va decir carboximetil almidón o hidroxipropil almidón, que es lo que realmente son algunos de estos compuestos, pero aparecen elegantemente descritos como *almidones modificados*.

con tintes amarillentos conocidos como *dextrinas*, que se utilizan en formulaciones de alimentos instantáneos por su solubilidad y viscosidad, incluyendo alimentos infantiles, que además no necesitan ser cocidos. El control de la hidrólisis permite obtener atractivas combinaciones de viscosidad y solubilidad ajustando al propósito deseado el tamaño de los polímeros que se generan.

Un *lípido estructurado* es una molécula de grasa "hecha a la medida" para una función nutricional o tecnológica específica. Esto se consigue seleccionando los tipos de ácidos grasos que componen los triglicéridos, y la posición de estos en los tres sitios posibles en la molécula de glicerol (sección 1.2). Como las enzimas pueden actuar reversiblemente tanto cortando como pegando moléculas, una *lipasa* actuando bajo condiciones particulares puede unir un ácido graso a una molécula de glicerol casi en la posición que se desee. Los lípidos estructurados encuentran sus mayores aplicaciones como sustitutos de manteca de cacao, grasas hipocalóricas, y en productos específicos como alimentos para la nutrición enteral y parenteral y en leches infantiles. Uno de los desarrollos comerciales más interesantes es un triglicérido estructurado llamado *Betapol*® que tiene la misma estructura del triglicérido mayoritario en la leche humana y que adicionado a fórmulas de reemplazo a la leche materna otorga beneficios nutricionales superiores a los de cualquier otra grasa conocida. El diseño de moléculas no-calóricas que sustituyan a las grasas se ha logrado mediante la reacción de varios grupos -OH del disacárido sacarosa con ácidos grasos (C8:0 a C12:0), lo que da un producto sin sabor y estable al calor. *Olestra*® es el más famoso entre estos ésteres de la sacarosa y es un sustituto no calórico del aceite que se puede usar para la fritura y en productos de horneo.

Las proteínas también se pueden cortar con proteasas o con ácidos, y se producen péptidos y aminoácidos que tienen notas de sabores a carne apreciadas en los caldos en cubitos o en salsas "de carne". Estas moléculas aparecen listadas en los envases como "proteína de soya o de maíz hidrolizadas". Como se ha mencionado anteriormente, es posible juntar enzimáticamente precursores de las proteínas como aminoácidos y péptidos (en una reacción química que se conoce como plasteína), y por ejemplo, a partir de una sopa de estos sería posible formar nuevas proteínas que tengan un valor nutricional superior. De las proteínas se han derivado "imitadores" de las grasas con menor contenido calórico, que son micropartículas húmedas de proteína de tamaños de entre 100 nm y 3 µm que en la boca dan la sensación de cremosidad y de que parecen derretirse. Estos productos se usan en helados, postres, etc., y al reemplazar a las grasas reducen en un 85% el contenido calórico aportado por éstas.

El desarrollo de estas moléculas diseñadas por ingeniería es una especie de *farmacología alimentaria* (*farmafoods*) en el sentido que cumpliría un rol importante en la salud, por ejemplo, reduciendo las calorías que conducen al sobrepeso cuyas consecuencias son enfermedades. El futuro de las moléculas diseñadas va a depender en gran parte de las necesidades específicas y urgentes para mejorar la salud y el bienestar, de cuán efectivas y seguras sean, del ingenio de químicos, bioquímicos y biotecnólogos para hacer alteraciones lo más naturales posibles y evaluar los posibles riesgos, y de que la regulación les dé el visto bueno. A diferencia de los productos farmacéuticos, cuyos desarrollos cuestan cientos de millones de dólares pero que se recuperan en pocos años por su gran efectividad, las moléculas diseñadas para ser usadas en alimentos deberán ser baratas, pues se emplearán en cantidades apreciables (como sustitutos), tendrán que superar múltiples sospechas sobre su utilidad e inocuidad, y deberán enfrentar mercados muy competitivos.

## 1.13. De dulce y agraz

El agraz es el jugo ácido de la uva sin madurar que se empleaba frecuentemente en la Edad Media para condimentar platos, y que deja un ligero sabor amargo antes de tragar. La palabra se usa coloquialmente para denotar algo que nos deja una sensación de amargura y pena. Esto es lo que ocurre al recordar traumáticas experiencias recientes que han tenido como protagonista principal a los alimentos y que causaron impacto mundial. Uno de los casos más graves ocurrió en España en 1981 cuando se puso a la venta aceite de colza o raps desnaturalizado con anilina, que estaba destinado a usos industriales. El llamado "síndrome del aceite tóxico" dio lugar a más de 24.000 casos de intoxicación y unas 580 muertes.

Los primeros casos de la llamada "enfermedad de las vacas locas" o *encefalopatía espongiforme bovina* (EEB) se detectaron en el reino Unido en 1986. La EEB es causada por *priones* y se transmite a los seres humanos a través del consumo de partes de animales infectados, sobre todo de sus tejidos nerviosos. Los priones son agregados de proteínas, normalmente componentes inocuos de células, pero que tienen la capacidad de transformarse en partículas muy estables que provocan varios tipos de enfermedades cerebrales en humanos y animales, con síntomas que incluyen el descontrol de músculos y la pérdida de memoria. El científico inglés *Stanley B. Prusiner* (1942) profesor de la Universidad de California, San Francisco, recibió el premio Nobel 1997 en Fisiología y Medicina por su descubrimiento de los priones, un nuevo principio de infecciones, que los agregó a la larga lista de bacterias y virus.[40]

Las *dioxinas* son compuestos altamente tóxicos que se forman en procesos térmicos a temperaturas elevadas (200-600°C) en presencia de cloro y, por tanto, están bastante distribuidas en el medioambiente. Las dioxinas se concentran en las grasas de los alimentos (y de nuestro cuerpo) e hicieron su aparición formal el año 1999 en Bélgica al incluirse grasa de mataderos contaminada con dioxinas y otros compuestos clorados en alimentos para animales, de donde se transmitieron a los humanos. Como en el caso anterior, sólo pasaron unos pocos meses desde que se manifestaron problemas de salud relacionados con el consumo de pollos contaminados hasta que se detectó que la causa eran las dioxinas, lo que habla muy bien de la capacidad de la ciencia actual para

---

40  http://nobelprize.org/nobel_prizes/medicine/laureates/1997/press.html (visitado el 20.08.2009).

establecer rápidamente el origen de un problema. Este bochornoso y lamentable incidente, además del daño a las personas, provocó la caída del gobierno belga de turno.

Recientemente ha impactado el caso de la *melamina* añadida en la leche, que ocasionó la muerte a seis bebés en China y causó enfermedad a más de 300.000 personas, desconociéndose aún los efectos de largo plazo. La melamina, usada para hacer plásticos, fertilizantes y productos de limpieza, tiene un alto contenido de nitrógeno, lo que permite adulterar la leche y hacerla aparecer con un adecuado nivel de proteína.[41] En términos comerciales, el incidente forzó a la multinacional neozelandesa *Fonterra*, dueña del 43% de la empresa china involucrada, a incurrir en pérdidas por más de 150 millones de dólares.

La *gripe aviar* y la *gripe porcina* están indirectamente relacionadas con los alimentos. La reciente pandemia de esta última ha causado a la fecha unas 12.000 muertes. En la naturaleza, el virus de la gripe ha existido en aves silvestres por millones de años, y no suele causarles daño. Sin embargo, al pasar a los humanos puede causar pandemias como "la gripe española" que en 1918 mató a unos 50 millones de personas en todo el mundo. Hasta la fecha, no existen datos científicos que sugieran que enfermedades virales puedan ser transmitidas a los humanos a través de los alimentos si estos se cocinan adecuadamente. Indirectamente, la crianza intensiva de aves y cerdos destinados a la alimentación en condiciones de hacinamiento, podría ser responsable de la selección y replicación de virus altamente virulentos.[42] La Unión Europea ha puesto en marcha una serie de iniciativas destinadas a mejorar las condiciones de bienestar animal (*animal welfare*) en la crianza y transporte de animales y aves destinados a la producción de alimentos. Se cree que el virus ISA en el salmón del Atlántico, que no ataca a los seres humanos, se propagó en Chile por las condiciones de hacinamiento en las jaulas de cultivo.

De estos episodios trágicos y masivos relacionados con el consumo de alimentos se deduce que hay al menos tres causas que explican su ocurrencia. Por una parte está la codicia de personas inescrupulosas que desean lucrar a como dé lugar; por otra, la acumulación progresiva de sustancias tóxicas o precursores de ellas en los alimentos, por el continuo reciclaje de subproductos dentro de una cadena alimentaria; y por último, el poco conocimiento y respeto por la estabilidad de sistemas biológicos, que en el fondo son muy frágiles.

## 1.14. Moléculas mal repartidas

No se puede abandonar este capítulo sin abordar el hecho que a pesar de todos los avances tecnológicos que permiten producir más alimentos, todavía existen muchos

---

41  El análisis rutinario de proteínas en alimentos se basa en determinar el nitrógeno y calcular el porcentaje de proteína como 6,25 veces (u otro factor similar, dependiendo del tipo de proteína) el porcentaje de nitrógeno. Este valor se llama *proteína cruda*, pues no todo el nitrógeno en un alimento está como proteína.

42  En Wuethrich, B. 2003. "Chasing the fickle swine flu". *Science* 299, 1504-1505, se señala que un virus tendrá más oportunidades de replicarse y diseminarse en un grupo de 5.000 animales que en cien cerdos criados en una pequeña granja.

seres humanos a quienes no les llega su parte. Es paradojal que cuando se producen alimentos suficientes para satisfacer las necesidades de los más de 6 mil millones de habitantes del mundo, coexistan sobre 1.200 millones de personas que están sobrealimentadas y al mismo tiempo 850 millones que no comen lo adecuado, y 250 millones que padecen de hambre. Ya en 1994 los agricultores de EE.UU. producían alimentos suficientes para satisfacer casi una vez y media los requerimientos diarios de toda la población de ese país, a pesar de los subsidios desincentivando la producción de algunos cultivos.[43]

El artículo 25 de la Declaración Universal de los Derechos Humanos en su punto 1 establece que "toda persona tiene derecho a un nivel de vida adecuado que le asegure, así como a su familia, la salud y el bienestar, y en especial la alimentación". Se estima que anualmente mueren en el mundo unos 6 millones de niños como consecuencia directa o indirecta del hambre y la desnutrición. En términos duros de aceptar, se trata de un problema económico: la mayor parte de esta gente es muy pobre para poder siquiera comprar alimentos y viven con menos de un dólar al día. Esta violación de los derechos humanos ocurre de manera flagrante en nuestros días, sin que haya jueces que recorran el mundo subdesarrollado buscando a los responsables y los lleven a las cortes internacionales para ser juzgados.

Otro tanto ocurre con las *deficiencias de micronutrientes* que aunque no causan la muerte, reducen de manera importante la calidad de vida y limitan el potencial de las personas. Los micronutrientes son indispensables para la acción de enzimas, hormonas y otros compuestos esenciales para el crecimiento y desarrollo. La deficiencia de vitamina A es la principal causa prevenible de ceguera en niños y mujeres embarazadas de países pobres, y a su vez aumenta el riesgo de enfermedad y muerte por infecciones graves. Este es un problema en más de la mitad de los países del mundo, especialmente en África y el sudeste de Asia, estimándose que entre 250.000 y 500.000 niños que sufren esta deficiencia quedan ciegos cada año. A nivel mundial la deficiencia de yodo es la causa más frecuente del daño cerebral y el retardo mental, y su solución cuesta anualmente menos de 5 centavos de dólar por persona: la sal yodada. A pesar de esto, actualmente hay más de 50 países donde prevalece esta carencia. Pero es la deficiencia de hierro el trastorno nutricional más extendido en el mundo, estimándose que sobre del 30% de la población mundial, unos 2.000 millones de personas, sufren de algún grado de anemia. Aquí la solución no es tan sencilla como en el caso de la sal, pues el hierro suministrado por *fortificación* (agregar hierro donde no hay) o *suplementación* (agregar más), debe estar en una forma que sea absorbible por el organismo.[44] Otra limitación no menor es el aspecto cultural que en algunas partes no ve con buenos ojos el consumo de píldoras.

---

43  Kantor, L.S., Lipton, K., Manchester, A. y Oliveira, V. 1997. "Estimating and addressing America's food losses". *Food Review* 20(1), 2-12.

44  El problema de la deficiencia de vitamina A y su impacto a nivel mundial se describe en el sitio web de la Organización Mundial de la Salud (www.who.int/nutrition/topics/en/).

Materiales y
estructuras
gastronómicas

*La naturaleza se encarga de transformar moléculas en estructuras comestibles, y la cocina de convertirlas en platos y comidas. En este sentido los alimentos son materiales y así los solemos describir: duros o blandos, suaves o fibrosos, crujientes, etc. La ciencia de los materiales alimentarios proporciona el marco científico para la conversión de materias primas en estructuras con propiedades que apreciamos en nuestro paladar y también para aquellas estructuras sorprendentes que vendrán.*

### 2.1. Estructuras naturales

Los alimentos provienen de tejidos que deben realizar una función específica en la naturaleza. A través del tiempo se han ido seleccionando aquellas plantas más fáciles de domesticar y seguras, y cuyas partes comestibles tienen sabores, olores y texturas que encontramos agradables. Es así que comemos flores (como la coliflor, el brócoli y la alcachofa) o sus partes (los estigmas que dan el azafrán), hojas (en el caso de la lechuga, la endivia y la espinaca) e incluso tallos (representados por el palmito y el espárrago). También están las frutas dulces que todos apreciamos en postres y jugos, aquellas que consideramos hortalizas, como los pepinos, el tomate y las paltas, y las aceitunas de las que también se obtiene su aceite. Se ha mencionado que frutos secos denominados cereales o granos, como el trigo, maíz y arroz, tienen una importancia culinaria y nutricional fundamental. Nuestros menús se enriquecen con semillas como las legumbres y algunas pseudo-raíces como las zanahorias, betarragas y los rabanitos, y con tallos engrosados que crecen bajo el suelo como las papas.[45]

---

45   McGee, H. 2008. *La Cocina y los Alimentos: Enciclopedia de la Ciencia y la Cultura de la Comida*, 3ª edición, Limpergraf, Barcelona.

Simplificando, las "estructuras naturales" que constituyen las materias primas de los alimentos pueden clasificarse en cuatro grandes grupos: i) estructuras ensambladas a partir de pequeñas moléculas (glucosa) o macromoléculas (proteínas) en tejidos que tienen una funcionalidad específica, por ejemplo, los haces de celulosa presentes en las paredes celulares de vegetales y las fibras musculares en carnes y pescados; ii) materiales carnosos de plantas que son agrupaciones de células que presentan hidratación interna y cuyas paredes permiten la turgencia, como es el caso de tubérculos, frutas y hortalizas; iii) embriones encapsulados que contienen paquetes discretos de almidón, proteínas y lípidos, como sucede en granos y leguminosas, y donde entran también los huevos, y; iv) un complejo y particular líquido llamado leche, destinado a la nutrición de las crías de los mamíferos, que contiene los nutrientes básicos en un estado de dispersión coloidal o solución acuosa.

La manera que tiene la naturaleza para derivar funcionalidad a partir de un número limitado de moléculas pequeñas es asociarlas como macromoléculas o polímeros, los que a su vez se ensamblan dando lugar a estructuras jerárquicas que son cada vez más complejas: organelos, células, tejidos, órganos y organismos. Por ejemplo, la elasticidad de los tendones se consigue por una cadena de estructuras que va desde la molécula de colágeno hasta los haces fibrosos que componen el tendón. Aquellas moléculas que carecen de fines "nobles" o funcionales son simplemente acumuladas como reserva en estructuras pequeñas como los gránulos de almidón, los glóbulos de aceite y los cuerpos proteicos (agrupaciones de proteínas) que existen en cereales, legumbres y en las oleaginosas. Lo curioso es que tanto el almidón como algunas proteínas (por ejemplo, las del gluten de trigo) juegan roles importantes en las comidas, roles que no tienen en las plantas, cuales son el de espesante y matriz elástica, respectivamente. Es evidente que la naturaleza no ha tenido presente nuestro deleite y nutrición al diseñar y fabricar los tejidos y órganos de las plantas, sino que hemos ido descubriendo sus bondades en un lento proceso de prueba (¡literalmente!) y error.

Un mecanismo de control muy utilizado por la naturaleza es compartimentar a grupos de moléculas distintas que si estuvieran juntas reaccionarían a destiempo. También se suele mantener en forma pasiva a moléculas reactivas las que son activadas cuando es necesario. Este es el caso de las *enzimas* y los *sustratos* o moléculas específicas sobre los cuales estas actúan. En el interior de las células del ajo existen micro-compartimentos separados por finas membranas biológicas donde residen por un lado la enzima *alinasa* y por otro la *aliína*, una molécula inofensiva compuesta por aminoácidos. Al romper un diente de ajo se pierde la compartimentación y la enzima se pone en contacto con la aliína produciéndose la *alicina*, que da el olor pungente del ajo que todos reconocemos y apreciamos.

Si bien es cierto que comemos moléculas, ciertamente no las masticamos. En los alimentos encontramos a las moléculas formando parte de *estructuras naturales* en tejidos de plantas y animales, y en formas derivadas del procesamiento o la acción culinaria. Aunque el tema de la estructura de los alimentos se trata más adelante en varias secciones de este capítulo es pertinente referirse a cómo la naturaleza organiza las moléculas en complejas *estructuras jerárquicas* para que cumplan sus roles y, a su vez, cómo se derivan las propiedades culinarias de ellas. Se abordarán tres ejemplos: el almidón, las paredes celulares de plantas y los tejidos musculares (figura 2.1).

El *almidón* no es una molécula en sí, sino que es un minúsculo gránulo producto del ensamblaje de dos tipos de polímeros que tienen como monómero al azúcar glucosa: la *amilosa*, que tiene la forma de una hebra helicoidal y está compuesta por unas 200 a pocos miles de unidades de glucosa, y la *amilopectina*, que es una macromolécula ramificada en varios puntos y que puede llegar a tener varios miles de moléculas de glucosa. Como la función primordial del almidón es el almacenaje de energía, la naturaleza no se hace problema y compacta una gran cantidad de ambos tipos de moléculas en *gránulos de almidón*, donde se alternan capas cristalinas y ordenadas con otras desordenadas y amorfas (figura 2.1, izquierda). Al microscopio los gránulos de almidón son como pequeños granitos sólidos de tamaño máximo inferior al grosor de un pelo (figura 3.3). Todo el almidón que encontramos en la naturaleza está en forma de estos densos gránulos que miden desde 5 hasta aproximadamente 50 µm y varían en forma, desde redondos a elipsoidales. El almidón de la papa (chuño) o del maíz (maicena) se produce luego de una molienda y dispersión en agua, seguida por la centrifugación o filtración fina de la suspensión acuosa donde se separan los gránulos aprovechando las diferencias de densidad o sus tamaños, respectivamente. Un secado posterior da origen al almidón "en polvo" que se usa para diversos fines, desde hacer jarabes endulzantes hasta biocombustibles.

Cuando la naturaleza no puede derivar las cualidades deseables a partir de un solo material, lo combina con otros de manera que la estructura resultante tenga una propiedad superior a cada uno de los materiales por separado. En ingeniería se denomina *compósito* a una estructura que está formada por una matriz continua y tiene elementos dispersos que le proporcionan propiedades superiores. Un ejemplo son las planchas de plástico reforzadas con fibra de vidrio para una mayor resistencia y su analogía con las estructuras vivas son las *paredes celulares* de plantas. Los "ladrillos" de las estructuras vegetales son las células provistas de paredes celulares semirrígidas (porque contienen agua) que circundan al *citoplasma* o todo el contenido interior de una célula, y dentro de este se encuentra una *vacuola* o globo que contiene una solución acuosa, ambos confinados por una *membrana celular*. Una célula vegetal mide unos 100 µm. La pared celular es un compósito donde una matriz amorfa es reforzada por moléculas de pectina (35%), celulosa (30%), hemicelulosas (20%) y algunas proteínas (figura 2.1, centro). Un cemento conocido como *lámina media*, mantiene unidas a células adyacentes por la parte externa de las paredes celulares, y juega un rol fundamental en el ablandamiento de los tejidos vegetales durante la maduración y la cocción.

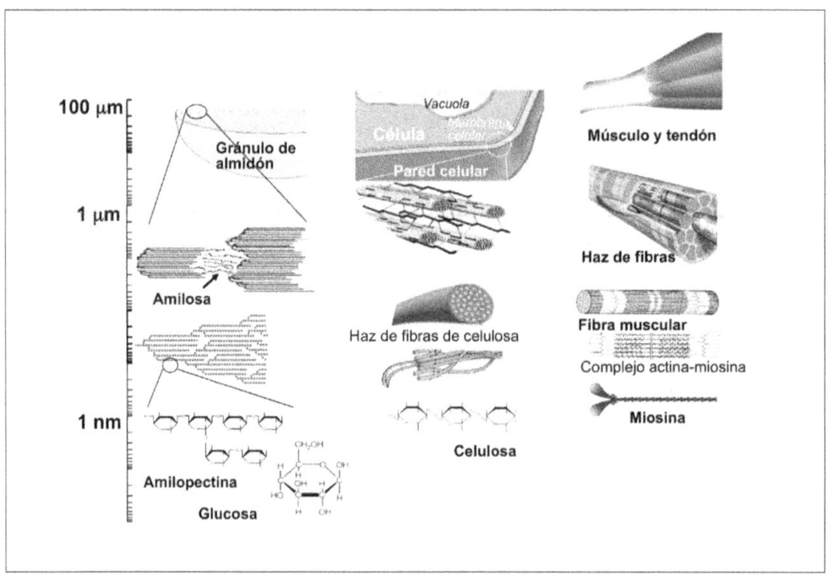



FIGURA 2.1. **Estructuras jerárquicas que dan origen a los gránulos de almidón, los vegetales y la carne. Partiendo de moléculas relativamente pequeñas la naturaleza fabrica progresivamente estructuras cada vez más complejas, que son básicas para entender el comportamiento de los alimentos durante el procesamiento y la cocción. Las dimensiones que se pueden leer en el eje vertical son muy aproximadas, y la escala cambia en un factor de un millón, desde 1 nanómetro (nm) a 1 milímetro (mm).**

La *celulosa* es una cadena lineal de unidades de glucosa (¡igual que la amilosa del almidón!) pero pegadas con un enlace distinto que favorece la asociación lateral entre cadenas, formándose hebras largas y resistentes o *fibrillas celulósicas* de unos 3,5 nm de diámetro, que no se rompen fácilmente por calor ni por enzimas (figura 2.1 al centro). Esta propiedad de la celulosa permite a la naturaleza construir estructuras duras y resistentes como las cáscaras de las nueces. Las paredes de células vegetales van acumulando con el tiempo *lignina*, un polímero tridimensional en forma de malla que no es fácil de romper ni disolver y se asocia con la dureza del tejido. La *lignificación* se aprecia bien en los espárragos, que se vuelven más fibrosos y duros con el tiempo, e indirectamente en las legumbres viejas que no se suavizan durante la cocción (ver sección 3.8). Las paredes celulares de la madera contienen celulosa y lignina, ambas duras e indigestibles, pero que permiten a los árboles vivir muchos años y resistir los avatares de la naturaleza. Las células vegetales de productos frescos tienen la característica de ser células jóvenes con paredes celulares blandas (que forman parte posteriormente de la fibra dietética), y de estar hidratadas, donde los solutos presentes en el contenido acuoso de la vacuola ejercen una presión osmótica que es responsable de la turgencia de frutas y verduras. Se ha mencionado a la membrana celular que rodea al citoplasma. Las *membranas biológicas* son estructuras complejas que se autoensamblan formando una doble capa lipídica donde se insertan algunas proteínas. La naturaleza separa distintos compartimentos intracelulares por medio de estas membranas cuyo rol principal es controlar el transporte de moléculas desde y hacia el interior de los compartimentos. Mantener las membranas celulares es muy importante en aquellos alimentos que deben seguir realizando su metabolismo, como frutas y vegetales frescos, pues se destruyen fácilmente por el calor. Hay también una ventaja tecnológica en conservar las paredes celulares y membranas casi intactas en algunos procesos para que actúen como filtros moleculares. Este es el caso de la extracción de azúcar de la remolacha donde los tubérculos se cortan en forma de largos fideos que tienen en su interior muchas células intactas que dejan pasar sólo las moléculas de azúcar y retienen el material intracelular no deseado. Los "fideos" de remolacha extraídos se secan y son un buen alimento animal llamado coseta.

La estructura del músculo esquelético de los animales está formada por células alargadas o *fibras musculares*, que no poseen paredes celulares como las de plantas (figura 2.1, derecha). La capacidad de contracción de los tejidos musculares se basa en el ensamblaje de dos proteínas, la *actina* y la *miosina* que constituyen más del 20% de las células musculares, y que dan origen a estructuras jerárquicas a niveles superiores. Ambas proteínas en el interior de las células están inmersas en un fluido llamado *sarcoplasma* y se entrecruzan y deslizan entre sí en forma paralela para dar la capacidad al músculo de estirarse y contraerse. Las células musculares se agrupan en cilindros alargados llamados *miofibrillas* de 1 a 2 µm de diámetro, que posteriormente se ensamblan formando *haces de fibras musculares* hasta llegar al tejido completo. Los haces de fibras son fácilmente separados con la ayuda de un tenedor en pescados y carnes que han sido bien cocidos. Toda la estructura fibrilar del músculo se mantiene unida por envolturas de *tejido conectivo*, compuesto principalmente por la proteína llamada *colágeno*, las que confluyen en los tendones que unen al músculo con el hueso (figura 2.1, derecha arriba). El colágeno está formado por tres cadenas de proteínas enrolladas en forma de hélice y estabilizadas por uniones intermoleculares. Cuanto más viejo es un animal, más abundante, entrecruzado y resistente a la cocción es el tejido conectivo, y de ahí su dureza culinaria. La gelatina proviene de la hidrólisis del colágeno de cueros y huesos.

De todo lo anterior se concluye que los denominados componentes y nutrientes de los alimentos no se encuentran distribuidos homogéneamente sino que forman parte de estructuras bastante complejas que les otorgan propiedades identificables por nuestros sentidos. El conocimiento preciso de estos arreglos, en que participan microscopistas y bioquímicos, ha permitido entender el origen de ciertas tecnologías e introducir mejoras significativas en los procesos. Por otra parte, resulta evidente que el proceso de digestión debe liberar a los nutrientes desde estas estructuras si es que ellos van a ser eficientemente absorbidos en el intestino, lo que se abordará en la sección 7.6.

## 2.2. Sociología molecular

Se ha hablado de moléculas y de estructuras, pero no de cómo se pasa de las primeras a las segundas. Las *interacciones* entre las moléculas vecinas, que pueden ser de atracción o repulsión, se pueden comparar a las interacciones entre los seres humanos y de ahí que se haya derivado el término *sociología molecular*. De hecho, se habla de si existe o no "química" entre las personas y el concepto sociológico de "química humana" analiza las "reacciones" para formar y deshacer enlaces entre seres humanos y las estructuras que se derivan de estas relaciones.[46] Hacer analogías entre moléculas y seres humanos puede resultar bizarro, pero se justifica cuando se quiere hacer uso de la experiencia cotidiana y personal para explicar algo que es complejo.

Algunas personas se juntan y no se separan más, como se promete en el matrimonio. En química, la atracción tiene que ver con interacciones entre moléculas vecinas, que van de fuertes a débiles. La unión más cercana y permanente entre moléculas es el *enlace covalente* donde se comparten electrones externos entre dos o más átomos. Este es el enlace con que se unen los monómeros cuando forman los polímeros como las proteínas y los polisacáridos. En los alimentos se usan enzimas para romper estos enlaces, por ejemplo, la *amilasa* que corta las moléculas de almidón y las transforma en azúcares simples, y la *renina* (o cuajo) que escinde una parte de la caseína de la leche, desestabilizándola para que se forme la cuajada del queso.

Sin embargo, a medida que se progresa en los niveles jerárquicos de las estructuras biológicas comienzan a predominar interacciones menos específicas que los enlaces covalentes y adquieren una gran importancia las llamadas *interacciones débiles*, en que priman propiedades específicas de las moléculas mismas. El profesor *Jean Marie Lehn* (1939), premio Nobel de Química 1987 (ver sección 10.6), propuso el nombre de *química supramolecular* al estudio de las interacciones entre moléculas, más allá de los enlaces covalentes.[47] En la formación de estructuras alimentarias hay algunas interacciones no-covalentes que conviene tener presente. Las *interacciones electrostáticas* ocurren entre moléculas que tienen cargas eléctricas y pueden ser de atracción (cargas opuestas) o repulsión (cargas del mismo signo). Los *enlaces* o *puentes de hidrógeno* ocurren cuando este elemento se encuentra cargado positivamente ($H^+$) y es atraído por cargas negativas en cualquier otra molécula pero con una intensidad que es sólo un 1% de la del enlace covalente. En las moléculas de agua ($H^+$–$O^-$–$H^+$), el enlace de hidrógeno explica muchas de las propiedades de este compuesto y su interacción con grupos cargados de otras moléculas, como es el caso de la hidratación de proteínas y polisacáridos. Las interacciones de *van der Waals* corresponden a atracciones o repulsiones debido a efectos de cargas eléctricas débiles permanentes

---

46 Aparentemente la cosa viene de Goethe y su *Teoría de la Química Humana*, que relaciona la afinidad entre personas con aquella entre las moléculas. Existe un libro reciente, publicado por su autor, que trata de explicar la analogía entre los humanos y la química: Thims, L. 2007. *Human Chemistry*, volúmenes 1 y 2, LuLu, Morrisville.

47 Aquellos interesados en el tema pueden consultar el libro Stead, J.W. y Atwood, J.L. 2009. *Supramolecular Chemistry*, 2ª ed., John Wiley & Sons, Chichester.

o momentáneas en las moléculas. Hay más sobre interacciones moleculares, pero lo visto permite progresar sin tropiezos.

Las cadenas de polímeros que poseen cargas eléctricas localizadas, como algunos polisacáridos, pueden ser unidas por un ión de signo contrario y así formar macroestructuras estables como los geles de carragenina o alginato. Pero la carencia de carga eléctrica también es una oportunidad para que las moléculas se asocien, especialmente si están en un ambiente altamente "cargado" como es el medio acuoso. Los grupos o zonas sin carga se "atraen" entre sí, se juntan y esconden al sentirse rechazados por el medio, dando lugar a las *atracciones hidrofóbicas* (odian estar en contacto con agua) que agrupan a las moléculas y las segregan del resto. Algunos geles proteicos se estabilizan en buena medida a través de este mecanismo. Las personas que se sienten discriminadas suelen también juntarse entre sí y apartarse. No es exagerado decir que estos y otros tipos de interacciones débiles, en forma individual o simultánea, son fundamentales en las estructuras que se obtienen en la cocina y en aquellas que darán origen a los alimentos del futuro.

El rompimiento de una relación es un acontecimiento doloroso. Las enzimas hidrolíticas son las mayores disociadoras y sirven para romper moléculas grandes como las proteínas, carbohidratos y lípidos, para dar lugar a moléculas más pequeñas. Pero bajo ciertas condiciones las enzimas pueden actuar como una casamentera y crear nuevos vínculos. En química muchas reacciones son reversibles y algunas enzimas pueden formar polímeros a partir de los monómeros (por ejemplo, sintetizar proteínas a partir de aminoácidos). Ciertas lipasas permiten pegar ácidos grasos específicos y formar triglicéridos con propiedades especiales, que se denominan *lípidos estructurados*. Es posible construir enzimáticamente anillos de 6 a 9 unidades de glucosa conocidos como *ciclodextrinas* con una región interna hidrofóbica donde se pueden albergar moléculas de aromas, pigmentos, vitaminas o compuestos "funcionales" poco solubles en agua, y cuyo exterior hidrofílico permite la dispersión en un medio acuoso.

El concepto de *autoensamblaje* (*self-assembly*) de moléculas se refiere a una asociación espontánea y reversible de grupos de moléculas para formar estructuras de acuerdo a cierta "información química" contenida en las moléculas mismas. Esta asociación produce un salto desde la escala molecular a la de decenas o centenas de nanómetros. Ejemplos de estas asociaciones de autoensamblaje que existen en los alimentos son las *micelas de caseína* en la leche que miden unos 200-400 nm (sección 2.9) y las membranas biológicas en células animales y vegetales. Los monoglicéridos y los fosfolípidos (moléculas de lípidos que tienen una cabeza polar y una cola apolar) pueden autoensamblarse espontáneamente, dependiendo de las condiciones del medio en que se encuentran, en una multitud de nanoestructuras con formas de láminas extendidas o *lamelas* (como las membranas biológicas), *micelas* (esferas compactas), *vesículas* (esferas con un centro hueco) e incluso *fases ordenadas* que se extienden en tres dimensiones.

Desde hace algún tiempo se sabe que las moléculas de ciertas proteínas forman agregados semi-esféricos de diversos tipos, algunos de los cuales prosiguen asociándose hasta formar las redes de los geles como el tofu o el yogurt. Otras proteínas como la beta-lactoglobulina del suero de queso se juntan para formar fibrillas del tamaño de varios nanómetros, que pueden ser transformadas en estructuras fibrosas. Resumiendo, tanto las moléculas de azúcares como de lípidos y proteínas que ya consumimos en los alimentos, bajo ciertas condiciones pueden formar estructuras supramoleculares a través de variados mecanismos que recién se comienzan a entender. Las posibles aplicaciones tecnológicas que permitan construir alimentos desde abajo hacia arriba están siendo investigadas con gran interés.

Las atracciones y repulsiones entre macromoléculas dan lugar a otros mecanismos de asociatividad supramoleculares que abarcan a una porción más extensa de materia llamada fase (ver sección 2.3). El equivalente sociológico de una *fase* podría ser los grandes conglomerados que forman los partidos políticos de izquierda y derecha, o los hinchas del Real Madrid y del Barcelona. Cuando moléculas de dos tipos distintos de polímeros se encuentran en solución en forma concentrada ocurre que en vez de mezclarse, se separan en dos fases inmiscibles enriquecidas cada una con un tipo de polímero (como las barras de fútbol en un estadio). Lo diferente a la separación en fases entre el aceite y el agua, es que en este caso el agua es el solvente común de ambas fases poliméricas luego de la separación. Ocurre que cuando hay pocas moléculas de cada polímero el solvente (agua) alcanza para rodearlas a todas, pero bajo condiciones de hacinamiento cada cadena polimérica se siente más cómoda rodeada por las de su clase (lo que es una experiencia frecuente entre los humanos). Por ejemplo, una mezcla de caseína y alginato en agua se separa en dos fases cuando la concentración total de los polímeros excede un 3%. Es común que durante el tiempo para alcanzar la separación final (o el equilibrio) entre las fases se produzcan "bolsones" de una fase dispersos en el continuo de la otra fase y por tanto microestructuras en la escala de micrones. Es posible "congelar" estas estructuras en cualquier etapa de la separación haciéndolas gelificar (formar geles, un proceso que se verá más adelante), y generar de esta manera texturas jamás saboreadas anteriormente. Otra forma de separación sucede cuando las moléculas de los polímeros tienen cargas de signo contrario lo que les permite asociarse y formar complejos poliméricos que se segregan del solvente (agua), como ocurre cuando se mezcla goma arábiga con proteínas del suero de leche. Estos dos fenómenos de asociación entre polímeros (la separación en fases y la formación de complejos) explican la creación de varias estructuras en varios alimentos procesados.[48] Sobre formación de redes poliméricas que dan lugar a estructuras macroscópicas como los geles se hablará en la sección 2.7.[49]

---

48  La referencia obligada en el tema de separación termodinámica de polímeros y complejos moleculares asociativos en alimentos es el científico ruso Vladimir Tolstoguzov. Ex director del famoso *Institute of Organo-Element Compounds* de la Academia de Ciencias de URSS, Tolstoguzov pasó a occidente en 1992 y escribió muchos trabajos en la materia, entre ellos, Tolstoguzov, V. 2005. "Some thermodynamic considerations in food formulation". *Food Hydrocolloids* 17, 1-23.

49  En terminología de la física de polímeros se denomina *incompatibilidad termodinámica* a la partición de polímeros en dos fases inmiscibles cada una enriquecida con un polímero específico, y *separación asociativa* a la formación de complejos entre dos polímeros que se separan del solvente.

Una analogía con el comportamiento de las personas explica por qué los polímeros en solución tienen propiedades que no se dan en el caso de soluciones de moléculas pequeñas. Si se acepta que un polímero puede ser una molécula muy larga que gira velozmente en todas direcciones cuando está sumergida en un solvente, acontece que el volumen de solvente "barrido" en este loco movimiento no está disponible para que entre otra cadena polimérica (que a su vez hace lo mismo). Entonces, las otras moléculas de polímero "ven" menos solvente donde ubicarse, lo que no ocurre con moléculas pequeñas que no ocupan mucho espacio. En la nieve, ¿alguien se atrevería a invadir la zona alrededor de una persona que se mueve erráticamente con sus esquís al hombro? Este esquiador abusivamente ocupa un volumen mucho mayor que alguien sin esquís y reduce sustancialmente el territorio disponible para el resto.

Las moléculas en fase gaseosa son algo especial. Como están muy distantes unas de otras, son las más independientes de todas y sólo les interesa estar esparcidas uniformemente en el espacio. Cuando se juntan muchas en una zona, tienden a diseminarse espontáneamente por todo el volumen. No ocurre lo mismo cuando se topan con una superficie de alta energía y se sienten atraídas. Las personas también son atraídas por superficies tentadoras. En un coctel, la gente se abalanza hacia las mesas que contienen las bandejas con sándwiches y pastelillos más exquisitos (o más caros) y permanece adherida a esos lugares. En términos químicos se diría que el contorno de las mesas se "satura" rápidamente con los más rápidos y golosos. Una segunda capa de individuos logra conseguir algo estirando los brazos pero su alcance es menor y, por último, una gran masa circula errática por entre las mesas como si estuviera en un paseo normal.

Igual acontece con las moléculas de agua en el aire cuando se aproximan al área exterior de los alimentos secos. Una primera capa o *monocapa* de moléculas se adhiere con gran energía a la superficie y es muy difícil de remover. Moléculas adicionales se disponen en forma de multicapas que tienen energías de adhesión decrecientes, pero aún no se comportan como el agua líquida. Sólo en alimentos frescos como las frutas, verduras y carnes en que existe una gran cantidad de agua (del orden de tres gramos de agua por gramo de sólidos) sucede que la inmensa mayoría de las moléculas se mueven como en un vaso de agua pura. Este espectro de hidratación, desde lo seco a lo muy húmedo, se describe por un parámetro conocido como la *actividad de agua* o $a_w$ y da información de cómo se encuentra el agua en un alimento. La $a_w$ varía entre 0 de un material seco y 1 del agua pura. Evidentemente, valores bajos de $a_w$ representan poca disponibilidad de agua para el crecimiento de microorganismos y para la difusión de moléculas que podrían participar en reacciones químicas, y por tanto propician una mayor inocuidad y estabilidad química. Alimentos con alta $a_w$ requieren de procesamiento térmico, ajustes de pH, uso de preservantes y/o refrigeración para quedar en forma estable. Los tallarines y la miel de abeja con valores de $a_w$ de 0,30 y 0,75, respectivamente, representan bien el intervalo de $a_w$ en que se encuentran los alimentos estabilizados controlando la humedad a niveles intermedios o bajos, removiendo agua y/o agregando solutos pequeños como azúcares o sal.[50]

## 2.3. Ciencia de las estructuras masticables

Hasta ahora se ha visto que la naturaleza proporciona estructuras alimentarias en la forma de carnes, frutas, hortalizas, etc., que son la base de nuestra alimentación. Con el tiempo estas estructuras se fueron transformando como consecuencia del secado (pasas y charqui), la fermentación (quesos y yogures), y el calentamiento (papa cocida). Todas estas estructuras siguen siendo consideradas alimentos naturales a pesar de los cambios físicos y químicos que conllevan los procesos anteriores. Posteriormente se originaron *productos procesados o elaborados* más complejos como resultado de la aparición de ingredientes refinados y las mezclas entre ellos (helados de crema), con lo cual el espectro de las estructuras alimentarias aumentó considerablemente.

Hace 20 años, los ingenieros de alimentos se dieron cuenta que el comportamiento físico y mecánico de los alimentos, tanto naturales como procesados, no era distinto al de otros materiales de la vida diaria, y no podía ser de otra manera. De hecho, las mismas proteínas de la soya que se utilizan para hacer *tofu*, fueron empleadas por Henry Ford para fabricar los manubrios de su modelo T en los años 1930s, y la caseína de la leche ha sido moldeada y convertida en botones y peinetas por siglos. Recientemente los ingenieros de alimentos no han encontrado dificultad en transformar soluciones de almidón y otros polisacáridos en películas transparentes similares a las de polietileno, celofán o PVC de los envases. El *bioetanol* derivado de la caña de azúcar o del almidón de maíz, y el *biodiesel* a partir del aceite de oleaginosas, ya propulsan a muchos vehículos. Incluso se habla de *biorrefinerías* donde sean plantas o sus desechos los que proporcionen productos similares a los que actualmente se derivan del petróleo y así tener una economía "más verde".

La característica fundamental de las estructuras alimentarias es que deben romperse y ser sabrosas. Nuestras bocas esperan ante todo recibir estructuras consistentes y que se deshagan de manera que generen sensaciones agradables. Este enfoque, que reconoce a los alimentos como estructuras apetecibles con propiedades nutritivas, diverge del punto de vista meramente químico tan prevalente en el estudio de los alimentos durante el siglo pasado, y abre paso a la *Ciencia de los Materiales Alimentarios*. Se entiende que esto cause escozor entre aquellos que piensan que los alimentos no pueden ser simples materiales pues representan parte de la esencia misma de los seres humanos, su cultura y sus tradiciones. Tienen mucha razón y es algo que no se debe perder nunca de vista.

---

50 Ver el capítulo 3.1 en el libro de Alvarado, J.D. y Aguilera, J.M. (Eds). 2001. *Métodos para Medir Propiedades Físicas en Industrias de Alimentos*, Editorial Acribia S.A., Zaragoza, pp. 237-262. En los buscadores de Internet se pueden encontrar varios artículos que describen bien el concepto de actividad de agua y discuten su efecto en la estabilidad y conservación de alimentos. Entrar con "actividad de agua en alimentos".

Una razón importante para desarrollar una ciencia de los materiales masticables y sabrosos es aprovechar la abundante base científica y tecnológica disponible en otras áreas del conocimiento y alejarse del empirismo que ha caracterizado buena parte del estudio de los alimentos hasta la fecha. La aproximación más directa es con la *ciencia de los polímeros sintéticos*, dada la abundancia de las proteínas y polisacáridos en casi todos los alimentos. Es cierto que a diferencia de lo que ocurre con las tecnologías de polímeros sintéticos o "plásticos", como se conocen comúnmente, en los alimentos los polímeros suelen estar mezclados con otros componentes que afectan su comportamiento y por tanto, la cosa se complica. Pero si la presencia de múltiples componentes fuera una excusa, no habría estudios básicos en alimentos. Se puede decir que el estudio de los materiales alimentarios no comenzó sino hasta fines de los años 1980s cuando dos científicos que trabajaban para la empresa *Nabisco*, el gigante norteamericano de las galletas, expusieron sus investigaciones en que aplicaban conceptos de la física de polímeros al estudio de algunos productos alimenticios.[51]

Un compuesto puro puede presentarse en distintos estados de agregación denominados *fases* y para el agua se habla de fase sólida (hielo), líquida (agua de la llave) y gaseosa (vapor de agua). Aunque se pueden distinguir dos fases en un vaso de agua con hielo o en una tetera con agua hirviendo, en el equilibrio (por ejemplo, cuando haya transcurrido un tiempo muy largo) y a temperatura ambiente y presión atmosférica el agua estará en forma líquida, como se muestra en un *diagrama de equilibrio de fases*. Esto significa que el hielo eventualmente se derretirá y al retirar la tetera del fuego no se generará más vapor de agua. En ciencia de los materiales alimentarios se prefiere llamar *estado* a una condición metaestable (es decir, alejada del equilibrio) que adquiere un material y que afecta el movimiento libre y espontáneo de las moléculas, lo que quedará claro más adelante en esta sección. Al analizar el efecto de las condiciones de procesamiento de los alimentos un *diagrama de estado* proporciona mejor información que un diagrama de equilibrio de fases, pues describe también los estados metaestables en que pueden quedar grupos de moléculas (más sobre esto en la sección 8.1).

Muchos alimentos parten del estado líquido y terminan siendo sólidos. Pensemos en azúcar fundida que al enfriarse se transforma en una cobertura o en dispersiones líquidas complejas como la leche que pasan a ser polvos luego de removerles el agua durante la deshidratación. El paso de líquido a sólido debe ser traumático para las moléculas porque pierden la libertad de moverse rápida y desordenadamente y en cambio en el estado sólido se ven inmóviles o atrapadas. La variable clave en esta transición de líquido a sólido es la velocidad de enfriamiento en el caso de un líquido puro, o la velocidad de remoción del agua en el caso de las soluciones. Se forma un *vidrio* cuando un líquido puro (por ejemplo, azúcar derretida a más de

---

51  El trabajo fundamental de Louise Slade y Harry Levine se encuentra en el libro Slade, L. y Levine, H. 1991. *Water Relationships in Foods*. Springer, Nueva York.

150°C) se enfría tan rápido que las moléculas no pueden ordenarse y quedan atrapadas en forma sólida casi en la misma posición que ocupaban en el estado líquido. En el caso de una solución (por ejemplo, la lactosa en la leche líquida), al remover rápidamente agua por deshidratación los solutos también quedan como un vidrio. Las estructuras formadas son *amorfas* o *vítreas*, y en general, a la condición en que grupos de moléculas se encuentran dispersos al azar en forma sólida debiendo estar ordenadas como lo indica el equilibrio, se le denomina *estado vítreo*. Se dice en "forma sólida" porque rigurosamente un vidrio es un *líquido subenfriado* y así definen en el colegio a los vidrios de las ventanas.[52] Como son líquidos, los vidrios poseen *viscosidad* (sección 2.4) pero esta es tan alta que no se los ve fluir. La viscosidad de un algodón de azúcar (que técnicamente es un vidrio) es aproximadamente $10^9$ (o mil millones de veces) mayor que la de un almíbar. Varios tipos de moléculas alimentarias forman vidrios, como casi todos los azúcares (entre ellos, la sacarosa y la lactosa), las proteínas (especialmente si han sido hidrolizadas) y derivados del almidón, como las dextrinas.

Para algunos líquidos puros como el agua, la velocidad de enfriamiento necesaria para producir un vidrio es tan alta, que en condiciones normales de enfriamiento las moléculas pueden ordenarse en posiciones regulares y formar un *cristal* denominado hielo, que es el estado final de equilibrio. Evidentemente, en el estado vítreo no se ha alcanzado este equilibrio y por eso se dice que es un *estado metaestable*. Eventualmente, las moléculas de un vidrio se ordenarán y llegarán a ser cristales, estructuras con máximo orden y mínima complejidad, porque así lo dicta la termodinámica (sección 6.2). Es aquí donde se produce una de las paradojas más increíbles del mundo de los materiales. A pesar que bajo ciertas condiciones la situación de equilibrio es el estado cristalino y a él debieran llegar espontáneamente las moléculas, el tránsito a esta condición no es fácil. En un laboratorio y bajo condiciones controladas se puede producir el *subenfriamento* del agua en estado líquido, alcanzando temperaturas de hasta -40°C, a pesar que el equilibrio dice que debiera estar en forma de hielo por debajo de los 0°C (como en el congelador doméstico). En la cocina es posible preparar soluciones de azúcar más concentradas que lo indicado por la saturación o el equilibrio (67% de sacarosa a 20°C) sin que se formen cristales, lo que se denomina *sobresaturación*. Lo que ocurre es que para que crezca un cristal, ya sea de hielo o de azúcar, primero es necesario que se forme un núcleo o una minúscula partícula cristalina sobre la cual se empiezan a adosar rápida y ordenadamente las otras moléculas para formar el cristal. Se habla entonces de *nucleación homogénea*, cuando hay que esperar hasta que un grupo pequeño de moléculas se ordenen espontáneamente en la forma que corresponde al cristal y de *nucleación heterogénea* cuando los

---

52 Existe la creencia que los vidrios de las catedrales antiguas son más gruesos en la parte inferior debido al lento flujo de este líquido subenfriado inducido por la gravedad. Según Zanotto, E. 1998. "Do cathedral glasses flow?", *American Journal of Physics* 66, 392-396, si es que se ha observado este engrosamiento, lo más probable es que se deba a imperfecciones en la fabricación del vidrio en aquellos años, pero es imposible que haya sido causado por flujo, pues dada la alta viscosidad del vidrio, tomaría millones de años producir un pequeñísimo cambio en espesor.

núcleos nacen sobre imperfecciones en una superficie o en partículas contaminantes. Obviamente, el inicio de la cristalización es más difícil en el primer caso que en el segundo. El subenfriamiento y la sobresaturación corresponden a estados metaestables posibles en la congelación y la cristalización. Hay más sobre esto y el equilibrio en las secciones 6.2 y 6.3.

Existen muchas situaciones en que el procesamiento conduce a la formación de vidrios o cristales alimentarios. La confitería se basa en gran medida en que la sacarosa no cristalice y permanezca como un vidrio, y los caramelos son una muestra de ello. Sin embargo, en la producción de azúcar de mesa, el jarabe de azúcar sobresaturado se "siembra" con pequeños cristales de azúcar flor para que la sacarosa cristalice más rápidamente. En el secado por aspersión para producir leche en polvo, la rápida remoción del agua desde las gotas de leche deja a la lactosa en forma vítrea.

En ciencia de los materiales se denomina *estado gomoso* a aquel en que la movilidad de las moléculas de un sólido, chicas o grandes, es suficiente para que se desplacen ligeramente unas respecto a las otras. Un material en estado gomoso se muestra flexible y deformable. Una cañería de PVC es rígida porque sus moléculas están impedidas de moverse (es un vidrio), mientras que una manguera del mismo material es flexible porque la adición de un plastificante actúa como lubricante y permite la movilidad de las moléculas (por tanto la manguera es literal y científicamente una "goma"). El paso de vidrio a cristal es un proceso que depende del tiempo y requiere el paso a través del estado gomoso porque las moléculas necesitan tener una cierta movilidad para ordenarse (figura 2.2). En la naturaleza, y por ende en los alimentos, existe un plastificante cuya presencia transforma a un material vítreo en gomoso: el agua. El cochayuyo seco es rígido como la tubería de PVC, pero luego de un remojo se suaviza y se pone flexible como una manguera.

La frontera entre el estado vítreo y el gomoso está dada por la *temperatura de transición vítrea* o $T_g$, que es propia de cada material, tal como lo son la temperatura de fusión y de ebullición, pero en este caso $T_g$ depende de la humedad. Sin embargo, $T_g$ no representa una transición de fase, sino que corresponde a un *cambio de estado* (del estado vítreo al estado gomoso) y no requiere del aporte de una gran cantidad de calor para que ocurra (el llamado calor latente o de cambio de fase). El paso del estado vítreo al estado de goma se facilita al aumentar la humedad (porque $T_g$ disminuye con la humedad) o por calentamiento, pues ambos fenómenos favorecen la movilidad de las moléculas. De aquí a que el material cristalice, es cuestión de tiempo (figura 2.2).

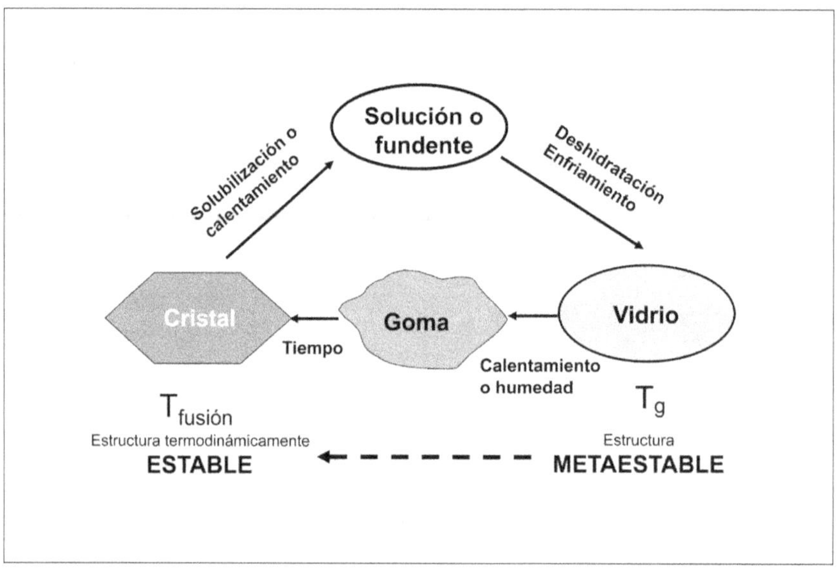


FIGURA 2.2. **Transformaciones del estado líquido al estado sólido en alimentos. Dependiendo de la velocidad de enfriamiento se puede formar un *vidrio* amorfo que es metaestable o un *cristal* ordenado y estable. El paso de vidrio a cristal ocurre espontáneamente a través del estado gomoso, si se dan las condiciones para la movilidad y el ordenamiento de las moléculas.**

El aire que nos rodea contiene agua en forma de vapor, lo que se indica como *humedad relativa del aire* (HR) en los pronósticos meteorológicos (ver también sección 8.1). Una galleta crocante recién sacada de su envoltorio se fractura en la boca de manera quebradiza y ruidosa, lo que es típico de su estado vítreo. Dejada al aire ambiente, la galleta absorbe agua desde el aire (¡en forma de moléculas!) y la percibimos deformable y "silenciosa", lo que revela su paso al estado gomoso (figura 2.2). El agua ha "plastificado" al almidón de las galletas, del mismo modo que los plastificantes químicos convierten al PVC rígido en el material suave y flexible de las mangueras. El agua es el *plastificante* natural de los materiales biológicos y en ese rol es también fundamental para la vida en la Tierra. Resumiendo, $T_g$ es un parámetro fundamental de los alimentos amorfos con poca humedad y criterio fundamental para determinar su estructura, textura y reactividad química puesto que da información sobre la movilidad de las moléculas en el sistema. Más sobre $T_g$ y su efecto en la estabilidad de los alimentos se verá en la sección 8.1.

No debe confundirse el estado gomoso con la *elasticidad de gomas* (*rubber elasticity*). Una *goma*, como el caucho de los neumáticos de los autos, es una red polimérica entrecruzada al azar que muestra propiedades elásticas. Un elástico de billetes puede estirarse varias veces sin romperse y al retirar la fuerza que lo deforma vuelve a su largo original. Esto se debe a que al estirarse las largas cadenas del polímero se ordenan momentáneamente y al retirar la fuerza deben volver espontáneamente a un estado de mayor desorden o entropía (concepto que se verá en la sección 6.2). La elastina es la principal proteína elástica en los vertebrados y forma parte, junto al colágeno, de los ligamentos de las articulaciones. No hay muchos materiales alimentarios que exhiban una notoria elasticidad de gomas, salvo el chicle, el gluten de trigo[53] y, en forma limitada, la carne de locos y abalones.

El método más común de transformar la estructura de los alimentos para comerlos es calentarlos. A medida que se aumenta la temperatura primero se desestabilizan las interacciones moleculares más débiles (como las interacciones hidrofóbicas) y eventualmente se acumula suficiente energía para romper enlaces covalentes y producir varias reacciones químicas (ver sección 2.2). La figura 2.3 muestra los cambios que se producen en distintos componentes de los alimentos durante el calentamiento.

Las proteínas al ser calentadas pierden progresivamente su *estructura nativa*, se despliegan y pasan a otro estado más desordenado en un proceso complejo que se denomina denaturación térmica. Al denaturarse, las moléculas de proteína pierden solubilidad, retienen menos agua, hacen más viscosas a las soluciones, etc., lo que desde el punto de vista culinario significa que coagulan, se agregan y gelifican. Normalmente el proceso de denaturación de proteínas ocurre dentro de un rango de temperaturas que depende de muchos factores (por ejemplo, contenido de agua, pH y presencia de iones), pero por sus roles biológicos en seres vivos casi nunca se inician bajo los 60°C. Por ejemplo, la clara de huevo se empieza a denaturar a los 63°C, forma un gel suave a los 65-70°C y se endurece cerca de los 77°C, mientras que la yema comienza a denaturarse a los 65°C y termina de endurecerse pasado los 80°C. El calentamiento de un calamar a 100°C por un minuto hace soluble las fibras de colágeno y suaviza la estructura compuesta. A temperaturas más altas hay suficiente energía como para que se formen nuevos enlaces entre las moléculas de proteínas a través de *reacciones de entrecruzamiento*. La ligazón química entre las moléculas estiradas de proteína de soya, que ocurre a unos 140-160°C, permite obtener una proteína texturizada o carne vegetal que mantiene su estructura fibrosa durante la cocción (sección 4.8). Temperaturas aún más altas, producen la descomposición de las proteínas.

---

53 El *gluten de trigo* es una masa elástica que se desarrolla durante el amasado al hidratarse las proteínas de la harina de trigo con agua. No se debe confundir con el *gluten de maíz* que es un subproducto proteico de la molienda húmeda del maíz y que no desarrolla elasticidad. El gluten de trigo está asociado a la enfermedad celíaca, un trastorno del intestino delgado causado por una respuesta inmunológica compleja.

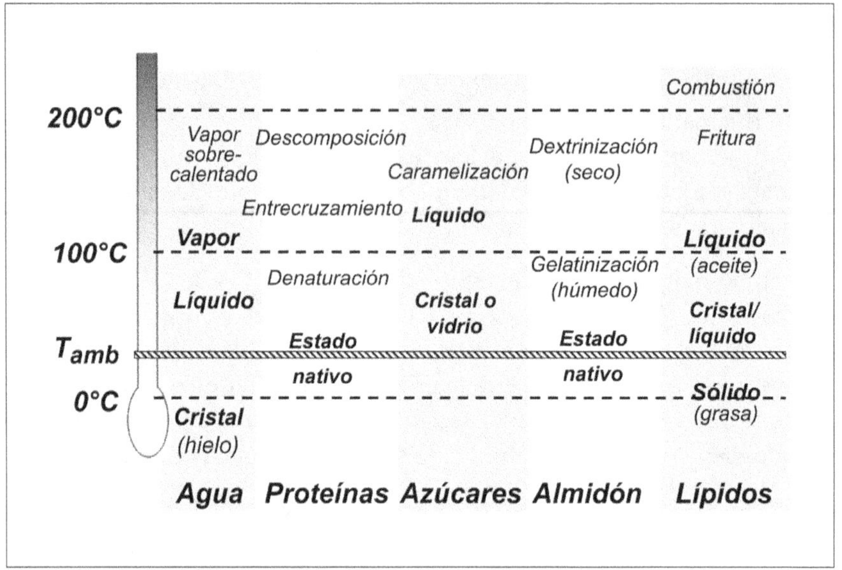


FIGURA 2.3. **Efecto del calentamiento en los cambios de fase, transiciones de estados y algunas reacciones en los principales componentes de los alimentos. $T_{amb}$ = Temperatura ambiente.**

La sacarosa a temperatura ambiente se encuentra en forma cristalina y algunas veces en estado amorfo como un vidrio (ver sección 2.5). Consumimos también otros tipos de azúcares como la fructosa en las mieles y frutas, y la lactosa en la leche. Cuando la sacarosa se calienta por encima de 100°C se desata una serie de reacciones complejas conocidas como reacciones de *caramelización*, que dan origen tanto a compuestos odoríferos como a pigmentos de color café asociados con el tostado y el caramelo. Los cristales de sacarosa se funden en un líquido incoloro alrededor de los 154°C, que comienza a ponerse ámbar a partir de los 168°C y se quema a los 190°C dando lugar a sabores amargos y un color oscuro. El azúcar líquido entre los 155 y 165°C es un excelente medio de calentamiento y una manera novedosa de "freír" alimentos en azúcar. Ciertos azúcares llamados *azúcares reductores* (glucosa, fructosa, maltosa y lactosa) si se calientan en presencia de proteínas, péptidos, aminoácidos o aminas, participan en una reacción conocida como *reacción de Maillard*, llamada así en honor al bioquímico francés *Louis Camille Maillard* (1878-1936). La reacción de Maillard origina pigmentos de color café, compuestos volátiles que son muy importantes en la cocción, el horneo y la fritura, y también da lugar a sustancias amargas. Se ha descubierto que algunos compuestos de esta reacción tienen una potencial actividad mutagénica.[54]

---

54   Belitz, H.D. y Grosch, W. 1997. *Química de los Alimentos*, 2ª ed. Editorial Acribia, Zaragoza.

El almidón existe en la naturaleza en forma de gránulos de tamaños entre 5 y 50 micrones, que son como diminutos granos de arena en el sentido que los dos componentes poliméricos del almidón, la amilosa y la amilopectina, se encuentran empacados en forma densa e insoluble (sección 2.1). Si el almidón se calienta en presencia de abundante agua, los gránulos de almidón comienzan a hidratarse e hincharse a partir de los 55-65°C, fenómeno que se conoce como *gelatinización* del almidón, que no hay que confundir con gelificación o formación de geles, que se verá en la sección 2.7. La figura 3.3 del capítulo 3 presenta la hinchazón de un gránulo de almidón en el tiempo vista bajo un microscopio de luz. Durante el calentamiento, la suspensión se vuelve progresivamente más viscosa al romperse los gránulos hinchados y liberar amilosa y amilopectina, como es común de apreciar al agregar almidón o harina a una salsa caliente o cuando se hace engrudo. Un exceso de agitación en esta etapa produce una reducción de viscosidad y si es seguida de enfriamiento conduce a una débil gelificación y eventualmente a una cristalización parcial de los polímeros liberados. Otro fenómeno que puede sufrir el almidón es la *dextrinización*, que es el corte de las moléculas de amilosa y amilopectina por medio de enzimas o también por fricción y calentamiento en seco, como sucede en el caso en los productos extruidos (por ejemplo, *snacks* de maíz). Las dextrinas son polímeros cortos de la glucosa (y por tanto relativamente solubles) que se usan, entre otras cosas, para hacer alimentos infantiles en forma de papillas.

Los lípidos, ya sea en la forma de aceites o como grasas fundidas, son líquidos que tienen la propiedad que a presión atmosférica pueden ser calentados hasta alrededor de 190-200°C sin alterarse químicamente. A temperaturas superiores, que varían entre los 200 y 230°C comienzan a descomponerse, lo que se conoce como *punto de humo*. Esto permite que diversos alimentos puedan ser calentados en un medio líquido a alta temperatura en el proceso llamado fritura (sección 8.7). No hay muchos medios líquidos que a presión atmosférica cubran la brecha de temperaturas entre los 100°C del agua hirviendo y los 180 a 190°C de los aceites calientes. En condiciones de manejo y almacenamiento, los lípidos están expuestos a dos reacciones de deterioro, que son la *rancidez hidrolítica* y la *rancidez oxidativa* (sección 1.3) La primera reacción es causada por enzimas existentes en los alimentos y que liberan ácidos grasos, los que a su vez generan malos olores y sabores (como el ácido butírico en la mantequilla rancia). La oxidación de grasas (o rancidez oxidativa) es una reacción entre el oxígeno y los ácidos grasos insaturados, la que se puede controlar parcialmente usando antioxidantes.

## 2.4. Líquidos y sólidos extraños

Para un físico los alimentos son *materia suave condensada*, es decir, un sólido que se deforma o un líquido que fluye bajo pequeños esfuerzos y donde sus numerosas moléculas se mantienen muy cerca unas de otras a través de múltiples interacciones (ver sección 2.2). Basta abrir la puerta del refrigerador para constatar la enorme diversidad de materiales que cumplen con esta definición: mayonesa, leche, quesos, huevos, etc.

A los ingenieros les gusta tener referentes simples cuyo comportamiento sea fácil de explicar y de modelar, pero que posiblemente sólo existan en su imaginación. Por eso, definen un *sólido ideal* y un *líquido ideal*, ambos en las antípodas del espectro del comportamiento mecánico de todas las formas reales de materia condensada que conocemos (ver sección 5.2). Total, las conductas físicas de los materiales reales, como la mayoría de los líquidos y sólidos alimentarios, se pueden explicar "complicando" estos comportamientos ideales.

Los líquidos no tienen forma fija y adoptan aquella del recipiente que los contiene. Fluyen en forma instantánea ante la aplicación de cualquier fuerza con una propiedad característica que se denomina *viscosidad*, equivalente a la consistencia o fluidez. Cuando un líquido fluye, las moléculas deben deslizarse unas respecto a otras y por ende los líquidos formados por moléculas pequeñas tienen una viscosidad menor que aquellos que contienen moléculas grandes (como los polímeros) o partículas irregulares. La viscosidad del agua es 100 y 1000 veces menor que la del aceite y un jarabe, respectivamente.

Para algunos líquidos que contienen polímeros la viscosidad no es constante y si se deforman en forma rápida (como cuando se agitan en una batidora o dentro de un frasco) aparentan ser menos espesos. Estos líquidos se denominan *fluidos pseudo-plásticos*. En estos casos la estructura del líquido cambia y las moléculas de polímero se alinean en la dirección de la deformación oponiendo menos resistencia a fluir, y por ende exhiben una viscosidad menor que cuando están quietos. Al remover la agitación, el líquido vuelve a ser tan espeso como originalmente. Si se revuelve una solución del 1% de carragenina con una batidora que gira a cincuenta revoluciones por segundo la *viscosidad aparente* es casi un quinto de la que tiene si se la deja fluir lentamente. Otra evidencia de que los líquidos complejos tienen estructura es el extraño comportamiento del *ketchup*. Para que el ketchup fluya desde una botella es necesario vencer una fuerza que se opone al flujo y que es producida por el entrecruzamiento de las moléculas del concentrado de tomate. Al agitar la botella se generan fuerzas de corte sobre el material, el que entra en fluencia y continúa chorreando hasta vaciarse completamente si fuera necesario. También se puede vencer esta condición de taponamiento apretando una botella plástica, lo que impulsa al fluido por la boquilla. Otros productos que exhiben este comportamiento extraño son algunas mayonesas y mostazas, así como también la pasta de dientes.

La idea intuitiva de un sólido es algo que resiste la aplicación de una fuerza sin deformarse mayormente. Es lo que se espera de los parachoques de los autos y las vigas de los edificios, no así de un trozo de carne, una manzana o una jalea. Se comportan casi como sólidos ideales los caramelos y las nueces enteras que resisten altas fuerzas y no se deforman antes de quebrarse o fracturarse en forma repentina. Otros alimentos que nos parecen sólidos, como los quesos, presentan una *deformación plástica* antes de partirse, es decir, se deforman apreciablemente. Una gran proporción de los alimentos exhiben un comportamiento que no es exactamente el que se puede esperar de un sólido, en buena medida porque contienen bastante agua, pero tampoco fluyen fácilmente. Por lo tanto, se dice que son *viscoelásticos*: en parte muestran viscosidad y cierta tendencia a fluir, y en parte se recuperan como un sólido elástico, pero oponen resistencia a una fuerza. Todas estas sutilezas en el comportamiento de los materiales son percibidas en mayor o menor grado en la boca y constituyen parte de las *propiedades sensoriales* de los alimentos.

## 2.5. Odios que dan amores

El agua y el aceite no se mezclan espontáneamente y se separan en dos fases. Si se agitan juntos, se logra dispersar uno dentro del otro en forma de gotas, pero a la larga estas gotas se juntan y las fases se separan. Una *emulsión* es una dispersión de dos líquidos que son inmiscibles, uno de los cuales pasa a formar la fase dispersa (gotitas) mientras el medio que las rodea constituye la fase continua. La emulsiones más comunes en alimentos tienen dos componentes: agua (W) y aceite (O). Consecuentemente, se tienen emulsiones en que gotas de aceite están suspendidas en agua (O/W), típicas de las mayonesas y salsas, y viceversa (W/O), como ocurre en la mantequilla. En general, en una emulsión los tamaños medios de las gotas de la fase dispersa varían entre 1 y 50 μm (ver figura 2.8 D). Las cremas y muchas salsas son emulsiones de una consistencia suave y cremosa agradable al paladar con la ventaja que permiten albergar colores, sabores y aromas solubles en una o ambas fases.

Para formar una emulsión O/W primero hay que suministrar energía que disperse al aceite en forma de gotas (por ejemplo, en una juguera) y luego estabilizar las gotas de modo que no se vuelvan a juntar, lo que se logra posicionando moléculas especiales en la interfase entre el aceite y el agua. Los agentes químicos que hacen este último trabajo se denominan *emulsificantes* o *surfactantes* y actúan reduciendo la tensión superficial (o energía superficial) que atrae a las moléculas de líquido en la interfase hacia el interior de las gotas. Al bajar la energía interfasial disminuye también la cantidad de energía necesaria para formar la emulsión. Los surfactantes comerciales son moléculas que tienen cabezas polares (que apuntan al agua) y colas apolares (que se sumergen en el aceite). La relación entre el efecto polar y el apolar se conoce en la jerga técnica como valor HLB (*hydrophile-lipophile balance*), varía entre 1 y 20 y sirve para seleccionar un surfactante, pues el tipo de emulsión depende bastante del tipo de emulsificante y de su solubilidad en la fase continua. Los emulsificantes solubles en aceite tienen un HLB bajo (3 a 6) y los solubles en agua uno alto (10 a 18). La otra regla general para formar una emulsión estable es que la fase continua tiende a ser aquella que está en mayor proporción, pero esto no es siempre así. Con estos criterios técnicos estamos en condiciones de buscar el emulsificante de grado alimentario para hacer nuestra propia emulsión.

Pero no sólo las moléculas de surfactantes pueden estabilizar emulsiones; también lo pueden hacer los polímeros y las partículas finas. Algunos polisacáridos, pero fundamentalmente las proteínas que se encuentran desplegadas (denaturadas), se posicionan en las interfases con sus partes hidrofílicas e hidrofóbicas apuntando hacia las fases acuosa y oleosa, respectivamente. Por su gran tamaño evitan que las gotas lleguen a tocarse y la presencia de una carga eléctrica neta (positiva o negativa) provoca la repulsión. Finas partículas que logran ubicarse en la interfase de las gotas ayudan a mantenerlas separadas, como en el caso de los granos de mostaza molidos finamente que se agregan a la mayonesa y estabilizan la emulsión.

Un desarrollo reciente con posibilidades insospechadas en alimentos son las *emulsiones dobles*. Una mayonesa espesa está compuesta en un 80 a 90% por gotitas de aceite con un tamaño medio de 20 µm, empacadas apretadamente en una fase acuosa. ¿Qué pasaría si dentro de cada gotita de aceite se ubicara una gotita más pequeña de agua? En primer lugar sería una emulsión doble: las gotitas de agua dentro de la gota de aceite constituirían una emulsión de agua en aceite (W/O), y las gotas de aceite rellenas por estar dispersas en una fase acuosa, corresponderían a una emulsión O/W. En la terminología anterior esta emulsión doble es una emulsión W/O/W. Lo importante de una emulsión doble como la anterior, nunca antes vista en los alimentos, pues requieren de cierta tecnología, es que las calorías aportadas por las gotas de aceite de una emulsión convencional podrían ser reducidas drásticamente al tener un centro acuoso, y la naturaleza del producto seguiría siendo la misma, es decir, una emulsión de "gotas de aceite hipocalóricas" en agua. La tecnología tiene ahora la palabra para este nuevo diseño de salsas emulsificadas con menos calorías.

## 2.6. Aprisionando el aire

El aire es un componente barato en los alimentos y que no se declara en la etiqueta. Las *espumas* son una categoría de materiales en los cuales hay una gran cantidad de gas (generalmente aire) dispersa en forma de burbujas en un medio continuo que puede ser líquido, sólido o semi-sólido. Existe la espuma de la cerveza, en que pequeñas burbujas de dióxido de carbono (o nitrógeno) se distribuyen en el líquido, y la miga del pan que es una espuma sólida, donde las celdas de aire están rodeadas por paredes de almidón y proteína. En las "sustancias" (*marshmallows*) la matriz es elástica y por tanto son más parecidas a una esponja. Las burbujas de gas hacen que los alimentos sean más suaves y livianos, sólo basta pensar lo que sería el pan sin ellas, y está de moda "airear" salsas y postres. La sección 8.6 trata de otras esponjas sólidas como el *popcorn* y el suflé.

Para que se forme una espuma líquida es fundamental que exista un líquido y un gas, pero esto no basta, como hemos comprobado muchas veces al batir agua pura con una cuchara. Es necesario que "algo" se ubique en la interfase entre la burbuja y el líquido y estabilice la espuma. Como es de conocimiento común, si se agrega una gotita de detergente de cocina al agua se forma una espuma abundante. La formación de espumas también tiene que ver con la *tensión superficial* del líquido. En contacto con el gas, la tensión superficial del agua pura es bastante alta por lo que es necesario añadir un surfactante (también conocido como agente tensoactivo) para que sea más fácil formar la espuma.

Los alimentos aireados, como se les conoce también a las espumas alimentarias, existen en la confitería, productos de horneo, *snacks* y cereales de desayuno, helados y bebidas.[55] ¿Cuánto aire se puede comprar? Bueno, 95% en las cabritas o *popcorn*, 90% en un merengue, 70% en el pan, 50% en un helado de crema y 40% en una barra de chocolate aireado, razón por la cual algunos de estos alimentos se venden por volumen (por ejemplo, el helado por litro). Las espumas se pueden generar de varias maneras: batiendo aire dentro de una fase líquida (helados y merengues), fermentando con levaduras que producen $CO_2$ (pan), a partir de la reacción química de polvos de hornear (queques y galletas), bajando la presión de un líquido sobresaturado con gas (cerveza y champagne) o por expansión bajo vacío (chocolate aireado).

Hay tres tipos de inestabilidades que ocasionan el colapso y la muerte de una espuma. Primero está el llamado *desproporcionamiento*, en que el gas tiende a difundir desde las burbujas chicas (donde está a una presión mayor) hacia las grandes, con lo que crece continuamente el tamaño de las burbujas. Por esta razón hay bastante interés en desarrollar tecnologías que produzcan espumas con burbujas de tamaño uniforme (o monodispersas) que minimicen este fenómeno. Luego existe el *drenaje* de líquido en las lamelas o finas películas líquidas que separan a las burbujas, que se soluciona parcialmente aumentando la viscosidad de la fase líquida, por ejemplo, agregando algún polímero. Por último, está la *coalescencia* o fusión de burbujas al romperse las lamelas que las separan y en este caso lo recomendable es usar un surfactante que otorgue mayor elasticidad o protección a las interfases.

Respecto a los gases, hay siete cuyo uso como aditivos en forma pura está permitido comercialmente por la Unión Europea: oxígeno, hidrógeno, dióxido de carbono, nitrógeno, óxido nitroso, helio y argón.[56] De estos, sólo el óxido nitroso no está presente en cantidades significativas en el aire que respiramos (¡pero sí lo están gases tóxicos producto de la combustión y contaminación, y que no queremos agregar!). Los gases son solubles en líquidos y al subir la presión la cantidad de gas disuelto aumenta. Por esta razón no vemos burbujas de $CO_2$ en las botellas de gaseosas que están a una presión de 1,2 atmósferas (20% más que la presión atmosférica) cuando están frías, y casi al doble a 20°C. Para comparar, la presión de un neumático de auto es casi 2 atmósferas, equivalentes a las 28 a 30 libras por pulgada cuadrada, que es al número a que apuntamos cuando queremos inflarlos. Distintos gases tienen diferente *solubilidad* en un líquido y esto influye en la formación de las burbujas, como se

---

55  Un libro de reciente publicación donde se cubren diversos temas de espumas alimentarias es: Campbell, G.M., Scanlon, M.G. y Pyle, D.L. 2008. *Bubbles in Foods 2: novelty, health and luxury*. Eagan Press, Minnesota.
56  Comunidad Europea, DIRECTIVE N° 95/2/EC del 20 de febrero de 1995.

aprecia al abrir una lata de cerveza *Guinness* que genera una espuma cremosa y fina debido al nitrógeno que es dispensado desde un receptáculo especial.

Un poco de *trivia* tecnológica relativa a espumas alimentarias. Las espumas de clara de huevo, fundamentales en los merengues y suflés, son bastante estables porque una fracción de las proteínas en las claras, entre ellas las *globulinas*, se denatura por el batido y migra a la interfase de las burbujas estabilizándolas para que no se rompan. Otra fracción importante representada por la *ovoalbúmina* (54% del total de proteínas) no se modifica por la acción mecánica y le otorga una alta viscosidad al líquido que se ubica entre las burbujas, retardando el drenaje. Durante la cocción la ovoalbúmina se denatura por el calor y vuelve rígida la estructura. Pero hay más. Cuando las claras de huevo se baten en un recipiente de cobre se forma un complejo entre los iones de este metal y otra proteína, la *conalbúmina*, lo que vuelve más estable a la espuma.[57] Aunque se dice que la yema de huevo y el aceite atentan contra un buen batido de la clara de huevo, pues compiten con la proteína por llegar a la interfase aire-líquido de las burbujas, hay interfases de espumas que se estabilizan exclusivamente con lípidos. Tal es caso de la *crema batida* donde la acción mecánica produce la ruptura de la membrana que rodea los glóbulos de grasa en la crema líquida (sección 2.9) y provoca la salida de grasa líquida que actúa como pegamento entre los glóbulos que se posicionan en la interfase con las burbujas. Una recomendación es enfriar la crema en el refrigerador antes de batirla y así reducir la proporción de grasa líquida en el interior de los glóbulos de grasa (que aumenta con la temperatura hasta que se derriten totalmente a 32°C). Puesto que muchos glóbulos de grasa (la crema es 30% lípidos) se van a ubicar en las interfases de las burbujas, como se muestra en la figura 2.4, es conveniente que estén más sólidos y no se deformen para otorgar una mayor rigidez de la espuma.[58]

---

57 Un ejemplo, entre muchos, de cómo la literatura científica contiene información relevante para los cocineros es el artículo de Sagis, L.M.C., de Groot-Mostert, A.E.A., Prins, A. y van der Linden, E. 2001. "Effect of copper ions on the drainage stability of foams prepared from egg white". *Colloids and Surfaces A: Physicochemical and Engineering Aspects* 180, 163-172. En él los autores demuestran que al agregar iones cobre directamente a la clara de huevo se demora la producción de la espuma, pero esta es más estable (independiente del recipiente en que se bata).

58 Para una explicación más completa sobre el mecanismo de estabilización de la crema batida y la diferencia entre la crema UHT homogenizada y la no homogenizada ver Kulozik, U. 2008. "Structure dairy products by means of processing and matrix design". En Aguilera, J.M. y Lillford, P. 2008. *Food Materials Science: Principles and Applications*. Springer, Nueva York, pp. 439-474.

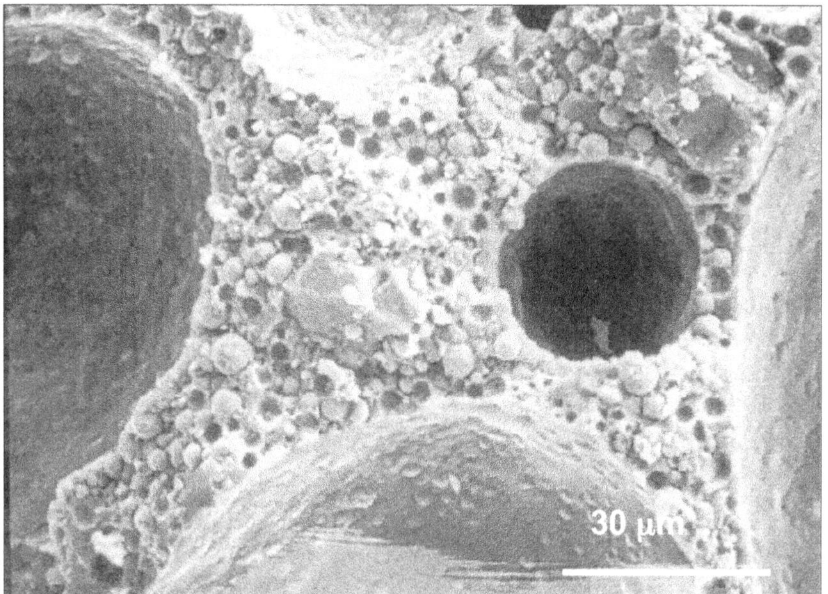


FIGURA 2.4. **Microestructura de la crema de leche batida observada con un microscopio electrónico de barrido en condiciones de congelación. Nótese la profundidad de campo de esta técnica, que permite ver el interior de las burbujas de aire. Se pueden apreciar los glóbulos de grasa entre las burbujas y algunos que se asoman hacia el interior de las burbujas, el que se sella con la grasa líquida.**

## 2.7. Gel o no gel

Entre las estructuras vivientes más curiosas están los peces gelatinosos (*jellyfish*) y las medusas. Su apariencia transparente se debe a que carecen de esqueleto y prácticamente son una solución acuosa con tan solo 1% de materia orgánica. Los orientales los comen y son materias primas muy preciadas.[59] El interior de nuestras células o *citoplasma* tiene en buena medida la estructura de los peces gelatinosos. La manera de conseguir que el agua exhiba un comportamiento semi-sólido es "sujetarla" con una matriz polimérica tridimensional que sea capaz de "disolverse" o hincharse en el medio acuoso, lo que se conoce como *gel*. Un gel es lo más parecido a tener agua sólida a temperatura ambiente, pues estas estructuras suaves y autosoportantes pueden llegar a tener del orden de 98 partes de líquido y sólo dos partes de sólido. El proceso de *gelificación* es similar a una solidificación donde el cambio de fase ocurre desde una solución llamada *sol* al estado de gel. Los geles son importantes en la cocina para formar estructuras cuasi-sólidas, delicadas y transparentes, o para retener agua y atrapar exudados.

---

59   Como lo pude comprobar en un banquete en Shanghai, los chinos son muy aficionados a comer productos marinos gelatinosos. Ver también artículo "Jellyfish - food of the future" en *New Scientist* 2698, 2009, que sugiere que los nuevos *chefs* podrían empezar a transformar algas y medusas en platos exquisitos.

La matriz de un gel debe estar formada por una red, ya sea de un polímero (colágeno en la gelatina, alginato, etc.) o de cadenas de agregados proteicos que se unen como en un collar de perlas (caseína, albúmina de clara de huevo). Dentro de esta red queda atrapada el agua o una solución (figura 2.5). Lo importante es que las largas cadenas de polímeros o de agregados estén unidas en algunos puntos o *zonas de entrecruzamiento* que restrinjan el movimiento local y den estabilidad a la estructura. Polímeros como los alginatos forman zonas de entrecruzamiento con iones de calcio ($Ca^{+2}$) que actúan como puentes entre moléculas adyacentes del polímero, mientras algunos carragenatos lo hacen en presencia del ión potasio ($K^+$). En los geles proteicos el mecanismo es básicamente a través de atracciones hidrofóbicas (sección 2.2). Tanto los ingredientes que forman geles como los mecanismos de gelificación, es decir, de la transición de sol a gel, son muy variados y se recomienda consultar una fuente especializada.[60] Hay geles que se forman después de enfriar una dispersión caliente como, por ejemplo, los de gelatina y κ-carragenato. En general, las proteínas globulares como aquellas de la clara y yema de huevo, soya, suero de queso, etc. forman geles no-reversibles por calentamiento (por ejemplo, un huevo duro). Lo que se requiere es que primero la proteína se desdoble o denature, se formen agregados muy pequeños (de menos de 1 μm de diámetro) y luego interaccionen entre ellos formando cadenas. El pH y la fuerza iónica del medio (dada por la concentración de sales disueltas) juegan un rol fundamental en la consistencia y transparencia u opacidad de estos geles. Con un poco de ayuda del laboratorio es posible hacer un gel transparente de clara de huevo.[61]

El *yogurt* es un gel que se produce por la acción sobre la leche de dos microorganismos beneficiosos productores de ácido: el *Lactobacillus bulgaricus* y el *Streptococcus thermophilus*. Previo a la inoculación de las bacterias, la leche debe ser calentada a 85°C por varios minutos para que se denaturen las proteínas del suero de la leche e interaccionen con una fracción llamada κ-*caseína* que ocupa la superficie de las micelas caseínicas, lo que favorece la textura del yogurt. Al descender gradualmente el pH a 4,6 por la producción de ácido, se forma el gel suave que conocemos como yogurt. Mirado al microscopio electrónico un yogurt aparece como una red tridimensional de agregados de proteína que retienen la fase acuosa en el interior, como se aprecia en la figura 2.5.

---

60 Una buena referencia general sobre geles alimentarios es Harris, P. 1990. *Food Gels*. Elsevier Applied Science, Londres. Es curioso, pero aparentemente no hay otro texto más actualizado que cubra todos los tipos de geles alimentarios.

61 Kitabatake, N., Shimizu, A. y Doi, E. 1988. "Preparation of transparent egg white gel with salt by two-step heating method". *Journal of Food Science* 53, 735-738.

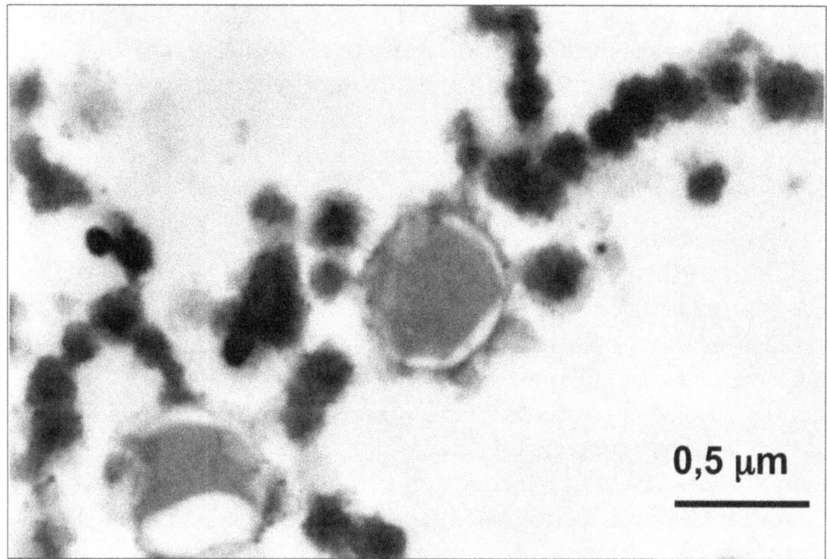

FIGURA 2.5.   **Microestructura de un gel lácteo tipo yogurt vista con un microscopio electrónico de transmisión. Los objetos redondos oscuros son micelas de caseína que están unidas como en un "collar de perlas" y forman la red del gel. También se pueden ver un par de glóbulos de grasa. El área gris representa la solución acuosa atrapada por la red.**

Hay trucos simpáticos que se pueden hacer con geles. El "té frío-caliente" desarrollado en el célebre restaurante británico *Fat Duck* se basa en agregar un gelificante al té común y corriente para que se forme un gel suave. Luego, se muele finamente el gel y se divide en dos porciones, una de las cuales se calienta. Si se coloca momentáneamente un divisor en un vaso se puede verter en un lado una porción del fluido caliente y en el otro el fluido frío, sin que se mezclen. A simple vista parece un vaso con un líquido único que debe servirse y tomarse rápidamente.

En el horizonte gastronómico están los aerogeles y los geles colapsables (también llamados geles inteligentes). Los aerogeles se obtienen al remover cuidadosamente el líquido de un gel sin que la red colapse. Con esto se originan espumas sólidas muy livianas e increíblemente porosas. Esta tecnología, que dista mucho de ser sencilla, ya se usa para fabricar aislantes térmicos y protectores de vidrios. Los *geles colapsables* se basan en la analogía del proceso de gelificación con una transición de fase de un material, donde una pequeña variación de la temperatura ocasiona un impresionante cambio de volumen. En el caso del agua que está en fase líquida a 99°C (y presión atmosférica) las moléculas se dispersan espontáneamente como vapor en un volumen más de 1.000 veces mayor ante un aumento de un par de grados en la temperatura, ocurriendo lo contrario al invertir el proceso. En algunos geles un reducido salto en pH o temperatura produce el colapso o el hinchamiento de algo que es casi sólido, lo que se piensa aplicar para hacer músculos artificiales o aparatos inteligentes. Sería notable un postre consistente en una píldora gelificada en el fondo de un líquido, que cuando se agregue limón o se le aproxime una llama se hinche casi instantáneamente y se transforme en un exquisito mousse. La ciencia no dejará de "alimentar" la magia de los *chefs*.

## 2.8. Estructuras cambiantes

Pocas actividades comerciales o industriales manejan materias primas que pueden cambiar de la noche a la mañana. Es difícil que dos manzanas cosechadas simultáneamente de un mismo árbol sean exactamente iguales desde el punto de vista químico. No comenzaron a crecer al mismo tiempo ni han estado expuestas al sol o al frío de la misma manera. En el caso de la carne, por ejemplo, su sabor depende de la alimentación del animal de donde proviene y la textura se verá afectada por la condición de este al momento de ser sacrificado. Esta influencia del medio la explotan muy bien los viticultores, quienes buscan en distintos *terroirs* las condiciones del suelo, clima y manejo que den vinos de una misma cepa pero con aromas y sabores únicos.[62]

Descontando la pérdida de calidad debida a microorganismos, existe otra serie de razones por las cuales una materia prima puede ir cambiando en el tiempo. Varios alimentos están vivos o al menos continúan con su metabolismo durante el almacenamiento e incluso al momento de consumirlos. De hecho, antes de comer ostras se les agrega limón y si no se encogen, como signo que están vivas, entran en sospecha. Pero sin duda las frutas y hortalizas frescas son el grupo más importante de estructuras alimentarias que mantienen una respiración activa hasta el consumo. También conservan un metabolismo básico los granos secos como las legumbres y es un experimento escolar muy recurrido el hacerlos germinar sobre algodón húmedo para que produzcan raíz y tallo. La germinación, que transforma la cebada en malta y la soya en brotes, es un ejemplo de que la capacidad de reasumir una actividad bioquímica importante está latente en estas y otras semillas.

La *respiración* en frutas y vegetales implica básicamente el consumo de oxígeno y la liberación de $CO_2$, con la generación de calor y la pérdida de agua. Con la respiración ocurre la conversión de moléculas complejas como el almidón, azúcares y ácidos orgánicos a moléculas simples de dióxido de carbono y agua, con la generación de energía. La maduración de frutas involucra cambios importantes en sus características químicas, por ejemplo, en la aparición de componentes volátiles del *aroma*, en el *sabor* al convertirse el almidón en azúcar, y en las propiedades físicas, como la textura y el color. En un grupo importante de frutas la producción de $CO_2$ aumenta hasta

---

62  Los agrónomos distinguen entre el *genotipo* o el conjunto de genes, y el *fenotipo* que son las características expresadas en los frutos por la interacción del genoma con el medio ambiente.

un máximo durante la maduración y está acompañada de la producción de etileno (que es también un gas) y otras hormonas. En algunos casos los signos de madurez de consumo son obvios, como en los plátanos, que se compran "verdes" y su maduración se controla por la aparición del color amarillo y de pintas café en la cáscara. A medida que una manzana avanza en la maduración, las pectinas de las paredes celulares se solubilizan y absorben más agua, suavizando las células y haciendo que se separen. Esto se aprecia al comer una manzana sobremadura, pues no hay ruido al masticarla, no sale jugo y las células separadas dan una textura áspera y arenosa.

Una vez cosechada una fruta, la respiración prosigue en forma diferente dependiendo del tipo de fruta por lo cual es difícil hacer recomendaciones generales. El manejo de *postcosecha* tiene como objetivo encontrar aquellas condiciones de temperatura, humedad relativa y atmósferas que rodean a la fruta para optimizar la calidad y el valor. La tasa de respiración decrece con la temperatura y es la razón por la cual algunas frutas se guardan en el refrigerador, sin embargo, plátanos y paltas maduran mejor a temperatura ambiente y sufren del *daño por frío* si se almacenan en el refrigerador. El almacenamiento de manzanas y carozos (duraznos, ciruelas) a bajas temperaturas ocasiona trastornos metabólicos que resultan en interiores dañados y harinosos. La composición de los gases en la atmósfera de almacenamiento puede afectar la vida útil de frutas y hortalizas, y por lo tanto esta atmósfera se manipula adicionando o removiendo gases tanto en los depósitos de acopio como en algunos envases. El término *atmósfera controlada* se refiere a un control preciso de los gases (generalmente $O_2$ y $CO_2$) durante todo el almacenamiento mientras que *atmósfera modificada* significa normalmente el envasado bajo una cierta composición de gases, la que se pierde intencional o no intencionalmente.

En el caso de un animal sacrificado o un pescado, existe una serie de procesos catabólicos (degradación química de ciertas moléculas) que influyen en la estructura de los músculos. La *rigidez cadavérica* o *rigor mortis* que comienza unas horas después de la muerte, es ocasionada por la unión irreversible de la actina y la miosina (sección 2.1), con lo cual las fibras musculares se contraen y se produce un extenso endurecimiento de los músculos. Estos cambios dependen mucho del estado fisiológico del animal o pez al momento de la muerte y posteriormente de la temperatura de almacenamiento. La desaparición de la rigidez cadavérica en vacunos tarda semanas a temperaturas de 0°C. Durante la *maduración de las carnes* se produce un lento ablandamiento mediado por la acción de enzimas llamadas catepsinas sobre los filamentos musculares y también se desarrollan sabores a partir de proteínas y grasas por la actividad de otras enzimas, todo lo cual hace que los tejidos musculares sean más apetecibles para el consumo.

La variabilidad de las materias primas alimentarias y la reactividad de los alimentos es algo que deben asumir tecnólogos y cocineros. Por esto es tan importante comenzar con ingredientes de la mejor calidad posible y una vez que se tienen en las manos, conservarlos de manera óptima, como se verá en la sección 8.1.

## 2.9. Nanotecnología láctea

La *nanotecnología* es la nueva esperanza de la tecnología para derivar soluciones a muchos problemas de la vida real. Nanotecnología es manipular materia a un tamaño nunca antes accesible al ser humano, aquel entre lo molecular, donde opera la química, y el de la célula, que actualmente se maneja mediante la biotecnología. La definición de nanotecnología es "la creación de productos, aparatos y sistemas manipulando material a una escala entre 1 y 100 nanómetros", o sea, a dimensiones menores que un milésimo de un pelo.

Es obvio que existe una nanotecnología de la naturaleza, pues como se ha visto se comienza con moléculas simples y a partir de éstas se crean estructuras vivas a múltiples escalas, que luego vuelven a ser moléculas, ya sea por la digestión, el metabolismo o la degradación. En este recorrido es evidente que se pasa, a la ida y a la vuelta, por el rango de la nanotecnología. La nanotecnología alimentaria más sorprendente se encuentra en el interior de una caja de leche. La leche es el fluido con que los mamíferos amamantan a sus crías para su desarrollo y crecimiento, y se "nanofabrica" en la ubre o mama. La leche contiene tres elementos que permiten construir las estructuras de la mayoría de los productos lácteos: los *glóbulos de grasa*, las *micelas de caseínas* y las *proteínas del suero de leche*. Las moléculas que los constituyen y el proceso de su ensamblaje tienen lugar en el interior de la célula mamaria de la ubre de la vaca (figura 2.6).

Las proteínas más abundantes de la leche (caseínas, beta-lactoglobulina y alfa-lactalbúmina) son sintetizadas a partir de aminoácidos en fábricas moleculares del *retículo endoplásmico rugoso* (RER). Las diversas fracciones de caseínas son agrupadas con ayuda de calcio y fósforo como micelas caseínicas del tamaño de unos 200 a 400 nanómetros (en el rango de lo nano) y transportadas fuera de la célula donde las espera una solución de lactosa y sales minerales. Los *triglicéridos* de la grasa de la leche se sintetizan en otro compartimento celular llamado el *retículo endoplásmico liso* (REL) y se van juntando en pequeñísimas gotas que se fusionan, formando gotas más grandes a medida que se mueven hacia la membrana que rodea a las células. Para poder salir, las gotas de grasa deben arrastrar a la membrana celular quedando rodeadas de esta, por lo que cada glóbulo de grasa de la leche está cubierto por una membrana biológica: *la membrana del glóbulo de grasa* cuyo grosor varía entre 4 y 25 nm, precisamente en el rango nano (figura 2.6). Miles de estas células vacían sus contenidos en alvéolos que al final confluyen en una cisterna que alimenta a la tetilla.

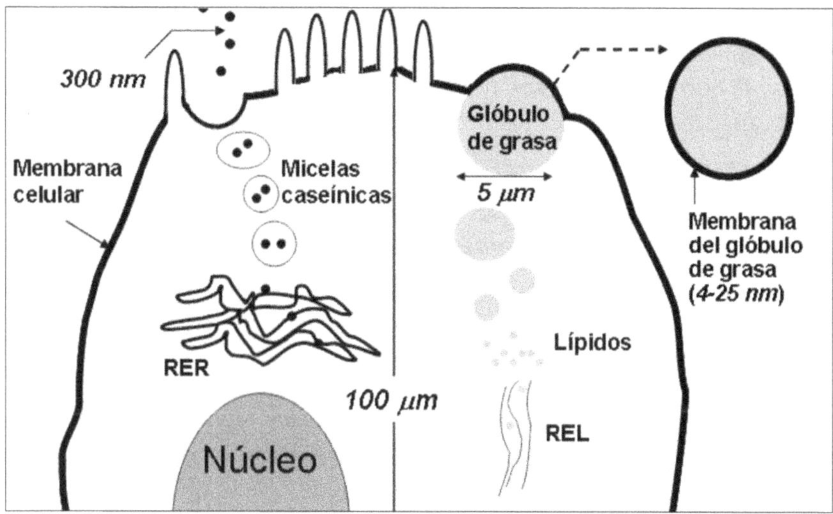


FIGURA 2.6. **La célula de la ubre de una vaca, mostrando la síntesis y ensamblaje de las micelas de caseína (izquierda) y la formación de los glóbulos de grasa (derecha). Ambas estructuras son descargadas a una fase acuosa externa a la célula pasando a ser parte de la leche. A la derecha arriba, la estructura del glóbulo de grasa.**

Aunque la célula de la glándula mamaria es un nanoaparato asombroso que fabrica la leche con gran precisión "desde abajo hacia arriba", no genera un producto que responda en un 100% a nuestras necesidades. Por esta razón se ha tenido que "rediseñar" la leche de vaca con tecnología humana que opera de "arriba hacia abajo". Aquellos que han pasado los 50 años recordarán que las botellas de leche tenían un tapón de grasa en el cuello producto que la grasa sube al ser menos densa que el agua. Hoy en día existe la *leche homogeneizada* donde los glóbulos de grasa han sido reducidos de tamaño mediante un proceso físico llamado *homogeneización*, con lo que se mantienen suspendidos por mucho tiempo (sección 5.2). Un segundo inconveniente fue comprobar que la cantidad de grasa de la leche natural (alrededor de 3,5%) era inconveniente desde el punto de vista de las calorías aportadas. La *centrifugación* es un proceso que consiste en hacer rotar un volumen de leche a altas velocidades con lo cual se logra que los glóbulos de grasa se separen rápidamente en crema (30% de grasa) y *leche descremada* (casi 0% grasa).[63] Esta separación sólo es posible porque la grasa está en forma de glóbulos de tamaños entre 0,1 y 10 μm y

---

63 La velocidad a que se mueve un cuerpo dentro de un fluido es directamente proporcional al cuadrado del tamaño y a la aceleración imperante. Mientras en nuestro planeta la aceleración de gravedad es constante ($g = 9{,}8$ m/s$^2$), en un campo centrífugo (por ejemplo, cuando la trayectoria es curva) la aceleración viene dada por $\omega^2 r$ y por tanto depende de la distancia desde el centro donde gira el cuerpo ($r$) y de la velocidad angular o de giro ($\omega$). En una centrífuga se pueden controlar ambas variables.

no distribuida a nivel molecular. Una vez producido este fraccionamiento se pueden hacer leches con distintos contenidos de grasa, entre ellas la *leche semi-descremada* (1,5% de grasa) que contiene menos de la mitad de la grasa original y todos los otros componentes de la leche. Para muchos, su gusto es tan bueno como el de la leche entera, pero con 3/4 de las calorías.

Volvamos a la nanotecnología. A dimensiones más pequeñas que el tamaño de un virus, un producto como un nanograno de plata (*nanosilver*) presenta una gran superficie por unidad de volumen, lo que implica que una alta proporción de los átomos de plata forman la zona externa del nanograno. Esta característica le da a la nano-plata unas propiedades muy diferentes a las de un lingote en la bóveda de un banco. Hay grandes esperanzas que la nanotecnología pueda cambiarnos la vida aportando materiales más resistentes y livianos, nano-robots que reparen nuestras células, catalizadores que mejoren la eficiencia energética, etc. Está por verse. El problema de fondo es que se están creando *nanopartículas* o "nanocosas" que nunca antes existieron e introduciéndolas al medio ambiente con el riesgo, según algunos, de terminar en nuestros cuerpos sin saber exactamente qué efectos tendrán. Experimentalmente se ha probado que por su pequeñísimo tamaño, algunas nanopartículas son capaces de entrar en las células humanas e incluso alcanzar su núcleo.

La posible presencia intencional de nanopartículas en los alimentos sólo se justificaría si los beneficios fueran extraordinarios e inalcanzables por otras tecnologías, con riesgos involucrados tolerables. Por ahora las aplicaciones de la nanotecnología alimentaria parecen restringirse al entorno del alimento (envases y sensores externos) y a la agricultura. Que el futuro de la *nanotecnología alimentaria* es incierto por ahora lo confirma el hecho que esta palabra no aparece en los textos públicos de ninguna compañía importante del rubro de los alimentos. Sin duda, los conceptos, técnicas y herramientas desarrolladas por las nanociencias, es decir, el conocimiento científico básico de fenómenos que se dan al nivel nano, serán de gran utilidad para escudriñar en el interior de los alimentos y entender cómo se forman y destruyen las estructuras alimentarias a esa nanoescala. Es muy posible que algunos procesos de la fabricación de alimentos sean copiados a futuro de este modelo "de abajo hacia arriba" (ver sección 2.2), de manera de diseñar estructuras como lo hace la naturaleza, partiendo de las moléculas correctas y ensamblándolas progresivamente en estructuras más complejas.

## 2.10. La otra vía láctea

La Vía Láctea es la galaxia en donde se encuentra nuestro planeta Tierra y debe su nombre a la apariencia lechosa con que se presenta en el cielo. En los alimentos también existe un conjunto de "productos estrella" que se derivan del fluido con que los mamíferos alimentan a sus crías y de ahí el título de esta sección. La "galaxia" de los productos lácteos se destaca claramente en el supermercado y por cubrir una amplia gama de estructuras alimentarias, amerita una atención especial.

Los productos lácteos son estructuras admirables para cualquier experto en *materiales suaves*. Primero, todos ellos se construyen a partir de interacciones entre sólo tres unidades constituyentes de la leche: glóbulos de grasa, micelas de caseína y proteínas del suero. Segundo, la manera en que se generan, interaccionan y combinan estos componentes es un ejemplo notable de nanotecnología y autoensamblaje a nivel menor que 1 μm, poco reconocido a nivel científico (sección 2.9). Por último, las estructuras que se forman cubren un amplio espectro de materiales desde líquidos (leche), a sólidos blandos y duros (quesos), materiales plásticos que se pueden untar (mantequilla) y partículas sólidas (leche en polvo), pasando por emulsiones (crema), espumas (crema batida) y geles (yogurt), como se muestra en la figura 2.7.

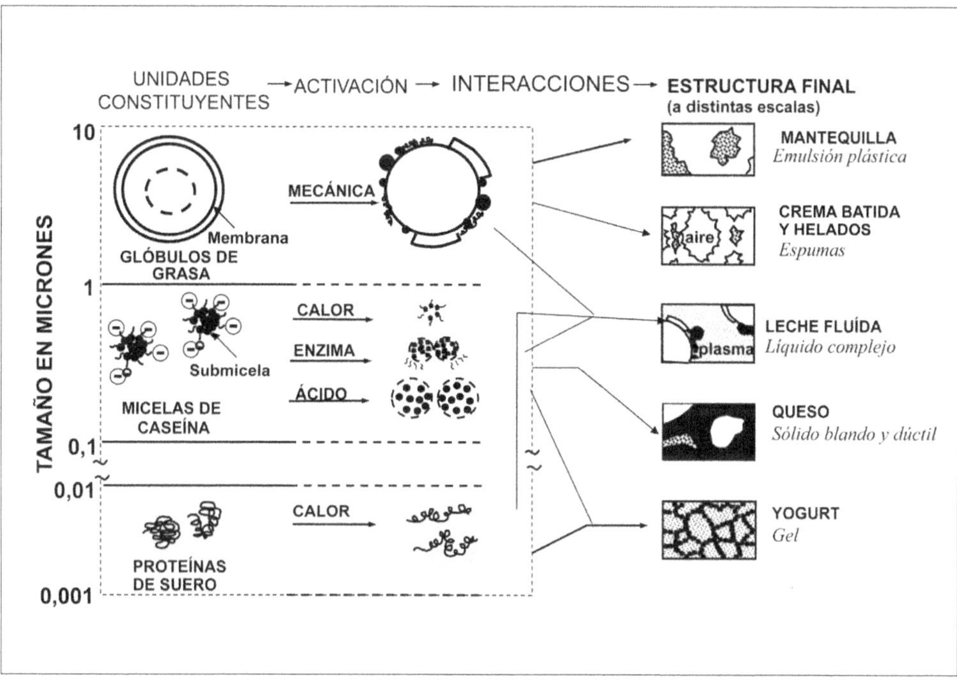



FIGURA 2.7. **Desarrollo de microestructuras en algunos productos lácteos. Todo parte con sólo tres unidades básicas: los glóbulos de grasa, las micelas de caseína y las proteínas del suero de la leche. La acción de distintos agentes (energía mecánica, calor, enzimas, etc.) sobre ellas produce formas intermedias activas, que son ahora capaces de interaccionar para edificar las estructuras de los distintos productos.**

Hacer quesos tiene mucho de arte pero también de ciencia y de tecnología. Como existen cientos de tipos de quesos, hay otro tanto de libros de divulgación sobre elaboración de quesos por lo que para aspectos específicos conviene referirse a ellos, pero la ciencia básica es común.[64] En la fabricación de quesos todo comienza por el origen de la leche que depende del tipo de animal (incluyendo la raza), su alimentación, la época de la ordeña, etc. La *estructura de los quesos* empieza con la *cuajada* o *requesón*, un gel (sección 2.7) que se forma al juntarse las micelas caseínicas desestabilizadas por el ácido producido por microorganismos o por la escisión por la enzima renina (el *cuajo*) de un péptido largo ("pelo") que cuelga de ellas (ver figura 2.7). En la formación de la cuajada también influyen el tratamiento térmico de la leche, el contenido de grasa, si está o no homogeneizada, etc., por lo que no es raro imaginar ya a estas alturas las casi infinitas variedades de quesos que pueden existir. El resto de las proteínas de la leche que no forman el gel, un 20% del total, no aparece en la cuajada y por tanto queda en el suero acuoso (fracción no-caseínica). A estas proteínas solubles se les denomina *proteínas del suero de leche*, siendo las principales la *beta-lactoglobulina* (~65% del total de proteína en el suero) y la *alfa-lactalbúmina* (~25%). Otra fracción soluble que queda en el suero de quesos producidos con enzimas, es el "pelo" proteico removido luego de la hidrólisis. A este se le conoce como *caseíno-macropéptido* y se ha demostrado que tiene propiedades antimicrobianas, probióticas y de modulación inmunológica. Luego, la cuajada se corta en cubos pequeños para facilitar la remoción de agua y posteriormente tratar con sal y prensar, como ocurre en muchos de los quesos que se consumen frescos. Pero también en este punto se puede estirar la masa en agua caliente para transformar la red proteica en fibras gruesas y elásticas, como es el caso del queso *mozzarella*.

Pero los detalles sutiles de la estructura y por sobre todo el sabor de muchos quesos se desarrollan durante proceso de *maduración*. Cada tipo de queso requiere de condiciones de humedad y temperatura precisas para su óptima maduración. Los aromas de los quesos se derivan fundamentalmente de la hidrólisis enzimática de lípidos (lipólisis) y de proteínas (proteólisis) producidas por microorganismos. La estructura y cremosidad de quesos como el *camembert* y los quesos con venas (tipo *roquefort*), se debe a la acción de hongos que crecen en la superficie y en los huecos del interior, respectivamente, los cuales secretan potentes enzimas que dan la textura suave y cremosa, y los apreciados sabores. Como resultado de la proteólisis en el queso *Parmigiano Reggiano* se acumula el aminoácido *tirosina* que luego de 30 meses de almacenamiento cristaliza formando pequeños granos que podemos sentir en la lengua. Esta aspereza, lejos de ser un defecto, significa que el queso ha sido añejado suficientemente (por varios años).

No es raro que el precio del queso sea alto, pues no sólo no se ocupa toda la proteína de la leche, sino que de 100 litros de leche se produce aproximadamente unos 10

---

64  En este tema no podría dejar de recomendar el libro clásico sobre quesos y leches fermentadas escrito por mi profesor en la Universidad de Cornell, quien me introdujo en este tema fascinante, apetitoso y nutritivo: Kosikowski, F.V. 1977. *Cheese and Fermented Milk Foods*, 2a Edición. Edward Brothers, Michigan. Aquí se describe con detalle los procedimientos para elaborar distintos tipos de quesos clásicos. También existe un artículo suyo sobre el queso en la revista *Investigación y Ciencia* 106, 40-49 (1985). Frank Kosikowski visitó Chile en los 80 y degustó vinos y quesos nacionales. Se regresó muy entusiasmado con nuestros vinos pero de los quesos no opinó mucho.

kilos de queso (obviamente el rendimiento depende de la humedad y del tipo de queso). Así, por ejemplo, mil litros de leche se transforman en dos quesos *Parmigiano Reggiano* de 35 kilos cada uno. La quesería es un ejemplo de una industria tradicional que avanza en su sustentabilidad, pues la tecnología actual permite procesar el suero de leche que antiguamente era descargado directamente al medio ambiente. El fraccionamiento del suero del queso por medio del procesamiento con membranas en beta-lactoglobulina y alfa-lactalbúmina que son posteriormente secadas, genera ingredientes proteicos en polvo de gran funcionalidad y valor comercial (sección 8.4).

## 2.11. Estructuras jóvenes y variadas

Durante miles de años nuestra alimentación consistió en estructuras alimentarias tal como las proporcionaba la naturaleza, sin muchas transformaciones, excepto aquellas inducidas por la deshidratación o la cocción. Posteriormente, los microorganismos buenos hicieron su parte y se originaron los alimentos fermentados, en que ciertos productos adquirieron texturas y sabores especiales. Sin embargo, algunos de estos como el yogurt, conocido por milenios, no alcanzó un consumo extendido hasta mediados del siglo XX, cuando se invocaron propiedades saludables, se le saborizó y mezcló con frutas.

Como se muestra en la tabla 2.1, algunos de los alimentos elaborados más populares en su versión comercial son estructuras fácilmente identificables y de origen reciente en la larga historia de la alimentación. La microestructura de varios de ellos se muestra en la figura 2.8.

TABLA 2.1.    **Estructuras alimentarias jóvenes y famosas, junto a algunos de sus inventores**

| Alimento | Tipo de estructura | Origen y fecha aproximada |
|---|---|---|
| Mayonesa | Emulsión | Fines de los 1700's |
| Crema *Chantilly* | Espuma líquida | Siglo XIX |
| Chocolate de leche | Sólido particulado | Cerca de 1818 |
| Helado de crema | Emulsión aireada congelada | Cerca de 1832 |
| Ketchup | Fluído estructurado | H.J. Heinz (1876) |
| Cereales de desayuno | Sólidos porosos y crocantes | J.H. Kellogg (1884) |
| Algodón de azúcar | Hebras de azúcar amorfa | Cerca de 1900 |
| Papas fritas | Vigas rellenas | Post 1ª Guerra Mundial |
| *Chips* de papa y maíz | Sólidos quebradizos | Cerca de 1930 |
| Café en polvo liofilizado | Sólido poroso | Nestlé (1938) |
| Yogurt saborizado | Gel | Dannon (alrededor de 1950) |
| *Snacks* expandidos | Espumas sólidas | Cerca de 1950 |

Varios de estos productos son nuevas formas de materiales producidas por tecnologías introducidas en el siglo XX, y que contribuyeron a una mayor variedad de texturas y sabores en la alimentación. Su razón de ser es diversa. Algunos provienen de un fundamentalismo nutricional, como los cereales de desayuno de los hermanos Kellogg, que pretendían cambiar los desayunos grasosos de salchichas, tocino, huevos revueltos y *omelettes* por sanas hojuelas de cereales. Versiones del chocolate de leche son producto del emprendimiento de un M. S. Hershey, que después de un par de fracasos construyó en 1903 una ciudad en Pensilvania en torno a la chocolatería. Existen aquellos innovadores como H. J. Heinz que transformaron una humilde materia prima como el tomate, en una pasta fluida condimentada que hoy se añade a muchos platos. De paso, a partir de estos nombres se crearon empresas y marcas que actualmente tienen categoría mundial como Nestlé (cuyo valor como marca, se dice, es de unos 80 mil millones de dólares), Kellogg, McDonald's, Lindt, Cadbury, Hershey, Barilla (pastas), Guinness y Carlsberg (cerveza), etc.[65] Otros productos tuvieron que esperar a que se desarrollara la tecnología para alcanzar un consumo masivo, como es el caso de los helados (las máquinas para hacer hielo son de mediados del siglo XIX) y los *snacks* expandidos y algunos cereales de desayuno producidos por extrusión (sección 8.4).

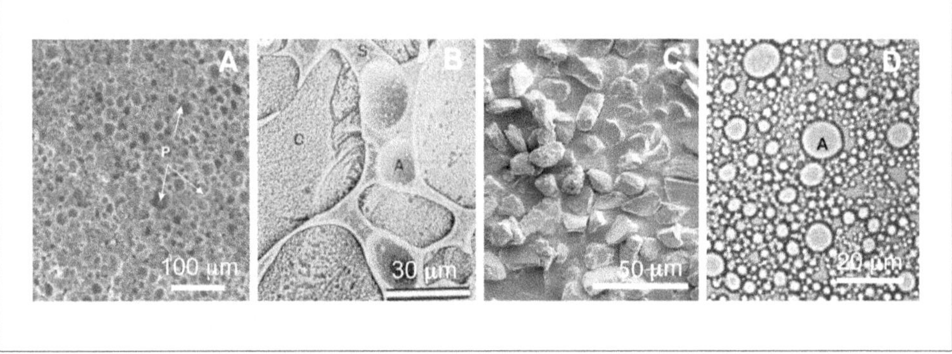

FIGURA 2.8.  **Ejemplos de las estructuras de algunos alimentos listados en la tabla 2.1. A. Café en polvo liofilizado (P = poros); B. Helado (C = cristal de hielo, A = aire, S = solución); C. Chocolate de leche (mostrando partículas de cacao, leche en polvo y azúcar), gentileza del Dr. P. Braun (Buhler AG); y, D. Mayonesa (A = gota de aceite).**

Desde el punto de vista de la historia de los alimentos las estructuras alimentarias que se presentan en la tabla 2.1 y en la figura 2.8 son muy jóvenes, las más antiguas sólo tienen un par de siglos. La pregunta obvia es: ¿Habrán otras estructuras alimentarias

---

65  El valor de mercado de algunas de las principales marcas comerciales se puede ver en el sitio: www.marketingmagazine.co.uk/news/wide/901385/.

que aún no hemos descubierto o redescubierto? Lo mismo puede ser extensivo a las tecnologías de fabricación, ya que la extrusión utilizada para hacer cereales de desayuno y *snacks* sólo se aplica desde hace menos de 50 años y se copió de la industria del plástico. Volviendo al ejemplo de cómo la vaca hace la leche, el alimento fundamental de la vida humana (sección 2.9), se podría pensar que las microtecnologías que hoy se desarrollan para manipular moléculas y fluidos en minúsculas cantidades, algún día podrían estar disponibles para diseñar algunos alimentos y procesarlos en los volúmenes que requiere la producción comercial.

## 2.12. Midiendo con instrumentos

Es correcto sospechar que si los alimentos son materiales, los ingenieros de alimentos tratarán de cuantificar sus propiedades de manera similar a como lo hacen con los otros materiales de ingeniería. Por lo demás, se suele describir el comportamiento de ciertos alimentos durante la masticación con adjetivos usados en ciencia de materiales: carne *dura*, crema *viscosa*, etc. Los laboratorios de materiales alimentarios poseen una serie de instrumentos que permiten medir propiedades importantes tales como fuerzas de todo tipo, la viscosidad de líquidos y pastas, aquellas transiciones de fases inducidas por efecto térmico, características ópticas como el color y la transparencia, el ruido emitido durante la fractura, etc., de manera precisa y reproducible. El desafío es encontrar o diseñar instrumentos de ingeniería cuyos resultados se relacionen adecuadamente con las percepciones deseables determinadas por un panel sensorial o un grupo de consumidores.

Los ensayos mecánicos de alimentos ocupan un lugar importante entre las mediciones físicas y en general tratan de simular el comportamiento en la boca durante la masticación. Las propiedades mecánicas se evalúan en un *equipo de ensayos mecánicos* que aplica una deformación a una velocidad controlada y mide la fuerza en cada instante hasta que la muestra se destruye. Es como apretar un maní con cáscara entre los dedos hasta romperlo, sólo que el instrumento determinará los newton de fuerza que fueron necesarios para la fractura y los milímetros que se deformó la muestra antes de romperse.[66]

Una buena comunicación entre cocineros e ingenieros requiere que los términos usados en estos ensayos se entiendan de igual manera. Se dice que un material es *rígido* cuando se deforma muy poco al aplicar una fuerza y es duro cuando además requiere de mucha fuerza para que se fracture. Así, un caramelo es rígido y duro, en cambio, la cáscara del maní es rígida pero blanda (apretándola con los dedos, se rompe fácilmente sin deformarse).

El diagrama que se obtiene durante un ensayo mecánico al comprimir un grupo de papas *chips* con un vástago, relaciona la fuerza aplicada en cada instante y la defor-

---

66  Un newton (N) es la fuerza necesaria para proporcionar una aceleración de 1 m/s$^2$ a un cuerpo cuya masa es de 1 kg. Por ejemplo, 1 N equivale a la fuerza con que la gravitación atrae a una manzana pequeña (o sea, es su peso).

mación como se muestra en la figura 2.9. Como el sonido es relevante en la fractura de las papas chips, a veces se incorpora un pequeño micrófono para registrar la señal acústica emitida durante el ensayo (figura 2.9). Este examen mecánico proporciona información sobre la rigidez y la dureza (o fuerza máxima) al momento de la fractura, y posteriormente deja al descubierto una serie de *microfracturas* que se van produciendo hasta que las papas *chips* son reducidas casi a un polvo. Los quiebres de la curva proporcionan información microestructural y acústica, y equivalen a una huella dactilar o la firma (*signature*) del producto, la que se puede utilizar para desarrollar alimentos semejantes, evaluar nuevas formulaciones o estudiar el comportamiento durante la masticación.[67]

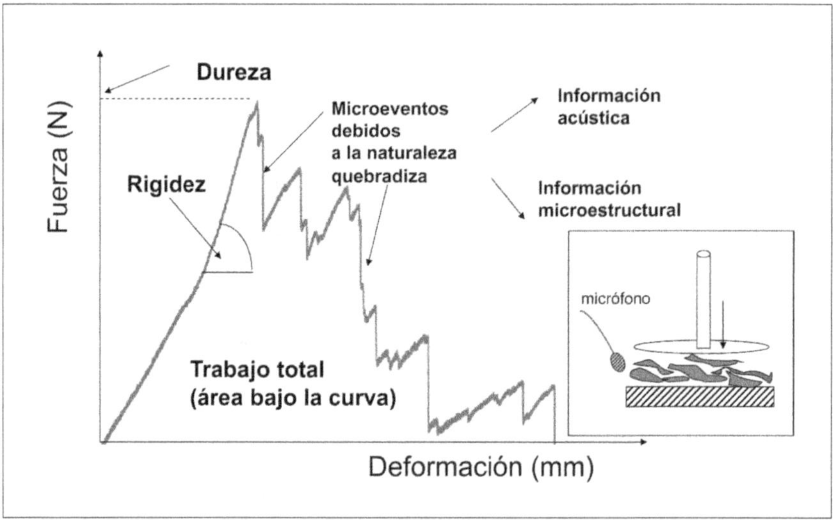


FIGURA 2.9. **Ensayo mecánico de compresión (aplastamiento) de papas *chips* (derecha). La fuerza de compresión alcanza el valor máximo en el momento que comienza la fractura. De ahí en adelante es necesario aplicar cada vez menor fuerza para desencadenar una serie de fracturas menores que dan origen a fenómenos acústicos (ruido) y sensaciones de textura propios de la microestructura.**

La gelatina comercial se obtiene de huesos y cueros de cerdos y vacunos, y se puede adquirir en forma de hojas translucientes o en polvo. Debido a que la materia prima es altamente variable, también lo es la consistencia del gel que se forma (y su sabor), cosa conocida entre los cocineros. Los fabricantes de gelatina indican en sus especificaciones el *valor Bloom*, que representa la resistencia que opone un gel de gelatina a la penetración de un punzón. Las "gelatinas" compradas en el supermercado son

---

67  En realidad la masticación es un proceso mucho más complejo que involucra deformaciones por distintos tipos de fuerzas (además de la compresión), ciclos de rompimiento y la mojadura de las partículas por la saliva. Existen las *bocas artificiales* pero no al nivel que simulen completamente el comportamiento de un material en la cavidad bucal.

básicamente azúcar, gelatina comercial, saborizante y colorante, estos dos últimos en muy baja proporción respecto a los dos primeros. Si se descarta el dulzor, básicamente se paga por la "fuerza de gel" o la resistencia de la gelatina a la aplicación de una fuerza. Uno de los proyectos que mis alumnos hacen a fin de semestre en el curso *Ciencia de los Materiales Alimentarios* consistió en comprar distintas gelatinas en polvo, prepararlas siguiendo instrucciones del fabricante y después medir qué tan fuerte eran los geles, mediante un ensayo mecánico de compresión similar al mostrado en la figura 2.9. Esto básicamente consiste hacer bajar lentamente un disco metálico de unos 2 cm de diámetro hasta que topa la superficie de la gelatina y luego comenzar a registrar la fuerza que opone el gel hasta que ocurre la fractura. Dividiendo la fuerza de fractura por el costo unitario ($/gramo) del producto se puede determinar el costo por unidad de "fuerza del gel", que es lo que realmente vale en un producto como este. Para un ingeniero esto es suficiente por el momento y los problemas de gusto y sabor, aunque muy importantes, quedan para más adelante.

El *calorímetro diferencial de* barrido, que se emplea para estudiar las propiedades térmicas de los alimentos, es más sofisticado y caro (como le explico a mis alumnos para que lo cuiden, vale lo mismo que un BMW serie 500, último modelo). Consiste en un "horno" diminuto dentro del cual se coloca una cápsula metálica que contiene menos de un gramo de muestra, lo que asegura que todo el volumen del material alcanza rápidamente la misma temperatura. El calentamiento (o enfriamiento) se hace gradualmente a una velocidad (°C/min) controlada en forma precisa por el equipo, dentro de un intervalo predeterminado de temperaturas (de ahí el nombre de "barrido"). El instrumento determina en cada momento los cambios en el calor aportado a la muestra o cedido por esta para que la velocidad de calentamiento permanezca constante. La sola alza de la temperatura del alimento por efecto del calentamiento mide el *calor específico* (cuántos grados sube la temperatura de una sustancia al introducir una unidad de calor). Cualquier cambio mayor, como la denaturación de una proteína por ejemplo, el paso de líquido a sólido de la clara de huevo, la gelatinización del almidón (formación de engrudo), la congelación del agua o el derretimiento de una grasa (suavizamiento de la manteca de cacao), aparece como un pico en el "termograma", cuya área es proporcional al calor absorbido o cedido por la muestra. En un ensayo de calorimetría diferencial es posible determinar también la *temperatura de transición vítrea* $T_g$, o aquella temperatura sobre la cual un material vítreo y duro, se suaviza (sección 2.3).

## 2.13. Midiendo con individuos

Las mediciones instrumentales proporcionan información del comportamiento físico de un producto, que puede ser importante cuando fluye por una cañería o a la hora de diseñar un envase que le brinde protección mecánica. Sin embargo, son limitadas para predecir la *calidad sensorial*, es decir, la manera en que las personas perciben el alimento a través de sus sentidos, porque las características sensoriales son multidimensionales. Existe una rama de la ciencia de los alimentos denominada *evaluación sensorial* que usa a un grupo de panelistas o personas entrenadas para describir la percepción de las propiedades odoríferas y gustativas, por tanto, los órganos sensoriales y la capacidad integradora del cerebro pasan a ser el "instrumento". La evaluación sensorial es el estándar dorado contra el cual debe compararse cualquier propiedad química o física de un alimento, desde antes que este entre en la boca. Una manzana puede contener todos los nutrientes deseables que esperamos de ella y estar perfectamente madura, pero si nuestra visión detecta una mancha en su cáscara no llegará al bolso de compras. Bien se sabe que en el caso del vino y las cervezas, no existe equipo que pueda reemplazar a los catadores a la hora de determinar las características de color, aroma y gusto.[68]

Los métodos *estáticos* de *evaluación sensorial* han sido usados por mucho tiempo y reflejan el conjunto integrado de las sensaciones percibidas desde que un producto entra en la boca del panelista hasta que es tragado. Sirven para comparar productos reformulados con productos tradicionales y para hacer perfiles de las diversas características de un mismo alimento. Últimamente se ha dado más importancia a la variación en el tiempo o la dinámica de la percepción sensorial durante la masticación. En el análisis de tiempo-intensidad, el panelista va informando cómo la liberación de aromas y también la textura van cambiando durante la masticación, generando de este modo una curva en el tiempo. En el caso de los aromas, esto se puede complementar con el muestreo directo a través de tubos insertados en las fosas nasales, de los compuestos volátiles que van llegando a la nariz y el posterior análisis por cromatografía y espectroscopía de masa. Así es posible relacionar la parte subjetiva o sensorial con la química de las moléculas involucradas.

Las limitaciones del uso de personas para la caracterización de alimentos incluyen su disponibilidad, la poca confiabilidad de nuestros sentidos, la interferencia de factores ambientales y de salud, etc. Otra limitación es la capacidad que pueden tener los jueces o panelistas para describir la percepción de texturas y sabores en forma uniforme y consistente. Para esto se hacen entrenamientos con productos estandarizados o representativos de ciertas texturas y sabores, y se confeccionan léxicos o verdaderos diccionarios construidos en base a muchos productos de la misma categoría, de modo de tener una nomenclatura estandarizada y compartida. La evaluación sensorial constituye una herramienta fundamental para el desarrollo de productos, el control de la calidad y la valoración de la aceptabilidad por parte de los consumidores.

---

68  Entre los varios libros que existen sobre evaluación sensorial, vale la pena mencionar a Pedrero, D.L. y Pangborn, R.M. 1989. *Evaluación Sensorial de los Alimentos: métodos analíticos*. Alhambra Mexicana, México D.F.

# Viaje al interior de los alimentos

*Comemos alimentos y no moléculas. Pero durante el procesamiento y la cocción, las moléculas se convierten gradualmente en estructuras alimentarias que nos son familiares y apetecibles. Es una lástima que no podamos percibir con nuestra visión los elementos y la organización de estas estructuras. Afortunadamente existen muchas técnicas para ingresar al interior de los alimentos y visualizar con asombro su compleja microestructura.*

## 3.1. **Estructuras sabrosas**[69]

Entre todas las estructuras que fabricamos, los alimentos son las más complejas. Un pan nos parece algo simple: cáscara y miga, pero la miga alberga celdas de aire contenidas entre paredes sólidas y estas paredes a su vez contienen el almidón que está atrapado en una matriz de proteína que es lubricada por la grasa. Y no es cualquier proteína, porque el *gluten del trigo* está formado por dos tipos de macromoléculas especiales que confieren a la masa su elasticidad, única entre todos los cereales. Así hemos descendido casi siete órdenes de magnitud en longitud, llegando a unos 20-50 nanómetros (figura 3.1). Pero no es todo. De la cantidad y forma en que se distribuyen e interaccionan el almidón, las proteínas del gluten y las grasas, se derivan las estructuras de los cientos de diferentes tipos de panes que existen, porque la materia prima es la misma (harina de trigo). Más aún, estas estructuras son diferentes de otras que encontramos en nuestra vida diaria pues intercambian humedad con el ambiente, varían con el tiempo (por ejemplo, se "añejan"), sufren el ataque de microorganismos y eventualmente desaparecen de la faz de la Tierra.

---

69   A los lectores fieles y dedicados se les recomienda revisar el libro de Aguilera, J.M. y Stanley, D.W. 1999. *Microstructural Principles of Food Processing and Engineering*, 2a edición. Aspen Publishers Inc., Gaitherburg, MD.

*Estructura* es la distribución de los elementos que componen un todo y sus interrelaciones. En ingeniería, la estructura de un edificio o un puente es fundamental, pues de ella y de los materiales usados en su construcción dependen las propiedades. Un edificio antisísmico resiste sin alteraciones un terremoto porque su estructura ha sido diseñada para disipar la energía que se transfiere durante el evento telúrico, sin que ocurran daños mayores. Estructura es también sinónimo de organización, y así se habla de la estructura social, estructura mental, etc. Por *microestructura* de un alimento se entiende aquel arreglo de elementos a una escala menor que el grosor de un pelo (< 80 micrones). Este concepto es relativamente nuevo y apareció a principios de los años 1970 con el amplio uso de los microscopios electrónicos que complementaron a los microscopios de luz para analizar los alimentos. Hoy en día el mundo académico y la industria hacen uso habitual de técnicas que permiten escudriñar en el interior de los alimentos para desentrañar los secretos que yacen en sus microestructuras.

La microestructura de los alimentos es fundamental en muchas propiedades de estos, incluyendo la textura, fluidez, estabilidad química, calidad nutricional y hasta su color. Por ejemplo, cuando decimos que la carne está dura, que se cortó una mayonesa, o que una manzana está harinosa, se podría pensar que estamos hablando de cambios en la composición química. Sin embargo, no es así y las condiciones anteriores son casi siempre el resultado de un reordenamiento o interacciones a nivel microestructural de los componentes químicos originales. Volviendo al ejemplo anterior, no es un problema químico lo que hace que en la boca un pan fresco nos parezca diferente de uno añejo. Un análisis químico revelará que los componentes principales de ambos panes son exactamente los mismos en cantidad. Lo que ha ocurrido en el *añejamiento* del pan es que algunas moléculas de almidón (fundamentalmente la amilopectina) se han ordenado en estructuras cristalinas y esto hace que la percepción en la boca sea diferente (sección 3.5). Respecto al color, las superficies lisas se ven más claras que aquellas que contienen microporos donde la luz no alcanza a penetrar, fenómeno que se usa para hacer el café instantáneo con distintas intensidades de color, pero idéntica composición (ver figura 2.8A).[70]

El análisis de la microestructura de los alimentos y su relación con las propiedades de estos es un área de gran actividad en la ciencia de los alimentos.[71] En los últimos 10 años el número de publicaciones relacionadas con la microestructura de diversos productos alimentarios se ha triplicado y se avanza a buen ritmo hacia la cuantificación y caracterización de los elementos estructurales usando *software* computacional. La aspiración última es poder relacionar aspectos objetivos de la microestructura con propiedades relevantes de los alimentos como pueden ser la creación de formas

---

70   En el artículo de Aguilera, J.M. 2005. "Why food microstructure?", *Journal of Food Engineering* 67, 3-11, se presentan con más detalle varios ejemplos de cómo la microestructura influye en distintas propiedades de los alimentos.

71   *Food under the microscope* (www.magma.ca/~scimat/) es un sitio en Internet donde existen muchas imágenes de la microestructura de diversos alimentos e información asociada. Vale la pena revisarlo.

gastronómicas en la cocina, la estabilidad química y microbiológica durante el almacenaje, la textura y la liberación de sabores en la boca, y la degradación del bolo alimenticio en el tracto digestivo para la absorción de los nutrientes, entre otras.

## 3.2. Lo mejor no lo podemos ver

Es lamentable que los tecnólogos de alimentos y los *chefs* no puedan ver con sus ojos los detalles más íntimos que hacen la diferencia en sus creaciones. Es como que un arquitecto no fuera capaz de apreciar cómo se van ensamblando los materiales de construcción y una vez terminada la obra no pudiera recorrer con la mirada los espacios internos, ni ver detalles como el enchapado de las puertas o los motivos de los azulejos del baño, y sólo le estuviera permitido observar el exterior del edificio.

Un micrón o micra ($\mu$m) es la milésima parte de un milímetro (1 $\mu$m = 0.001 mm) o la millonésima parte de un metro ($10^{-6}$ m) y a su vez corresponde a 1.000 nanómetros (nm). Como referencia, el grosor medio de un pelo es alrededor de 80 $\mu$m. Nuestra visión es limitada y nos dice que hay un solo objeto cuando en realidad hay dos pero ellos están separados a menos de unos 60 a 80 micrones. Esto se denomina el *límite de resolución* de la visión (figura 3.1). Hay otro límite importante en alimentos y es el tamaño mínimo de una partícula que alcanza a ser percibido en la lengua. Si un cristal de hielo en un helado o una partícula de mostaza en la mayonesa miden menos que unos 40 $\mu$m, no se sentirán en la boca y ambos productos nos parecerán cremosos, suaves y delicados.

A simple vista no podemos apreciar los *sistemas coloidales*, compuestos por pequeños aglomerados de moléculas o por partículas muy finas con tamaños menores a unos 0,2 $\mu$m, que dispersos en agua se mueven erráticamente como si su ínfimo tamaño las hiciera chocar incesantemente con las moléculas del solvente.[72] No podemos ver las células de frutas y verduras que contribuyen a la textura, pues algunas miden del orden de 80 a 100 $\mu$m, ni los gránulos de almidón (que están entre 5 y 50 $\mu$m) que agregamos para espesar las salsas, ni las gotitas de aceite (de alrededor de 10-40 $\mu$m) que dispersamos en una mayonesa. Es evidente que no podemos ver las bacterias que podrían estar contaminando nuestros alimentos y que miden alrededor de 1 $\mu$m. Menos aún podemos apreciar las macromoléculas de *caseína* (que miden unos 0,4 $\mu$m o 400 nm) que dan la estructura a los quesos. Afortunadamente, tampoco podemos ver el material particulado que contamina el aire que tiene como tamaño promedio 10 $\mu$m (conocido como MP10), porque nos deprimiría hasta respirar. La figura 3.1 muestra varios elementos estructurales importantes en los alimentos y su tamaño aproximado. En el micromundo se avanza en múltiplos de 10 y así un átomo es 10 veces más minúsculo que una molécula pequeña, la que a su vez es 10 veces

---

72  De aquí se deriva el término *hidrocoloide* mencionado con anterioridad, que se refiere a compuestos que forman sistemas dispersos en agua y donde la fase en suspensión puede tener tamaños más grandes que las moléculas mismas pero menores a 1 $\mu$m. La *química de coloides* es fundamental para entender la formación y el comportamiento de emulsiones, espumas y geles.

menor que una proteína y esta 10 veces más chica que un virus, y recién se llega a un micrón en un nuevo salto de 10 hasta el tamaño de una bacteria. Debido a que hay que referirse a muchas escalas dimensionales en un solo gráfico, el eje de la figura 3.1 progresa de 10 en 10 (escala logarítmica).

Entre los instrumentos que se usan para echar un vistazo a los alimentos, la *lupa* es un lente convergente que se sitúa entre el ojo y el objeto, que permite ampliar detalles de la superficie hasta unas 60 veces (60X). Cuando el lente se monta sobre una base a fin de controlar la distancia al objeto y el enfoque, se pasa a llamar *microscopio estereoscópico*. Existen versiones baratas de lupas de pedestal a las que se les puede adaptar una cámara digital o de video para capturar imágenes.

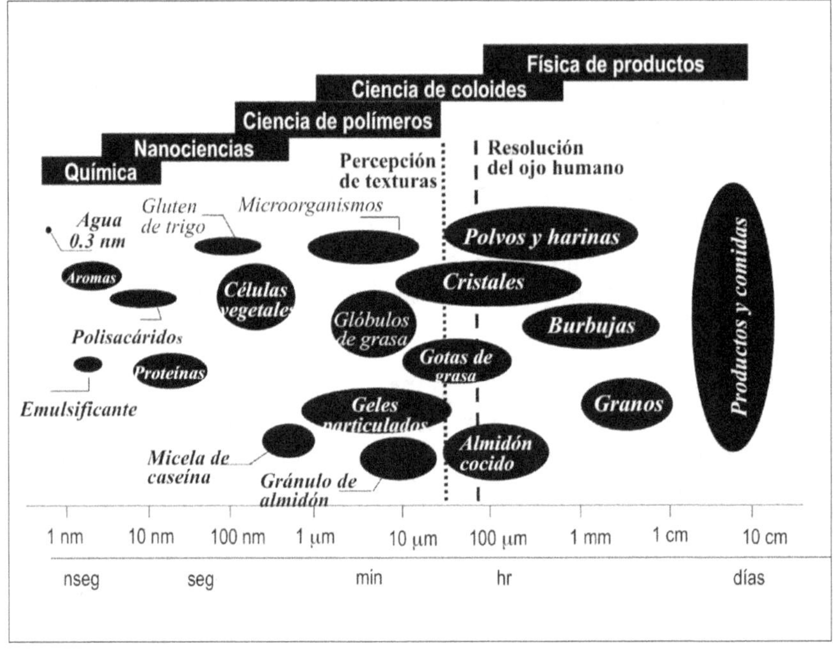


FIGURA 3.1. **Componentes importantes de alimentos y sus tamaños aproximados. En la parte superior se mencionan las disciplinas científicas más importantes para estudiar los alimentos a las distintas escalas de espacio y tiempo señaladas en los ejes.**

El microscopio compuesto (llamado así por tener varios lentes), también conocido como microscopio óptico o de luz (ML), se inventó alrededor del año 1600, con posterioridad al telescopio. Básicamente un *microscopio de luz transmitida* consiste en una fuente de luz visible que se focaliza mediante un lente condensador sobre una muestra "transparente" colocada sobre una platina. La luz que traspasa la muestra y "acarrea" la imagen entra en un tubo que contiene otros dos lentes. El *lente ob-*

*jetivo* cercano a la muestra magnifica la imagen hasta unas 40 veces (en múltiplos de 10x). Posteriormente la imagen se amplifica unas 10 a 20 veces más en el *lente ocular* situado en la parte superior del tubo y al cual se acerca el ojo o se monta una cámara digital o de video. El ML se usó en el siglo XIX para detectar la adulteración de los alimentos, particularmente de las especias. En esa época las observaciones al microscopio eran reportadas como exquisitos dibujos hechos a mano pues la fotomicroscopía (fotografías captadas desde el microscopio) comenzó después de 1850. Hoy en día distintos tipos de ML encuentran múltiples aplicaciones rutinarias en microbiología y ciencia de los alimentos, como también en investigación. Mediante el uso de *tinciones* especiales es posible mejorar el contraste entre distintos tejidos e incluso discriminar entre proteínas, grasas y almidón (figura 3.5). Modelos más sofisticados de microscopios usan haces de luz con una longitud de onda específica como en la *microscopía de fluorescencia*, o bien pueden acoplarse a espectrógrafos[73] de varios tipos de manera que moléculas específicas pueden ser localizadas *in situ*. El microscopio óptico tiene un límite de resolución de cerca de 200 nm (0,2 μm) que está dado por la longitud de onda de la luz visible (0,4 - 0,7 μm).

Desde 1980 el *microscopio confocal de barrido con láser* (MCBL) ha permitido observar muestras biológicamente activas como células y tejidos, en forma directa y no-destructiva. Gracias al poder de penetración de los láseres, el MCBL permite que el rayo rastree o barra un plano a una profundidad dada dentro del espécimen, adquiriendo sólo la información que está en foco. En realidad el microscopio hace "cortes ópticos" sucesivos a distintas profundidades, obtiene las imágenes de las secciones o planos bidimensionales, y mediante un software las reconstruye en tres dimensiones. Otra técnica de microscopía tomada de la biología permite localizar moléculas específicas en un alimento haciéndolas reaccionar con *anticuerpos* "marcados", que son visibles bajo el lente del microscopio. Así ha sido posible visualizar dónde se ubican las proteínas del suero de leche que se agregan a un paté o entender que rol juegan los alginatos en un aderezo de ensalada.[74]

## 3.3. Ojos bien abiertos

Si la luz visible impone un límite al tamaño de cosas que queremos ver es lógico pensar que hay que cambiar la fuente de iluminación. En el siglo pasado se descubrió que si se usaban electrones para "iluminar" un objeto, se podía aumentar muchas veces su magnificación. Este descubrimiento marcó el nacimiento de los microscopios electrónicos, y el primero de su clase fue desarrollado por el canadiense James Hillier en el año 1937. Este tipo de microscopio llegaba a amplificar el tamaño de los obje-

---

73  Se denomina espectrografía o *espectroscopía* a una técnica analítica que permite la identificación y cuantificación de moléculas basada en la vibración de ciertos grupos químicos de las moléculas al ser excitados por ondas del espectro electromagnético.

74  Una excelente presentación sobre técnicas de microscopía e imaginería aplicadas al análisis de la estructura de alimentos es el artículo de Kalab, M., Allan-Wotjas, P. y Shea Miller, S. 1995. "Microscopy and other imaging techniques in food structure analysis". *Trends in Food Science and Technology* 6, 177-185.

tos más de cinco mil veces, o sea, se podía ver detalles de una hormiga como si esta estuviera frente a nuestros ojos y midiera 10 metros. Hoy en día, los microscopios electrónicos son herramientas fundamentales en la investigación de los alimentos y la información que entregan no sólo es de gran utilidad sino que también estéticamente es impresionante.

En un microscopio electrónico los electrones se generan en un filamento caliente (generalmente hecho de platino) y son dirigidos hacia la muestra por campos magnéticos (que sustituyen a los lentes de vidrio del ML). En la *microscopía electrónica de transmisión* (TEM en inglés) los electrones se focalizan sobre secciones muy delgadas de una muestra (de menos de 1 μm de grosor) y al traspasarla generan una imagen plana como la de un microscopio de luz transmitida (ver figura 2.5). La preparación de las muestras para TEM es compleja, requiere de materiales e instrumental especializado y sobretodo de mucha experiencia, pero cuando se hace profesionalmente proporciona información insustituible.[75] En la *microscopía electrónica de barrido* (SEM en inglés) el haz de electrones barre o rastrea la superficie de la muestra, generando una visión tridimensional de la superficie, como se observa con una lupa (ver figura 2.4). Más aún, al impactar los electrones sobre la muestra se generan nuevos electrones y rayos X cuyo análisis posterior permite conocer la composición atómica del objeto. Los microscopios electrónicos requieren de alto vacío en su interior por lo que las muestras deben estar deshidratadas, problema no menor en la mayoría de los alimentos que contienen alta humedad y se encojen durante la deshidratación convencional.[76] Equipos especiales de *criomicroscopía* permiten observar muestras bajo condiciones de congelación con nitrógeno líquido (figura 2.4).

Pero los microscopios electrónicos son insuficientes para ver superficies a escala atómica. En los años 1980 se originaron en el centro de investigación y desarrollo de IBM en Rüschlikon, cerca de Zurich, dos descubrimientos notables para la ciencia: el microscopio de efecto túnel, que permite "ver" a escala atómica, y un material cerámico que conducía la electricidad a temperaturas mayores que las conocidas a esa fecha (lo que se conoce como "superconductividad"). Cada uno de estos hallazgos fue premiado con el premio Nobel de Física en años consecutivos, el primero en 1986 (G. Binnig y H. Rohrer junto a E. Ruska) y el segundo en 1987 (J.G. Bednorz y K.A. Müller), constituyéndose en un logro sensacional para la investigación básica realizada en una empresa privada, que además, se asocia con la computación. El *microscopio de fuerza atómica* (MFA), que luce mucho menos impresionante que un microscopio electrónico, opera con un principio parecido al tocadiscos antiguo. La superficie de un material se recorre usando una aguzada punta y se miden las inte-

---

75  Siempre he sostenido que entre mis mejores amigos están los microscopistas. Producir una imagen en un microscopio lo puede hacer casi cualquier técnico, pero obtener una imagen fidedigna de un producto es casi una obra de arte que sólo la puede hacer un microscopista experimentado. Todas las botellas de vino que he regalado a los microscopistas, fueron retribuidas con creces por quienes me han permitido ver los micromundos de los alimentos tal como son.

76  Actualmente existen microscopios SEM llamados "ambientales" que operan a bajo vacío (a presión atmosférica) y no requieren de la deshidratación de las muestras. Su operación, sin embargo, requiere de gran experticia.

racciones entre esta y la capa exterior de electrones de la muestra. Las deflexiones que sufre una barra que sujeta la punta, se traducen en fuerzas y distancias en cada punto de la superficie (a nivel de nanómetros). Un software computacional se encarga de transformar estas señales en imágenes (ver figura 1.1).

La disponibilidad de técnicas de microscopía para ser usadas en la investigación de los alimentos depende de los desarrollos en hardware para las ciencias biológicas y la ciencia de los materiales. Hoy en día, todo laboratorio avanzado de investigación en materiales alimentarios, industrial o académico, posee o tiene acceso a una batería de aparatos de microscopía. Como dato adicional, el número de artículos científicos publicados en microestructura de alimentos se ha sextuplicado en los últimos 15 años y en 2009 superó los 250.

### 3.4. Alimentos al escáner

Muchas veces sería deseable escudriñar en el interior de alimentos para detectar defectos invisibles desde el exterior, pero sin "invadirlos" o destruirlos. Es lo que hacen los médicos cuando introducen a sus pacientes en equipos que realizan un escáner de *resonancia magnética nuclear* (RMN) o una *tomografía computarizada de rayos X* ¿Por qué no usar estás técnicas de diagnóstico con los alimentos?

La *imaginería de RMN* (iRMN) se basa en que núcleos que acarrean carga como el del átomo de hidrógeno ($^1$H) del agua son capaces de interaccionar con el campo magnético externo del equipo. El resultado de esta interacción es particular en los distintos órganos y se puede transformar en señales de distinta intensidad las cuales son posteriormente convertidas en *imágenes* que dan un buen contraste entre los diferentes tejidos. Aunque el efecto inmediato de un golpe en una manzana no se advierte externamente, sí es detectado por iRMN y las consecuencias en el tejido interno son evidentes al cabo de un tiempo (figura 3.2). La iRMN no es invasiva ni destructiva (no altera el estado de los tejidos) y tampoco genera radioactividad. En el caso de la imaginería de rayos X se trata de exponer una muestra a una radiación de pequeña longitud de onda donde el contraste de una imagen refleja la densidad relativa de diversos medios porque atraviesa la radiación. Las partes más densas son menos "transparentes" a los rayos X y aparecen en forma destacada en la imagen. Por eso trocitos de huesos que se hayan podido deslizar en un alimento colado, o restos de metal que eventualmente puedan contaminar un frasco o lata, se distinguen claramente de los tejidos húmedos y de la grasa usando rayos X, del mismo modo como se detectan los alimentos en un escáner en el aeropuerto. En investigación, el *microscopio de rayos X* funciona igual que la máquina de los hospitales, pero con una resolución de unos 10 μm, suficiente para distinguir la estructura interna de muchos alimentos sin destruirlos. La fina malla de proteína de la miga del pan se destaca nítidamente por este análisis (figura 3.2). También se pueden obtener imágenes en animales vivos usando un escáner portátil de *ultrasonido* y monitorear la proporción de carne y acumulación de grasa en los lomos durante la engorda.

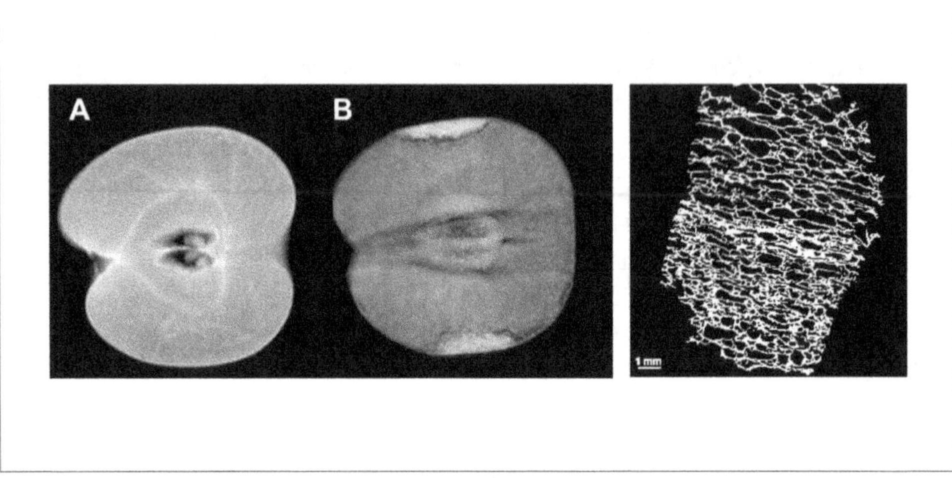

FIGURA 3.2. **Izquierda: Imagen obtenida por imaginería de RMN de una manzana a la cual se le ha dado un golpe con un martillo (bordes superior e inferior). A. Inmediatamente luego del golpe, y; B. a los diez días. Derecha: Rebanada de pan de molde examinada con rayos X (Gentileza *Journal of Food Science*).**

Un caso bastante emblemático en que se desea inspeccionar el interior de un alimento sin destruirlo es el queso suizo. Una rueda de queso Emmental puede medir hasta 90 cm de diámetro, tener un espesor de sobre 20 cm y pesar más de 100 kilos. Parte importante de su calidad tiene que ver con el tamaño, distribución y suavidad de los hoyos u ojos que oculta en su interior.[77] Estos hoyos se producen por el dióxido de carbono ($CO_2$) generado por un tipo especial de bacterias, que se va acumulando en forma de burbujas durante la maduración. Científicos de la Universidad de California-Davis demostraron que es posible usar imaginería de resonancia magnética para hacer "cortes virtuales" en una rueda de queso examinada con un escáner y en base a la información recabada tomar la decisión sobre su destino y precio.[78] La máxima resolución de la RMN es de unos 30 μm, suficiente para estudios médicos pero no para algunas aplicaciones en alimentos. La inspección no destructiva de alimentos en línea tiene grandes aplicaciones en el aseguramiento de la calidad. Se puede imaginar que a futuro todas las frutas que salen de un *packing* hayan sido revisadas en su interior por medio de RMN, a gran velocidad y sin dejar rastros, o que las espinas apenas perceptibles en los filetes de salmón hayan sido detectadas por medio de rayos X y extraídas posteriormente para tener un producto más seguro. A la vez, los exteriores

---

77 De acuerdo a normas del Departamento de Agricultura de los EE.UU., el criterio de calidad para el queso suizo *US grade A* establece que "los ojos deben estar bien desarrollados, ser redondos o ligeramente ovalados, uniformes en tamaño (entre 3/8 y 3/16 pulgadas en diámetro), con interior suave y su distribución debe ser homogénea".

78 Rosenberg, M., McCarthy, M.J. y Kauten, R. 1991. "Magnetic resonance imaging of cheese structure". *Food Structure* 10, 185-192.

pudieron haber sido inspeccionados con cámaras de video para determinar la forma, color y posibles defectos superficiales. Las imágenes generadas en ambos casos pueden ser almacenadas y usadas en el control de procesos, la comercialización o bien para la trazabilidad de productos.

Como se puede observar, gracias a avances en otras disciplinas hoy se dispone de una amplia batería de instrumentos para visualizar la microestructura de alimentos en todo el rango necesario de escalas, tanto de forma destructiva como no-destructiva. Esto último es fascinante pues significa que en una investigación se pueden seguir los cambios que le ocurren a una misma manzana o papa frita en el tiempo, sin cortarlas o intervenirlas, evitando tener que usar distintas muestras e introducir una variabilidad que dificultaría el análisis posterior. Aunque podría pensarse que el disponer de potentes microscopios y otras técnicas de inspección es suficiente para aprender más sobre el rol que tiene la microestructura en los alimentos, esto no es así. Lo que realmente importa es relacionar características objetivas de la microestructura con las propiedades deseables de los productos.

## 3.5. Cocinando bajo el microscopio

Es una lástima que muchos de los cambios relevantes en estructura que ocurren durante la preparación de alimentos y su cocción no se pueden apreciar con la visión. En nuestro laboratorio se han creado hornos, secadores, congeladores, cocinas y freidoras que se pueden insertar bajo el lente de un microscopio y observar en tiempo real (con una cámara digital de video adosada al microscopio, equipamiento casi estándar actualmente) los cambios que van ocurriendo en una pequeña muestra de un alimento. Para esto se hace uso de dispositivos miniaturizados que permiten calentar o enfriar directamente la diminuta muestra simulando lo que ocurre en una cocina o en la industria.

En promedio, un grano de arroz crudo contiene alrededor 70% de almidón, pero durante la cocción el grano absorbe gran cantidad de agua y se hincha (las instrucciones son una taza de arroz por dos de agua) con lo cual el contenido de almidón en el grano cocido baja a alrededor de 10%. Lo que pasa en el interior de un grano de arroz durante la cocción se puede simular calentando un gránulo de cualquier almidón, por ejemplo, el obtenido de un paquete de chuño (almidón de papa), en abundante agua. Aunque la *gelatinización del almidón* se describió en la sección 2.3, como dice el refrán "una imagen vale más que mil palabras". La figura 3.3 muestra una secuencia de cuatro fotomicrografías de cómo un gránulo se va hinchando y deshaciendo al calentarlo en agua a 75°C sobre una placa calefactora. El gránulo gelatinizado es blando y su estructura desintegrada permite que las enzimas del sistema digestivo (amilasas) tengan acceso a las moléculas de amilosa y amilopectina y las transformen en glucosa, por tanto, en calorías (sección 7.7). La gelatinización de almidones ocurre durante la cocción u horneo de cualquier producto que contenga almidón y agua, e influye en que este se vuelva palatable y digerible. Experiencias sencillas como esta, realizadas con un simple microscopio de luz provisto de una cámara de video conectada a un monitor, podrían ser muy iluminadoras para los alumnos de colegio.

Pero este no es el final de la historia del almidón. Una vez liberadas del gránulo, las moléculas de amilosa y particularmente las de amilopectina tienden a cristalizar u ordenarse en forma compacta, fenómeno que se conoce como *retrogradación* del almidón. Este proceso es responsable del *añejamiento del pan*, ocurre a máxima velocidad a una temperatura de alrededor de 4°C (por eso no hay que guardar pan en el refrigerador) y es en parte reversible por el calentamiento.

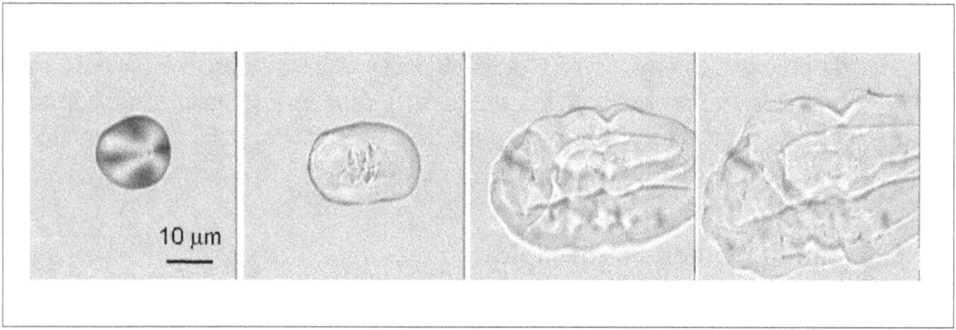


FIGURA 3.3.  **Galería de imágenes que muestra la gelatinización de un gránulo de almidón (tamaño original unos 10 µm) en el tiempo durante la cocción en agua. Es notable como el gránulo se hincha al absorber agua y eventualmente libera sus moléculas de amilosa y amilopectina al medio (derecha).**

## 3.6. Friendo en *Liliput*

El 40% de la producción de papas en EE.UU. termina como papas fritas luego de sufrir un proceso impecable, hasta para los más recalcitrantes críticos de la comida chatarra (*junk food*). El siguiente es un "collage" de frases tomadas del libro de Eric Schlosser, enemigo de la comida chatarra, que describen sus impresiones luego de visitar una fábrica de papas fritas congeladas en EE.UU:[79]

> *La planta es baja, limpia y ordenada. Funciona 24 horas al día, 310 días al año convirtiendo papas en papas fritas. Dentro del edificio, un laberinto de correas transportadoras se cruzan entre máquinas que lavan, seleccionan, pelan, rebanan, escaldan, secan, fríen y congelan rápidamente las papas. Trabajadores en cotonas blancas y cascos mantienen todo bajo control, examinando las papas fritas en busca de cualquier defecto. En el laboratorio, mujeres de blanco analizan papas fritas día y noche, pues cada media hora llega una muestra para análisis. Me*

---

79  Schlosser, E. 2002. *Fast Food. El lado oscuro de la comida rápida.* Grijalbo, Barcelona.

*pasan un plato lleno de papas fritas, extra-largas calidad Premium –del tipo que van a McDonald's– sal y kétchup. Las papas fritas estaban deliciosas, crujientes y doradas. Las acabo y pido más.*

La fritura ocasiona cambios notables en la textura y sabor de los alimentos y de ahí el atractivo de los productos fritos (ver sección 8.7). El problema es que estos productos al impregnarse con aceite caliente y absorber parte de él, adquieren un alto contenido calórico (y antiguamente, grasas no muy buenas). El porcentaje de aceite en algunos alimentos fritos puede llegar hasta el 35%, como en las papas *chips*.[80] ¡Una de cada tres papas es puro aceite! Por esto durante los últimos diez años se han intensificado los estudios que tratan de entender por qué el aceite se introduce en los productos fritos y de este modo controlar su contenido. Una breve inspección a una papa frita (y a nuestros dedos) revela que la costra crocante y seca en las papas fritas, que tiene menos de un milímetro de espesor, acumula casi la totalidad del aceite mientras el interior permanece húmedo pero cocido.

En el cuento de Jonathan Swift *Los Viajes de Gulliver*, el protagonista recala luego de un naufragio en una playa del reino de *Liliput*, poblado por seres de menos de 15 cm de altura. Es de suponer que los utensilios de cocina de los liliputienses eran proporcionales a su tamaño y que las papas fritas medían como 5 mm. En nuestro laboratorio se ha diseñado la freidora más pequeña del mundo para estudiar la fritura. En este micro-sartén que cabe bajo el lente de un microscopio de luz se observó mediante una cámara de video, los cambios en una célula de papa (~100 µm) al ser expuesta a aceite caliente a 180°C.[81] La figura 3.4 contiene una galería de imágenes seleccionadas del video que muestran que inicialmente la célula rodeada de su pared celular es una "bolsa" que contiene agua (digamos, un 85% en peso) y muchos gránulos de almidón (imagen A). Al transcurrir menos de siete segundos la temperatura del "agua" alcanza unos 65°C y los gránulos empiezan a gelatinizar (ver sección 2.3), absorben agua y se hinchan rápidamente hasta ocupar todo el interior de la célula (imagen D). Cuando la temperatura de la célula alcanza unos 100°C se comienza a deshidratar (imagen F) y posteriormente se "dora" (imágenes G a I).

Este "microsartén" ha permitido confirmar que la fritura, a pesar de ocurrir a altas temperaturas, no destruye las células de las papas ni introduce aceite en su interior y sólo sus partes externas quedan "mojadas" por aceite. En consecuencia, si en el rebanado de las papas se ocasionara un daño mínimo a las células subyacentes a la superficie de corte, sería posible reducir el aceite que se acumula después de la fritura en huecos y poros de la costra. Si se pudiera remover el aceite superficial por algún

---

80  Otros contenidos aproximados de aceite son (en porcentaje): papas fritas (8-16); pollo frito (28); croquetas de pescado (22-34); pescado frito (7-18); berlines (14); *donuts* (9-31); tortillas de maíz (23-34).

81  Aguilera, J.M., Cadoche, L. y López, C. 2001. "A microscopy study of potato cells and starch granules heated in oil". *Food Research International* 34, 939-947.

medio, se bajaría aún más su contenido. Esto es lo que se hace cuando se transfiere rápidamente las papas fritas del sartén a un trozo de papel absorbente, pero desgraciadamente removemos sólo alrededor de la décima parte del aceite que queda en la superficie (lo que es mejor que nada).

Se dice que por cada 100 pesos en la venta de papas fritas los locales de comida rápida ganan 80 y esto las hace ser el alimento más lucrativo. Los norteamericanos comen anualmente alrededor de 12 kg de papas fritas *per cápita*, el 90% de ellas en restoranes y lugares de comida rápida. Esto es un gran incentivo para mejorarlas y así vender más. Las innovaciones para hacerlas más crujientes y con menos aceite (papas fritas *light*) han sido muchas y muy variadas, como el corte de las papas con precisos "cuchillos de agua" que producen mínimo daño a las células, tratamientos térmicos superficiales a los trozos de papa previos a la fritura (de hecho, una papa "dorada" está frita, tiene menos aceite pero no es igual), recubrimiento con almidón y otros hidrocoloides, por nombrar algunos. Sin embargo, el consumidor sigue pre-

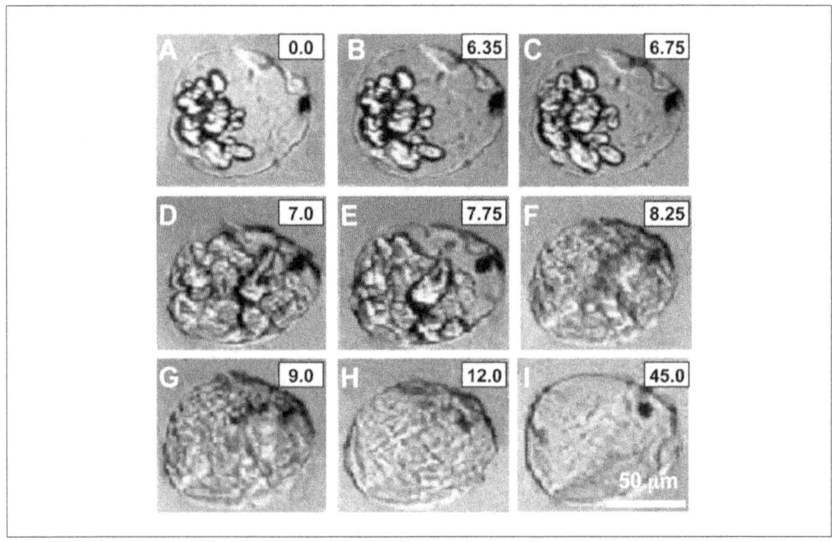


FIGURA 3.4. **Galería de imágenes obtenidas con un microscopio de una célula de papa sumergida en aceite caliente a 180°C durante la "fritura" en un micro-sartén. Los cuerpos ovalados y brillantes en las imágenes A-C son gránulos de almidón. El tiempo de fritura en segundos, se muestra en los números de la esquina superior derecha de cada imagen.**

firiendo las papas fritas convencionales, como bien lo sabe *Burger King*, que experimentó un rotundo fracaso 10 años atrás con papas fritas recubiertas.[82] La fritura continúa en la sección 8.7.

## 3.7. Cocinando pastas

Los fideos y tallarines tienen un origen ampliamente disputado que ya ha alcanzado a la arqueología. Un grupo de científicos descubrió recientemente en un asentamiento de hace cuatro mil años en el noroeste de China, tiras largas y delgadas hechas de un cereal que no es trigo, sino que otro cereal llamado mijo, que podrían ser los antepasados de los *spaghetti*.[83]

Los tallarines industriales se producen forzando la masa de semolina (harina de trigo *durum* con tamaños de partículas más grandes que lo normal) a través de una placa perforada desde donde emergen decenas de tiras por cada ciclo de extrusión, que luego emprenden un largo proceso de secado de más de ocho horas colgadas cual corbatas en el perchero de un clóset. Tradicionalmente los orificios de la placa se taladraban en una pieza de bronce y la superficie del hueco quedaba con estrías las cuales dotaban a los tallarines de una superficie rugosa. Las salsas que acompañan a los tallarines deben adherirse a ellos en el tenedor para obtener la proporción adecuada que degustamos en la boca. Ingenieros de producción vieron que si recubrían los orificios de las placas con la suavidad que otorga el teflón (ver sección 8.3), la productividad de las máquinas aumentaba significativamente puesto que la masa se deslizaba más rápidamente. Usando un microscopio electrónico de barrido los científicos de la Universidad de Milán[84] estudiaron el efecto de cambiar el material que recubre los orificios. Desgraciadamente, las pastas que salían de los orificios de teflón tenían una superficie lisa por la cual las salsas se deslizaban rápidamente antes de llegar a la boca. ¡Menuda tarea para los *chefs* que tuvieron que aumentar la viscosidad de las salsas para mejorar su adherencia a las nuevas pastas!

La estructura de las pastas secas es una matriz compacta en la cual los gránulos de almidón (~70% del total) se encuentran atrapados en una red de proteína (12 a 15%). Durante la cocción en agua el almidón debe gelatinizarse (sección 3.5) y la proteína coagularse, lo que significa que el agua debe migrar hacia el interior y la temperatura debe exceder los 70°C. El avance de la cocción se puede apreciar a simple vista (pero mejor con una lupa), pues el centro duro y blanquecino va desapareciendo progresivamente a medida que se cuece el exterior. Un tallarín *al dente*

---

82  En 1997 Burger King introdujo al mercado unas papas fritas recubiertas con una crujiente capa de almidón, que absorbían menos aceite y permanecían rígidas por más tiempo. El año 2001 la compañía reconoció su fracaso porque su sabor era terrible y resultaron ser poco apetitosas. Para saber más ver "Burger King queda casi frito", *The Wall Street Journal*, 16 de enero, 2001.

83  Lu, H., Yang, X., Ye, K.B., Liu, Z., Xia, X., Ren, L., Cai, N., Wu, N.Y, y Liu, T.S. 2005. "Culinary archeology: millet noodles in late Neolithic China". *Nature* 437, 967-968.

84  Lucisano, M., Pagani, M.A, Mariotti, M. y Locatelli, D.P. 2008. "Influence of die material on pasta characteristics". *Food Research International* 41, 646-652.

es aquel en el cual justo ha desaparecido esta diferencia y a muchos puede parecer que en este estado la pasta está todavía algo cruda y dura. Lo interesante es que el grado de cocción del almidón es muy relevante en la degradación de este en el tracto digestivo, y aparentemente el estado al dente dejaría una proporción de almidón que no se convertiría en azúcar ni en calorías (sección 7.7). Se están realizando urgentes estudios para verificar estas hipótesis que permitirían comer pastas *al dente* con un menor cargo de conciencia.

### 3.8. Microscopía gerontológica y arqueológica

Los gerontólogos estudian el proceso de envejecimiento en humanos, que en su forma externa se manifiesta a través de varios cambios físicos y estructurales. La *senescencia* en vegetales cubre los procesos que ocurren una vez que estos han sido cosechados y sobrepasan su madurez óptima. Las pérdidas físicas de *postcosecha* son cuantiosas a nivel mundial y se comenta que entre un 10 y un 40% de algunas materias primas del agro y la pesca nunca llegan al consumo humano directo. Las causas son múltiples y dependen del tipo de alimento. Las frutas, verduras y productos del mar sufren un rápido deterioro bioquímico y microbiológico, mientras que los cereales y las legumbres son muy apetecibles para insectos y roedores.

Las legumbres, como porotos o fréjoles, garbanzos y lentejas (y también otras legumbres típicas de África) sufren una pérdida de calidad durante el almacenaje en ambientes calurosos y húmedos, que no es aparente como las pérdidas físicas y sólo se advierte porque no se ablandan durante el período de cocción normal y permanecen duras y poco apetecibles. Una cocción prolongada ocasiona a veces el enternecimiento de los granos, pero a costa de mayor energía. Sin embargo, aún en estas condiciones algunas legumbres muy "viejas" permanecen duras para siempre. El fenómeno de *ablandamiento de legumbres* durante la cocción tiene que ver con la microestructura, pues implica que el cemento entre las paredes celulares debe disolverse (figura 3.5). Hay dos mecanismos relevantes que mantienen unidas a células vegetales vecinas a través de sus paredes. El primero involucra la unión de moléculas de pectina en ambas paredes celulares por iones de $Ca^{+2}$ que se ubican como puentes entre grupos cargados negativamente en el polímero. En granos no tan abusados durante el almacenamiento, este tipo de ligazón es reversible por la cocción. El segundo es simplemente una falsa senescencia del grano producida por exposición a altas temperaturas y humedades relativas durante el almacenaje que produce la *lignificación* (acumulación de lignina) de la lámina media que separa a las células y que es irreversible. En la sección 2.1 se explica la estructura de las células vegetales.

La relación entre microestructura y textura de los porotos puede ser explicada mediante una analogía con la estructura de un muro. Si los ladrillos sólo están montados unos sobre otros sin nada que los pegue, el muro se puede derribar con sólo empujarlo, en cambio, si están unidos por mortero la pared es fuerte y resistente. Durante la masticación, las células de un poroto blando se deslizan unas respecto

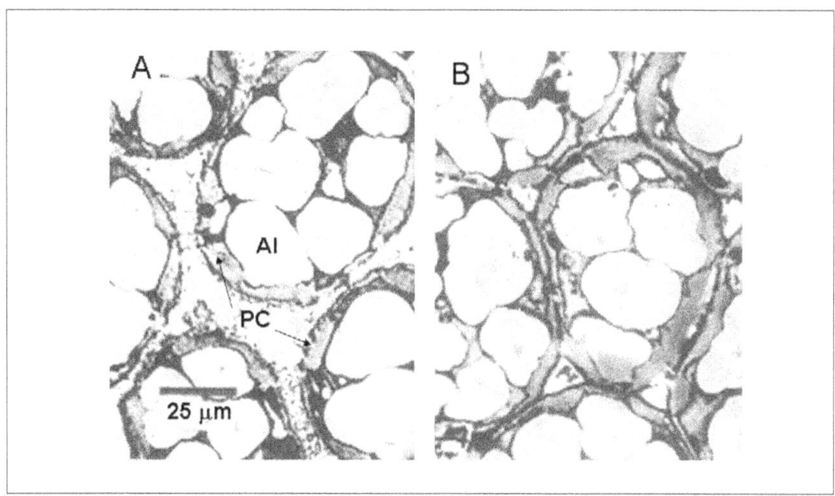


FIGURA 3.5. **Fotomicrografías del interior de un poroto (fréjol) cocido teñido con toluidina azul. A. Poroto blando. Nótese que las paredes celulares (PC) no están unidas pues la lámina media se ha disuelto durante la cocción y las células están separadas. AI es un gránulo de almidón gelatinizado. A la derecha en B, se ve la microestructura de un poroto cocido el mismo tiempo pero que permaneció duro pues las paredes celulares no se separaron. El marcador representa 25 micrones.[85]**

a otras, pues el cemento que las pegaba se ha disuelto, mientras que en un poroto avejentado y duro deben ser fracturadas para poder reducirlas a pedazos. La adición de bicarbonato de sodio durante la cocción hace que el pH sea más alcalino y causa el ablandamiento al intercambiar los iones divalentes $Ca^{+2}$ que unen a grupos cargados negativamente en moléculas de pectina, por iones $Na^+$ que son incapaces de unirse a dos cargas negativas a la vez.[86] Aunque los porotos se ablandan, la textura y el gusto final son diferentes a los de la legumbre suavizada por la cocción.

Varios alimentos "mueren" estructuralmente en el sentido que se hacen poco atractivos o simplemente incomibles: pan duro, helados derretidos, papas fritas lánguidas, suflés colapsados, etc. La muerte de un polvo por *apelmazamiento* ocurre luego que las partículas originalmente secas son expuestas a altas humedades, absorben agua, pasan de amorfas a gomosas y se pegan unas con otras formando terrones compactos. El aire en el espacio superior de un tarro semivacío de café instantáneo en polvo que se abre y cierra muchas veces en un ambiente húmedo (como cerca del mar), se

---

85  Stanley, D.W. y Aguilera, J.M. 1985. "A review of textural defects in cooked reconstituted legumes. The influence of structure and composition". *Journal of Food Biochemistry* 9, 277-323.

86  Este fenómeno es similar al intercambio iónico que se utiliza para ablandar el agua. Cuando el agua contiene una cantidad importante de calcio y magnesio, se llama *agua dura*, taponea las tuberías y dificulta la disolución de detergentes. Los intercambiadores iónicos reemplazan los iones de calcio y magnesio por otros iones, por ejemplo, sodio y potasio.

renueva y acarrea cada vez vapor de agua del ambiente. Esta humidificación "pega" las partículas y produce una solidificación del material que no tiene nada de malo, salvo que se forma un sólido compacto que no se puede remover con una cuchara (más sobre esto en la sección 8.1). Existen aditivos antiapelmazantes que muestran predilección por la humedad o bien se interponen entre las partículas para darle fluidez al polvo. Entre los antiapelmazantes autorizados para uso en alimentos están el dióxido de silicio y diversos tipos de silicatos.

Es interesante notar que la microscopía de los alimentos no sólo se ha usado como técnica forense sino que también en aplicaciones arqueológicas. En general, la materia orgánica se descompone rápidamente y por tanto no deja rastros para la historia. Restos arqueológicos de comida sólo se han conservado si sobrevivieron el ataque de los insectos y microorganismos por estar en forma congelada o deshidratada por acción del ambiente. Las semillas, granos y el polen son particularmente resistentes al paso del tiempo y son materiales favoritos de los arqueólogos que estudian la alimentación durante la evolución humana. Mediante la microscopía electrónica y de luz se ha podido comprobar directamente (y no a través de vestigios pictóricos) que los antiguos egipcios germinaban cereales para hacer pan y cerveza.[87]

Se ha obtenido evidencia indirecta de restos de plantas como alimentos a través de los *fitolitos* o copias mineralizadas que se han producido por deposición sobre el espécimen de sílice disuelta en agua que al secarse formó una especie de réplica. El uso de la microscopía por parte de los arqueólogos ha sido importante para conocer la alimentación que tenían nuestros antepasados. Uno de los enfoques para estudiar la evolución de la alimentación ha sido examinar al microscopio las dentaduras de restos fósiles y en particular el desgaste de los dientes, el que se asocia con la dureza de los alimentos. Otros antropólogos han usado la microscopía de luz para ver el efecto que tienen los distintos métodos de cocción en la estructura de almidones de diversas fuentes botánicas, y así documentar las dietas de grupos humanos de la prehistoria a partir de restos de comidas.[88]

### 3.9. El "florecimiento" del chocolate

Aunque el *Xocoatl*, una bebida de cacao con especias, ya era usado por los mayas en ceremonias religiosas, el cacao producido por el árbol *Theobroma cacao*, que significa "alimento de los dioses" (del griego *theos* = dios y *broma* = alimento), fue llevado desde México a España alrededor de 1520 por un monje del Cister que acompañó a Hernán Cortés. Los monjes del Monasterio de Piedra, al sur de Zaragoza, habrían sido los primeros en preparar el chocolate en Europa, como lo muestra un imponen-

---

87  Samuel, D. 1996. "Investigation of ancient Egyptian baking and brewing methods by correlative microscopy". *Science* 273, 488-490.

88  Una galería de imágenes obtenidas por microscopía de luz de distintos almidones provenientes de 10 especies domesticadas de plantas y sometidos a diversos tipos de cocción y fermentación se puede encontrar en Henry, A.G, Hudson, H.F. y Piperno, D.R. 2009. "Changes in starch grain morphologies from cooking". *Journal of Archaeological Science* 36, 915-922.

te cuadro en dicho lugar. El chocolate de leche se consume en forma habitual recién a partir del siglo XIX.[89] El cacao es rico en *polifenoles*, especialmente en catequinas y procianidinas que actúan como antioxidantes y posiblemente ayuden a la función cerebral. Lo que nuestra visión no permite apreciar pero el paladar delataría inequívocamente es que el chocolate de leche contiene cacao, azúcar y leche en polvo en forma de pequeñas partículas cuyo tamaño debe ser menor a 40 µm, bañadas por manteca de cacao cuya última fracción sólida se derrite a 36,2°C, justo bajo la temperatura corporal (figura 2.8).

Para pesar nuestro, no es infrecuente encontrar que las superficies de chocolates y bombones han perdido su lustre y aparecen blanquecinas y opacas. Nada de malo, el chocolate está severamente malherido pero no muerto. No hay microorganismos ni sustancias tóxicas involucradas, sólo que todo el esfuerzo del chocolatero por hacer la superficie lustrosa y brillante ha sido tirado por la borda. Simplemente, parte de la manteca de cacao ha migrado hasta la superficie y se ha recristalizado o solidificado como una estructura cristalina diferente, formando agujas, lo que da la impresión de un pelillo blanquecino (figura 3.6). Este fenómeno se conoce como *florecimiento* del chocolate (*blooming*).

No es trivial hacer chocolates con apariencia brillante y que crujan al romperlos. Extensos estudios realizados desde el año 1930 permiten a los chocolateros entender bastante de la ciencia detrás de este negocio que vende anualmente sobre los 70.000 millones de dólares.[90] Lo que ocurre es que cuando se enfrían los triglicéridos de la manteca de cacao líquida, pueden cristalizar de diversas formas lo que se denomina *polimorfismo*. ¡La misma composición química pero distintos arreglos moleculares y estructuras! Se sabe que una de las seis formas cristalinas posibles, la llamada forma V, es la que produce el mejor brillo y un ruido agudo cuando se parte una barra de chocolate. El *temperado* del chocolate es una parte importante del proceso de fabricación y consiste en someter a la masa caliente (sobre 50°C) y líquida de chocolate a un controlado proceso de enfriamiento a fin que se formen "núcleos" de cristales tipo V de modo que cualquier cristalización posterior haga que crezcan estos núcleos buenos y no otros (ver sección 2.3). Pero abusos en temperatura como, por ejemplo, someter al chocolate a más de 33,8°C, no sólo aumentan la proporción de grasa líquida que es más fácil que migre a la superficie produciendo el florecimiento, sino que favorecen la formación de cristales malos, que curiosamente son más estables.

---

89  Castells, P. 2009. "El chocolate". *Investigación y Ciencia* 390, 45.

90  El libro clásico de ciencia y tecnología del chocolate es de Beckett, S.T. 2002. *La Ciencia del Chocolate*. Acribia, Zaragoza.

FIGURA 3.6. **Fotomicrografía de la superficie de un chocolate "florecido". Las agujas que se proyectan desde la superficie son cristales formados por manteca de cacao que ha migrado desde el interior y ha recristalizado. El marcador equivale a 100 μm. Gentileza del Prof. D. Rousseau, Ryerson University, Canadá.**

El florecimiento que experimentan los bombones rellenos con cremas o almendras tiene otro origen. En este caso son los aceites de los centros cremosos o las nueces los que migran a la superficie donde cristalizan. El problema del florecimiento es complicado de solucionar pues los rigurosos estándares que rigen para lo que se puede llamar "chocolate" limitan el uso de aditivos que aminoren el problema. Lo mejor para obviar el florecimiento del chocolate es guardarlos en un lugar fresco (a unos 10°C) o comérselos rápido.

## 3.10. Texturas a la medida

El reforzamiento de materiales es algo muy usado por la naturaleza y por los ingenieros cuando se requiere que una cierta propiedad mecánica vaya acompañada de otras características como la reducción del peso, resistencia a la abrasión o menores costos. Los neumáticos de los automóviles no son puro caucho sino que tienen pequeñas partículas de un carbón especial (¡y por eso son negros!) que al estar dispersas uniformemente en la goma les otorgan mayor resistencia a la tracción y al desgaste. El concreto reforzado contiene barras o mallas de fierro que le otorgan mayor resistencia y un rol similar juegan las fibras de celulosa en las paredes de las células vegetales (sección 2.1).

Los japoneses hacen un gel llamado *surimi* (sección 4.8) calentando la pasta húmeda de pescado llamada *kamaboko*, en presencia de un poco de almidón crudo (chuño o maicena). Un poco, pero no mucho. ¿Por qué agregarle almidón que sólo hace un gel muy suave, cuando lo que se pretende es tener una textura dura similar a la de un camarón? La proteína de pescado empieza a formar un gel a los 70-75°C y el almidón gelatiniza o sea se hincha con agua a partir de los 65 a 70°C (sección 2.3). Si al *kamaboko* se le agrega alrededor de un 5% en peso de almidón de papa y la mezcla se comienza a calentar, a medida que sube la temperatura lo primero que ocurre es el hinchamiento del almidón al alcanzar los 65°C, que actúa como una esponja absorbiendo agua. Cuando la proteína comienza a gelificar a los 70°C se encuentra más concentrada (por el agua removida al hidratarse el almidón) y por tanto el gel que se forma alrededor de los gránulos hinchados de almidón es más fuerte que si este no hubiese estado presente. De hecho, la fuerza de un gel varía aproximadamente con el cuadrado de la concentración del agente gelificante. La red de proteína gelificada ha pasado a ser las vigas y pilares de la albañilería reforzada y el almidón, los débiles muros internos. Si se agrega demasiado almidón los gránulos hinchados pasan a rodear completamente unas pequeñas partículas duras de proteína gelificada y el gel se vuelve suave pues la estructura de soporte es débil.[91] En consecuencia, la textura depende de cuál es la fase continua: alta si es la proteína, baja si se trata del almidón. Este es otro ejemplo donde una composición similar puede dar dos alimentos diferentes dependiendo de cómo estén estructurados.

Los merengues también se pueden reforzar con un poquito de almidón pues la albúmina de las claras coagula a los 80°C, más alto que la gelatinización del almidón. Algunas preparaciones comerciales de albúmina de huevo para hacer merengues ya traen incorporado almidón como se comprobó al revisar las fotomicrografías de un manuscrito enviado para publicación.[92] La experiencia del surimi se ha usado para hacer merengues con menos clara de huevo y un poco de almidón de papa con buenos resultados y a menor costo. La clave está en agregar almidón nativo pues en este estado se hincha con agua al gelatinizar. Los almidones de avena y centeno tienen la menor temperatura de inicio de la gelatinización (alrededor de los 50°C), pero no son de uso extendido en forma pura. El almidón de papa comienza a hincharse con agua a temperaturas cercanas a los 56°C, unos seis grados antes que el de maíz.[93]

### 3.11. Todo a su debido tiempo

No se debe abandonar este capítulo pensando que la dimensión espacial es la única que importa en la formación de microestructuras alimentarias. La escala de tiempo es fundamental para que las moléculas de los distintos componentes se sitúen en los lugares que les corresponden y en la forma más conveniente. En cierta medida esto está implícito en la secuencia en que se agregan y mezclan los ingredientes en una

---

91  La comprobación que los geles proteicos alimentarios que se producen por calentamiento (ver sección 2.7) se refuerzan con la adición de pequeñas cantidades de almidón nativo, se encuentra en un artículo realizado con un alumno de pregrado: Aguilera, J.M. y Baffico, P. 1997. "Structure-mechanical property relationships in thermally induced whey protein/cassava starch gels". *Journal of Food Science* 62, 1048-1053.

92  El detalle de la historia y el agradecimiento respectivo está en Buckman, J. y Viney, C. 2002. "The effect of a commercial extended egg albumin on the microstructure of icing". *Food Science and Technology International* 8, 109-115.

93  Las temperaturas de gelatinización de almidones puros de distinto origen dependen del método usado para su determinación, del tamaño de los gránulos, etc., y por tanto difieren bastante entre una fuente y otra. Hay que tener presente que la gelatinización ocurre dentro de un intervalo de temperaturas (unos 10°C aproximadamente).

receta y en los ritmos con que se suministra energía al seno de una mezcla. Se debe esperar a que una hoja de colapez se hidrate y el almíbar debe agregarse lentamente a las claras. Los ingenieros que construyen edificios saben de tiempos y de encadenamientos de tareas, los que se describen a través de diagramas repletos de flechas y rectángulos que indican las secuencias.[94] Examinando esta maraña gráfica se puede descubrir cuál es la ruta crítica, o aquella etapa que impide el avance si los pasos anteriores no están finalizados. Es que las puertas y las ventanas no se pueden colocar antes de tener los muros. Los alimentos no se construyen necesariamente así. Más bien son como una carpa, en que se montan unos pocos elementos y luego se tira de una cuerda para que todo quede armado.

Para entender lo que ocurre en el micro y macro dominio de los alimentos es interesante construir diagramas tiempo-longitud (o tamaño) donde se ubican algunos de los fenómenos importantes que ocurren durante el procesamiento a distintas escalas. La figura 3.7 presenta el diagrama para la fabricación de espumas alimentarias (ver sección 2.6). Para que se forme una espuma, lo primero que debe ocurrir al introducir el aire es que las moléculas del surfactante lleguen rápidamente a la interfase de la burbuja y se queden allí. Estas moléculas son muchas veces pequeñas (miden algunos nanómetros) y los tiempos necesarios para que difundan hasta la interfase son relativamente cortos (del orden de segundos o menos), porque las distancias a recorrer también son pequeñas. Si esto no ocurre y las moléculas prefieren asociarse entre sí o el medio no les permite difundir rápido por ser muy viscoso, no hay espuma. Una vez estabilizada la espuma, el líquido entre las burbujas (distribuido en finas películas llamadas *lamelas*) tiende a drenar por efectos de la gravedad y diferencias de presión, lo que aún no se puede ver. Lo que sí se observa a partir de unos pocos minutos es la consecuencia: las lamelas de líquido se rompen y las burbujas empiezan a juntarse o a desaparecer dando paso al *colapso*, como ocurre en la espuma de una cerveza luego de unos 20 minutos. La manera de estabilizar una espuma por largos períodos es rigidizando las paredes de manera de obtener una matriz muy espesa como en los *milkshakes*, semisólida como en las sustancias (*marshmallows*), o definitivamente sólida como en los merengues y el pan.

---

94  La carta Gantt es una representación gráfica muy usada por los ingenieros de proyectos, que muestra la duración de diferentes tareas, el orden en que deben ejecutarse y su progresión en el tiempo.

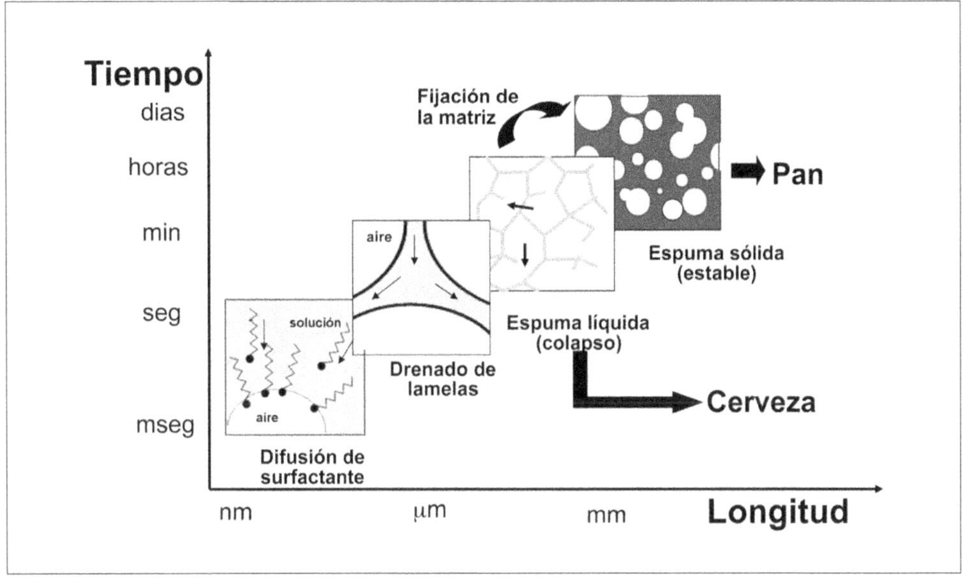



FIGURA 3.7. **Diagrama tiempo-longitud para la formación de una espuma donde se muestra la secuencia de los fenómenos que tienen que ver con el nacimiento y muerte de las burbujas. La persistencia en el tiempo (eje vertical en escala logarítmica) depende de que tan estables sean las paredes y por eso en la cerveza la espuma es mucho más perecible que en un pan.**

Pero los métodos prácticos de formación de espumas y emulsiones, es decir, para dispersar una fase dentro de otra, datan de siglos y se tiene poco control sobre las moléculas escasas y normalmente caras que deben ubicarse en las interfases. Lo "normal" en una mayonesa es que una yema emulsifique unos 180 cc de aceite, pero tanto un cálculo a partir de la cantidad de moléculas de fosfolípidos (surfactantes) que hay en una yema, como un cuidadoso experimento en la cocina revelan que es posible transformar a más de 20 litros de aceite en mayonesa usando un solo huevo. Esto supone que todas las moléculas de surfactante alcanzan a llegar a su lugar en la interfase aceite/agua en el tiempo apropiado y que no se produce el "apiñamiento" de los glóbulos de grasa, para lo cual hay que agregar continuamente agua.[95]

Algunos de los productos del futuro serán diseñados y construidos tal como un edificio, sólo que en una fracción de las escalas de tiempo y tamaño. Por ejemplo, si se pudiese hacer gotitas de aceite en un microcanal (como la fina aguja de una jeringa), éstas podrían ser recubiertas individualmente por la cantidad exacta de surfactante usando un dispensador molecular, y luego podrían ser dispersadas en la fase con-

---

95  Tanto el cálculo como el experimento de la mayonesa se describen en el libro de McGee, H. 1999. *The Curious Cook*. McMillan, Nueva York, pp. 116-133.

tinua. Se podría pensar en hacer cristalitos de hielo tan pequeños y de formas tan diversas como se deseara, para posteriormente agregarlos a la mezcla de helados, en vez de producirlos casi sin control enfriando toda la masa. También se podrían dispersar cantidades exactas de vitaminas liposolubles en gotitas de aceite microscópicas recubiertas por moléculas con una parte hidrofílica e introducirlas casi imperceptiblemente en alimentos que son acuosos. Todo esto exige tener la capacidad de manipular componentes en microcantidades y controlar la secuencia de las distintas etapas de estructuramiento. Es el mundo de la microtecnología y el microprocesamiento hasta ahora ausente en la industria alimentaria. Cuando esto ocurra (y se pague por ello) nos habremos acercado mucho más a la manera como la célula de la ubre de una vaca hace el mejor alimento que conocemos: la leche (sección 2.9).

# Entre la granja y el tenedor

*Es hora de "subir" al mundo real para ver de dónde y cómo nos llegan los alimentos. El largo recorrido a través de las cadenas alimentarias hasta terminar en la boca está lleno de tecnología y algunas sorpresas. En el futuro, este eje ancestral se intersectará con un nuevo eje centrado en las demandas de un consumidor cada vez más exigente y protagónico. El trayecto entre la granja y el tenedor se volverá más complejo y deberá responder a varias tendencias globales.*

## 4.1. De la granja al tenedor

Érase una vez unos seres humanos que eligieron lo que era agradable y sano para "sobrevivir comiendo", y comenzaron a tener cierto control sobre la disponibilidad de alimentos. Esto constituyó el inicio de la agricultura hace unos 10.000 a 12.000 años atrás. Las primeras ciudades aparecieron en Mesopotamia entre 4.000 A.C. y 3.000 A.C. y asentamientos como Ur en Caldea pronto llegaron a tener sobre 20 mil habitantes en un área menor a 100 hectáreas. Ciudades en Egipto, la India y China y lo que es ahora Europa se construyeron en lugares irrigados y altamente productivos, donde se podía desarrollar la actividad agropecuaria. Se estima que al menos medio millón de personas vivía en Roma a mediados del siglo II A.C., y su alimentación ya constituía un problema que pudo haber influido posteriormente en la caída del Imperio. Y así se llega a comienzos del siglo XIX cuando millones de seres humanos decidieron que era más conveniente vivir en ciudades y hacia 1900 nueve urbes ya tenían más de un millón de habitantes. Se estima que en el 2020 sobre la mitad de la población mundial vivirá en centros urbanos y en Latinoamérica la cifra bordeará el 80%. El fenómeno de la urbanización y recientemente la aparición de las megalópolis, han sido posibles en gran parte por mejoras tecnológicas en la conservación y transformación de los alimentos y avances en la logística de transporte, almacenamiento, distribución y venta.

Este es el origen de la *cadena alimentaria* o el eje donde se integran la producción agropecuaria y acuícola con los procesos de transformación en materias primas, conversión en productos, envasado y distribución a los consumidores (figura 4.1). A este eje ancestral, por el que fluyen alimentos y nutrientes desde su origen hacia nuestros platos, se le denomina eufemísticamente *"de la granja al tenedor"* (*from farm to fork*), reflejando el trayecto desde el campo y el mar hasta la mesa.

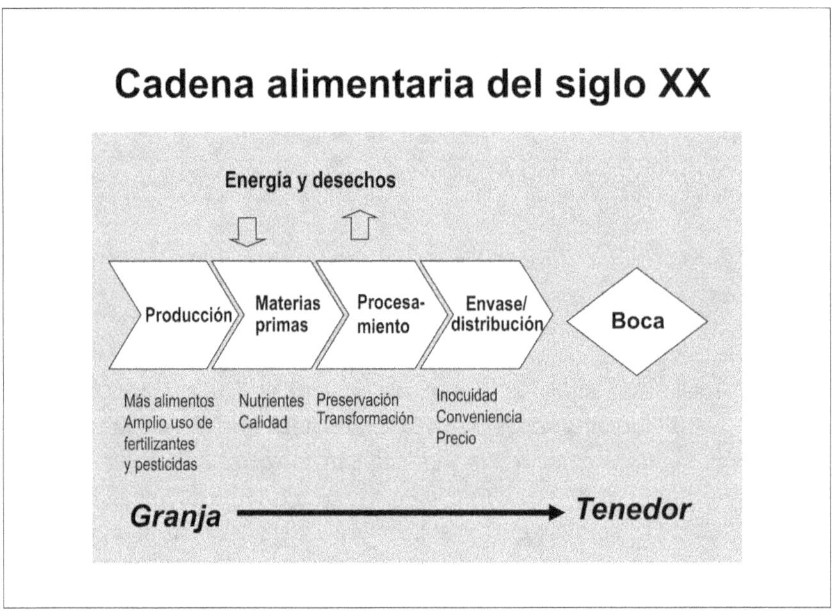


FIGURA 4.1.   **El concepto de cadena alimentaria "de la granja al tenedor" hacia fines del siglo XX. Nótese que las flechas apuntan de izquierda a derecha, indicando que el consumidor tiene poca injerencia en lo que se produce y cómo se produce.**

En realidad son varias las cadenas alimentarias que mueven productos desde sus orígenes, pasando por el procesamiento y su conversión en alimentos terminados y envasados, el mercadeo y la distribución. Existe una *industria primaria* que maneja grandes volúmenes de unas pocas materias primas y produce ingredientes *commodities* como la harina de trigo, almidones, aceites y grasas a granel, y la azúcar refinada. Esta industria extrae y purifica proteínas, carbohidratos y lípidos que se encuentran dispersos en las matrices naturales y los transforma en ingredientes estables casi puros. Otras cadenas importantes lejos de destruir las estructuras naturales, tratan de preservarlas por el mayor tiempo posible y tienen relación con la *postcosecha* de frutas y verduras frescas, y con los eventos *post-mortem* de carnes y pescados.

Las principales cadenas de suministro se identifican con la industria de los *alimentos procesados* o *elaborados*, que son aquellos donde las materias primas sufren cambios importantes que se traducen en alimentos más apetitosos, variados, fáciles de comer y de preservar. Una alternativa es mezclar ingredientes (harinas, aceites, azúcar refinada) y transformarlos mediante equipos que utilizan energía en panes, pasteles, pastas confites, salsas, y productos lácteos de diversa índole, etc. Otro formato de la industria procesadora son las mismas materias primas, pero que se convierten en formas más convenientes, como la leche y el café en polvo, los productos enlatados y congelados, y las comidas preparadas, entre otros. Existen también cadenas que utilizan excedentes de la producción o fracciones con menor calidad o valor (que son inevitables en la producción agrícola y pecuaria) para producir las frutas deshidratadas, jugos y concentrados, mermeladas, embutidos cárnicos, etc. La última parte de las cadenas alimentarias también demandan del uso de energía para el envasado, almacenamiento, distribución y el expendio al por mayor o al detalle. Algunas de las cadenas de los alimentos procesados hacen uso extensivo del recurso agua y generan desechos que van a parar en el medioambiente.

## 4.2. Por qué se equivocó Malthus

La profecía no cumplida del economista inglés *Thomas Robert Malthus* (1766-1834) establecía que la tendencia natural de las poblaciones era crecer más de prisa que los recursos que las podían sostener. En términos matemáticos, la profecía de Malthus decía que mientras la población crecía geométricamente, los recursos como los alimentos, aumentaban en forma aritmética. En su opinión, esto conduciría a hambrunas terribles y a estándares de calidad de vida cada vez peores. En el hecho, la población mundial no creció exponencialmente sino hasta adentrado el siglo XX, sin que se produjera una hambruna mundial, aunque sí episodios aislados que no tenían nada que ver con la predicción (guerras civiles, sequías, etc.). Malthus se equivocó porque subestimó la capacidad del hombre para movilizar el conocimiento a través de avances tecnológicos, la innovación y el emprendimiento.[96]

En 1968 fue el turno del biólogo Paul Ehrlich quien predijo en su libro *The Population Bomb* ("La Bomba de la Población") que en el plazo de unos cuantos años morirían de hambre cientos de millones de personas por el inexorable crecimiento de la población. Esta profecía neo-maltusiana tampoco se hizo realidad porque en los años 1960s los científicos crearon variedades de cereales más rendidoras. La Revolución Verde (ver sección 1.8) a lo largo de los 40 años transcurridos desde entonces consiguió que los agricultores de la India aumentaran la producción de granos 2,4 veces. En 2000, menos del 1% de los estadounidenses dedicados a la agricultura satisfacían casi una vez y media los requerimientos diarios de nutrientes de toda la población de ese país (a pesar de los subsidios desincentivando la producción de ciertos cultivos) y exportaban casi un 15% de la producción. Hoy en día el 40% de los alimentos

---

96    Algunos autores argumentan que al final de cuentas son los derechos a la propiedad privada los que fomentan y recompensan la innovación y, por tanto, la producción de alimentos. Consultar Morton, J.S., Shaw, J.S. y Stroup, R.L. 1997. "Overpopulation: where Malthus went wrong". *Social Education* 61, 342-346.

crece en tierras irrigadas y casi el 50% de los pescados viene de la acuicultura. Pero no hay que ser tan duros con Malthus y Ehrlich, porque es difícil adivinar lo que nos deparará la ciencia y predecir el impacto que tendrán nuevas tecnologías en la productividad. Tampoco pudieron prever lo virtuoso que es generar condiciones que fomenten el emprendimiento de las personas. Desde el punto de vista del crecimiento de la población mundial, que a mediados del 2007 se estimaba en 6.700 millones de habitantes, todo apunta a que esta se estabilizará en alrededor de 9.000 millones de personas al 2050.[97] Para entonces los eficientes sistemas de riego tecnificado, los *cultivos hidropónicos* sin uso de suelo, la biotecnología agrícola y los cultivos de células a nivel industrial habrán hecho su parte, y otros descubrimientos científicos del mañana estarán en su fase productiva. La gran incógnita por ahora es el efecto que tendrá el cambio climático en la producción de alimentos.

Malthus pudo haber dicho que alimentar una población que crece en forma geométrica sólo se puede hacer a costa de un aumento paralelo en el consumo de energía, lo que se ha verificado a partir de los años 1950s a la fecha. Aunque la tecnología agrícola ha permitido obtener grandes rendimientos hoy se necesita casi el doble de energía para producir una unidad de alimentos que hace 50 años atrás. La manufactura de fertilizantes y pesticidas, y el consumo de combustibles fósiles son responsables de aproximadamente el 60% de *input* energético en la agricultura intensiva.[98] Las casi 3.800 kcal *per cápita* contenidas en los alimentos disponibles para los norteamericanos requieren de unas siete veces esa cantidad de energía para ser producidas. Luego habría que preguntarse si en el escenario futuro esta estrategia es compatible con proveer de suficientes alimentos a más de 9.000 millones de personas.

En alimentos, los avances en la producción agropecuaria y acuícola son complementados por avances tecnológicos en el desarrollo de productos más convenientes y seguros. Manejando 15 minutos por caminos ondulantes desde la estación de trenes de Lausanne hacia los cerros que dominan el Lago Lemain se llega al Centro de Investigaciones de Nestlé (*Nestlé Research Center*, NRC), el laboratorio de investigación de la multinacional alimentaria más grande del mundo. Cada día llegan al NRC más de 120 doctores en disciplinas tan diversas como ingeniería, física, química, microbiología, medicina, nutrición y psicología, que junto técnicos y personal de apoyo forman un equipo de 600 personas que son el ápice de una pirámide que transfiere conocimiento a los distintos negocios de la compañía en 160 países a través de 17 centros especializados en desarrollo de productos. Fundada por Henri Nestlé el año 1857, Nestlé muestra ventas anuales del orden de 85 mil millones de dólares e invierte anualmente sobre de 1.200 millones de dólares en investigación, desarrollo e

---

97  Así lo establece las Naciones Unidas en el documento del Departamento de Asuntos Económicos y Sociales, División de Población, *Previsiones Demográficas Mundiales. Revisión de 2006*, Nueva York.

98  Existen muchos estudios sobre el uso de la energía en la producción de alimentos, en particular aquellos llevados a cabo por el grupo del profesor David Pimentel de la Universidad de Cornell. Ver Pimentel, D. y Pimentel, M.H. 2008. *Food, Energy and Society*. CRC Press, Boca Ratón, Florida.

innovación (I+D+i), lo que excede con creces el PIB de varios países. Otras grandes empresas de alimentos como Unilever, Kraft-General Foods y Danone invierten cifras similares en I+D+i como proporción de sus ventas.[99] En la era de la abundancia, estas empresas desean que en las próximas décadas no se las vea sólo como fabricadoras de alimentos masivos, sino que transformadas en empresas que atiendan la nutrición, salud y el bienestar de los consumidores.[100]

A este esfuerzo de la industria hay que sumar el de miles de científicos en universidades e institutos gubernamentales alrededor del mundo que se dedican a la investigación en alimentos, agricultura y biotecnología alimentaria. Sólo la Unión Europea invertirá dentro del 7° Programa Marco para el período 2007-2013 cerca de 2.000 millones de euros en investigación colaborativa en este tema, a lo que hay que sumar los presupuestos nacionales para I+D+i de los países de esa región. El presupuesto de la FDA de los EE.UU. para la inocuidad alimentaria será de casi 1.400 millones de dólares en 2011. En los tiempos de Malthus era difícil tener esta visión sobre los alcances de la ciencia y la tecnología en la cadena alimentaria (ver figura 4.4 en la sección 4.9).

## 4.3. Las rutas que conducen a la boca

La figura 4.1 muestra la cadena alimentaria como una serie de cajas negras que mueven moléculas y estructuras hacia la boca. Corresponde ahora examinar qué ocurre dentro de la caja negra rotulada como "procesamiento" y tener una idea de las tecnologías involucradas en la producción de los alimentos que se consumen diariamente. El tema del procesamiento de alimentos, que normalmente se cubre en un par de cursos a nivel universitario, es tratado en detalle por muchos textos y el lector interesado en profundizar sobre la materia puede recurrir a ellos.[101]

Para apreciar el conjunto de tecnologías que intervienen en la preservación y transformación de los alimentos es bueno imaginar un recorrido por el supermercado, recordando dónde y cómo se encuentran los distintos productos. La figura 4.2 resume las rutas troncales de procesamiento que pueden encontrar las materias primas en su viaje hacia el consumidor final. En la breve descripción que se hace a continuación de las principales tecnologías de procesamiento de alimentos aparecen algunos términos y conceptos que no pueden ser explicados debido a restricciones de espacio, pero contiene suficientes descriptores para el uso de los buscadores de Internet.

---

99  La pregunta interesante es: ¿Por qué los miles de accionistas de estas empresas aceptan que más del 10% de las utilidades, que formarían parte de sus dividendos, se invierta en investigación? Se podría argumentar que al fin de cuentas sólo se trata de producir leche en polvo, helados, café y galletas, y no microchips o fármacos para curar el cáncer.

100  Esto se aprecia en los nuevos rótulos que acompañan a los logos de las compañías: Nestlé, *buenos alimentos, buena vida*; Unilever, *sentirse bien, verse bien y obtener más de la vida*; Kraft, *enriquece tu vida*.

101  Existen varios libros en español sobre procesamiento y tecnología de alimentos y entre ellos el más recomendable, aunque algo antiguo es Cheftel, J.C. y Cheftel, H. 1989. *Introducción a la Bioquímica y Tecnología de Alimentos*, Vol. II. Editorial Acribia, Zaragoza. También están: Potter, N.N. 1999. *Ciencia de los Alimentos*. Editorial Acribia, Zaragoza; Fellows, P. 1996. *Tecnología de Procesado de Alimentos*: Principios y Prácticas. Editorial Acribia, Zaragoza, y Casp, A. y Abril, J. 2003. *Procesos de Conservación de Alimentos*. Editorial Mundi-Prensa, Madrid. Es posible que todavía se encuentren versiones del libro Aguilera, J.M. (ed.). 1997. *Temas en Tecnología de Alimentos*. Instituto Politécnico Nacional, México D.F., que contiene aportes de renombrados científicos hispanoamericanos.

- *Manejo de la humedad.* La reducción de la humedad (ver sección 2.2) y la adición de solutos han sido ampliamente usadas para estabilizar materias primas y productos procesados que son almacenados a temperatura ambiente. Los *productos deshidratados* (frutas secas, tallarines y otras pastas, arroz y legumbres, etc.), productos de horneo (pan y galletas), *snacks* (fritos y horneados), productos instantáneos (café, sopas y puré de papas) y especias de todo tipo, se encuentran a humedades bajo los 0,5 g de agua/g de producto (sección 8.1). Se puede alcanzar una mayor humedad (alimentos de humedad intermedia) sin riesgos microbiológicos usando solutos (azúcar o sal), ajuste del pH (ácido) y/o la adición de preservantes. Entre estos productos destacan las mermeladas, las frutas tiernizadas, encurtidos, etc. Todos estos productos son estables a temperatura ambiente y se encuentran en los anaqueles de los supermercados.

- *Tecnologías de preservación: térmicas y no-térmicas.* Alimentos donde la cantidad de agua podría favorecer el crecimiento de microorganismos, deben ser tratados térmicamente dentro del envase (enlatados), o fuera de ellos (leche pasteurizada) pero envasados en condiciones controladas para que sean microbiológicamente seguros y de alta calidad. Los *alimentos enlatados* o en conserva gozan de un excelente récord como sinónimo de baratos, convenientes y seguros. Productos esterilizados a alta temperatura y corto tiempo, o UHT (leches, jugos) son envasados en un ambiente aséptico en cajas de cartón laminado (sección 5.5). Los métodos no-térmicos de preservación incluyen el uso de altas presiones, la irradiación y diversas otras tecnologías de menor uso industrial pero con un interesante potencial futuro.[102]

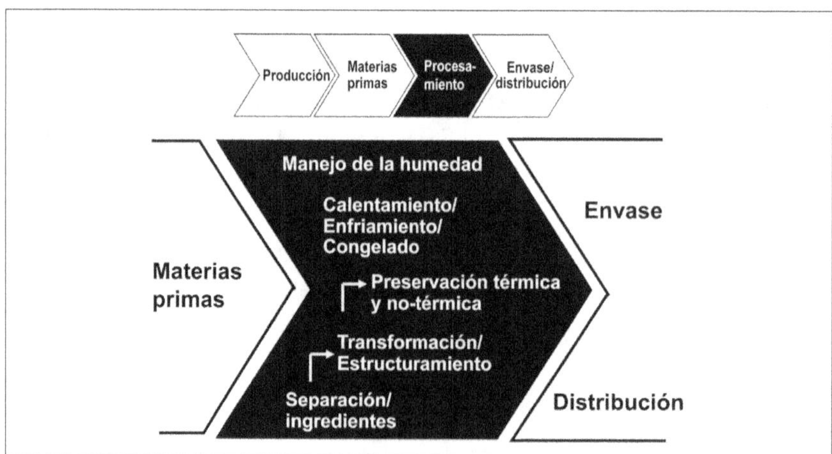


FIGURA 4.2. **Esquema que agrupa a las tecnologías de procesamiento de acuerdo con su principal impacto en la cadena agroalimentaria. Algunos alimentos, sobre todo aquellos para autoconsumo y otros como nueces, frutas y verduras frescas, pasan directo a las bocas de los consumidores.**

---

102 Recientemente se ha publicado un libro en español que incluye varias tecnologías emergentes no-térmicas. Morata Barrado, A. 2009. *Nuevas Tecnologías de Conservación de Alimentos.* AMV Ediciones, Madrid.

- *Calentamiento/enfriamiento/congelado.* Las tecnologías de calentamiento están cada vez más dirigidas a entregar calor directamente al producto, como es el caso del calentamiento con microondas, o a aplicarlas en dosis mínimas para obtener una calidad parecida a la natural pero con inocuidad. La rápida remoción de calor que transforma el agua líquida en hielo ha dado origen a la categoría de los *productos congelados* que son ampliamente reconocidos como sanos, inocuos y convenientes. La remoción de calor sensible que reduce la temperatura (enfriamiento) en productos pasteurizados y productos frescos (frutas y vegetales, carnes y pescado) es aplicada en forma extensa (sección 8.1). Una nueva categoría de productos preparados y enfriados que sólo requieren de refrigeración muestra un alto crecimiento, desafiando a los productos congelados.

- *Tecnologías de separación y producción de ingredientes.* Existen varios procesos que se usan para liberar compuestos valiosos desde las materias primas que los contienen, separarlos del resto usando solventes y convertirlos en productos concentrados en forma de líquidos o polvos. El uso del dióxido de carbono a altas presiones por razones de inocuidad, calidad y flexibilidad para la obtención de distintas fracciones de un mismo extracto ya encuentra aplicaciones para descafeinar el café y el té, y en la extracción de lúpulo para la cerveza (sección 8.4). Las tecnologías de membranas porosas que actúan como verdaderos tamices a escalas menores a 100 µm (micro, ultra y nanofiltración) ya están establecidas en muchas industrias alimentarias porque las separaciones ocurren a temperatura ambiente y las membranas son cada vez más selectivas, resistentes y fáciles de limpiar.

- *Tecnologías de transformación y estructuración de alimentos.* El grueso de la industria de alimentos procesados consiste en mezclar, transformar y dar estructura a ingredientes alimentarios durante los procesos productivos. Los productos lácteos, panes, *snacks* y productos de repostería, fiambres y otros productos cárnicos, salsas y aderezos, fideos y pastas, jugos y bebidas, entre otros, se sitúan en esta categoría. En distintas partes del libro se hace referencia a la mayoría de las tecnologías más usadas como la emulsificación, la gelificación, la extrusión, la fermentación y la fritura.

- *Tecnologías de envasado/almacenamiento/distribución.* Las tecnologías de envasado proporcionan protección a los alimentos, conveniencia en la compra y en el uso, e información a los consumidores. En el supermercado coexisten envases de vidrio, de plásticos rígidos y flexibles, de papel y cartón, tarros y latas, e incluso materiales laminados como las cajas de leche UHT. Algunos envases se complementan con modificaciones a la composición de las atmósferas que rodean al producto o materia prima (frutas y verduras) para extender la vida de almacenamiento. En el futuro se espera que paquete, producto y entorno interactúen para extender la vida útil, proporcionar información sobre nutrición y calidad, e incluso facilitar el uso del alimento en el hogar (envases activos e inteligentes).

También se emplearán materiales más amigables con el medio ambiente. La migración de sustancias desde los envases hacia los alimentos continuará siendo motivo de preocupación y monitoreo.

## 4.4. La industria más grande del mundo

Así tituló la revista Forbes un artículo sobre la industria de alimentos procesados, a la que consideró el mayor rubro industrial a nivel mundial pues las ventas anuales (*turnover*) excedían los 3,5 billones (millones de millones) de dólares.[103, 104] Sólo en EE.UU., los consumidores gastaron en el año 2009 cerca de 1,18 billones de dólares en alimentos, de los cuales el 51,5% (unos 600 millardos, o miles de millones de dólares) correspondió a comidas en la casa y el 48,5% (565 millardos de dólares) a alimentos consumidos fuera del hogar. De esta última cifra, el 74% (alrededor de 420 millardos de dólares) está relacionado con consumo en restaurantes de diversa índole, el 6% corresponde a comidas recibidas en recintos educacionales y un 4% a ventas directas en tiendas y a través de máquinas de expendio de alimentos.[105] Para el 2010 se esperaba que las ventas anuales en restoranes de servicio completo y en lugares de comida rápida alcanzaran unos 184 millardos de dólares y 164 millardos de dólares, respectivamente.[106] De las cifras anteriores se desprenden dos conclusiones importantes que tienen que ver con la "alimentación moderna": la comida fuera de casa es tan relevante como la del hogar, y la comida rápida en sus diversos formatos, es equivalente a la servida en lugares más formales. No hay que perder de vista esta situación al analizar las tendencias en países menos desarrollados con una alta proporción de población urbana.

Sin embargo, las diez mayores empresas de alimentos del mundo generan menos del 10% de las ventas totales de alimentos, lo que equivalió a unos 300.000 millones de dólares en 2005.[107] En otras palabras, la industria de los alimentos es fundamentalmente una actividad de pequeñas y medianas empresas (pymes), siendo una importante fuente de empleos y de ingresos familiares. En Europa sobre el 95% de las empresas del rubro alimentos procesados tienen menos de 50 empleados. En Italia existen más de 400 pequeñas empresas que solamente producen salames y produc-

---

103 Al menos en este punto hay que aclarar la terminología relativa a los múltiplos de mil. Para los hispanoparlantes existe: mil = 1.000; millón = 1.000.000; millardo = 1.000.000.000; billón = 1.000.000.000.000; billardo =1.000.000.000.000.000; trillón =1.000.000.000.000.000.000, etc. En EE.UU. (¡y en Brasil!) se usa: billón = 1.000.000.000; trillón = 1.000.000.000.000; cuatrillón =1.000.000.000.000.000, etc. Por tanto, el billón y el trillón norteamericanos son mil y un millón de veces más pequeños, respectivamente, que su contraparte española (y de muchos otros países). ¡Cuidado con la interpretación de los montos en dólares!

104 El artículo escrito por Sarah Murray se titula "The World's Biggest Industry" y se puede acceder a él en www.forbes.com/2007/11/11/growth-agriculture-business-forbeslife-food07-cx_sm_1113bigfood.html, (visitado el 15.03.2010).

105 Estadísticas sobre el consumo de alimentos en EE.UU. se pueden encontrar en el sitio web www.ers.usda.gov/Briefing/CPIFoodAndExpenditures/, (visitado el 15.04.2010).

106 Datos obtenidos en http://www.restaurant.org/pressroom/pressrelease/?ID=1879, (visitado el 15.04.2010).

107 Datos tomados del artículo en *Food Engineering and Ingredients*, 30(2), 2005.

tos cárnicos, y donde cada producto es reconocido y preferido por sus características peculiares provenientes de la tradición, el regionalismo y el gusto gastronómico.[108]

En muchos países la industria alimentaria es el primer o segundo empleador (después del gobierno). Por ejemplo, los 858.000 locales de expendio de comidas de la industria de la restauración (restoranes, cadenas de comida rápida, cafeterías, etc.) son la fuente de empleo privada más importante en EE.UU.[109] Puesto que muchas materias primas deben ser procesadas rápidamente cerca de su fuente de origen (por ejemplo, lácteos, pescados, frutas y hortalizas), la industria alimentaria contribuye a la sustentabilidad del sector rural y costero, y a la descentralización de la actividad económica.

Desde su aparición, hacia fines del siglo XIX, la industria alimentaria moderna ha sido tremendamente exitosa al llevar a gran escala una serie de procesos artesanales, poniendo a disposición de las personas una amplia variedad de productos apetitosos, estables e inocuos. El supermercado, donde se realiza sobre el 70% de las compras de alimentos para muchos hogares, despliega entre 8.000 y 10.000 productos distintos, cuyos ciclos de vida son de dos a tres años, en promedio. Esto caracteriza a la producción de alimentos como una actividad de altos volúmenes, multi-producto, con bajos precios unitarios, pero también de márgenes reducidos. Paralelamente se ha desarrollado el negocio del *food service* para atender el creciente mercado de la preparación de comidas consumidas fuera de casa.

La incorporación plena de la mujer a las actividades económicas, sociales y políticas, que es uno de los grandes logros del siglo pasado, se debe en buena medida a que hoy se dispone de varias alternativas de alimentación fácil y segura para el grupo familiar. Más de dos tercios de las mujeres con hijos pequeños pueden trabajar y conseguir ingresos propios, un aspecto al que los detractores de la masificación e industrialización de los alimentos no han dado suficiente crédito. La generación que hoy día bordea los 50 años puede recordar lo demandante en tiempo que era para sus madres la compra casi diaria de alimentos y la preparación de tres comidas diarias, todos los días del año. Se podrá decir que un postre o un *kuchen* preparado por la mamá no son iguales a los comprados en un supermercado (y eso es cierto), pero muchas mamás ya no permanecen en casa todo el día. Ahora es el turno para los papás y los jóvenes cocineros.

El gran desafío para las multinacionales de la alimentación que operan en casi todos los países del mundo es llevar productos baratos a los consumidores pobres. Millones de estos consumidores demandan una buena nutrición pero disponen de presupuestos que no alcanzan a los dos dólares por día. La empresa Danone pretende

---

108 Los datos fueron obtenidos de la revista italiana *Mercato Italia, Rapporto sullo stato delle imprese* 2008, Milán (www.agro.mercatoitalia.info).

109 Basado en Sloan, E. 2002. "Restaurant-goers are super savvy and sophisticated". *Food Technology* 56(5), 16-17.

contar con mil millones de clientes al mes en 2013 para un yogurt líquido que cuesta 10 centavos de dólar.[110]

## 4.5. Comiendo en la Tierra

Desde hace varias de décadas los formatos en que se presentan los alimentos del consumidor moderno han sufrido cambios considerables. La comida tradicional y la "cocina familiar" hoy compiten con variadas formas de comidas industrializadas, fabricadas y más convenientes. La tabla 4.1 se ha confeccionado sólo con la intención de desarrollar una nomenclatura que facilite la lectura de las secciones siguientes, entendiendo que existen traslapos entre los distintos formatos y gradaciones dentro de cada uno de ellos.

TABLA 4.1. **Nomenclatura adoptada para tipificar algunas de las principales maneras en que se presentan actualmente los alimentos en las comidas.**

| Fuente de alimentos | Características | Concepto asociado |
|---|---|---|
| Comida rápida | Es la forma moderna de la alimentación masiva en casinos y cafeterías, que optimiza el uso del tiempo para comer. Consiste en menús simples, conocidos y con porciones llenadoras. Énfasis en los costos con una calidad aceptable. | Industrialización |
| Comida chatarra y *snacks* | Usa un reducido número de materias primas pre-procesadas, pocas formulaciones y procesos estandarizados. Énfasis en gustos y preferencias globales, razón conveniencia/precio, uniformidad e inocuidad. Por lo general, contienen altos niveles de grasas, sal, azúcares y aditivos. | Fabricación |
| Comidas para llevar (comida preparada) | Práctica muy antigua que va desde la comida callejera hasta nuevos formatos de platos preparados enfriados y congelados, que se recalientan en el hogar. | Conveniencia |
| Cocina tradicional | Materias primas locales sometidas a transformaciones convencionales, con poco conocimiento y control de los cambios producidos, alta variabilidad en la calidad de los productos. Énfasis en preservar tradiciones. Incluye a las comidas preparadas en el hogar y ofrecidas en restoranes típicos. | Artesanía y tradición |
| Gastronomía clásica | La unidad productiva pasa a ser el restaurante bajo la dirección y liderazgo de un *chef* que trabaja directamente con los cocineros. Incluye comidas locales de calidad, especialidades, cocinas étnicas y cocina de autor. | Arte y especialización |
| Gastronomía moderna | Combina materias primas de alta calidad e ingredientes nuevos, con una variable utilización del conocimiento científico para crear sensaciones novedosas. Atiende a élites. Énfasis en la novedad y las sensaciones derivadas. | Diseño y ciencia |

---

110 Datos tomado del artículo "Danone expande la despensa para cortejar a los pobres". *El Mercurio*, Santiago, 29 de junio de 2010.

Es posible dimensionar el impacto que tienen la comida callejera y la comida chatarra en la alimentación actual (sección 4.4). Gracias a su bajo costo y conveniencia, se estima que la comida callejera, que no es sinónimo de comida chatarra, es consumida cada día por unos 2,5 mil millones de personas en todo el mundo. En América Latina, las compras de alimentos callejeros representan hasta el 30% del gasto de los hogares urbanos.[111] La principal preocupación por este tipo de alimentación continúa siendo la falta de higiene en su preparación. Por otra parte, se estima que el mercado de la comida chatarra ya superó largamente los 100 millardos (miles de millones) de dólares anuales en ventas. Sólo McDonald's atiende diariamente a unos 40 millones de personas a través de unos 32.000 locales ubicados en más de 120 países alrededor del mundo (cifras de 2009).[112] A su vez, el mercado de los *snacks* a nivel mundial (dependiendo de cómo se los defina) podría alcanzar entre 70 millardos y unos 300 millardos de dólares al año, y su consumo se basa en la conveniencia y su "portabilidad". Presiones de diversa índole están moviendo a estos dos últimos segmentos hacia una oferta de productos más saludables, lo que abre interesantes oportunidades para la innovación dado su alto consumo.[113] Como referencia, el mercado global de los alimentos orgánicos se estimaba en aproximadamente 40 millardos de dólares al año en 2005, siendo Europa la región más relevante.[114]

A la derecha de la tabla 4.1 se ha tratado de asociar un concepto que distinga a cada tipo de comida desde el punto de vista de cómo se produce. Evidentemente existe una tendencia clara en la alimentación hacia la industrialización, producción en serie y uniformización de productos. La expresión diferenciadora se basa en la "*premiumización*" o la formulación de productos de mayor calidad o más sofisticados ("*gourmetización*"). Como se ha manifestado anteriormente, es difícil que dado los estilos de vida imperantes esta tendencia pueda ser revertida en el corto plazo por lo que los esfuerzos debieran enfocarse en fabricar versiones más saludables de estos alimentos.

## 4.6. Comiendo en el espacio

Si bien la capacidad de alimentar a los seres humanos en la Tierra ha sido medianamente demostrada, proporcionar comidas para aquellos que emprenden viajes espaciales ha sido todo un desafío que supera lo meramente tecnológico.[115] Es que no se desea sumar la carga psicológica de una comida monótona e insípida al estrés inherente producido por las condiciones y la complejidad del viaje. Grandes avances

---

111 Estos datos fueron informados por FAO en 2007. Ver www.fao.org/AG/magazine/0702sp1.htm, (visitado el 05.04.2010).

112 Según un informe del Worldwatch Institute en 2008, las ventas de comida chatarra en EE.UU. equivalían a casi la mitad de las ventas en restaurantes. Ver el sitio http://www.worldwatch.org/node/1489, (visitado el 15.04.2010).

113 Más detalle sobre el mercado mundial de snacks se encuentran en http://www.bakeryandsnacks.com/The-Big-Picture/Snack-market-set-for-billion-dollar-growth, (visitado el 15.04.2010).

114 Cifra obtenida del sitio http://www.marketresearch.com/product/display.asp?productid=1300058, (visitado el 15.04.2010).

115 Información sobre la alimentación en viajes espaciales hasta el año 2002 se encuentra en el sitio de la NASA: http://spaceflight.nasa.gov/shuttle/reference/factsheets/food.html.

en tecnología de alimentos se produjeron en los proyectos espaciales tripulados de la NASA durante la segunda mitad del siglo pasado, donde había que alimentar a los astronautas por varios días y hasta por semanas. El primer reto era minimizar el peso de los alimentos, pues cada kilo de peso transportado tenía un costo de unos 10.000 dólares; el segundo desafío era hacer que ocuparan en el menor volumen posible.

Los primeros astronautas de la NASA se quejaban que los alimentos eran poco apetitosos, las porciones pequeñas y sólo del tamaño de un bocado; costaba hidratar con agua fría los polvos liofilizados y las cremas provenían de tubos de aluminio. Además, al comer había que tener cuidado con que las migajas desprendidas contaminaran los instrumentos de la nave. Las protestas tuvieron respuesta y en las misiones del programa *Gémini* (1964 a 1966) desaparecieron los tubos y las porciones fueron recubiertas con gelatina para evitar que se desprendieran partículas que flotaban en la cámara de microgravedad. En el nuevo menú apareció hasta un cóctel de camarones. En el *Skylab* los astronautas tenían refrigerador y congelador y una mesa donde podían "sentarse" a comer escogiendo de un menú de 72 platos, convirtiéndose así en los primeros *gastronautas*. En los actuales *transbordadores espaciales*, que incluyen misiones de varios días, hay una gran variedad de alimentos para escoger, muchos de los cuales se podrían haber comprado en un supermercado. Un intenso intercambio de comidas se ha llevado a cabo entre los astronautas americanos y los cosmonautas rusos en la Estación Espacial Internacional, donde disponen de más de 250 ítems.

De este modo, la conquista del espacio ha producido algunos avances ostensibles en la tecnología de los alimentos. A la liofilización que permite remover el agua de los alimentos desde el estado congelado y conserva los colores, sabores, nutrientes y texturas como ningún otro método de deshidratación, se deben sumar innovaciones en envases y en conveniencia de uso. Las conquistas terrestres y las guerras también han contribuido al desarrollo de nuevos alimentos. A la margarina (sección 4.8) y el enlatado, ahora se suman los alimentos listos para comer (*ready-to-eat o RTE*) desarrollados originalmente como raciones militares. Todas las innovaciones anteriores son tecnologías habituales en la conservación y distribución de alimentos.

La NASA anunció una misión tripulada a Marte para mediados de la década de 2030 en un viaje que duraría unos 30 meses.[116] Una pregunta lógica es ¿qué comerán los astronautas durante todo ese tiempo, y cuáles serán las posibles consecuencias? De esto no se habla mucho en la prensa ni existen detalles en el sitio Internet de la agencia. Es inimaginable pensar que la alimentación se reducirá a alimentos estériles envasados que deberán ser acarreados dentro de la nave espacial. El costo de transportar un kilo será ahora de unos 22.000 dólares. El viaje a Marte durará varios meses y las estadías en el planeta rojo serán de años, por lo que los astronautas

---

116 La exploración a Marte quedó momentáneamente suspendida por el Presidente Obama según anuncios del 1 de febrero de 2010. El 15 de abril del mismo año, el Presidente manifestó que antes de 2030 una nave norteamericana estaría en trayecto al planeta rojo.

deberán ser alimentados con comidas casi idénticas a las que comen diariamente en la Tierra. El proyecto de la NASA considera construir equipos modulares para el procesamiento, por ejemplo, de tomates que serán cultivados hidropónicamente (sin suelo) en el espacio, de modo de obtener rodajas y jugo de tomate, *ketchup* y salsa. Se espera cultivar de la misma manera algunas plantas como papa, soya, arroz, maní y callampas.[117] Una cosa sí que es evidente de este viaje: nada de lo que traigan a la Tierra enriquecerá nuestras cacerolas.

## 4.7. Visiones no tan positivas

En el prólogo del libro *El Festín Químico*, el activista estadounidense Ralph Nader justificaba las críticas a la industria de los alimentos que aparecerían al correr de las páginas con una frase muy provocativa: *los alimentos son el producto de consumo más íntimo.*[118] Que los alimentos entren en nuestros cuerpos diariamente y pasen a formar parte de ellos, provoca en muchos consumidores reacciones que no tienen frente a otros productos ni a las tecnologías involucradas en su fabricación. Algunas de las críticas que se hacen a la industria alimentaria actual ya estaban en la novela de Upton Sinclair *La Jungla* (1906), donde se denunciaba las pobres condiciones laborales y sanitarias de los mataderos de Chicago, lo que precipitó la puesta en vigencia de una legislación sobre alimentos en EE.UU. Hoy este tipo de acusaciones se refieren al uso del trabajo infantil en la recolección de café y cacao en África, a las malas condiciones de trabajo e higiénicas en cadenas de comida rápida, y a los recientes episodios provocados por alimentos contaminados.

Pero las críticas actuales también apuntan a una "superficialidad" de la responsabilidad social corporativa de las empresas frente a los problemas de salud, y llegan a compararla con la actitud de la industria tabacalera en la creación de hábitos poco saludables. El cuestionamiento se centra principalmente en la publicidad hacia los niños. Un estudio realizado en EE.UU. mostró que entre un 70 a 80% de los anuncios en programas de TV dedicados a niños y adolescentes eran de comida chatarra, mientras un porcentaje ínfimo tenía que ver con frutas, verduras y jugos. En Chile la proporción de anuncios de *alimentos saludables*, es decir, que tienen bajos niveles de sal, azúcar y grasa, es sólo del 13%, mientras que para los alimentos chatarra es similar al caso norteamericano.[119] Se la ve como una industria cuyo fin no es una mejor nutrición, pues por ejemplo, no ha trepidado en remover las capas más nutritivas de granos y cereales en aras de tener productos más "blancos" y de mejor apariencia.

Se acusa de codicia a las grandes empresas y a no trepidar en el uso exagerado de aditivos, antibióticos y hormonas que luego entran en nuestros cuerpos, pero que ocultan malas prácticas y sólo maximizan utilidades. En el caso de los antibióticos

---

117 Este tema es comentado de manera más completa en el artículo de Brody, A. 2008. "Feeding astronauts". *Food Technology* 62(1), 66-68.

118 Turner, J.S. 1973. *El Festín Químico*. Editorial Dopesa, Barcelona.

119 Datos tomados del artículo del diario *La Tercera* de Santiago, 26 de noviembre de 2009, p. 47.

usados en la crianza animal y de peces, su ingesta en alimentos conduce a la larga a que las opciones en el tratamiento de enfermedades sean menores debido a la mayor resistencia de los microorganismos. En el caso de los alimentos genéticamente modificados (sección 1.8) se argumenta que la voracidad económica ha introducido en el ambiente genes que no tienen una historia de uso en alimentos y que no benefician directamente a las poblaciones más necesitadas del mundo.

A las empresas y asociaciones gremiales del rubro alimentos se les imputa recurrir al cabildeo (*lobby*), las relaciones públicas e incluso a donaciones a programas académicos de investigación, para influir posteriormente en los legisladores y en las agencias gubernamentales que las regulan. En la práctica, se sostiene, son las grandes empresas las que resuelven lo que se come y por tanto son responsables del estado de salud de los consumidores. Sus argumentos favoritos serían que no hay alimentos buenos y malos sino que todos los alimentos pueden formar parte de dietas saludables, que la investigación en nutrición es tan incierta que pasa a ser irrelevante y, por último, que la alimentación es algo de responsabilidad personal y forma parte de las libertades individuales. Todo lo anterior sólo persigue que la gente coma más.[120]

## 4.8. ¿Gato por liebre?

Nuestro paladar decidió que no toda la fruta cosechada, ni ciertos tipos de pescados que acarrean las redes o lo que queda de una carcasa del animal al sacar los mejores cortes de carnes, tienen una calidad adecuada para el consumo directo. El aprovechamiento máximo de las materias primas y la economía recomendaron que nacieran las mermeladas, las pectinas, las salsas de pescado (como el *garum* o el condimento fermentado de pescado que usaban los romanos), el *surimi*, los patés, las cecinas y la gelatina. Las guerras impulsaron la sustitución o complementación de alimentos escasos o caros. El caso más notable es el invento alrededor de 1870 para la marina francesa de la *margarina*, por *Hipólito Mège-Mouriés* (1817-1880), a pedido de Napoleón III. El producto original era una emulsión de grasa animal y trozos de ubre de vaca para dar sabor, muy distinto a las margarinas actuales. Este fue probablemente el origen de los alimentos análogos o sustitutos y también del inicio del *lobbying* o cabildeo en la industria alimentaria, en este caso el de los productores de mantequilla, para evitar la competencia.

Ya adentrado el siglo XX, y con un mayor conocimiento de las propiedades de moléculas alimentarias para crear estructuras, se comenzaron a desarrollar alimentos análogos a los naturales para abaratar costos aprovechando algunos nuevos ingredientes. La *carne vegetal* o *proteína vegetal texturizada* (*TVP en inglés*) es un producto económico fabricado a partir de harina desgrasada de soya (50% proteína), que luego de su paso por un extrusor adquiere una fibrosidad parecida a la carne y un sabor casi neutro (sección 8.4). Las primeras patentes de proteínas texturizadas de soya datan

---

120 Nestle, M. 2003. *How the Food Industry Influences Nutrition and Health*. University of California Press, Berkeley.

de los años 1950s y posteriormente se realizó mucha investigación con otras fuentes de proteínas vegetales.[121] Durante el trayecto por el interior del extrusor las proteínas globulares de la soya, que están originalmente en forma de ovillo, se denaturan con las altas temperaturas (aproximadamente entre 90 y 120°C) y estiran por efecto del giro del tornillo, para luego juntarse en haces de fibras durante un calentamiento y alineamiento final. El proceso de transformar los polvos amorfos de la harina en trocitos fibrosos dura un par de minutos. La TVP se vende en forma de gránulos secos y debe ser hidratada en agua antes de mezclarla con carne molida (de ahí su nombre de extensor de carne). La combinación de carne y TVP casi no se detecta y mejora la capacidad de retención del jugo de la carne durante la fritura de las hamburguesas. Es ingenuo aquel que come en cafeterías, restaurantes económicos y hamburguese-rías, y piensa que nunca ha probado la carne vegetal. Se puede saber si un producto "cárnico" contiene otras proteínas mediante análisis de cromatografía o electroforesis, como los que se realizan en muchos laboratorios químicos. Estas técnicas consisten en separar las múltiples subunidades de las proteínas de acuerdo a su tamaño y/o carga, generando una especie de "huella dactilar", que se puede comparar con el patrón obtenido para la carne vacuna. Estos análisis (y otros ensayos basados en técnicas de ADN) permiten determinar la especie de la cual proviene cada carne y por tanto para la ciencia no existe el "pasar gato por liebre".

Alrededor de 1970 se aplicó un proceso similar al usado para hacer la fibra de rayón en la producción de *proteína hilada de soya*, utilizando en este caso un aislado proteico purificado de soya (90% proteína). Los filamentos proteicos se pegaban luego con proteína de huevo y se cortaban en trozos que tenían la apariencia de carne de ave. La motivación fue hacer productos con materias primas vegetales que simularan la textura de carne para aquellos que no la podían comer por razones religiosas. Utilizar directamente proteínas vegetales para producir de texturas análogas a la carne animal es atractivo desde el punto de vista energético, pues producir un kilo de proteína de vacuno requiere más de diez veces la energía necesaria para elaborar un kilo de proteína vegetal.

Existen otros sucedáneos o símiles de alimentos famosos. El *surimi* es una forma muy ineficiente pero práctica de introducir en la cadena alimentaria humana la proteína de peces con bajo valor comercial. En rigor, el *surimi* es pulpa de pescado lavada y convertida en un gel proteico, pero lo que comemos normalmente en forma de símiles de camarón o de centolla se llama *kamaboko*. También están los *sucedáneos de la manteca de cacao* que usan otras grasas más baratas para sustituir total o parcialmente a esta materia prima que es cara. Quien haya comprado chocolates muy baratos ha comido estos sustitutos, que se reconocen porque dejan en la boca una sensación cerosa que no tiene la manteca de cacao.

---

121 De hecho, mi tesis de doctorado en la Universidad de Cornell (1976) y que me abrió los ojos al estudio de la microestructura de los alimentos, fue precisamente en texturización de proteínas vegetales.

El abaratamiento de costos usando sucedáneos está condicionado a que los productos análogos tengan propiedades sensoriales muy similares a los originales. Este desafío ha sido una oportunidad para innovar en las formulaciones y a veces hacer productos incluso más saludables. Los *análogos de quesos* para pizza (sustitutos del queso *mozzarella*) se formulan a partir de caseína o caseinato derivados de la leche y otras fuentes de proteína, aceites vegetales y grasas, aditivos para proporcionar estabilidad a la mezcla, y saborizantes que los acerquen al producto natural. Por tanto, existe la posibilidad de reducir la cantidad total de grasa o de colesterol, como también la proporción de grasas saturadas. La masa de proteínas y grasas emulsionadas se calienta para formar una matriz homogénea, la que es sometida a un estiramiento mecánico a fin de desarrollar la fibrosidad y elasticidad características del queso derretido. Por su parte, los *quesos procesados* que usualmente se venden en forma laminada provienen de la mezcla de lotes de quesos que se funden a alta temperatura. Posteriormente el material fundido se mezcla con agua, sal, colorantes y *sales emulsionantes*, compuestos fosfatados que previenen la separación de la grasa, y la masa homogénea se moldea y envasa en caliente.

La naturaleza es una fuente inagotable de inspiración para cocineros y científicos, pero a veces ocurre que imitar lo natural no conduce a la solución más apropiada y este es el caso de la mantequilla y la margarina. Ambos productos son dispersiones semi-sólidas de lípidos que deben tener la propiedad de ser untables. La mantequilla es una emulsión de agua dispersa como finas gotitas en grasa (80%) y su plasticidad para ser esparcida con un cuchillo está dada por el "pegoteo" entre muchos glóbulos de grasa y el estado físico de ellos (la razón entre grasa líquida y grasa sólida a cierta temperatura). En la margarina, que se hace de aceites vegetales parcialmente hidrogenados para darle la consistencia (ver sección 1.2), no existen los glóbulos de grasa y la estructura está formada por una red interconectada de cristales planos de grasa que es responsable de la plasticidad y untuosidad (figura 4.3). Más aún, recientes sucedáneos del sucedáneo de la mantequilla son productos untables fabricados sólo con monoglicéridos, gelatina y agua que por lo tanto tienen "cero-grasa", pero no cero lípidos. El secreto está en estructurar los monoglicéridos en bicapas que ocluyen parte del agua en su interior dando la textura y plasticidad al producto, y el resto del líquido conteniendo saborizantes y colorantes se inmoviliza como microgeles de gelatina. El resultado es un tipo de "margarina" o producto untable de muy bajas calorías, pero que ha tenido problemas por su efecto laxante en algunas personas. Además, como es casi pura agua, no sirve para freír.

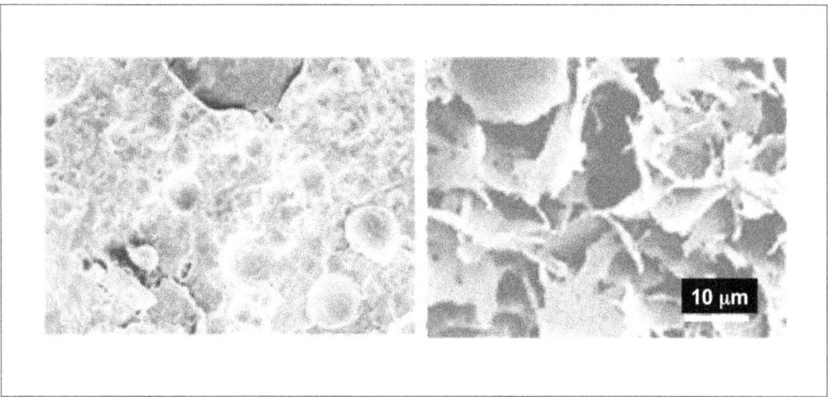

FIGURA 4.3.  **Microestructura de la mantequilla (izquierda) y de una margarina dietética (derecha). En el primer caso se distinguen claramente los glóbulos de grasa. En la margarina se aprecian las láminas de cristales de grasa que conforman una red. La fotomicrografía de la margarina es gentileza del Dr. I. Heertje, Unilever.**

Nadie se puede sentir engañado si compra un *"Rolex"* en la calle por unos pocos dólares. Muchos alimentos sucedáneos son más económicos que los originales, proporcionan alternativas nutricionales, permiten ofrecer texturas similares a las naturales pero con otras materias primas, tienen sus propios estándares de composición, y están debidamente autorizados. Para saber qué se está comiendo hay que leer las etiquetas e informarse de cómo se fabrican estos productos. Distinto es cuando a uno le tratan de pasar gato por liebre o jurel por salmón.

## 4.9. De la célula a la granja

Hacia fines del siglo XX se comienza a percibir que al final de cada cadena alimentaria existe un consumidor al que hay que satisfacer no sólo con variedad, conveniencia y bajos precios, sino que también con salud, bienestar y en la adhesión a sus principios éticos. Este cambio de paradigma ha ocasionado la inversión de la señal de la cadena alimentaria, que ahora apunta desde la demanda hacia la oferta. Por tanto, las cadenas alimentarias modernas deben dar atención a un nuevo eje que está centrado en el *consumidor* y dar respuesta a sus motivaciones, emociones, gustos y preocupaciones por una vida saludable y un medioambiente limpio (figura 4.4). Con la aparición del eje que une la boca con el cerebro y las células, las etapas de las cadenas alimentarias actuales se hacen más complejas y deben cumplir con requisitos externos (impacto medioambiental, uso eficiente de recursos, etc.) e internos (inocuidad "total", gratificación, beneficios en salud, etc.) cada vez más exigentes.

Como se ha dicho, este "empoderamiento" del consumidor del siglo XXI ha revertido la señal de las cadenas alimentarias que antiguamente apuntaba *de la granja al tenedor* (figura 4.1) mientras ahora va *del tenedor a la granja* (*from fork-to-farm*), lo que se muestra en la figura 4.4. Actualmente es el consumidor el que determina qué, cómo, cuándo, dónde y cuánto se come.

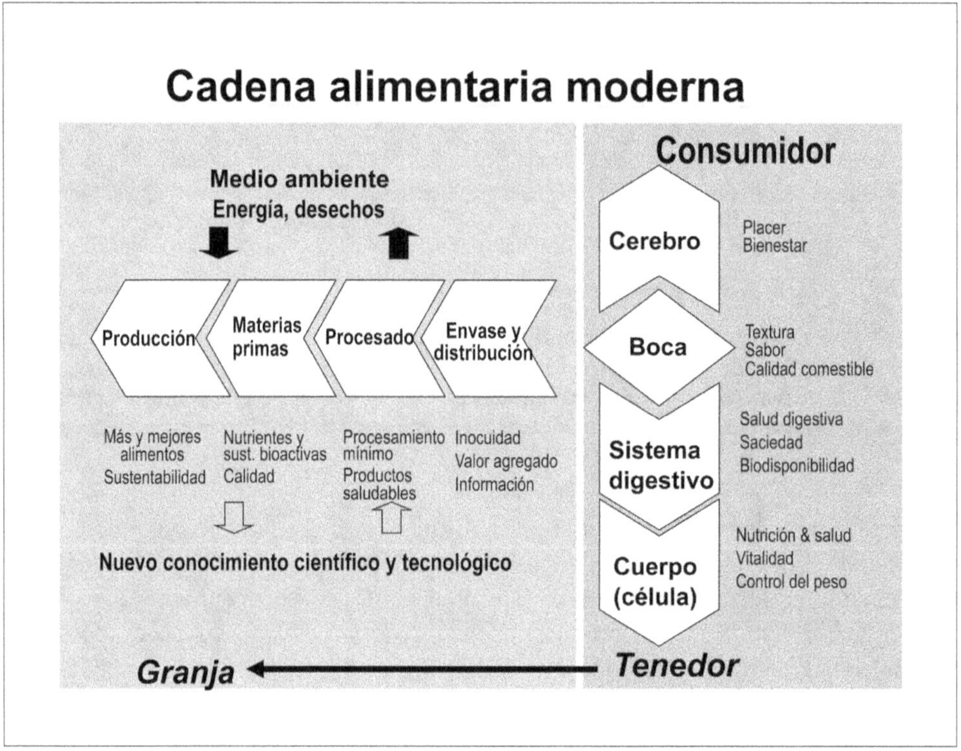


FIGURA 4.4. **Los dos ejes de la alimentación en los comienzos del siglo XXI. Las cadenas alimentarias se vuelven más complejas y hay mayor relación con el ambiente y el conocimiento científico-tecnológico (izquierda). Aparece un nuevo eje centrado en el consumidor (derecha), quien espera derivar varios beneficios de los alimentos (derecha). Las flechas ahora apuntan desde el tenedor a la granja.**

¿Cómo se ha llegado a esto? En gran medida porque un segmento importante de la sociedad en países del Primer Mundo ya tiene más que satisfechas sus necesidades básicas de alimentos. Los aumentos en ingreso disponible *per cápita* en estos países han ocasionado una demanda por alimentos de mejor calidad, más sanos, con mayor variedad y nuevas versiones en la gastronomía.[122] Los EE.UU., la Unión Europea y Japón muestran una creciente proporción de personas con mayor educación, menores tamaños de familia y que viven más tiempo. Son los consumidores, principalmente en Europa, los que demandan más productos derivados de una *agricultura orgánica y el*

---

122 Los aumentos en el ingreso han sido acompañados por un menor porcentaje dedicado a la alimentación. En el caso de Europa, este disminuyó en un quinto durante el período 1983 a 1993.

*bienestar de los animales* durante la crianza, transporte y sacrificio. Esto está provocando un cambio radical en los métodos de producción agrícola y una vuelta a las condiciones de pastoreo con la desaparición del engorde en confinación (*feedlots*) en la producción animal. Estos mismos consumidores están ahora mucho más atentos a la *huella de carbono* como también a la *huella de agua o huella hídrica* generada por la producción y transporte de materias primas alimentarias y alimentos terminados. Nada refleja mejor lo que se muestra en la figura 4.4 que el cambio de nombre del ministerio encargado de la agricultura y la alimentación en Holanda, que ahora se ha pasado a llamar Ministerio de la Naturaleza, Medio Ambiente y Calidad de Alimentos.

Desde el punto de vista de la industria, la aparición del eje del consumidor ha significado un mayor énfasis en la *ingeniería de productos* para que estos cumplan con los beneficios esperados (*deliverables*), en complementación con la *ingeniería de procesos* tradicional, cuyos objetivos han sido mayores volúmenes de producción, más calidad y el abaratamiento de los costos. Vender salud, bienestar y sustentabilidad es mucho más complejo que replicar a gran escala los procesos ancestrales. Para la investigación, seguir la ruta de los alimentos en el interior del cuerpo humano se ha convertido en un desafío apasionante para los años venideros. Por una parte, la escala del análisis se reduce desde aquella de los equipos de procesamiento y los productos (metros y centímetros), a la de las microestructuras formadas en el sistema digestivo, las moléculas liberadas y su interacción a nivel de células y receptores moleculares, y eventualmente al nivel de los genes. Por otra, llevar a cabo las investigaciones sobre el impacto de los alimentos en el cuerpo humano no sólo requiere de herramientas analíticas más sofisticadas y especializadas, sino que también una interacción mayor entre la ciencia y tecnología de alimentos, y disciplinas como la medicina, la neurobiología y la genética molecular, entre otras.

## 4.10. Alimentos de todas partes

En los cuarenta años anteriores al inicio del siglo XXI, el valor del *comercio internacional de alimentos* se triplicó y el volumen comercializado se cuadruplicó. Frutas y hortalizas que antes eran estacionales en muchos países del norte, estuvieron disponibles casi todo el año gracias a la contraestacionalidad en la producción con respecto al hemisferio sur. La tecnología ha hecho posible que frutas transportadas bajo temperaturas y atmósferas controladas soporten adecuadamente la navegación transoceánica y que alimentos frescos como pescados finos y algunas bayas viajen por vía aérea. Frutas que ni se conocían 40 años atrás, como el kiwi, hoy van en la versión 2.0 (el *kiwi dorado*), y aquellas de origen tropical y exótico se hacen cada vez más demandas en los mercados internacionales. Esta es una manifestación de la *economía de las experiencias*, donde el consumo no sólo es explicado por el precio, sino que por el deseo de los consumidores por experimentar nuevas sensaciones y emociones.

La *globalización del comercio* de los alimentos ha generado una serie de reacciones por parte de los consumidores, desde genuinas demandas por saber la procedencia de lo que están comiendo hasta protestas por la desaparición de ciertas variedades locales. Aparecen movimientos a nivel mundial que promueven el consumo de productos que provienen de granjas cercanas y de alimentos producidos por pequeños artesanos.[123] En el caso de las frutas frescas, el comercio internacional con sus altos volúmenes tiende a una estandarización que atenta contra la diversidad tanto a nivel del importador como del exportador. Por ejemplo, en Inglaterra al igual que en Chile la producción de manzanas, uvas y otras frutas tiende a estar dominada por unas pocas variedades "comercialmente deseables" en desmedro de variedades locales que han desaparecido o están por hacerlo.

Pero los alimentos mismos son sólo parte del comercio internacional y de algunas de sus expresiones prácticas como los tratados de libre comercio, que involucran a una amplia gama de productos y servicios. Los productores locales se sienten amenazados y por esto algunas reacciones de los países importadores tienen evidentes tintes de proteccionismo. Las exigencias respecto a la inocuidad alimentaria no solamente aumentan por el alargamiento hacia atrás en las cadenas de suministro, sino que para proteger a la producción local, apelando incluso a la seguridad nacional y la posibilidad del terrorismo alimentario. Los EE.UU. y la Unión Europea han comenzado a exigir la *trazabilidad* de los alimentos, es decir, que su historia pueda ser rápidamente reconstituida desde el origen hasta el destino final, identificando cada uno de los pasos y manipuladores.[124] Para zanjar este punto, la Comisión del *Codex Alimentarius* sobre normas alimentarias internacionales está proponiendo un principio de equivalencia, en que los conceptos de inocuidad sean objetivos, basados en la ciencia, coherentes y uniformes. Se habla también de castigar el transporte de alimentos por largas distancias, o las "*millas de los alimentos*", en beneficio del medio ambiente, lo que pone en desventaja a los productos importados que son sustituibles en el país de destino.[125] Esto es obviamente apoyado por grupos ecologistas, ya que el viaje por largas distancias no sólo es intensivo en combustible para el transporte y la refrigeración, sino que requiere de embalajes y empaques que generan desechos en el punto de llegada. Lo que está en juego es la posibilidad que países tercermundistas que dependen para su desarrollo de una agricultura campesina fuerte y de la exportación de productos frescos, en particular ciertos países africanos, compitan en desventaja aunque su producción sea ambientalmente más sustentable que la de los países importadores.[126] Los defensores de esta postura argumentan que en el impacto en el medioambiente deben

---

123 Para mayor información leer: Halwell, B. 2004. *Eat Here: Reclaiming homegrown pleasures in a global supermarket*, W.W. Norton and Co., Londres.

124 En EE.UU. se ha legislado en esta materia dando origen a la *U.S. Public Health Security and Bioterrorism Preparedness and Response Act*.

125 Por ejemplo, mediante el despliegue de "etiquetas de carbono" en los envases, informando a los consumidores acerca de la cantidad de gases de efecto invernadero generados por ese alimento.

126 Un artículo muy esclarecedor respecto al efecto de las "millas de los alimentos" en ciertas economías agrícolas africanas de exportación aparece en "From field to fork: Reassessing the value of food miles", LIFT, pp. 18-24 (publicación del *National Geographic*). Se comenta que el 80% de las emisiones con efecto invernadero en países desarrollados se produce antes que los productos dejen la granja, y que los métodos productivos en pequeñas granjas africanas cumplen con prácticas sustentables, sin usar fertilizantes y pesticidas.

considerarse no solo las millas recorridas por los alimentos sino que también el efecto de la producción de maquinaria, fertilizantes y otros insumos agrícolas, y la energía demandada por las condiciones de vida de los productores en países desarrollados que incluye el transporte y el uso de calefacción o aire acondicionado.

El comercio internacional y la búsqueda de nuevos sabores, texturas y nutrición son una oportunidad para el redescubrimiento de *cultivos ancestrales* entre los que podrían mencionarse algunas leguminosas como los lupinos y garbanzos, y en el caso de Sudamérica de cereales andinos como el amaranto, la quinoa (o quinua) y la cañihua. Las exportaciones de quinoa desde Perú no han cesado de subir en los últimos años y su precio se ha más que duplicado debido a sus apreciadas características nutritivas y culinarias. La ocasión es también propicia para las frutas exóticas y los condimentos novedosos.

Pero la globalización del comercio de los alimentos no sólo involucra a *commodities* como granos, carnes y frutas, sino que ha dado lugar a una industria del ensamblaje de productos procesados listos para consumir, como se aprecia en toda su magnitud en una visita al supermercado. Un producto símbolo de este fenómeno podría ser el *butterfly breaded shrimp* (su envase original está en idioma inglés) o camarón mariposa apanado y congelado, elaborado en China, distribuido por una empresa en Florida y saboreado por las bocas de los chilenos después de un periplo de más de 20.000 kilómetros. Pero esto no es todo. De los ingredientes listados en estos camarones congelados, sólo se puede estar seguro que el agua es de origen local. El resto, desde el camarón mismo siguiendo con la harina de trigo, el almidón de maíz modificado, el suero de leche y el aceite de soya, entre otros, usados en su preparación, son ingredientes estándar que pudieron haber sido adquiridos en muchos lugares del mundo. China fue sólo el lugar de ensamblaje.

## 4.11. Un poco de futurología

Si bien es cierto que el interés inmediato es entender sobre los alimentos que consumimos y cómo esto afecta nuestras vidas, nunca está de más tener una visión global del tema de la alimentación y las tendencias más potentes que se avizoran para el futuro. Gran parte de la futurología consiste en proyectar lo pasado con cierta audacia, lo que es parecido a manejar un auto usando el espejo retrovisor y apretando el acelerador. Sin embargo, lo que nos cambia la vida es lo impredecible, como fueron la capacidad de manipular genes o la comunicación global a través de Internet, descubrimientos inimaginables 50 años atrás. Una futurología menos pretenciosa es generar escenarios posibles de mediano plazo basados en fuerzas impulsoras (drivers) de ciertas tendencias globales. En el caso de la industria alimentaria y los alimentos las fuerzas impulsoras son de índole social, económica, medioambiental, política, tecnológica y científica.[127]

---

127 Esta sección está basada en un documento elaborado para UNIDO/FAO por Dennis, C., Aguilera, J.M. y Satin, M. 2009. "Technologies shaping the future". En Silva C.A. (ed.), *Agroindustries for Development*. CABI, Oxfordshire.

Las fuerzas impulsoras *sociales* emergen de las actitudes y creencias de los consumidores con respecto a los alimentos, y de los cambios demográficos y de estilos de vida. Aparte de la inocuidad, los consumidores en países del Primer Mundo se preocupan cada vez más sobre el origen de sus alimentos, no sólo en términos de procedencia sino también en lo referente a cuestiones éticas como el bienestar de los animales, el impacto ambiental, la producción ecológica y el comercio justo. Cambios demográficos como el envejecimiento de la población influirán en los tipos de alimentos, la forma en que se envasan y su composición nutricional de manera que contribuyan a un envejecimiento saludable ("dar más vida a los años").[128] Entre las tendencias más importantes en la alimentación en estos países destacan una vuelta a la cocina en el hogar, que implica el uso de alimentos pre-procesados fáciles de preparar, salsas e *ingredientes gourmet* ("gourmetización") y de *alimentos premium* ("premiumización") o versiones sofisticadas de productos corrientes. La movilidad de grupos étnicos y la inmigración ofrecerán oportunidades para una mayor diversidad de productos que satisfagan las diferentes necesidades culturales y aumenten la variedad. En países subdesarrollados la creciente urbanización junto a la incorporación de más mujeres al mercado laboral intensificarán el reemplazo de ciertos hábitos alimentarios tradicionales por costumbres y dietas más "modernas" (por ejemplo, comidas fuera de casa, compras en supermercados, comida rápida y el *snacking*).

En lo *económico* hay preocupación por la posible inflación de los precios de alimentos básicos y el efecto en su disponibilidad especialmente en los países más pobres. Habrá un aumento permanente en la demanda de productos agrícolas y pecuarios, especialmente proteína animal, a medida que se incorporen al mercado sectores con mayores ingresos en China y la India, y en general mejoras en la distribución del ingreso apuntan en el mismo sentido. La demanda de productos agrícolas por parte de la industria de los biocombustibles, seguirá teniendo un impacto importante en los precios de las materias primas. La FAO estima que estas nuevas tendencias podrían aumentar el precio de los productos agrícolas en la próxima década en un 20% sobre el promedio de los últimos 10 años. En lo positivo, se piensa que variedades mejoradas, principalmente por ingeniería genética, aumenten significativamente los rendimientos de alimentos básicos y que se reduzcan las pérdidas poscosecha tanto físicas, nutricionales y en valor de mercado. Respecto a la generación de empleo en economías en desarrollo, esta se podría ver favorecida por el acceso al crédito y a mejoras tecnológicas (incluyendo tecnologías de la información y satelitales) por parte de pequeños productores agrícolas y de pymes, y mediante la creación de nuevas cadenas más especializadas.

---

128 A comienzos del siglo XX la expectativa de vida al momento de nacer era de unos 45 años. Actualmente en muchos países ha subido a 75 años gracias a los antibióticos y medidas de salud pública que permiten a las personas sobreponerse a las enfermedades infecciosas. Las generaciones futuras pueden esperar vivir pasado los 100 años en la medida que se produzcan avances en ingeniería genética.

Las *políticas públicas* con respecto a la alimentación, la dieta y la salud serán, sin duda, un motor importante para la industria agroalimentaria en el futuro e influirán en la necesidad de desarrollos tecnológicos *ad hoc*. Tales políticas podrían incluir modificaciones en los planes de alimentación para preescolares y escolares, y en las tecnologías involucradas en su preparación y distribución. También tendrán relación con la regulación de las invocaciones publicitarias de propiedades saludables de alimentos, especialmente dirigidas a los niños y que éstas tengan un adecuado sustento científico y médico. Otras tendencias se refieren a las políticas públicas con respecto a la investigación y desarrollo, la innovación y el emprendimiento, como a los incentivos para que la industria invierta en investigación y nuevas tecnologías. En particular, es de la mayor importancia que en su rol subsidiario, el Estado brinde apoyo a pequeños y medianos empresarios que son la base de la industria alimentaria.

En relación con las cuestiones *medioambientales* aumentarán las presiones sobre la agricultura y la industria agroalimentaria para que estas sean cada vez más sostenibles. Esto significa la optimización en el uso de fertilizantes, pesticidas, herbicidas y fungicidas, como también en el uso y los métodos de riego, el reciclaje del agua y su reutilización en los procesos industriales. Otra consideración medioambiental que influirá en el desarrollo de la industria agroalimentaria es el manejo de los residuos o desechos. En relación a los envases, el énfasis estará en que tengan un menor peso, sean biodegradables o reciclables. Por lo tanto, se espera una creciente presión para reducir las emisiones, y disminuir la huella de carbono y la huella de agua en las diferentes cadenas de productos. En resumen, las tecnologías que configuran el futuro de la industria alimentaria tendrán que contribuir a la inocuidad y la calidad de los alimentos, especialmente en relación con la nutrición y la salud, y deberán ser sustentables económica, social y ambientalmente.

## 4.12. Alimentos sustentables

Aunque el tema de la sustentabilidad o sostenibilidad está en el "tejido" de muchas secciones de este libro, pues no es algo aislado de la producción de los alimentos, conviene resumir algunas de las preocupaciones actuales y tratar de aclarar unos pocos términos en boga (inserto 4.1). Probablemente esta sección sea encontrada *light* por algunos, y ciertamente no es el objetivo hacerla empalagosa e indigestible, pero se correrá este riesgo pues el tema de la sustentabilidad estará en el centro de la alimentación de los terrícolas del siglo XXI.

INSERTO 4.1. **Algunos conceptos relacionados con la sustentabilidad de la producción de alimentos.**

**Alimentos orgánicos**. La producción orgánica es un sistema que se gestiona para responder a las condiciones específicas integrando prácticas de cultivo (biológicas y mecánicas) que fomentan los ciclos naturales de los recursos, promueven el equilibrio ecológico y la conservación de la biodiversidad.

**Ecoalimentos**. Se refiere a aquellos alimentos producidos por sistemas agrícolas eficientes en el uso de recursos medioambientales.

**Producción limpia**. Se relaciona con la implementación de buenas prácticas agrícolas en el uso, manejo y la aplicación de insumos de la agricultura, la calidad alimentaria, seguridad laboral y protección del medio ambiente.

**Ciclo de vida**. Es un método contable que se usa para evaluar el consumo de recursos, como los materiales y la energía, y la consecuente carga ambiental asociados con un producto, proceso o actividad.

**Millas de los alimentos** (*food miles*). Se refiere al impacto ambiental del transporte de alimentos desde su producción hasta que llegan al consumidor.

**Bonos de carbono**. Consiste en la venta a empresas de países desarrollados de proyectos que permitan la reducción de gases con efecto invernadero.

En términos generales, el *desarrollo sustentable* o *sostenible* se refiere a la conservación de aquellos procesos ecológicos que mantienen a este planeta en condiciones aptas para la vida. No es fácil encontrar una definición de la sustentabilidad en relación a los alimentos que sea ampliamente aceptada y a la vez sucinta. Un sistema es sustentable si se puede mantener en un cierto estado durante un horizonte de largo plazo. En el caso de los alimentos el "estado" queda definido por dimensiones sociales, económicas y medioambientales, como las esbozadas en la sección anterior. Para la FAO "el desarrollo sostenible es la gestión y conservación de una base de recursos naturales y la orientación del cambio tecnológico e institucional de manera que se garantice la continua satisfacción de las necesidades humanas para las generaciones presentes y futuras. Este desarrollo sostenible (en los sectores agrícola, forestal y pesquero) conserva la tierra, el agua, las plantas y los recursos genéticos animales, es ambientalmente no degradante, técnicamente apropiado, económicamente viable y socialmente aceptable".[129]

Es conveniente referirse a la figura 4.4 de la sección 4.9, que muestra que cada etapa identificada dentro de la cadena alimentaria tiene un impacto en el medioambiente. En la producción de alimentos son importantes la contaminación del suelo y del agua provocada por los fertilizantes, y las emisiones de metano a la atmósfera derivadas de la producción animal; el aprovechamiento del agua, pues la agricultura es el mayor usuario de agua dulce; la incorporación de tierras a la agricultura a expensas

---

129 Definición tomada del sitio www.fao.org/docrep/W2598E/w2598e04.htm (visitado el 02.04.2010).

de los bosques, la biodiversidad, y también la sustentabilidad de los ecosistemas que están detrás de la pesquería. En la etapa de procesamiento pasan a ser relevantes las emisiones de gases con efecto invernadero como consecuencia del alto consumo de energía fósil en los procesos de transformación y de la eliminación de residuos tanto líquidos como sólidos. Durante la distribución de los alimentos tienen trascendencia las *emisiones de carbono* y el impacto sobre la huella de carbono de las millas de los alimentos. Las emisiones de $CO_2$ por kilómetro recorrido en el transporte por aire son casi 15 y 10 veces mayores que por barco o por transporte terrestre, respectivamente. Aquí debe considerarse también los tipos de materiales de envase y embalaje, y su posible reciclaje o reutilización.

La cuestión es cómo los países en desarrollo van a crecer y dar mayor bienestar a sus habitantes bajo restricciones medioambientales que son la consecuencia del desarrollo de los ahora llamados países del Primer Mundo. Existen múltiples instancias que pretenden contribuir al desarrollo sostenible, tales como acuerdos políticos y jurídicos internacionales, convenciones y protocolos de diversa índole, e instrumentos de todo tipo como los servicios ambientales globales y locales, etc. Lo importante a considerar es que los consumidores ricos están cada vez más conscientes que sus elecciones afectan en último término la sustentabilidad del planeta y así lo hacen saber con sus dólares, euros y yenes.

# Una pizca
# de matemáticas

*Este es un capítulo para que los lectores que temen de las ecuaciones y los gráficos pierdan el miedo. Los que se lo salten, serán recordados más adelante y tendrán la oportunidad de volver. En ingeniería es fundamental tener expresiones matemáticas que relacionen variables y parámetros importantes para la descripción de un fenómeno. En la cocina experimental el poder controlar, medir y expresar condiciones de un proceso es de gran importancia.*

## 5.1. La ayuda de las matemáticas

Una búsqueda efectuada el 25 de agosto de 2009 en el buscador *Google* arrojó 7,1 millones de entradas para la pregunta *¿Why mathematics are important in foods?* Entre las respuestas encontradas estuvieron las siguientes: i) porque es necesario modelar los procesos productivos de la industria; ii) para investigar problemas complejos en nutrición como el balance energético; iii) para cuantificar relaciones entre cambios alimentarios y los efectos en la nutrición y salud; y una muy interesante, iv) a fin que los chefs puedan lidiar con fracciones, equivalencia de unidades, y la determinación de costos. En la búsqueda también se encontró la siguiente frase: *Las matemáticas son como los alimentos: no se puede vivir sin ellas más de 15 días.*

Estas son buenas respuestas, pero insuficientes para nuestros fines. Descubrir las variables que son importantes para mejorar un proceso o producto a través de fórmulas simples de la ingeniería, es de gran utilidad e implica un ahorro de tiempo y dinero. Desplegar información en forma de gráficos permite visualizar datos y observar tendencias que no son obvias. Terminar una experiencia en la cocina con un modelo sencillo que describa cómo cambiaron las características de una preparación en el tiempo, ayuda a imaginar qué pasaría en otras condiciones. Entender qué está detrás del procesamiento de una imagen digital es práctico para obtener información cuantitativa sobre el color o los defectos del producto representado. Todo esto quedará más claro a través de los ejemplos que se presentarán a continuación.

Tampoco está de más una pizca de matemáticas a la hora de juntarse a comer con compañeros de trabajo, pues cuando hay que pagar la cuenta parecen no saber más que la división por *n* (el número de comensales) independiente de lo que haya comido (y bebido) cada uno. Ésta es una demostración que si bien no existe el almuerzo gratis de los economistas (*there is no such thing as a free lunch*), los que piden platos caros adornados de guarniciones, postres exóticos y vinos gran reserva se la llevan barata respecto de aquellos que se van por las ensaladas del *chef*, se saltan el postre y beben agua mineral para mantenerse en línea. No hay que tener una planilla Excel para que cada uno pague lo que consume y así no subsidiar a los glotones y los frescos.

## 5.2. Los ingenieros y las fórmulas

A los ingenieros les encanta reducir fenómenos a *fórmulas matemáticas*. El sueldo que recibimos los profesores de ingeniería en mi universidad se calcula por una fórmula que es útil, pero obviamente no explica por qué frecuentemente no alcanza para llegar a fin de mes. Por lo demás, las fórmulas están llegando a la gastronomía, donde se ha tratado de describir la microestructura de algunos productos mediante fórmulas que combinan las fases que los componen (por ejemplo, agua, W; aceite, O; aire, G; y sólido, S), con operadores que describen si estas están mezcladas (+), dispersas (/), etc. Por ejemplo, [G+O]/W sería la fórmula de una mayonesa aireada.[130] Pero lo importante de una fórmula es que sintetiza lo que es relevante y cuán prominente lo es. La expresión coloquial "elevado a *n*", donde se supone que *n* es mayor que uno, denota algo muy importante o trascendente.

El desarrollo de toda fórmula parte de ciertos supuestos que acotan el problema y simplifican su derivación, los que se deben tener muy presente cuando se obtienen valores numéricos. En una fórmula hay que dar atención a los parámetros y variables que la componen. Un *parámetro* es una cantidad que define alguna propiedad del sistema y una *variable* corresponde a algo que se puede variar más o menos libremente (por ejemplo, el tiempo durante el cual medimos algo). También existen las constantes. Si estudiamos la penetración de calor en un tarro de conservas de forma cilíndrica que se calienta en agua a 100°C, la razón altura/diámetro del tarro es un parámetro relevante, el tiempo es la *variable dependiente* (nosotros decidimos la duración del experimento) y la temperatura en el centro del tarro sería una *variable respuesta* (lo que se desea encontrar). Es muy probable que en la fórmula final aparezca la constante $\pi$, que no podemos variar.

---

130 This, H. 2007. "Formal descriptions for formulation". *International Journal of Pharmacy* 344, 4-8.

En la sección 2.4 se hizo referencia a los líquidos y sólidos ideales, pero se ha esperado hasta ahora para presentar las fórmulas simples que describen su comportamiento ante la aplicación de una fuerza $F$.[131] En un *sólido ideal* la fuerza aplicada y la deformación ($\varepsilon$) varían linealmente:

$$F \approx k\varepsilon$$

En cambio, para un *líquido ideal* el *esfuerzo*, es decir, la fuerza dividida por el área ($A$), es proporcional a la *velocidad de deformación* del líquido ($\dot{\gamma}$), relación que define a la viscosidad ($\mu$), de la cual se habla en la sección 2.4:

$$\frac{F}{A} \approx \mu\dot{\gamma}$$

Aunque a veces se menciona que todos los cuerpos caen a la misma velocidad, esto sólo ocurre en el vacío como lo propuso Galileo. Cuando un objeto pequeño cae en el aire o en agua (¡o suben!, como los globos rellenos con helio o las burbujas) existe roce y se alcanza una velocidad constante llamada *velocidad terminal* o $v_t$. Aunque parezca insólito, una nuez que cae de lo alto de un nogal impacta la tierra casi a la misma velocidad que si se lanza del último piso del edificio *Titanium*, a 192 metros de altura. Hay una fórmula para la $v_t$ en el caso del movimiento vertical de una esfera rígida en que inciden poderosamente el tamaño (representado por el diámetro $D_P$) y la densidad del material ($\rho_P$), y la viscosidad y densidad del medio en que se mueve ($\mu$ y $\rho_A$, respectivamente):

$$v_t = \frac{(\rho_P - \rho_A)\, D_P^2}{18\mu}\, g$$

En este caso $g$ es una constante, la aceleración de gravedad. La fórmula establece que la velocidad depende directamente de la diferencia de densidades entre la esfera y el aire. Además, $v_t$ varía en forma inversa con la viscosidad del medio, es decir, cae mucho más lento en el agua que en el aire (que es 100 veces menos viscoso). Lo importante es que depende del cuadrado del diámetro (o en general del tamaño), lo que significa que una esfera del doble de diámetro caerá cuatro veces más rápido. Un pequeño problema práctico de obtener un valor para $v_t$ es que hay que lidiar con la unidad oficial de la viscosidad que es el Pascal-segundo.[132] Resuelto este mínimo inconveniente se está en condiciones de calcular cuánto se demora un glóbulo de grasa que mide 10 micrones en subir desde el fondo de una botella de leche hasta el tope. La respuesta: unas 12 horas.

---

131 Consciente de que complica un poquito más, se ha mantenido la nomenclatura que es más convencional en ingeniería. En un sólido la fuerza generalmente se aplica en compresión (cargando o apretando) o en tracción (estirando) y la deformación en este caso se designa como $\varepsilon$. Los líquidos se deforman en cizalle o corte y la deformación producida se denomina $\gamma$. Gama punto ($\dot{\gamma}$) es la velocidad de deformación, es decir, la variación de $\gamma$ con el tiempo.

132 La unidad de viscosidad es el pascal-segundo (Pa·s), en honor al físico francés Blaise Pascal (1623-1662), que equivale a 1 kg/(m·s). El agua tiene una viscosidad de 1 mPa·s y el aceite de cocina unas 70 veces más.

## 5.3. No somos todos iguales

Los seres humanos exhiben una singular variabilidad en dos aspectos que son importantes en la alimentación: las preferencias por ciertos alimentos y el efecto que algunos de ellos tienen en su salud. En realidad, somos más parecidos cuando nacemos, pero a medida que crecemos y nos envejecemos se agrandan las diferencias. Alrededor de un 10% de las personas desarrollan una reacción inmunológica excesiva o alergia a alguna molécula presente en un alimento, la que es absolutamente neutra para el 90% restante de la población. En otros casos, individuos que consumen dietas parecidas muestran una amplia variabilidad en ciertos índices relacionados con la salud como, por ejemplo, la distribución del nivel de lipoproteínas de alta densidad (HDL) en la sangre, también llamado "colesterol bueno (figura 5.1).

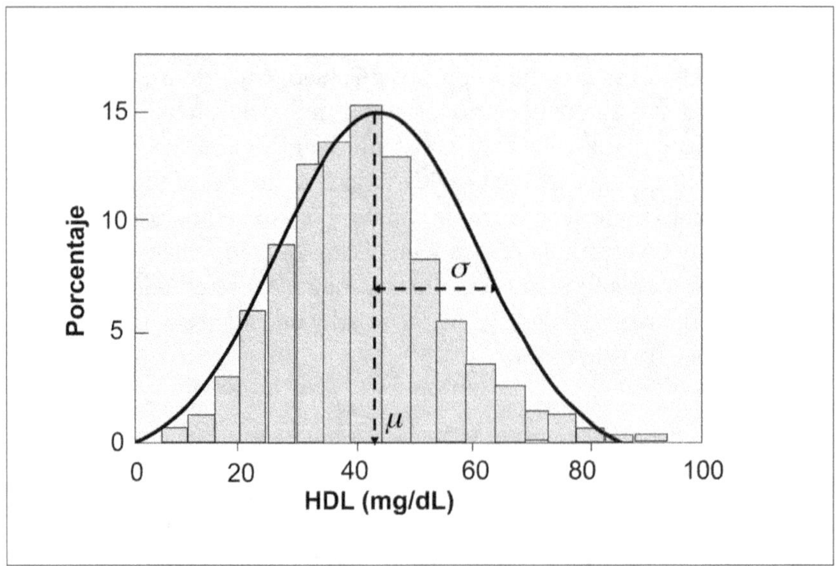


FIGURA 5.1.   **Distribución de la concentración de HDL (colesterol bueno) en la sangre de una población de alrededor de 18.000 individuos. La curva es una distribución normal ajustada a los datos (barras).**

La forma de mostrar la variabilidad de la población examinada se hace por medio de un *gráfico de distribución*, que representa en el eje vertical (o eje Y) la proporción de individuos (frecuencia en porcentaje) que poseen un cierto valor de HDL, que se indica en el eje horizontal (o eje X). En la figura 5.1 cada barra representa la proporción de individuos que tiene un valor de HDL comprendido en un intervalo de valores de HDL en el eje X. Teniendo a la vista la información de la figura 5.1, se pueden hacer algunos comentarios. De lo aprendido en la sección 1.7 sobre alimentos funcionales, resulta casi evidente que los efectos beneficiosos de uno de estos alimentos para aumentar el colesterol bueno en la sangre podrían ser mayores para personas que estén ubicadas a la izquierda del gráfico, que para aquellos en el extremo opuesto. Lo que el gráfico no dice es que probablemente algunos de los individuos cuyo HDL esté a la derecha no desarrollarán una enfermedad cardiovascular, por ejemplo, porque podrían estar protegidos genéticamente. De aquí la importancia que se descubran asociaciones entre el genoma y ciertas enfermedades.

Es mucho mejor ajustar los datos (barras) de la figura 5.1 a una curva que tenga una ecuación conocida, pues se puede obtener más información, por ejemplo, qué porcentaje de la población tendría un HDL mayor a 60 mg/dL. La *distribución normal*, conocida también como la "campana de Gauss", es una curva que representa bastante bien una serie de fenómenos naturales, tales como la distribución de alturas de personas del mismo género y edad, los valores de IQ, etc. Una gracia de la distribución normal es que la *desviación estándar* ($\sigma$), que mide la variación de los valores individuales respecto a la *media* ($\mu$), está definida matemáticamente.[133]

Cuando se examinan características de seres humanos, microorganismos o partículas (como el peso, la resistencia al calor o el tamaño, respectivamente) a nivel de grupos grandes o poblaciones, es común que los valores sean diferentes pero que la mayoría se agrupe en torno a un promedio. Esto es muy importante cuando se deben hacer *recomendaciones nutricionales* a toda la población respecto a cuestiones de salud. En nutrición se supone que la variación en las necesidades de un nutriente dentro de la población sigue una distribución normal y se recomienda una dosis tal que el 97,5% (que corresponde a la media menos dos desviaciones estándar) de los individuos estén cubiertos.

Para concluir el análisis de la curva normal considérese el caso que el eje X en la figura 5.1 hubiese sido la resistencia de un microorganismo a un antibiótico y se lograse eliminar el 99,9% de ellos. Obviamente, el 0,1% que sobrevive (que son muchos), ubicados a la derecha de la distribución, serán los más resistentes a la droga y el material genético que influye en su particular sobrevivencia será traspasado a la progenie. Esto significa que cuando se eliminan microorganismos, la próxima vez va a ser más difícil deshacerse de ellos.

## 5.4. Todo cambia en el tiempo

Cuando periódicamente apretamos una palta para ver si está madura o abrimos la puerta del horno para mirar el dorado de un bizcochuelo, estamos verificando cómo evolucionan estos alimentos en el tiempo. Una de las cosas agradables de cocinar es ir probando cómo van cambiando los guisos y salsas durante la cocción. En física, química e ingeniería se denomina *cinética* a la manera como ciertas variables evolucionan en el tiempo. Este concepto se ha adoptado también en la ingeniería de los

---

133 Valores de $\sigma$ muy grandes indican que la distribución es muy "ancha" y por lo tanto existen muchos datos alejados del promedio.

alimentos, puesto que una característica propia de ellos es que muchas de sus propiedades van evolucionando (sección 1.3). Por ejemplo, ciertas vitaminas se destruyen durante la cocción y el pan se añeja lentamente durante el almacenaje. Pero no todo es malo. Ciertos vinos y quesos mejoran cuando se guardan, porque aparecen aromas y texturas deseables.

Los ingenieros prefieren hacer una abstracción de la realidad y derivar una fórmula o un *modelo matemático* que prediga cómo madura una palta o se dora un bizcochuelo en el horno. Se dice que todos los modelos son malos, pero unos son más malos que otros. Por esta razón, todo modelo necesita ser validado con buenos datos, lo que se consigue haciendo experiencias bien planificadas y midiendo con precisión (ver secciones 5.6 y 8.5). Las dos variables que más inciden en la cinética de cambios de un alimento son la temperatura $T$ y la concentración de algún compuesto, que se denominará $[A]$. Se ha comprobado que la velocidad de muchos cambios en alimentos puede tomar una forma tan sencilla como la siguiente:

$$velocidad \approx k(T) \cdot [A]^n$$

Esta expresión expresa que la velocidad a la que ocurre algo (por ejemplo, pérdida de una vitamina, ablandamiento de un loco durante la cocción, dorado de una galleta, etc.) es proporcional a una constante, representada por $k(T)$, que paradojalmente no es tan constante pues depende de la temperatura, y a la propiedad A que cambia en el tiempo (que puede ser concentración, dureza, color, etc.) elevada a un factor $n$.

Se denomina respuesta postprandial a los cambios en la concentración de distintos metabolitos en la sangre durante el período siguiente a la ingestión de una comida (por ejemplo, durante dos horas). Se habla de *respuesta glicémica* (RG) si se mide el azúcar, respuesta lipémica si se determinan los triglicéridos, etc. Actualmente es bastante fácil determinar la concentración de glucosa en la sangre con los *kits* capilares que obtienen la muestra pinchándose un dedo. La figura 5.2 muestra en forma idealizada la RG luego de consumir alimentos que contienen 50 gramos de almidón de tres tipos distintos: lentamente digerible (A), rápidamente digerible (B), y otro igual a B pero donde parte del almidón ha retrogradado (cristalizado) y por tanto esa porción no es digerible (C). El *índice glicémico* (IG) de un alimento se define como el área bajo la curva hasta los 120 minutos dividida por el área para la glucosa o el pan blanco, y multiplicado por 100. La digestión de almidones se tratará en la sección 7.7, pero las curvas de la figura 5.2 muestran que el consumo de una misma cantidad total de almidón (50 g) aparece en la sangre como glucosa de manera distinta, dependiendo del tipo de almidón de que se trate y esto tiene una gran relevancia nutricional.[134]

---

134 En este caso la variación de la concentración de glucosa (C) en el tiempo ($t$) viene dada por una expresión un poco más complicada, del tipo $C = C_\infty (1+e^{-kt})$, donde $C_\infty$ equivale al valor de la línea base, que es la concentración de equilibrio de glucosa en la sangre, o aquella que se tiene antes de iniciar una comida.

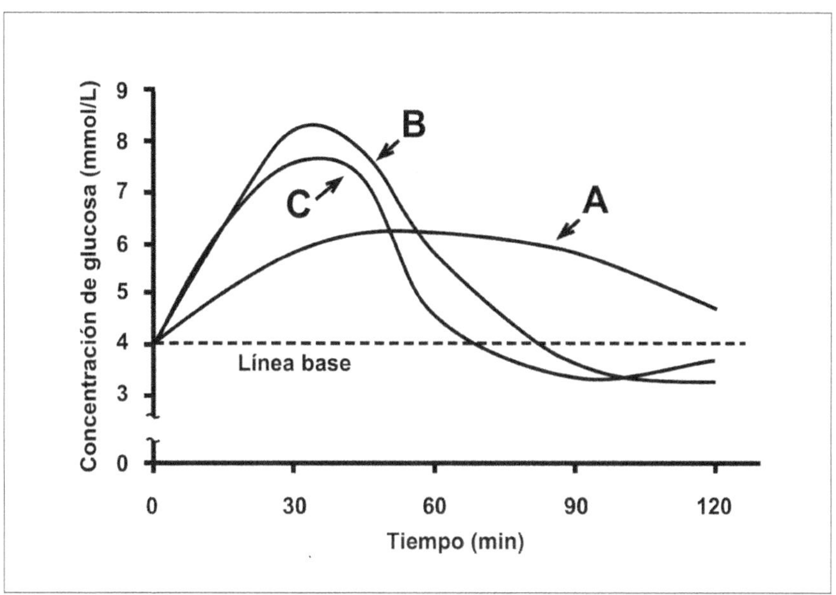


FIGURA 5.2. **Respuesta glicémica postprandial (nivel de azúcar en la sangre) luego de la ingesta de la misma cantidad total de tres tipos de almidones: A. Almidón lentamente digerible; B. Almidón rápidamente digerible; y, C. Almidón rápidamente digerible, pero que ha recristalizado parcialmente (como en un pan añejo). La línea base es el nivel "normal" de azúcar en la sangre.**

En al menos dos casos relacionados con alimentos la modelación de los cambios en el tiempo es muy importante. El primero es la *microbiología predictiva*, que consiste en pronosticar a través de modelos matemáticos cómo proliferarán en el tiempo y bajo determinadas condiciones los microorganismos patógenos que podrían estar presentes en ciertos alimentos. La microbiología predictiva se usa para disminuir los riesgos durante el procesamiento y la distribución de alimentos, y para implementar medidas de control microbiológico en empresas de modo de tener alimentos más sanos. Una segunda aplicación de modelos cinéticos son los *ensayos de almacenamiento acelerado* de productos. Supongamos que se va a lanzar al mercado un alimento funcional y que su vida útil debe ser un año, interesa saber cómo decrecerá la actividad del compuesto activo en el tiempo cuando el producto se almacene en condiciones normales (por ejemplo, a 20°C). Pero no es posible esperar un año para conocer el resultado. Si se obtiene la cinética de la reducción de la actividad a 30, 40 y 50°C en que el proceso ocurre más rápido, se puede calcular un parámetro (la energía de activación de la reacción) que permite extrapolar los resultados a 20°C.[135] El supuesto

---

135 La ecuación que normalmente se usa para predecir el efecto de la temperatura en las cinéticas de reacción se debe al científico sueco Svante August Arrhenius (1859-1927), quien recibió el premio Nobel de química en 1903. La energía de activación de la reacción se obtiene del valor de la pendiente de un gráfico del logaritmo natural de la constante cinética $k$ a cada temperatura T (°K), *versus* 1/T.

implícito es que la reacción básica que disminuye la actividad no cambia en el intervalo de temperaturas entre 20 y 50°C. En un estudio sobre jugo de naranja reconstituido se demostró que el cambio de calidad sensorial después de seis meses a 10°C correspondió exactamente a aquel después de 13 días a 40°C y a 5 días a 50°C. Por lo tanto, el cambio en calidad en seis meses de almacenamiento en un lugar fresco (10°C), se podría haber predicho con un estudio de almacenamiento acelerado de tan sólo una semana a 50°C si hubiese existido un buen modelo cinético.[136]

## 5.5. Bacterias duras de matar

Una condición irrenunciable que deben tener los alimentos es que sean inocuos, es decir, que no produzcan enfermedades o malestares de salud. La aplicación de calor es el método más usado para matar *bacterias patógenas*, que son más resistentes que las levaduras y los mohos. Las bacterias dañinas se presentan en los alimentos en dos estados fisiológicos: como *células vegetativas* activas y peligrosas, pues producen infecciones o secretan toxinas rápidamente, o como esporas en un estado de latencia, que pueden volver al estado vegetativo si se dan ciertas condiciones favorables en el alimento. Las esporas son mucho más resistentes al calor y en general a casi todos los agentes bactericidas que las células vegetativas, y son el "blanco" a que apuntan los *procesos térmicos* de preservación. Por ejemplo, para reducir diez mil veces el número de esporas en un alimento se necesita calentar por unos minutos a 121°C, en cambio, producir el mismo efecto cuando las esporas han "germinado" y se han convertido en células vegetativas tomaría unos pocos segundos. La poderosa toxina que produce el *Clostridium botulinum* (el *Botox* para los cirujanos plásticos), la bacteria formadora de esporas más resistente que se puede encontrar en los alimentos, se destruye con una cocción en ambiente húmedo de 10 min a sólo 100°C. Una gota de esta toxina, adecuadamente suministrada, podría matar a varios miles de personas.

La salmonelosis asociada a los huevos frescos es un importante problema de salud pública. La bacteria *Salmonella enteritidis* (no confundir con *Salmonella typhi*, que causa el tifus) es capaz de alojarse dentro de los huevos y si la clara o yema de estos se consumen crudas (como en las espumas de los pisco *sour* o en la mayonesa casera) pueden causar una *gastroenteritis*, cuyos síntomas son fiebre, calambres abdominales y diarrea que comienzan unas 12 a 72 horas después del consumo. La disminución del número de células vegetativas de *S. enteriditis* (que no forma esporas) en el tiempo, cuando la clara de huevo se calienta a cuatro temperaturas entre los 52 y los 58°C, se muestra en la figura 5.3.[137] ¿Por qué estas temperaturas? Debido a que la co-

---

136 El experimento completo se encuentra en Petersen, M.A., Tønder y Poll L. 1998. "Comparison of normal and accelerated storage of commercial orange juice: changes in flavour and content of volatile compounds". *Food Quality and Preference* 9, 43-51.

137 Esta figura fue adaptada del artículo de Jin, T., Zhang, H., Boyd, G. y Tang, J. 2008. "Thermal resistance of *Salmonella enteritidis* and *Escherichia coli* K12 in liquid egg determined by thermal-death-time disks". *Journal of Food Engineering* 84, 608-614.

nalbúmina, una de las principales proteínas de la clara, no debe exceder los 61.5°C a fin de que esté en estado nativo al momento de batir las claras y se despliegue en la interfase de las burbujas estabilizando la espuma del pisco *sour*.

La figura 5.3 es típica de los resultados de estudios para determinar la muerte térmica de microorganismos (y para la inactivación de toxinas bacterianas) y amerita un análisis especial.[138] Lo primero es notar que inicialmente (a tiempo cero) existe un número muy alto de microorganismos (sobre $10^8$) por mililitro de clara de huevo líquida. Es decir, cada gota de clara de huevo parte con más de cien millones de células viables de *Salmonella*. Segundo, como la muerte de células es muy drástica (por ejemplo, para 58°C se pasa de $10^8$ a $10^2$ en menos de 50 segundos), en el eje vertical se representa el número de bacterias como potencia de 10 (eje en escala logarítmica), de modo que moverse entre cada rayita de ese eje equivale a cubrir un factor de 10 veces (ver inserto lado izquierdo, debajo de figura 5.3). Lo más relevante de esta figura es que a una temperatura constante los datos siguen una línea recta, en otras palabras, las bacterias mueren a una tasa que es proporcional al número presente en cada instante, lo que se denomina *muerte logarítmica*. Es interesante notar que unos pocos grados en la temperatura de calentamiento tienen un gran efecto en la velocidad de destrucción, que está dada por la pendiente de las rectas. De la figura 5.3 se deduce que calentando las claras de huevo sospechosas de estar contaminadas por un par de minutos a 58°C, se consigue reducir significativamente el número de bacterias dañinas manteniendo las proteínas incólumes para la formación de una buena espuma. Hay que tener presente que estos son datos de laboratorio y en la cocina el calentamiento no es instantáneo por lo que se aconseja considerar un par de minutos adicionales por seguridad.

---

138 Los datos de la figura se generan introduciendo el alimento contaminado en tubos muy delgados de modo que la temperatura de calentamiento se alcance casi instantáneamente (en este caso a 52, 54, 56 y 58 °C), manteniendo los tubos por distintos tiempos para luego enfriarlos también rápidamente. El contenido de los tubos se prepara a varias diluciones y se inocula en placas microbiológicas provistas de nutrientes especiales para la bacteria del caso. Las placas se incuban a una temperatura favorable para el crecimiento de las bacterias y se hace luego un conteo de los microorganismos sobrevivientes que aparecen en la placa como puntitos llamados colonias. Haciendo el cálculo por la dilución el resultado se expresa, por ejemplo, como "unidades formadoras de colonias" por mL (UFC/mL). Para tener una idea del procedimiento experimental en más detalle se sugiere revisar un libro de métodos microbiológicos de análisis de alimentos o páginas en Internet como www.analizacalidad.com/anmic.pdf.

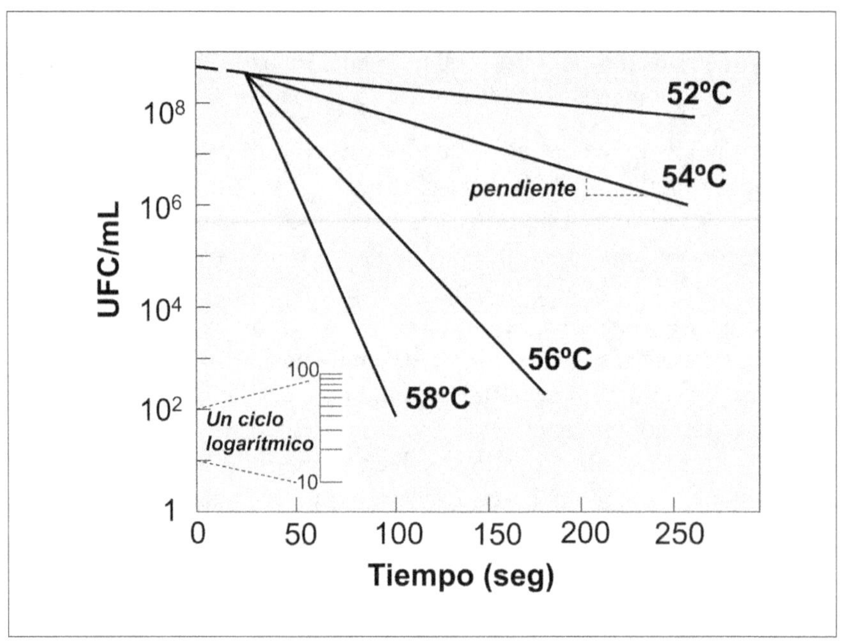


**FIGURA 5.3.** **Curva de muerte térmica de la *S. enteriditis* en clara de huevo líquida en función de la temperatura. UFC = Unidades formadoras de colonias (un *proxy* de "número de microorganismos"). Nótese el importante efecto que tiene en la reducción de los microorganismos sobrevivientes, el alza en la temperatura de unos pocos grados. Inserto: un ciclo logarítmico.**

Ahora que se sabe cómo mueren los microorganismos en el tiempo cuando están sometidos a una temperatura dada, se puede entender el proceso térmico para esterilizar comercialmente las conservas. Primero, los procesos se calculan de manera de reducir "significativamente" el número de patógenos más resistentes que pudieran estar presente, lo que corresponde a bacterias que forman esporas.[139] Una baja acidez o pH menor a 4,6 del alimento reduce considerablemente los tiempos y temperaturas para inactivar a las esporas. Con esto se asegura que todos los otros microorganismos menos resistentes al calor también mueran. Lo siguiente es saber cuándo se alcanza la temperatura seleccionada (generalmente 121°C) en la posición de una lata o frasco que demora más en calentarse (llamado "punto frío") de manera de contabilizar el tiempo de proceso a partir de ese momento. Para un alimento sólido como el jurel-tipo-salmón este punto corresponde al centro geométrico de la lata y en los productos líquidos la convección se encarga de agitar el contenido y producir una temperatura más o menos homogénea en todo el contenido.

Considerando que se producen muchos millones de latas de conserva es sorprendente que este método de esterilización comercial exhiba un récord casi impecable de inocuidad proporcionada a los alimentos, ya que en teoría nunca se llega a matar a todas las esporas patógenas (esto es lo que dice un gráfico logarítmico, que disminuye sólo en fracciones de 10 y nunca llega a cero). Pero el uso de calor obviamente introduce cambios en el sabor, color y textura de los alimentos enlatados. Para evitar el sobrecalentamiento de productos viscosos alrededor de los años 1960s se inventó el *procesamiento aséptico* en que alimento y envase se esterilizan separadamente, se produce el llenado bajo condiciones "asépticas" y se sella el envase. La irradiación de alimentos que generalmente utiliza poderosos rayos γ, constituye un método rápido y eficiente para matar bacterias en frío. La irradiación no confiere radioactividad a los alimentos y está encontrando cada vez más aplicaciones en la conservación, con el respaldo de más de 50 años de investigaciones sobre los posibles efectos nocivos para el consumidor (sección 1.11).

La estructura de un alimento puede tener efectos importantes en el crecimiento y la inactivación de microorganismos. Como a los microorganismos les gusta crecer donde hay humedad, si están en las partes más secas dentro de un alimento la de nutrientes será más limitada y morirán. Algo similar ocurre en las matrices de alimentos gelificados donde los microorganismos se encuentran confinados a espacios pequeños donde crecerán formando colonias pero no se diseminarán. En las emulsiones de agua en aceite, (gotitas de agua dispersas en aceite) el crecimiento microbiano se restringe al interior de las gotas de agua y en éstas se concentran solutos como la sal y el azúcar que pueden tener efecto antimicrobiano. Lo otro que varía con la estructura del alimento son las propiedades térmicas. No es igual calentar un producto que tenga mucho aceite (o grasa) que otro que sea básicamente agua. La *difusividad térmica* ("velocidad" con que mueve el calor) del agua es casi el doble que la del aceite, por lo tanto calentando en condiciones similares la temperatura sube más rápido cuando la fase continua es agua que en el caso contrario.[140]

## 5.6. Experiencias sabrosas

Experimentar en la cocina puede significar muchas cosas, desde reemplazar un ingrediente en una receta por otro, hasta variar las condiciones de tiempo y temperatura durante la cocción y el horneo. La experimentación ha sido fundamental en el desarrollo de la ciencia y en consecuencia, es razonable adoptar sus métodos en la cocina.[141]

---

139 En el eje logarítmico de la figura 5.3 nunca se puede llegar a cero UFC/mL, sólo a números muy pequeños como, por ejemplo 0,01 ($10^{-2}$) o 0,001 ($10^{-3}$), que significan que la probabilidad de sobrevivencia de una bacteria luego del tratamiento es muy baja.

140 *La difusividad térmica* ($\alpha$) es un concepto análogo a la difusividad en transferencia de masa (sección 7.2). Se define como el cociente entre la conductividad térmica (sección 6.6) y el producto del calor específico y la densidad del material, es decir, equivale a $k/\rho c_p$.

141 Si uno fuera Einstein podría predecir resultados en base a argumentos teóricos y obviar los experimentos. Einstein sugirió que la gravedad era capaz de curvar un rayo de luz, lo que fue corroborado años más tarde en 1919 en un experimento durante un eclipse solar.

Lo primero que se debe hacer en un experimento es identificar cuáles son los *factores* que pueden afectar de manera más radical el objetivo o la respuesta. Por ejemplo, si el objetivo es tener una hamburguesa de carne molida jugosa, dos factores importantes serían la temperatura y el tiempo de fritura. Como en este caso, la selección de los factores normalmente se resuelve *a priori* y si no es posible, hay que recurrir a métodos estadísticos para determinar cuáles factores considerar de entre la amplia gama de posibilidades (otros factores pudieron ser el grado de molienda, la cantidad de grasa en la carne, etc.). Lo segundo es decidir qué valores pueden asumir los factores seleccionados y escoger algunos valores específicos repartidos dentro de ese rango, que pasan a ser los *niveles* de los factores.

Supongamos ahora que se desea desarrollar una proteína vegetal texturizada (PVT) que al ser mezclada con carne molida retenga mejor el jugo de una hamburguesa durante la cocción. Los tres factores seleccionados en el proceso de extrusión para producir la PVT (sección 8.4) son el contenido de humedad de la harina de soya, la máxima temperatura alcanzada en el equipo por el producto y la velocidad a la que gira el tornillo del extrusor, todas variables que se pueden medir con precisión (ver sección 4.8). Una manera simple de llevar a cabo el experimento sería ir cambiando el nivel de cada factor mientras los otros se mantienen fijos y ver qué pasa. Lo que va a ocurrir es que se ejecutarán un montón de experiencias, con un gran gasto de materiales y de tiempo, y al final será difícil saber cómo habría que operar el extrusor para obtener el mejor resultado. Un diseño experimental, en cambio, seleccionaría tres niveles para cada uno de los factores (por ejemplo, la humedad sería 25, 35 y 45%) y el experimento que combine todas posibilidades necesitaría de 3x3x3 ó 27 corridas. Sin embargo, existen diseños experimentales más reducidos pero que proporcionan información de similar calidad que el diseño completo anterior y por ejemplo, sólo requieren de 15 experimentos.[142] Una vez realizadas las pruebas los resultados se pueden graficar de manera de visualizar si existe un óptimo en la combinación de variables. La figura 5.4 muestra que la menor retención de jugo se consigue cuando la TVP se produce a una temperatura de 150°C y a una humedad cercana al 37%. Cualquier otra combinación en el rango seleccionado da valores más satisfactorios.

Muchas veces lo único que se desea es verificar si existe una relación o dependencia lineal entre dos variables y en este caso se ve la *correlación* y se determina un *coeficiente de correlación* ($r$). Los valores de $r$ varían entre -1 (correlación lineal negativa perfecta) y +1 (correlación lineal positiva perfecta) y el valor cero indica una relación nula. Por ejemplo, se ha encontrado una alta correlación positiva ($r > 0.90$) entre el color oscuro de un aceite de fritura y la concentración de compuestos polares que indican una degradación del aceite por el uso.

---

142 En este caso se requiere sólo de 12 experiencias o puntos que combinan las tres variables y tres repeticiones en un punto central para determinar el error experimental. El ejemplo se ha adaptado del artículo Aguilera J.M. y Kosikowski, F.V. 1976. "Soybean extruded product: a response surface analysis". *Journal of Food Science* 41, 647-651.

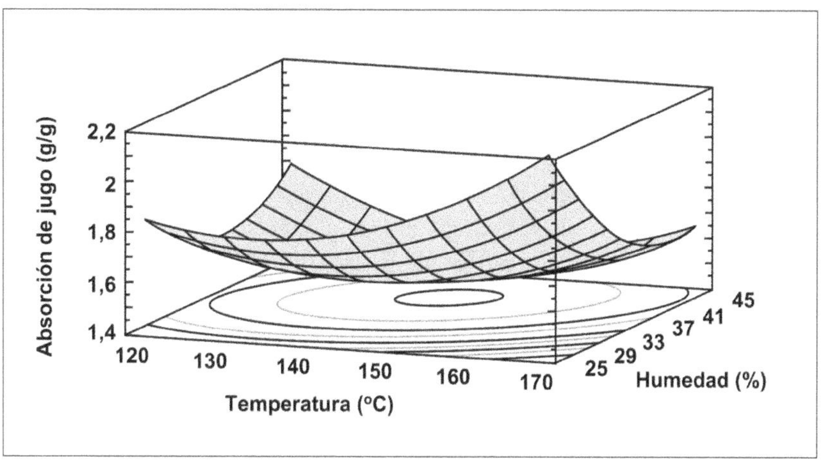


FIGURA 5.4. **Contornos que muestran la absorción de jugo (g/g) de una hamburguesa por parte de una proteína vegetal texturizada (PVT). En el proceso de extrusión para producir la PVT se puede variar la temperatura de extrusión y la humedad de la harina de soya que entra al extrusor. La superficie de respuesta generada por el experimento muestra que hay un mínimo.**

Los estadísticos también nos enseñan que existe el error experimental y por tanto hay que repetir los experimentos. Se podría pensar que si se ha procedido con esmero en las metodologías y cuidado en las mediciones todo está resuelto, pero cosas tan simples como impurezas en el agua utilizada o el tamaño de las partículas de azúcar pueden contribuir a los efectos observados.[143]

## 5.7. Fractales en la cocina

Un plato del restaurante de Juan Mari Arzak y su hija Elena, en San Sebastián, catalogado con tres estrellas Michelín, se llamaba "corzo y ciervo con fractal y aceituna negra".[144] ¿Qué sabor tienen los fractales y dónde se consiguen? En Internet hay un sitio donde un *chef* prepara diseños fractales que tienen sabores y texturas similares a los ingredientes en la cocina.[145] También existen las "galletas fractales" cuyos diseños corresponden a formas fractales muy conocidas.

Todo parte de la necesidad de tener una "geometría" para estructuras que son complejas como las nubes, los árboles, las montañas y un brócoli. La geometría *Euclidiana*

---

143 En un recipiente que contiene partículas (caso del azúcar), el movimiento produce un fenómeno llamado *segregación* por el cual las partículas más pequeñas van cayendo hacia el fondo por entre las más grandes. Luego de un tiempo no da lo mismo haber sacado el azúcar de arriba que del fondo del recipiente. La segregación causa el enfado de los que comen los restos molidos de una caja de un cereal de desayuno.

144 Se puede ver una imagen del plato en http://farm1.static.flickr.com/124/353643929_23e82a1e98_b.jpg (visitado el 21.12. 2009).

145 http://fractalrecipe.wikidot.com/ (visitado el 12.08.2009).

muestra limitaciones cuando es necesario describir cuantitativamente estas formas irregulares y el matemático francés *Benoit Mandelbrot* (1924-2010) ha sido en gran parte responsable del desarrollo de la geometría fractal, término derivado del latín *fractus* o "quebrado irregularmente", que resuelve en gran parte este problema.[146] Un objeto fractal presenta un aspecto gráfico similar, independiente de la escala a que se mire, y se puede generar mediante un algoritmo recursivo. Mandelbrot mostró cómo las formas fractales pueden surgir en cualquier lugar de la naturaleza, hasta en la serie de precios de las acciones de la Bolsa.[147] Usando esto último como ejemplo, significa que el gráfico que representa cómo varían algunos precios de las acciones es similar cuando se observan durante un día, un mes, un año o 40 años. Un brócoli o una coliflor están hechos por la repetición de un mismo patrón (que es la forma que vemos con nuestros ojos) desde una escala de 100 micrones hasta alcanzar el tamaño real (figura 5.5). Esto significa que si se separa un gancho del brócoli y se mira con una lupa es similar en forma al brócoli completo.

Lo curioso es que las dimensiones fractales son números no-enteros, distinto a las dimensiones en la geometría Euclidiana, que para un punto es 0, para una línea es 1, en el caso de una superficie es 2, y para un volumen es 3. Por esto se habla de "en tres dimensiones" para describir algo que ocupa un volumen en el espacio. Ahora bien, si se toma una hoja de papel es obvio que su dimensión es 2. El grosor es tan ínfimo que no cuenta y cualquier punto dibujado en el plano de la hoja se representa por dos coordenadas. Si a continuación la hoja se arruga con la mano, hay un problema, pues se produce una forma que también ocupa un volumen (que tiene una dimensión Euclidiana igual a 3) y mientras más se amuña, más se acerca a un volumen compacto. Con impecable lógica, la geometría fractal establece que la dimensión de esa hoja plegada y arrugada, es un número decimal entre 2 y 3.

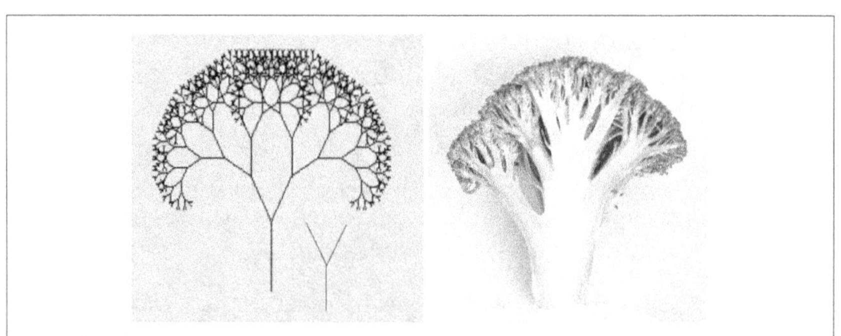

Fotografía derecha: Alfredo Barriga A.

FIGURA 5.5. **Comparación de una figura fractal generada por computador y un brócoli. El fractal se construye por la sobreposición sucesiva de la forma Y de tamaño reducido, en cada una de las dos ramas de la Y.**

146 Mandelbrot, B. 1997. *La Geometría Fractal de la Naturaleza.* Tusquets Editores, S.A., Barcelona.
147 Mandelbrot, B. 1996. "Del azar benigno al azar salvaje". *Revista Investigación y Ciencia* 243, 14-21.

Alrededor del año 2000 estábamos preocupados en nuestro laboratorio de cómo describir las complejas estructuras de los alimentos por medios matemáticos. Un alumno de doctorado buscando en Internet encontró a Christopher Brown, profesor del Instituto Politécnico de Worcester, en Massachusetts. El Dr. Brown había trabajado para la NASA tratando de darle valores a la rugosidad de los pavimentos en que aterrizaban los transbordadores espaciales. Desde el punto de vista de los neumáticos de las ruedas, la pista de aterrizaje debe verse lisa para el despegue pero rugosa cuando el vehículo espacial aterriza, de modo que la fricción contribuya al frenado. Con sofisticados aparatos de medición y un software ideado por él, Brown había sido capaz de darle una "dimensión fractal" a cualquier superficie que cumpla con ciertas condiciones. En forma conjunta desde hace diez años le hemos puesto número a las superficies de productos fritos, chocolates e incluso caramelos a medio chupar.

La importancia de lo anterior es que varios mecanismos de formación de estructuras alimentarias son un progresivo ensamblaje de elementos microestructurales a escalas cada vez mayores. La aglomeración, gelificación y posiblemente la cristalización, siguen un proceso de formación "cuasi-fractal" y por tanto pueden ser descritos empleando números fractales. También se ha usado conceptos de fractales para interpretar las curvas de fractura en ensayos mecánicos de alimentos (sección 2.12) y la caracterización de superficies rugosas, como aquellas ocasionadas por el florecimiento del chocolate (sección 3.9).

## 5.8. Imágenes de la cocina

El refrán popular dice que "la comida entra por los ojos". Es que la apariencia de un alimento o de un plato es fundamental para abrir el apetito y forma parte de la apreciación de su calidad. Hoy en día con la variedad de dispositivos para capturar imágenes se puede inmortalizar cualquier plato y obtener registros gráficos de los experimentos en la cocina y en el laboratorio, los que pueden ser guardados para comparaciones posteriores. A los *chefs* les encanta mostrar en sus páginas en Internet fotos impresionantes de sus creaciones y platos.

Una simple cámara digital resuelve el problema. Los pintores puntillistas descubrieron que la realidad puede ser descrita como una serie de puntos vecinos de diferente color. Una imagen digital es un arreglo de columnas y filas (también llamado "matriz") donde cada elemento se denomina *pixel* y puede tomar valores distintos. Una imagen a color está constituida por tres matrices, cada una representa un eje de un espacio de color. Así, las imágenes en un aparato de TV se forman combinando coordenadas en el rojo (R), verde (G) y azul (B) dentro de cada pixel que adquiere entonces un color específico, como lo hacían los pintores puntillistas. En imágenes en blanco y negro, la cosa es más sencilla pues cada pixel puede tomar valores en una *escala de grises* que va entre 0 (negro) y 255 (blanco) y la imagen total queda formada por $i$ x $j$ pixeles (figura 5.6).

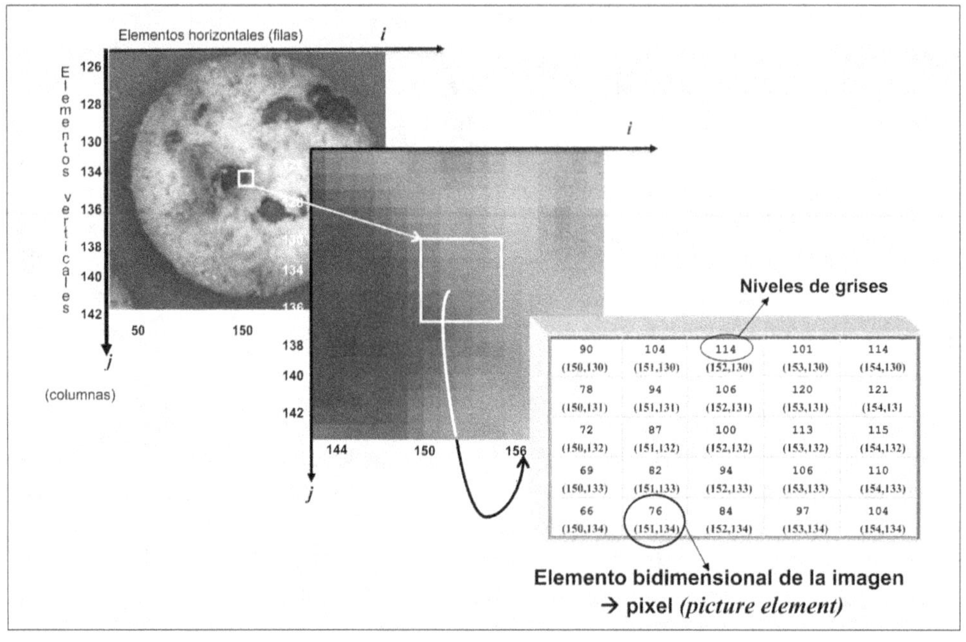


FIGURA 5.6. **Imagen digital de una galleta con trocitos de chocolate. Arriba, izquierda: imagen completa y cuadrado seleccionado; Centro: Pixeles del cuadrado seleccionado que corresponde a filas 142 a 162 y columnas 124 a 144 (20 x 20 pixeles); Abajo, derecha: Matriz que muestra el valor en escala de grises de cada pixel del área indicada y la coordenada (i, j) dentro de la imagen digital original. Figura adaptada por G. Leiva.**

Se denomina *visión digital* a la generación de imágenes por medio de cámaras digitales o escáneres seguido del procesamiento y análisis de dichas imágenes en computadores usando *software* especial, de modo que el sistema integrado interpreta la información de manera equivalente a lo que hacen el ojo y el cerebro humanos. Entonces, cuantificar el número, largo, ancho, área, color, etc. de cualquier elemento en un alimento se vuelve algo trivial pues es cosa de reconocerlo, aislarlo del resto y ponerse a contar pixeles. Como es posible calibrar una imagen por el tamaño de cada *pixel*, es fácil determinar varias características geométricas.[148] Un sistema de visión digital aplicado a la galleta con *chips* de chocolate que se muestra en la figura 5.6 permite contar el número de *chips*, calcular su tamaño, determinar el color de cada uno de ellos y también del resto de la galleta.

La visión digital ha tenido una gran aplicación en la industria alimentaria en los sistemas de aseguramiento de la calidad por su carácter no invasivo y la posibilidad

---

148 En Internet existe un programa de procesamiento de imágenes de libre acceso llamado *Image Tool 3.0* que puede ser descargado del sitio http://ddsdx.uthscsa.edu/dig/itdesc.html.

de automatización en los procesos en línea. Entre los casos específicos se cuentan la determinación de color y localización de manchas de sangre (hematomas) en filetes de salmón, la detección de huesos en trozos de pollo y filetes de pescado (en combinación con imágenes obtenidas con rayos X), la determinación de color para productos de horneo y de grasa en chuletas de cerdo, e incluso analizando la distribución y cantidad de los *toppings* (agregados) en una pizza. Las expectativas futuras son que todo alimento que llegue a las bocas haya sido inspeccionado por un arsenal de técnicas no-invasivas que aseguren *ex ante* la inocuidad y calidad de ellos.

# Termodinámica nutricional y culinaria

*Las leyes de la termodinámica rigen también en nuestra alimentación y en la cocina. La principal causa del sobrepeso y la obesidad es el desbalance energético en nuestros cuerpos. El calor es fundamental en los procesos de la industria alimentaria y, se dice, el principal "ingrediente" en la cocina.*

## 6.1. La termodinámica y algunos personajes

La *termodinámica* está presente en forma imperceptible en la alimentación de las personas. Explica por qué el café con leche nunca se va separar en sus componentes, las sopas calientes siempre se van a enfriar y las personas que comen en exceso tenderán a engordar. La termodinámica (del griego *thermos* = calor) es una de las ramas más importantes de la ingeniería, que trata de las propiedades del mundo macroscópico en forma colectiva y no a nivel de moléculas individuales, y de las relaciones entre las diversas formas de energía (eléctrica, química, mecánica, etc.). Obviamente, en esta ocasión sólo se rozará la superficie de este tema, pues sin algunos conceptos de termodinámica sería difícil comprender que en el fondo la alimentación es un proceso de conversión de la energía: la que proviene del Sol en la energía de los alimentos y finalmente en la energía que mueve a los seres humanos. En lo más específico, tanto la cocción de los alimentos como las variaciones en el peso corporal se basan en principios derivados de esta disciplina.

Hasta el siglo XVII los filósofos naturalistas pensaban que el calor se debía al movimiento de pequeños corpúsculos, cuya actividad aumentaba con la temperatura. Mientras hacía hoyos para cañones en Munich, *Benjamin Thompson Rumford* (1753-1814), posteriormente Conde de Rumford, se dio cuenta de que cuando taladraba el cilindro de acero inmerso en una caja con agua, se producía tanto calor que podía generar vapor. Esto sugirió la posibilidad que el calor pudiese ser transformado nuevamente en energía mecánica, lo que dio origen al motor a vapor y eventualmente a la revolución industrial.[149] En un artículo trascendental para el desarrollo de la termodinámica, el Conde de Rumford presentó a la *Royal Society* la teoría que el calor era producido por el movimiento de las moléculas.[150] Los estudiosos de la gastronomía le atribuyen a Rumford, entre otras innovaciones, la introducción del horno en las cocinas y de la olla a presión, y el desarrollo de una sopa para alimentar a los pobres. Ciertas versiones también le conceden la invención del famoso postre *baked Alaska*, que lleva helado sobre una capa de bizcochuelo, todo recubierto con merengue y que se flambea ¡sin que el helado se derrita! En su senectud Rumford se casó con la viuda del famoso químico francés *Antoine Lavoisier* (1743-1794), quien también había incursionado en la gastronomía, y al morir legó parte de su fortuna a la Universidad de Harvard para una cátedra de "la aplicación de la ciencia a las artes útiles".

Existen muchos sucesos en la vida diaria relacionados con la termodinámica que parecen triviales hoy día, pero que sólo han sido explicados en los últimos dos siglos. En 1824 el ingeniero militar francés *Sadi Carnot* (1796-1832) concluyó que el calor en un motor a vapor fluía desde el lugar de mayor temperatura a otro de menor temperatura, generando de paso el movimiento del pistón. Por su parte, el inglés *James Prescott Joule* (1818-1889), un cervecero de Manchester, postuló que las distintas formas de energía se podían convertir unas en otras. Posteriormente, fue el científico alemán *Julius Liebig* (1803-1873), famoso por su fábrica de extracto de carne, quien propuso que el movimiento de los animales y el calor de sus cuerpos se derivaban de la combustión de los alimentos. Pero fue el alemán *Rudolph Clausius* (1822-1888), quien nos puso los pies en la tierra, expresando que cuando se hace trabajo, se disipa calor al ambiente que no se recupera más. Este concepto lo usó un personaje extraño en la historia de la termodinámica, el físico norteamericano *Josiah Willard Gibbs* (1839-1903), para definir la *energía libre*, que es la máxima cantidad de trabajo útil que se puede obtener de un sistema que intercambia calor o masa con los alrededores. La energía libre, que es una propiedad del sistema y no depende del entorno, es siempre mínima en el equilibrio.

Aunque el concepto de *equilibrio termodinámico* ha permitido estudiar las propiedades de sistemas macroscópicos independientes del tiempo, como una sopa cuando ya se ha enfriado o un helado que lleva semanas en el congelador, el mundo real tiene muy poco que ver con el equilibrio (más sobre equilibrio y alimentos en la sección 6.3). La vida en este planeta exige una situación de no-equilibrio para la formación de estructuras ordenadas y funcionales que deben continuamente intercambiar materia y energía con el medioambiente, generando obligatoriamente entropía o desorden en los alrededores. Para los seres vivientes el equilibrio termodinámico se alcanza sólo después de la muerte.

---

149 La vida del Conde Rumford se describe en el libro de Brown, G.I. 1999. *The Extraordinary Life of a Scientific Genius.* Sutton Publishing Ltd., Gloucestershire.

150 Ver *Philosophical Transactions*, volumen 88, 1789.

## 6.2. Leyes que se cumplen

La ley del tránsito señala que al conducir en una autopista no se deben exceder los 120 kilómetros por hora. Como se constata a menudo, esta ley puede ser violada sin que pase nada (excepto que exista un choque o un encuentro con la policía). Pero las leyes de la naturaleza no pueden ser violadas. Si lanzamos hacia arriba mil veces un objeto más denso que el aire, este caerá mil veces, siempre atraído por la enorme masa de la Tierra.

La *primera ley de la termodinámica* establece que la energía se conserva aunque se transforme de una forma a otra. Esto se expresa en forma simple como "lo que entra es igual a lo que sale, más lo que se acumula". Cuando se aplica esta ley a la alimentación se tiene que la energía contenida en los alimentos se utiliza, se elimina (por ejemplo, en la orina y heces) o se acumula en nuestros cuerpos. Las personas engordan porque consumen más calorías de las que gastan o eliminan.

La primera ley de la termodinámica se puede expresar por un balance entre la energía ($E$) y su conversión en trabajo ($W$):

$$E_{entra} = E_{sale} + E_{almacenada} - W_{realizado}$$

Esta ecuación se puede explicar *grosso modo* de la siguiente manera. En los seres humanos la energía que entra ($E_{entra}$) es la liberada desde las moléculas de los alimentos durante el metabolismo, o el conjunto de reacciones químicas que ocurren en las células. La energía que sale ($E_{sale}$) es fundamentalmente el calor del metabolismo basal, más la energía gastada en la actividad física y la contenida en la orina y heces. La energía acumulada ($E_{almacenada}$) es básicamente glicógeno y grasa corporal. Increíblemente, desde el punto de vista de la termodinámica el trabajo realizado en este caso se puede considerar igual a cero.

El término $E_{almacenada}$ acumula contribuciones de muchos años, de hecho, hay nutricionistas que dicen que un desbalance promedio de tan sólo 20 kcal por día (el equivalente a media cucharadita de azúcar) podría causar a un sobrepeso con el paso de los años. El término $E_{sale}$ incluye la actividad física y esta ha disminuido significativamente en las últimas décadas. En base al peso corporal, los cazadores-recolectores tenían un gasto energético en actividad física del orden de 20 kcal/kg/día, en cambio actualmente un oficinista sedentario gasta alrededor 10 kcal/kg/día, o sea, la mitad.

Si la primera ley fuera todo lo que hubiera que considerar, una fuente de energía se podría usar una y otra vez sin que nunca se acabase. La *segunda ley de la termodinámica* impone un castigo cada vez que una fuente de energía se transforma en otra y de paso acaba con la idea de móvil perpetuo. La energía disponible para hacer trabajo (que es la que importa) es cada vez menor y la pérdida se denomina *entropía* (que se disipa a los alrededores). Cada vez que ocurre un fenómeno físico en el mundo, una cierta cantidad de energía se pierde para hacer trabajo futuro y de ahí que no vale la pena "llorar sobre leche derramada". En términos simples ambas leyes de la termodinámica se pueden resumir en la frase:

*La energía total del universo es constante y la entropía total aumenta continuamente.*[151]

La energía de los seres vivos para mantenerse vitales y activos se satisface comiendo. Al digerir un trozo de pan, el almidón se transforma en azúcar, esta entra en las células donde se "oxida" con oxígeno molecular, se genera energía y se libera dióxido de carbono. Pero hay que estar consciente que necesariamente se produce más desorden en el resto del universo en la forma de mayor entropía.

## 6.3. Arrancando del equilibrio

Esta sección es bastante conceptual, pero fundamental para entender las transformaciones que dan origen a las estructuras alimentarias y de ahí que su título sea bastante explícito. Varias veces en este libro se va a recalcar tres cosas que hacen a los alimentos únicos entre los productos de la vida diaria: i) no se han diseñado; ii) son estructuras complejas de origen biológico susceptibles a rápidos cambios químicos y bioquímicos por factores intrínsecos o externos, como las condiciones ambientales y los microorganismos, y; iii) la mayoría está en una condición de equilibrio "metaestable" gracias a barreras circunstanciales que evitan su caída rápida al equilibrio (sección 2.3). Predomina la noción intuitiva de que el *equilibrio* es una situación en que existiendo diferentes variables que son capaces de producir cambios, estos no ocurren a lo largo del tiempo, pues los efectos se cancelan. También se ha dicho que equilibrio para los seres vivos es la muerte, y vida significa mantenerse alejado del equilibrio.

En alimentos hay dos variables importantes que definen su equilibrio: la temperatura y la posibilidad que los componentes reaccionen o cambien. Un pan en "equilibrio" es un pan frío y duro, donde la temperatura es uniforme e igual a la del lugar en que se guarda y algunas moléculas de almidón se han ordenado para dar una textura dura. Si se piensa en los distintos grados de cocción con que se pueden consumir un trozo de carne o un huevo, estos parten de "bleu" o "sangrante" y de un huevo a la copa.[152] En ambos casos, fija la temperatura la única variable que se controla es el tiempo y la cocción se detiene de manera de no llegar al equilibrio que sería una carne "bien hecha" y un huevo duro, respectivamente. Lo importante entonces es controlar la cinética, o el camino que nos conduce al equilibrio para así detenerse a tiempo en un estado intermedio deseable (más sobre cinética en la sección 5.4).

La mayoría de los alimentos procesados como los productos de horneo, las emulsiones y los helados no están equilibrio cuando se consumen y se dice que son *me-*

---

151 Rifkin. J. 1981. *Entropy: A new world view.* Bantam Books, Nueva York.

152 Las temperaturas a alcanzar en carnes rojas y blancas, pescados y mariscos, y los distintos grados de cocción se pueden consultar en http://whatscookingamerica.net/Information/MeatTemperatureChart.htm. Desgraciadamente, las temperaturas están en grados Fahrenheit.

*taestables*, o momentáneamente estables. Están en la situación de un paracaidista al que no se le abrió el paracaídas y pende de la rama de un árbol que lentamente se deforma y eventualmente se va a quebrar. El paracaidista alcanzará el equilibrio desde el punto de vista de la física al golpear el suelo. Una emulsión en un frasco estará como gotitas dispersas mientras las moléculas ubicadas en las interfases funcionen. En el equilibrio será aceite y agua separados (sección 2.5). En confitería tampoco se deja que las cosas alcancen equilibrio. Los *toffees* son jarabes supersaturados en azúcar donde la alta viscosidad de la masa previene la cristalización del azúcar, cuyos granitos darían una sensación de arenosidad. Pero son metaestables pues tienen más azúcar que la que corresponde al equilibrio y como a la sacarosa le encanta cristalizar, dado cualquier descuido lo va a hacer de manera espontánea (ver sección 2.2). El equilibrio metaestable en alimentos se consigue interponiendo *barreras* que retardan el avance inexorable hacia el equilibrio final, que pueden ser moléculas en la interfases de burbujas y gotas, una alta viscosidad en un líquido que retarde la movilidad de las moléculas, o lo que es parecido, alcanzando el estado vítreo (sección 2.3).

## 6.4. Un ejercicio de contabilidad

Quienes encuentren difícil entender los conceptos de la termodinámica aplicados al consumo de alimentos preferirán una analogía basada en el dinero. Así como en nuestra chequera la unidad son los pesos, en termodinámica la unidad oficial de energía, calor y trabajo es el joule (J). Sin embargo, se usará como unidad la *kilocaloría*, de ahora en adelante kcal, puesto que en el control de peso de las personas está la costumbre de expresar todo en función de "calorías", que en realidad significan kcal, pues al igual que las monedas que se devalúan y cosas habituales terminan costando miles y millones de unidades, una caloría es una cantidad muy pequeña. Una kilocaloría, es la cantidad de calor necesaria para calentar un litro de agua de 14,5 a 15,5°C, pero también equivale aproximadamente a la energía que quema cada minuto una persona de 70 kg mientras duerme, y es igual a 4,2 joules.

El cuerpo funciona como las finanzas personales, sólo que lo acumulado no es tan deseable. Se mantienen billetes para la operación diaria y los ahorros pueden invertirse en bonos o comprar un departamento. Cada vez que se come algo ingresan gramos que se convierten en calorías a la siguiente tasa de cambio (en kcal/g): proteínas y carbohidratos = 4, alcohol = 7 y las grasas = 9. El azúcar en la sangre es como tener efectivo y puede ser usada inmediatamente por las células. Parte de lo que queda se convierte en una gran molécula llamada *glicógeno* (o glucógeno) que se almacena en el hígado y en los músculos, y es como tener acciones: dan liquidez, pero hay que esperar un tiempo. Todas las calorías sobrantes se convierten en grasa, independiente de dónde provengan y equivale a invertir en un departamento, del cual no es muy fácil deshacerse. La grasa se acumula en la cintura y pecho, o en las caderas y muslos, que conducen a formas corporales que se conocen como manzana o pera, respectivamente.[153] Por esta razón es importante tener una idea de las calorías que contienen alimentos que se consumen habitualmente. Tal como se lleva una contabilidad mental mientras se compra en un supermercado, es bueno saber estimar cuándo empieza el "sobregiro" en las calorías. La tabla 6.1 muestra algunos valores de referencia que ayudan a llevar la cartola mental de calorías más o menos actualizada, pues al igual que cuando se abulta el estado de la tarjeta de crédito, tarde o temprano habrá que pagarlo.

TABLA 6.1. **Datos aproximados para tener como referencia del gasto total de calorías de una hora de actividad (Haber) y el aporte de calorías de distintas porciones de alimentos (Debe).**

| Haber | kcal | Debe | kcal |
|---|---|---|---|
| Dormir | 63 | Cucharadita azúcar | 48 |
| Trabajar en el computador | 110-140 | Vino blanco (150 cc) | 87 |
| Ver televisión | 145 | Huevo frito | 108 |
| Manejar automóvil | 192 | Helado de leche | 211 |
| Trabajo doméstico | 190-280 | Gaseosa (tarro) | 204 |
| Caminar | 317 | Empanada frita | 315 |
| Jardinería | 357 | Chuleta de cerdo | 336 |
| Jugar golf | 437 | Pisco sour (150 cc) | 350 |
| Aeróbica suave | 460 | Tallarines (160 g) | 456 |
| Trotar | 635 | Hot dog con mayonesa | 560 |
| Ciclismo | 635 | Papas chips (120 g) | 644 |
| Bicicleta estática | 830 | Doble hamburguesa y queso | 740 |
| Bicicleta estática (intensa) | 1.000 | Combo* | 1550 |

* *Double quarter pounder w/cheese* (740 kcal), Coca Cola clásica (310 kcal), paquete grande de papas fritas (154 g, 500 kcal). Datos obtenidos de www.mcdonalds.com el 06.03.10.

Existen muchas maneras de determinar el gasto de energía de una persona y una de ellas es a través del consumo de oxígeno. Afortunadamente el sólo hecho de mantenerse vivo otorga un crédito que equivale diariamente a unas 1.500 a 2.000 kcal, o sea unas dos hamburguesas con queso ¡solo por estar en reposo![154] La *tasa metabólica en reposo* (TMR) es el gasto de energía por unidad de tiempo (kcal/día) de una persona en absoluto reposo y en la práctica depende del peso y de la edad. Cuando se expresa en función del peso, se advierten grandes variaciones entre individuos,

---

153 En general, la grasa abdominal puede ser visceral, si rodea los órganos abdominales, o subcutánea si se ubica entre la piel y la pared abdominal. Varios estudios indican que la grasa visceral es la más estrechamente relacionada con factores de riesgo. Un escáner de resonancia magnética permite en minutos ubicar y cuantificar la cantidad de grasa en cualquier parte del cuerpo.

154 En Internet hay muchos sitios en que es posible determinar la TMR y requerimiento calóricos en función de la estatura, peso, edad y tipo de actividad física realizada.

particularmente entre gordos y flacos. Esto porque el tejido adiposo tiene una mayor tasa metabólica que el tejido magro o músculo. Entonces, se puede redefinir una kilocaloría como la energía que un adulto en completo reposo gasta aproximadamente en cada minuto (en 24 horas hay 1.440 minutos). Un 70% de la TMR se va a mantener las funciones básicas (y un cuarto de estas a mantener el metabolismo del cerebro que pesa un poco más de un kilo) y un 20% a la *termogénesis*, esto es la energía asociada con la digestión, absorción y utilización de los alimentos.

En el año 2004 el cineasta Morgan Spurlock decidió consumir todas sus comidas durante un mes en McDonald's, experiencia que plasmó en la película *Super Size Me*.[155] Durante los 30 días de este régimen de comida rápida subió más de 11 kilos. Un alumno de primer año de ingeniería pudo haber predicho esto con un simple balance de calorías y ahorrado a Spurlock todos los problemas con su hígado, los dolores de cabeza y el sobrepeso, aunque también lo habría privado de los ingresos de la película.[156] El cálculo aproximado es más o menos el siguiente. Una acumulación de 11 kilos de grasa en 30 días equivale a un exceso de 3.300 kcal por día. El gasto calórico básico (coma lo que coma) está dado por 16 horas de sedentarismo a 140 kcal/hr (entre ver tele y andar en auto) = 2.240 kcal y ocho horas de sueño = 504 kcal, lo que da un total de 2.740 kcal/día. Para que el superávit calórico fuera de 3.300 kcal/día el consumo diario en la cadena de comida rápida debió equivaler a unas 5.000 kcal. Se puede ir al sitio de McDonald's en Internet (www.mcdonalds.com) y fácilmente armar tres o cuatro menús diarios que dan esta cifra, ¡si sólo dos combos son más de 3.000 kcal! Independiente de la comida chatarra, y si de comer sin control se trata, un aperitivo normal de dos empanadas fritas y un pisco *sour* equivalen a 1.000 calorías, a lo que hay que agregar el desayuno, los cafés con galletas, el almuerzo y la comida.

Mientras esperamos la llegada de la píldora milagrosa que ajuste diariamente esta contabilidad calórica de manera exacta y sin efectos secundarios, sólo hay una solución racional al aumento de peso: consumir menos calorías y hacer más ejercicio (figura 6.1). Es igual a como se mantiene un saldo cero en la chequera o tarjeta de crédito: o se gana más o se gasta menos, idealmente las dos cosas. Para los que tienen problemas de balancear los pesos y calorías la solución más a mano pasa por un cambio en los hábitos de consumo de alimentos.

---

155 Spurlock obtuvo el premio al Mejor Director de documentales en el Festival de Películas Sundance con *Super Size Me*. El alumno que hizo el cálculo sólo habría obtenido la nota máxima.

156 De hecho, esta fue una pregunta para la casa en un examen de uno de mis cursos. Los alumnos debían ver el video de la película, asumir una dieta diaria y consultar la página Web de McDonald's para calcular calorías, estimar la actividad física diaria y hacer el balance calórico. En promedio, las respuestas predijeron una ganancia de 10 a 11 kilos de peso.

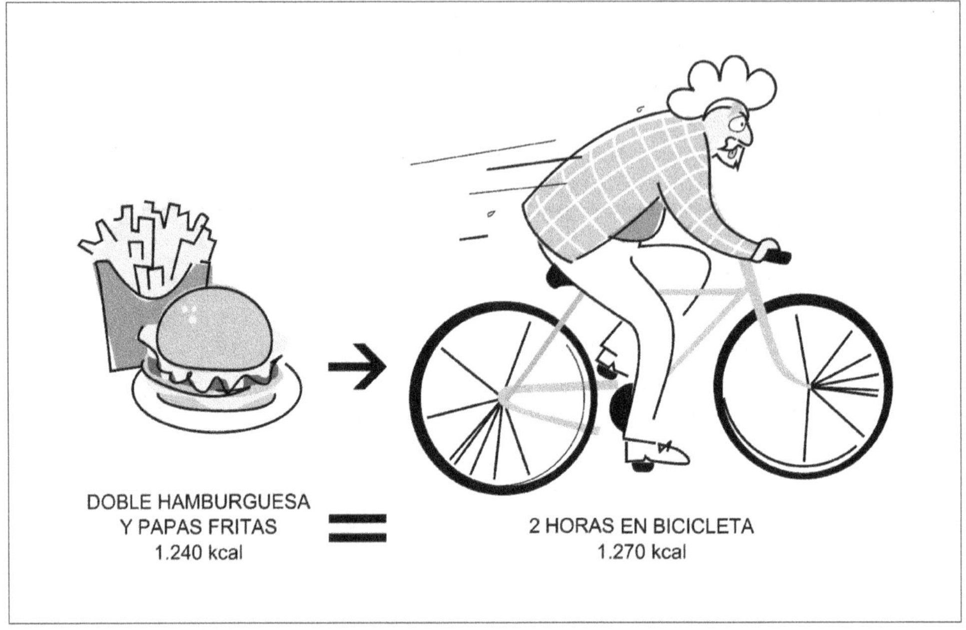



FIGURA 6.1. **La contabilidad de calorías: la solución racional al aumento de peso es consumir menos calorías y hacer más ejercicio.**

## 6.5. Apetito y saciedad

El problema de la regulación de las calorías en nuestro cuerpo debiera ser bastante complicado considerando que un individuo adulto consume anualmente del orden de un millón de kilocalorías y se espera que su peso no varíe más que unos pocos cientos de gramos. Aún más sorprendente es que durante una comida la sensación de sentirse satisfecho y aquella de "estar repleto" están separadas nada menos que por unas 2.000 a 3.000 calorías, lo cual es una enormidad. Un sólo trozo de pizza más de la cuenta aporta unas 600 calorías, lo que equivale a la energía gastada caminando un par de horas.

En la opinión de muchos, el problema de la obesidad reside en la incapacidad del sistema que regula el balance energético en nuestros cuerpos. Esta regulación se conoce como *homeostasis energética* y en ella juegan un rol fundamental el sistema nervioso, particularmente, el cerebro. Existe una regulación de corto plazo que indica cuándo comer, lo que desata la respuesta fisiológica llamada *apetito*, y cuándo detenerse, o la sensación de plenitud y carencia de hambre conocida como *saciedad*. Tanto las sensaciones de apetito como las de saciedad se desatan en el cerebro y se transmiten a través de impulsos nerviosos en respuesta a señales endocrinas y metabólicas, como por ejemplo, aquellas producidas por hormonas que se secretan en el tracto digestivo, los niveles de glucosa y de ciertos lípidos en la sangre, y las concentraciones de insulina y de la hormona *glucagón*, que eleva el nivel de glucosa. Una regulación rápida cubre condiciones de corto plazo y tiene relación con cada comida que se ingiere, mientras que otra forma de regulación, más lenta y de largo plazo, maneja las reservas de grasa que hay en el organismo. Existen muchas hormonas que participan en el mecanismo regulador del consumo de alimentos y como éstas son péptidos, su acción se relaciona con los genes pero también con los receptores hormonales (ver inserto 6.1).

Es lógico pensar que la señal de cuándo comer provenga de la glucosa (ver sección 7.7) pues refleja bastante bien el estado de necesidad de alimentos que tiene el organismo e incluso constituye una fuente de energía de las neuronas. Esta hipótesis sucumbió en los años 1990s con la identificación de la hormona *leptina*, segregada por las células adiposas o adipositos en varios tejidos como señal que el cuerpo debe inhibir el apetito. La leptina está relacionada con la presencia del gen OB en los humanos, pero sin embargo, no es responsable de la obesidad pues rara vez se observa una mutación de este gen. Existe una correlación directa entre las cantidades de leptina en la sangre y el nivel de tejido adiposo presente en el organismo, aunque el cerebro sólo puede percibir las variaciones entre ambos. Todo esto explica por qué los obesos, que muy posiblemente tendrán una gran cantidad de tejido adiposo, también pueden seguir teniendo hambre. Existen otras hormonas sintetizadas en el tubo digestivo ante la presencia de nutrientes tales como la *colecistocinina* (CCC), considerada como una hormona que sacia especialmente respecto a las grasas y la *grelina*, llamada "la hormona del hambre", que aumenta en condiciones de ayuno e induce al consumo de alimentos.

Para los que no pretenden ser expertos en esta materia, lo anterior basta para apreciar que sólo recientemente se han comenzado a entender los mecanismos de regulación del balance energético en el corto y largo plazo, y que estos no son sencillos. Es muy probable que una sola sustancia no sea la responsable del control de un proceso muy complejo y que lleva millones de años de desarrollo. Por eso, no hay que hacer caso a los anuncios de píldoras milagrosas u hormonas sanadoras, que por lo demás pueden tener efectos secundarios nocivos para la salud.

INSERTO 6.1. **Algunas hormonas y péptidos involucrados en la regulación del consumo de alimentos.**

---

**Leptina**. Es una hormona secretada principalmente en el tejido adiposo y circula en sangre en directa relación con la grasa corporal. Su efecto principal es la regulación del peso corporal a largo plazo. En el corto plazo, los niveles de leptina aumentan con el consumo de alimentos ricos en carbohidratos e inhiben el apetito.

**Insulina**. Esta hormona se sintetiza en el páncreas y ejerce un doble efecto sobre la ingesta y peso corporal a nivel central, disminuyendo el apetito. En cambio, la presencia periférica de insulina produce la disminución de los niveles de glucosa en sangre generando una señal que induce el apetito.

---

**inserto 6.1** continua en página siguiente ▸▸

**Grelina**. Llamada también "hormona del hambre" y formada por 28 aminoácidos se secreta en el estómago y está relacionada con la hormona de crecimiento. Los niveles de la grelina circulante aumentan en el ayuno y disminuyen luego de comer.

**Colecistocinina**. Se secreta en el duodeno y el yeyuno en respuesta a la presencia de grasas y carbohidratos parcialmente digeridos en el estómago e inhibe el vaciamiento gástrico contribuyendo a la saciedad. Está compuesta por 33 aminoácidos.

**Péptido YY**. Inhibe la secreción gástrica y pancreática, y contribuye a la supresión del hambre.

Prolongar la sensación de saciedad ha sido una de las alternativas más buscadas para evitar el exceso en el consumo de alimentos. La velocidad de vaciado gástrico depende del volumen, la composición y el estado del contenido gástrico. Los líquidos se descargan al intestino más rápido que los sólidos y por eso el tomar abundantemente agua no ayuda mucho a la saciedad. Si se expande el volumen de los alimentos que llegan al estómago se prolonga la sensación de saciedad pues estos permanecen retenidos por más tiempo. La Dra. Bárbara Rolls en su libro *La Dieta Volumétrica* incorpora el efecto de la saciedad producido por el consumo de alimentos con baja densidad calórica y que poseen un alto contenido de agua como frutas, verduras, leche baja en grasa, así como de carnes magras, pollo y pescado. Se fundamenta en que el agua retenida en las matrices de los alimentos no sólo diluye las calorías ingeridas sino que "llena" el estómago.[157] En el fondo, es lo que pretenden con poco éxito las dietas que recomiendan ingerir insulsas jaleas sin azúcar. Algunas investigaciones en curso utilizan escáneres de RMN para observar en tiempo real el vaciamiento del estómago en individuos alimentados con distintas formulaciones que aumentan la viscosidad y retención de líquido del bolo alimenticio (sección 3.4). Es posible que alimentos reformulados con componentes que tienen gran capacidad de ligar agua como la fibra y los hidrocoloides o gomas (sección 1.2) ayuden a prolongar el período de saciedad lo suficiente para no necesitar de bocadillos entre las comidas.

Como se comentó, algunos tienen la esperanza que la solución a la regulación del peso venga por el lado de los medicamentos. Según varios expertos, esta ruta no es factible por el momento, dada la complejidad de la regulación de la homeostasis energética, y si bien es cierto que algunas drogas tienen algún efecto en el apetito, ellas también afectan otros procesos y producen efectos laterales. Este es el caso de la *sibutramina*, que ocasiona reducciones de peso moderadas pero causa hipertensión. Actualmente, en el caso de la obesidad mórbida el tratamiento más efectivo es la cirugía bariátrica, pero su mortalidad asociada (¡riesgo!) y su costo la convierten en una solución limitada a casos extremos. Es por esta razón que entender los mecanismos que controlan la saciedad es una prioridad importante en el tratamiento

---

157 Rolls, B.J. y Barnett, R.A. 2005. *The Volumetrics Weight-Control Plan*. HarperTorch, Nueva York.

de la obesidad y abre la posibilidad al diseño de alimentos con menos calorías que contribuyan a sentir un estómago más lleno.

## 6.6. Calorías en la cocina: la cocción

No hay certeza de cuándo se comenzó a hacer uso del fuego para cocinar los alimentos. Para los historiadores esto pudo haber ocurrido entre 1.500.000 A.C. y 500.000 A.C., dependiendo del lugar del mundo de que se trate.[158] Para antropólogos y biólogos, el *Homo erectus* fue probablemente el primer homínido en aplicar fuego a los alimentos, mejorando así la digestibilidad de las proteínas y del almidón que suministraron el aporte calórico necesario para desarrollar un cerebro más grande. De hecho, nuestros cerebros consumen aproximadamente 16 veces más energía por unidad de peso que los músculos.[159] Con el desarrollo de la cocción se pudo incorporar nuevas materias primas a la dieta, como ciertas legumbres cuyos compuestos antinutricionales se deben inactivar durante la cocción. El calentamiento de alimentos se continuó practicando para preservarlos, hacerlos más inocuos e inducir cambios en textura, apariencia y sabor, llegando a ser para algunos, el "principal ingrediente" de muchos platos. Algunos de los cambios más importantes que sufren los principales componentes de los alimentos se muestran en la figura 2.3.

En ingeniería se distinguen tres maneras de transmitir el calor al alimento: conducción, convección y radiación, las que se explican a continuación en forma simple. El calentamiento por *conducción* involucra el contacto directo del alimento con una superficie caliente, como ocurre al hacer un bistec a la plancha. Los factores claves aquí son la diferencia de temperaturas entre la fuente de calor y cualquier punto en el alimento, la *conductividad térmica* o la rapidez con que se calienta o enfría un material, y el tamaño o espesor del alimento. El mecanismo de *convección* es mediado por el movimiento de un fluido a alta temperatura (generalmente agua, aceite o aire) que rodea al alimento mientras se calienta. Además de la temperatura del fluido, es muy importante el *coeficiente de convección*, parámetro que está relacionado con la agitación del medio. La transmisión por *radiación* implica la emisión de energía radiante desde una superficie a alta temperatura la que se transforma en calor al ser absorbida por un objeto. El calentamiento por radiación no necesita medio alguno entre el emisor y el alimento, y depende fuertemente de la temperatura de la fuente de calor (es proporcional a $T^4$). Obviamente, en un caso real pueden coexistir varios mecanismos de transmisión de calor, pero generalmente predomina uno de ellos.

En la cocina tradicional, independiente del alimento que se esté preparando, el calor siempre se ha aplicado desde afuera, tanto en el horneo (aire caliente), la cocción en agua caliente o el grillado. Esto implica que la parte exterior de un alimento sólido se calienta primero y alcanza en todo momento temperaturas más altas que el inte-

---

158 Tannahill, R. 1988. *Food in History*. Crown Publ. Inc., Nueva York.
159 Leonard, W.R. 2003. Incidencia de la dieta en la hominización. *Investigación y Ciencia* 317, 48-57.

rior, lo que da lugar a las deseables sabores de un *roast beef* cocido externamente y tiernamente crudo en su centro, y a las texturas crocantes de las costras de panes que tienen una miga interior suave y húmeda. Una vez que sube la temperatura externa en un alimento sólido el calentamiento hacia el interior ocurre fundamentalmente por conducción, en cambio en los alimentos líquidos, el calentamiento ocurre más uniformemente por el mezclado de corrientes fluidas a distintas temperaturas.

Las *técnicas de cocción* que imparten sabores, colores y texturas a los alimentos tienen una nomenclatura algo confusa, que depende del tipo de alimento, de los utensilios en que se llevan a cabo (incluyendo los distintos hornos, sartenes, marmitas y las ollas a presión), el medio en que se dispone el alimento y de los resultados esperados. Un tratamiento completo sobre los procesos culinarios que usan calor y los tipos de cocción, junto a la terminología en español, se encuentra en los libros de Bello Gutiérrez (2004) y Schwedt (2004).[160, 161] Sin ánimo de entrar en detalles culinarios, sino más bien con el fin de que los científicos tengan una noción de los diversos tipos de cocción y sus nombres más comunes, estos se han agrupado de la siguiente manera:

1. Cuando se usa un medio acuoso caliente se distingue entre *hervido*, que supone habitualmente inmersión en agua a ebullición y *escalfado*, que es una cocción lenta. El *sancochado* es una cocción parcial previa a otro tratamiento, mientras que el *escaldado* se utiliza para inactivar enzimas y hacer que las verduras de hoja, como el repollo y la acelga, se vuelvan flexibles como para enrollarlas. En rigor, los medios utilizados pueden ser agua, caldos, leche, jarabes, etc. En el calentamiento al *baño María* el recipiente que contiene el producto se introduce en otro que contiene agua caliente para regular la temperatura.

2. En el caso que la cocción ocurre en un medio no-líquido o por calor seco, sin agregar agua o grasa (más que la propia del alimento), el calor se aplica directamente sobre el producto. *Al horno* representa un tratamiento térmico en un recinto cerrado donde el calor se transfiere por convección de aire caliente y en parte por radiación (desde las paredes). Si el alimento está envuelto en un papel se denomina en *papillote*. En la cocción *a la parrilla*, la transferencia de calor es fundamentalmente por radiación y el alimento se soporta sobre una rejilla, mientras que en la cocción a la plancha el calor se aplica por conducción a través de una plancha caliente. El *tostado* se realiza con una fuente a alta temperatura, normalmente ubicada sobre la pieza y da origen al *gratinado*, que es un tostado para colorear superficialmente un alimento. En el caso del pan tostado se usan tostadores metálicos que se colocan directamente sobre la llama o un electrodoméstico con control de la potencia y sistema de evacuación de la tostada.[162]

---

160 Bello Gutiérrez, J. 2004. *Ciencia y Tecnología Culinaria*. Días de Santos, Madrid, Capítulos 6 y 7.

161 Schwedt, G. 2004. *Experimentos en la Cocina. La cocción, el asado, el horneado*. Editorial Acribia, Zaragoza.

162 En inglés la palabra *toast* se usa tanto para el pan tostado como para hacer un brindis. Antiguamente en Inglaterra alguien que quería dirigir unas palabras en un banquete hundía un trozo de pan tostado en su copa, tal como ahora se pone de pie (y no contamina el brebaje). Otras versiones atribuyen esta costumbre a los antiguos romanos.

3. El uso de grasa o aceite caliente distingue entre la *fritura de superficie* (*salteado, sofrito, rehogado*) que se realiza en sartenes y con poco aceite, y la fritura profunda donde la pieza queda totalmente sumergida en el medio de fritura (sección 8.7). A menudo los productos a freír se recubren con una cubierta que puede ser harina (*enharinado*), una mezcla de huevo, leche y harina (*rebozado*) o pan rallado (*apanado*).

4. También está la *cocción al vapor*, en que el alimento a cocer se coloca en un canasto el que a su vez se ubica sobre un líquido hirviendo (agua o caldo) que genera vapor. Aunque el proceso es relativamente lento otorga texturas y aromas especiales.

A los amantes de las carnes rojas asadas a la parrilla o en el sartén les interesará saber cómo se relaciona el color del centro del trozo con la temperatura alcanzada en dicho lugar. Se han definido cuatro estados de cocción y que son: *bleu* o a la inglesa (rojo, 35-40°C); sangrante (rojo rosado, 55°C); a punto (rosado, 60-65°C) y bien hecho (grisáceo, 70-80°C).

Entre los diversos métodos no convencionales de cocción están aquellos en que el alimento se pone en contacto directo con una fuente primaria de calor. Tal es el caso de la *sopa de piedra* mexicana, en que se introduce una piedra caliente dentro de la sopa para calentarla. Esto no debiera sorprendernos ya que es casi análogo a cuando se introduce un trozo de hielo en un líquido para enfriarlo (sólo que el hielo se derrite). También están la *huatia* peruana, en que se mezcla terrones calientes con papas y otros ingredientes para que se cuezan, y el *curanto* chileno, que se realiza en un hoyo en la tierra donde piedras calientes transfieren calor y cocinan capas de pescado, mariscos, carnes, longanizas y papas, todo tapado con hojas de nalca.[163] En ambos casos la tradición indígena busca acercar la cocción de los alimentos a la tierra que los produjo.

## 6.7. Calentando con ondas

En una acción fortuita ocurrida en 1945 y que fue seguida por una observación sagaz, un físico distraído (lo que no es raro) dejó su sándwich en un aparato emisor de ondas y cuando volvió advirtió que este se había calentado. Lo que había ocurrido es que las ondas al penetrar el alimento (como también se introducen dentro de un ascensor para llegar a los teléfonos celulares) habían transferido su energía a las moléculas de agua y este efecto se transformó en calor. Las *microondas* son ondas del *espectro electromagnético*, al cual pertenece también la *luz visible* cuyo rango de longitudes de onda se extiende entre aproximadamente los 400 nm (color violeta) y los 700 nm (color rojo) y pueden ser detectadas por nuestros ojos. Las microondas tie-

---

163 Existen a lo menos dos acepciones de la palabra mapuche *kurantu* que son: conjunto de piedras y piedra calentada por el sol. Ambas describen bien lo que es el curanto desde el punto de vista de la cocción.

nen longitudes de onda mucho más amplias que las de la luz visible, que van desde un milímetro hasta un metro. Los hornos de microondas en el hogar o en restoranes operan a frecuencias de unos 2.450 millones de ciclos por segundo o 2,45 gigahertz, para no interferir con otras señales usadas para las comunicaciones.[164]

Las *microondas* constituyen un método especial de calentamiento, pues en vez de calentar el alimento desde afuera, penetran en él y hacen oscilar rápidamente a las moléculas de agua líquida generando calor por fricción. La acción de las microondas se lleva a cabo al ir disipando energía durante su trayecto hacia el interior del alimento. Algunos materiales son transparentes a estas radiaciones y no sufren calentamiento; otros como los metales y algunas cerámicas reflejan las ondas y permanecen fríos, pero los alimentos que contienen agua las dejan pasar unos pocos centímetros y en el recorrido generan calor.

El horno de microondas funciona a través de un dispositivo que eleva la corriente doméstica de 220 volts a unos 3.000 volts o más. El componente clave es el *magnetrón*, tubo de vacío que genera unas microondas lo bastante potentes como para ser usadas también en los radares y teléfonos celulares. El horno de microondas abre innumerables posibilidades a la gastronomía, sólo o en combinación con los otros métodos convencionales de calentamiento (sección 6.6). Por primera vez en la historia de la ingeniería y la gastronomía, es posible calentar el interior de un alimento manteniendo el exterior frío (siempre que la parte externa no absorba las microondas). Sería posible construir alimentos con diversas capas de distinta "transparencia" a las microondas y producir un calentamiento diferencial. Este efecto sería transitorio, pues una vez retirado el alimento del horno (o desactivada la energía) el calor fluiría por conducción de las zonas de alta temperatura a las más frías, y eventualmente todo el trozo se equilibraría a una temperatura intermedia. Es por esto que se recomienda combinar ciclos cortos de calentamiento con microondas y períodos de equilibramiento con el horno desactivado, y evitar la ebullición de agua en ciertas zonas calientes. Esto da tiempo para la transferencia de calor por conducción hacia zonas que absorben menos las microondas (como aquellas que contienen grasa o aceite). Las microondas son especialmente usadas en la descongelación porque penetran rápidamente a través del hielo y calientan el agua líquida formada al derretirse el hielo. En efecto, las microondas conducen su energía cuatro veces más rápido en el hielo que en el agua líquida.

Existen métodos de calentamiento que usan ondas de otras regiones del espectro electromagnético. El *calentamiento infrarrojo* se produce por la energía emitida en un

---

164 El *espectro electromagnético* es el conjunto de ondas que nos rodea, las cuales se caracterizan por la longitud de onda ($\lambda$), la frecuencia y la energía. Las ondas de interés en alimentos se extienden desde las microondas ($\lambda$ del orden de centímetros) hasta los rayos X ($\lambda$ del orden de 1 nm) y la radiación $\lambda$ (gama), que se utiliza en la irradiación de alimentos. El *espectro visible* de la luz comprende las longitudes de onda entre 350 nm (violeta) y 780 nm (rojo). Un esquema del espectro electromagnético se puede encontrar en http://astronomos.net23.net/teorias/espectroelectromagnetico.html.

rango de longitudes de onda mayores que el extremo superior del espectro de la luz visible (que corresponde al color rojo), es decir, entre 780 nm y 1 mm, y que los ojos no pueden ver pero que nuestro cuerpo siente como calor. La energía infrarroja se transfiere por radiación hacia la superficie de los productos donde hace vibrar a las moléculas generando calor pero sin penetrar al interior. La mayoría de los hornos domésticos vienen con un *grill* eléctrico que sirve para dorar o calentar por radiación infrarroja, de modo similar a las lámparas que se usan para mantener calientes las comidas.

El *calentamiento óhmico* sería como conectar un alimento a un enchufe y electrocutarlo.[165] El calentamiento es producido por la acción de la corriente eléctrica transferida al interior de un producto a través de un par de electrodos. El alimento actúa como una resistencia eléctrica que no deja pasar la corriente y acumula la energía como calor en todo su volumen. Este es un método de cocción poco explotado aún por los cocineros modernos, a pesar de sus cualidades de calentamiento volumétrico y que ya tiene algunas aplicaciones comerciales.

Aprovechando que se ha hecho referencia a ondas del espectro electromagnético, conviene referirse a la *irradiación* que es un proceso en que los alimentos están expuestos a la energía proveniente de radiación con longitudes de onda extremadamente pequeñas: los *rayos X* (0,10 a 10 nm) y los *rayos gama* (< 0,1 nm). La irradiación de alimentos no genera calor, pero sí tiene un poder penetrante que se usa para pasteurizar y esterilizar alimentos en frío.

---

165 No confundir *ohmico* con el sufijo –ómica, de proteómica o metabolómica. George Ohm (1787-1854), profesor en Munich, relacionó el flujo de corriente eléctrica con el voltaje y la resistencia eléctrica. Al circular la corriente, la resistencia disipa energía en forma de calor.

# Entre el cerebro y la célula

*Las estructuras alimentarias deben volver a ser moléculas. Su derrumbe comienza en la boca, donde las moléculas deben ser liberadas para que interaccionen con receptores conectados con el cerebro y desaten una cascada de sensaciones. La destrucción prosigue en el sistema digestivo, un reactor complejo pero relativamente desconocido y clave, que prepara las moléculas para su entrada en nuestro cuerpo. Se cierra el ciclo de un alimento: moléculas eras y en moléculas te convertirás.*

## 7.1. Estructuras que deben romperse

Los alimentos junto a algunos remedios son los únicos objetos que introducimos en nuestras bocas y tragamos en forma consciente, pero a diferencia de las píldoras y jarabes farmacéuticos, los alimentos deben ser sabrosos. Los esfuerzos por escoger materias primas de calidad y saludables para luego transformarlas en exquisitos platos, deben pasar el examen de un monitor altamente sensible y prejuiciado que se llama boca.

En los alimentos la ingeniería convencional que construye productos resistentes da paso a la ingeniería de los materiales suaves que se deben romper. Un primer objetivo de la masticación es fragmentar el alimento de modo que este pueda ser tragado. Este rompimiento en partículas pequeñas expone las partes internas del producto y a la vez aumenta el área superficial, permitiendo que se liberen las moléculas odoríferas y sápidas. El proceso de masticación varía en forma importante entre individuos. Por ejemplo, una porción de maní puede sufrir entre 15 y 70 ciclos de masticación antes de ser ingerida, lo que muestra que existen masticadores pacientes y tragadores compulsivos. El segundo proceso que ocurre en la boca es la lubricación de las partículas con saliva y es tan variable como el anterior. La secreción de saliva, que es fundamental para disolver algunos sabores y exponerlos a las papilas gustativas, puede variar en un minuto desde menos de 0,2 mililitros y hasta casi 4 mililitros (un mililitro equivale aproximadamente a 15-20 gotas). Otro fenómeno tiene que ver con el movimiento del bolo (alimento desintegrado más saliva) por distintos lugares de la cavidad bucal para producir el contacto entre las moléculas del gusto y los receptores. Se dice que la apreciación de los sabores en los asiáticos es "circular" en el sentido que el alimento se mueve por toda la boca a fin de acceder a los receptores adecuados, mientras que en los occidentales es más lineal. Todo lo anterior apunta a que el "tiempo de residencia" de un alimento en la boca es muy importante para una completa percepción de sus atributos sensoriales.

Si el sabor tiene que ver con química y moléculas, el término *textura* se asocia directamente con la estructura del alimento y las características físicas apreciadas por el sentido del tacto. Que la estructura es importante en la textura lo demuestra el hecho que en un panel de degustación formado por jueces "ciegos" (que usan vendas en sus ojos) varios de ellos no logran reconocer algunos alimentos molidos en forma de papillas sólo por el sabor.[166] Cuando se hace jugo de manzana se destruyen aquellas propiedades textuales de la fruta y no se aprecia más la resistencia al mascar, ni el ruido que emana de la turgencia de las células cuando estas se fracturan. Pero en textura todo es relativo. El término *"al dente"* para un tallarín denota un grado de cocción bajo para un italiano (el centro debe estar ligeramente crudo) mientras que un chileno medio encontraría esta pasta dura y cruda. La *dureza* de la carne percibida en la boca tampoco es algo absoluto. Para los esquimales, acostumbrados a comer carne seca y a morder las pieles antes de coserlas, todas las carnes son blandas pues ejercen con sus mandíbulas el doble de fuerza que el común de las personas.

Las fuerzas que se pueden generar en la boca no son siempre relevantes porque la mayoría de los alimentos sólidos se fracturan por propagación de fallas o grietas preexistentes, y la energía para romperlos es más bien baja. Esto es similar a lo que se hace para cortar un vidrio: primero se raya con un objeto duro y luego se quiebra con una fuerza leve. Desde el punto de vista de la ingeniería gastronómica sería interesante estudiar cómo se va rompiendo o desgastando (por ejemplo, los caramelos se chupan y erosionan con saliva) un alimento dentro de la boca. La variación del tamaño de las partículas en el tiempo (cinética) podría dar información sobre algunas características físicas deseables de un alimento. Los investigadores que se dedican a esto han comprobado que las leyes de molienda de la ingeniería química son aplicables para modelar el fenómeno de masticación. Una complicación menor es que los sujetos participantes en los experimentos deben escupir el contenido de la boca cada cierto tiempo o número de ciclos de masticación, para que el tamaño de

---

166 El texto que describe el experimento completo se encuentra en: Bourne, M.C. 2002. *Food Texture and Viscosity: concept and measurement.* Academic Press, San Diego, pp. 2-3.

las partículas pueda ser determinado por análisis en tamices o mediante fotografías y análisis de imágenes.

Junto al rompimiento mecánico ocurre simultáneamente transferencia de calor (enfriamiento o calentamiento) entre los alimentos y la lengua y el paladar. Como consecuencia del calentamiento ocurre el derretimiento de algunos sólidos, siendo el caso más sabroso el de la manteca de cacao. El rápido cambio que debe sufrir el chocolate en la boca (de sólido a un líquido viscoso) proporciona sensaciones inigualables que se deben a que los cristales de grasa en el chocolate se terminan de fundir justo a una temperatura ligeramente inferior a la corporal (36,5°C). También se derrite el hielo y un ejemplo interesante de este efecto térmico en la boca es la liberación secuencial de sabores en un helado de vainilla, chocolate y pistacho, donde inicialmente se aprecia el sabor de la vainilla porque el hielo se derrite primero y libera la vainillina que es soluble en agua. La grasa de la leche, que contiene los sabores liposolubles del pistacho y el chocolate, toma más tiempo en fundirse y por tanto estos sabores se aprecian más tarde.[167]

Por ser la boca el punto de entrada de los alimentos el proceso de masticación, la liberación de olores y sabores, la apreciación de la textura como también los cambios en estructura en vista de una inminente digestión, están en un lugar muy alto en la agenda de la investigación en alimentos.

## 7.2. El movimiento de las moléculas

Pocas cosas son más agradables al desayuno que disfrutar del *aroma* de un café recién preparado. Para que esto ocurra, cerca de 800 tipos de moléculas odoríficas deben ser liberadas del interior del grano de café y transportadas a través del aire hasta nuestra nariz. Una vez alcanzado este punto, la percepción de un aroma depende de dos factores: la concentración del compuesto en el aire y el umbral de olor que tiene cada tipo de molécula. La *concentración* tiene que ver con el número de moléculas odoríficas por unidad de volumen, mientras que el *umbral* es el nivel del estímulo a partir del cual un olor puede ser percibido. De esta combinación se concluye que moléculas que estén en baja concentración pero tengan umbrales de detección muy bajos se "huelen" más que aquellas que son más abundantes pero su nivel de estímulo sea alto. Es por esto que un análisis por *cromatografía* de gases, que separa, identifica y mide la cantidad de muchos de los compuestos químicos del aroma del café, no es suficiente para describir su percepción en la nariz.

Las moléculas en cualquier medio se mueven espontáneamente desde donde se encuentran más concentradas a zonas en que están más dispersas, hasta que en el *equilibrio* la concentración es uniforme. Este fenómeno llamado *difusión*, lo estudió tempranamente *Adolph Fick* (1829-1901), quien propuso que el flujo de moléculas

---

167 Este ejemplo aparece en Lister, T. y Blumenthal, H. 2005. *Kitchen Chemistry*. Royal Society of Chemistry, Londres, pp. 101-102.

es proporcional al gradiente de la concentración (diferencia de concentración entre dos puntos dividido por la distancia).[168] Este fenómeno, que se conoce como la *primera ley de Fick* de la difusión, tiene gran importancia en la ingeniería, en las ciencias biológicas y en el procesamiento de los alimentos. Es la razón por la cual el vapor de agua migra desde los alimentos húmedos (donde hay mayor concentración) hacia el aire seco (menor concentración) durante la deshidratación. Por el contrario, el aire húmedo de una pieza hace que moléculas de agua "difundan" hacia galletas y papas fritas, suavizándolas y haciéndolas menos crocantes. También, la difusión es el fenómeno relevante en la salazón de quesos y jamones, la destilación del pisco, el remojo de una bolsita de té y hasta en el apareamiento de insectos atraídos por las feromonas.[169] Hay otro evento, independiente de la concentración, que también hace que las moléculas se muevan y es la *convección* o el desplazamiento de grandes masas de fluido debido a diferencias de presión o temperatura. En una sopa que se está calentando se crean corrientes de líquido debido a las diferencias de temperatura y el extractor de aire saca moléculas de la cocina por una diferencia de presión (succión). En la contaminación atmosférica los polucionantes son transportados a través de grandes distancias principalmente por los vientos y la difusión juega un rol muy menor. Como se verá en la sección 7.6, el proceso de absorción de nutrientes en el intestino hace uso de otros mecanismos para el transporte de moléculas hacia el interior de nuestro cuerpo. En ingeniería se denomina *transferencia de masa* al movimiento de moléculas individuales o grandes masas de un lugar a otro, tema que se tratará con referencia a la fritura en la sección 8.7.

El parámetro representativo del proceso difusivo es el coeficiente de *difusión o difusividad*, $D$, que es característico para cada tipo de molécula y el medio en que estas se mueven. *Ceteris paribus*, una alta difusividad es sinónimo de un mayor flujo de moléculas. Así por ejemplo, los perfumistas tienen la ventaja que las moléculas fragantes son pequeñas y volátiles, y se desplazan en un medio poco denso (el aire), por lo que las percibimos rápidamente. Consecuentemente, las moléculas aromáticas tienen un alto valor de $D$ (figura 7.1). Sin embargo, esto es un problema para los fabricantes de aromas alimentarios, quienes no desean que sus moléculas olorosas escapen hasta que estén frente a nuestras narices y deben "encapsularlas" en matrices de polisacáridos, postergando su liberación. A la derecha de la figura 7.1 se aprecia el amplio rango de movilidad que pueden tener las moléculas dependiendo del tipo de matriz alimentaria (estructura) en que se encuentran dispersas, sea esta gas, líquido, gel, vidrio, goma o cristal (ver sección 2.3 y siguientes). Cabe hacer notar que es posible encontrar el mismo ingrediente de un alimento, como la sacarosa, en solución molecular (almíbar) y como goma (*toffee*), vidrio (algodón de azúcar) o cristal (azúcar de mesa).

---

168 Acerno, L.J. 2000. "Adolph Fick: Mathematician, physicist, physiologist". *Clinical Cardiology* 23, 390-391.

169 Un excelente libro sobre difusión, pero que requiere de cierto nivel científico y matemático es Cussler, E. 1997. *Diffusion: Mass Transfer in Fluid Systems*. Cambridge University Press, Cambridge.

Al final, las moléculas deberán ser liberadas de sus matrices ya sea para que se perciban en la boca o nariz, o se absorban en el intestino. Esto último es de gran importancia pues un compuesto químico no es un nutriente sino hasta que se libera del alimento y puede ser transformado en el tracto digestivo, lo que se denomina *bioaccesibilidad* (sección 7.6). Pero la figura 7.1 también muestra que es posible diseñar alimentos ajustando la movilidad de las moléculas, según sean sus tamaños (y características químicas) y el estado de la matriz (líquido, vidrio, goma o cristal). Por ejemplo, el café *capuccino* en polvo desarrolla una espléndida espuma porque al agregarle agua caliente se disuelve la matriz vítrea de las partículas que contiene atrapado a un gas bajo presión, el que al ser súbitamente liberado genera las burbujas.

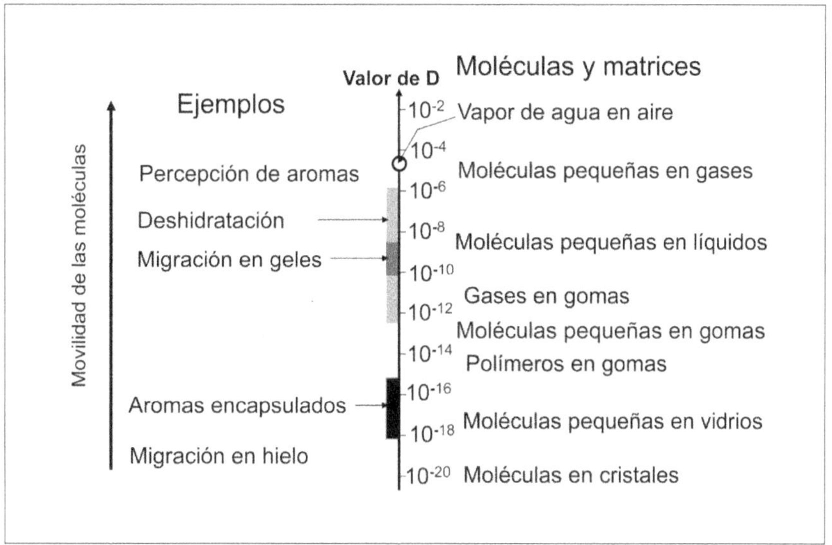


FIGURA 7.1. **Coeficientes de difusión de moléculas en distintos medios (derecha) y su relevancia en algunos procesos de alimentos (valores en m²/s). Nótese que la escala es logarítmica y que los exponentes de 10 son negativos (por ejemplo, $10^{-6}$ es 1 dividido por $10^6$). Luego mientras más arriba esté un valor, más "rápido" se moverá una molécula en ese medio.**

Pero la primera ley de la difusión, al igual que ocurrió con la primera ley de la termodinámica, no dice nada del efecto del tiempo. Por eso existe una *segunda ley de Fick* que permite calcular los *perfiles de concentración* de moléculas en el interior de un producto que incorpora o pierde algún componente con el tiempo (por ejemplo, la sal de un trozo de bacalao cuando se sumerge en una salmuera y cuando se desala en agua pura, respectivamente). La intuición nos dice que los bordes de un producto sentirán primero el ingreso (o salida) de moléculas y el centro será el último en enterarse del fenómeno. En realidad, esta segunda ley es idéntica a la que rige en la *transmisión de calor* por *conducción o ley de Fourier* y que en ese caso muestra el *perfil de temperaturas* dentro de un cuerpo (sección 6.6) que va de caliente en las zonas externas a frío en el centro. De la segunda ley de Fick se deriva una ecuación importante para estimar un tiempo representativo del avance de las moléculas cuando se mueven por difusión:

$$t_{c\,=\,1/2} = \frac{x^2}{2D}$$

donde $x$ (en metros) es la distancia recorrida por las moléculas y $t_{c=1/2}$ es el tiempo transcurrido (segundos) desde el inicio del proceso hasta que la concentración en $x$ es igual a la mitad de la concentración en el punto de partida. Volviendo al caso de los aromas, con esta fórmula se podría estimar cuánto tiempo debe transcurrir desde que se abre la puerta del horno en la cocina hasta que los olores del asado lleguen al comedor. También establece que la difusión es un proceso muy lento y recomienda revolver con una cuchara si deseamos que el azúcar se disuelva más rápido antes que se enfríe una taza de café. Lo importante es recordar que para que las moléculas difundan, estas deben soltarse de las matrices donde se encuentran atrapadas en los alimentos e iniciar un viaje hacia espacios no ocupados.

## 7.3. Alimentos en la boca y en la nariz

La mayoría de los conocedores aprecia el trabajo de un buen cocinero por crear una progresión de delicados tonos sensoriales que aparecen gradualmente en el curso de la comida. Si consideramos que cientos o miles de tipos de pequeñas moléculas componen los gustos y olores de los alimentos ¿cómo somos capaces de discriminar entre ellos?

El concepto de *sabor* resume la experiencia del gusto y la olfativa, y en este sentido es normalmente usada la palabra sabor en este libro, aunque en español muchas veces se confunde con gusto. El sabor tiene que ver con las propiedades de ciertas moléculas de desencadenar *sensaciones gustativas* en la lengua y el paladar, u olfativas en la nariz.[170] El *gusto* está dado por la sensación que producen en la boca ciertos componentes no-volátiles que se solubilizan en la saliva. La percepción del gusto de los alimentos ocurre por la activación de receptores moleculares de naturaleza proteica en las células de las *papilas gustativas* (que ya existen en el quinto mes de gestación) y estas tienen un "gusto" muy refinado. Estos receptores interaccionan con las moléculas sápidas y los estímulos provocados son conducidos por moléculas llamadas *neurotransmisores* a través de neuronas hasta llegar al cerebro donde se "lee" si algo es amargo, dulce, salado o ácido. Las *células gustativas* han evolucionado para asegurar que comemos cosas que nos mantienen sanos y rechazar aquellas que nos

---

170 Cada vez se está usando más en español la palabra *flavor* como equivalente a sabor (gusto más aroma).

podrían envenenar. Los *receptores gustativos* son proteínas ubicadas en la membrana de estas células y que establecen interacciones reversibles con moléculas sápidas (genéricamente conocidas como ligandos) en la medida que estas les son expuestas. El acoplamiento entre una molécula y un receptor dado genera una señal eléctrica que es transmitida hacia el cerebro por las fibras del nervio gustativo.

Contrariamente a lo que se cree, no existen zonas en la lengua para los distintos gustos, pero sí mayor abundancia de algunos tipos de receptores en ciertos sectores de la lengua y de la cavidad bucal. Actualmente se reconocen cinco sensaciones básicas de gusto: dulce (azúcar), salado (sal), ácido (limón), amargo (quinina) y *umami*. Este último fue caracterizado por científicos japoneses y tiene que ver con el realce y mayor "redondez" de ciertos sabores. Moléculas que otorgan un sabor *umami* son el glutamato monosódico y algunos nucleótidos.[171] Alimentos que son ricos en *umami* son las carnes y sus jugos, la salsa de soya, el queso parmesano y otros quesos pungentes, algunas algas, las anchoas, tomates y callampas. Los *chefs* aprovechan combinaciones de distintos ingredientes para desarrollar "melodías sensoriales" únicas.

Las moléculas que olemos poseen varias cualidades. Primero, son volátiles, es decir, en condiciones ambientales tienden a estar dispersas en una fase gaseosa como el aire. En términos fisicoquímicos esto significa que tienen una alta *presión de vapor* y les encanta escapar del estado líquido formando parte del aire, donde tienen mayor movilidad (figura 7.1). Los primeros olores los sentimos directamente a través de la nariz, incluso antes de que el alimento entre en la boca (sección 7.2). Esta vía de percepción de olores se denomina *ortonasal*. Una vez que las moléculas son liberadas desde el alimento durante la masticación se mueven rápidamente y esto les permite llegar a la nariz en tiempos cortos. Esta vía que involucra el paso de olores a las fosas nasales por detrás de la boca se conoce como *retronasal*.

Las sustancias odoríficas interaccionan con los *receptores olfativos* en la nariz, y su *umbral de detección* o la cantidad mínima de moléculas para producir un estímulo perceptible es bastante baja. El agua en cambio, aunque es volátil y sus moléculas abundan en el aire que llega a la nariz, no la olemos pues no produce estímulos reconocibles. La región olfativa de la nariz es conocida como *mucosa olfativa* y cuenta con 10 a 20 millones de *células olfativas* dotadas de receptores para las moléculas olorosas. Durante la evolución se han perdido una gran cantidad de genes que codifican la formación de las proteínas en los receptores olfativos y hoy tenemos menos de 500 en nuestro genoma. Las señales de las células olfativas son transportadas por el *nervio olfativo* hasta una zona situada debajo de la parte frontal de la base del cerebro llamada *bulbo olfativo*. Allí establecen las correspondientes sinapsis que hacen llegar las señales a la corteza cerebral, donde se generará una respuesta que identificamos

---

171 El consumo excesivo de glutamato monosódico (el que normalmente no debiera exceder concentraciones de 0,2 a 0,8%) produce el "síndrome del restorán chino" en personas hipersensibles, caracterizado por mareos, dolor de cabeza y estómago, y rigidez de las articulaciones.

como olor.[172] No está demás enfatizar en este punto que la percepción de gustos y olores se efectúa a nivel de moléculas y para que ello ocurra estas deben ser liberadas desde el interior del alimento y acarreadas hasta los receptores.

Pero no toda la percepción de los alimentos se realiza en la boca y en la nariz. Los sentidos de la visión y el oído también participan, como lo saben bien los cocineros que se esmeran en la preparación visual de los platos y en los sonidos que se emiten durante la masticación (sección 11.7). Está también el *nervio trigémino* que se inerva en tres ramas que cubren ambos lados de la cara y que aporta sensibilidades táctiles, térmicas, dolorosas y químicas a las percepciones del olfato y del gusto.

## 7.4. Narices expertas y narices electrónicas

Sorprende la gran cantidad de versiones que pueden existir para una misma categoría de alimentos. Las tradiciones, los gustos refinados y algunas leyendas hacen que ciertas elaboraciones fundamentales se deriven luego en distintos productos. Aunque en el mundo hay más de dos mil variedades de quesos conocidas, todas ellas se derivan de unos 20 tipos básicos, que se elaboran siguiendo procesos similares. Un ejemplo muy actual de diferenciación es la *denominación de origen* que identifica a un producto como originario de un país, una región o una cierta localidad y donde se consideran factores naturales, históricos y humanos en la caracterización del producto.

En el caso de los productos cárnicos, el libro *Salumi d'Italia* describe y muestra fotos de más de 250 jamones y salames de ese país, lo que responde indiscutiblemente a una diferenciación basada en la gran cultura gastronómica de los italianos.[173] El culatello representa la quintaesencia entre los jamones curados de Parma y es fabricado manualmente a partir de una sección especial de la parte posterior más delgada y tierna del pernil del cerdo, de modo que en la balanza un *culatello di Zibello* no excede los cuatro o cinco kilos y en la billetera "pesa" más de 100 euros el kilo. Pero no es sólo la textura tierna lo que caracteriza al *culatello* sino sus deliciosas fragancias que se dice provienen de la alimentación natural de los cerdos, el cuidadoso masajeo para distribuir la sal que remueve el agua, y las condiciones climáticas favorables de la región aledaña a Parma, idóneas para el curado que dura más de un año. Para tranquilidad de los españoles, se debe mencionar al *jamón ibérico*, muy apreciado mundialmente por su aroma y sabor. En particular, el llamado *jamón de bellota* proviene de un cerdo alimentado en un sistema de explotación abierta con bellotas que son ricas en antioxidantes y, por lo tanto, protegen a la grasa de la oxidación.[174] El proceso de maduración y desarrollo de aromas del culatello es seguido minuciosa-

---

172 El libro de Holley, A. 2006. *El Cerebro Goloso*. Rubes, Barcelona, trata de manera entretenida sobre gustos, aromas y sabores de los alimentos en su relación con los mecanismos químicos y biológicos que participan en su percepción.

173 Este libro corresponde a una recopilación hecha por *Slow Food Editore* en 2007.

174 Toldrá, F. 2009. El jamón curado. *Investigación y Ciencia* 399, 39.

mente por un maestro chacinero que de vez en cuando introduce un afilado hueso de caballo en forma de aguja en una zona rica en grasa (la que más contribuye a los aromas) y lo olfatea. Sólo el maestro sabe por qué tiene que ser ese hueso del caballo y cuáles son las características aromáticas deseables que se producen en la bioquímica de la maduración. Pero la magia que hay detrás de esta práctica ancestral está siendo amenazada por modernos instrumentos electrónicos que pretenden describir las características sensoriales deseables que perciben narices y bocas (sección 2.13).[175]

Las *narices electrónicas* no han sido copiadas del hombre biónico sino que son instrumentos capaces de detectar y caracterizar olores de manera que se aproxima a lo realizado irremplazablemente por la nariz. Los equipos están provistos de sensores cuya superficie reacciona con moléculas volátiles generándose una señal eléctrica que es transmitida a un procesador que identifica el tipo y cantidad de moléculas. Aunque un olor abarca cientos de miles de sustancias, sólo se usan una decena de sensores a la vez, los que están basados en semiconductores de óxidos metálicos, microbalanzas de cuarzo o en ondas acústicas superficiales.[176] Adicionalmente, se puede acoplar un cromatógrafo de gases o equipo de espectrometría de masas para separar los compuestos y los datos son posteriormente analizados por algoritmos computacionales. Existen también las *lenguas electrónicas* que son un arreglo de sensores químicos capaz de determinar la composición y reconocer gustos en alimentos de diversa índole, pero tanto en este caso como en el de las narices electrónicas los resultados no siempre corresponden a lo que aprecian los sentidos.

## 7.5. Un cerebro bien alimentado

La gente que se siente bien y disfruta de emociones positivas, vive más. En 1930 se les solicitó a jóvenes monjas que fueran escribiendo ensayos personales sobre su vida a fin de hacer un estudio sobre el envejecimiento. En 2001 estos escritos fueron revisados por psicólogos, quienes los clasificaron de acuerdo a momentos de felicidad, amor y esperanza. El ahora famoso Estudio de las Monjas, que dio inicio a la psicología positiva, reveló que aquellas monjas que expresaban emociones más positivas en sus escritos vivieron hasta 10 años más que aquellas que manifestaban emociones más negativas. Este incremento en la expectativa de vida derivado de una actitud positiva frente a las cosas podría ser más que lo conseguido al dejar de fumar.[177]

No es fácil encontrar una definición de *bienestar* (equivalente en inglés a *wellness* o *wellbeing*) en el contexto de la nutrición y la salud. El problema parte porque la

---

175 Mi amigo, el profesor milanés Roberto Giangiacomo, me entregó un documento suyo titulado *La Nariz de Romeo* en que se narra la preparación de la *coppa*, otro tipo de jamón curado famoso en Italia, que proviene del cuello y hombro del cerdo. En él describe su experiencia directa con un maestro chacinero en la cata de estos jamones y algunas de sus observaciones se han traspasado al texto principal.

176 Un artículo interesante es Sundic, T. 2004. "Narices electrónicas. Técnica y aplicaciones". *Investigación y Ciencia* 336, 36-37.

177 La historia, con los resultados que se reportan está en Fredrickson, B.L. 2003. "The value of positive emotions". *American Scientist* 91, 330-335.

salud ya se define como "un estado de completo bienestar físico, mental y bienestar social". Lo que sí está claro es que el concepto del bienestar global es más amplio que la salud e incluye otras facetas de la vida humana, como por ejemplo, la capacidad de expresar y manejar correctamente los sentimientos, el interés por el conocimiento y la creatividad, la satisfacción con el trabajo, el reconocimiento social y las buenas relaciones de pareja, familiares y sociales. En el contexto de este libro, bienestar será equivalente a "sentirse bien en la vida".

¿Cómo pueden los alimentos contribuir al bienestar? Si bien la salud la asociamos normalmente con lo corporal y hasta cierto punto cuantificable, el bienestar es más bien un estado relacionado con lo que ocurre en la mente, algo subjetivo y difícil de evaluar. Desde el punto de vista de la neurobiología lo que comemos puede influir en el comportamiento cerebral y en los neurotransmisores que regulan su operación. Según esto, la acción de los alimentos habría que seguirla a través de las señales que llegan y emanan del cerebro, lo que es imposible pues este activa uniones o *sinapsis* entre neuronas a una tasa de 10 cuatrillones ($10^{16}$) de conexiones por segundo. Realizar algo equivalente con computadores demandaría un millón de procesadores Intel Pentium (que ocuparían un gran volumen) y algunos cientos de megawatts que proporcionasen la energía para su funcionamiento. De hecho, son pocas las moléculas en los alimentos que afectan directamente el comportamiento y una de ellas es la *cafeína*, componente importante en las bebidas energizantes, y que está relacionada con estados de ánimo como el vigor y la fatiga.

Sin embargo, algo se puede medir en el cerebro usando técnicas de reciente desarrollo. La *imaginería cerebral funcional* permite visualizar en tiempo real las regiones cerebrales que participan o se activan cuando un individuo se prepara a comer, huele y degusta, y también durante la digestión. Hay dos técnicas que se usan preferentemente para este fin y que ya son habituales en la práctica médica y en la investigación: la *tomografía por emisión de positrones* (en inglés *PET*) y la *resonancia magnética nuclear funcional* (en inglés, *fMRI*). Ambas muestran a través de imágenes los cambios del flujo sanguíneo en regiones del cerebro ante un estímulo, y por tanto, el aumento en la actividad cerebral. Así está siendo posible estudiar la respuesta de los obesos al consumo de ciertos alimentos, y ubicar el lugar preciso en el cerebro que se ve afectado por el consumo de un alimento que causa emociones positivas (figura 7.2). [178, 179]

---

178 La literatura científica recibe cada vez más contribuciones en esta área. Por ejemplo: Del Parighi y col. 2005. "Sensory experience of food and obesity: a positron emission tomography study of the brain regions affected by tasting a liquid meal after a prolonged fast". *NeuroImage* 24, 436-443.

179 Un trabajo muy citado se refiere a las zonas cerebrales detectadas por PET que responden a una sensación placentera ante el consumo de chocolate es Small, D.M., Zatorre, R.J., Dagher, A., Evans, A.C. y Jones-Gotman, M. 2001. "Changes in brain activity related to eating chocolate: from pleasure to aversion". *Brain* 124, 1720-1733.

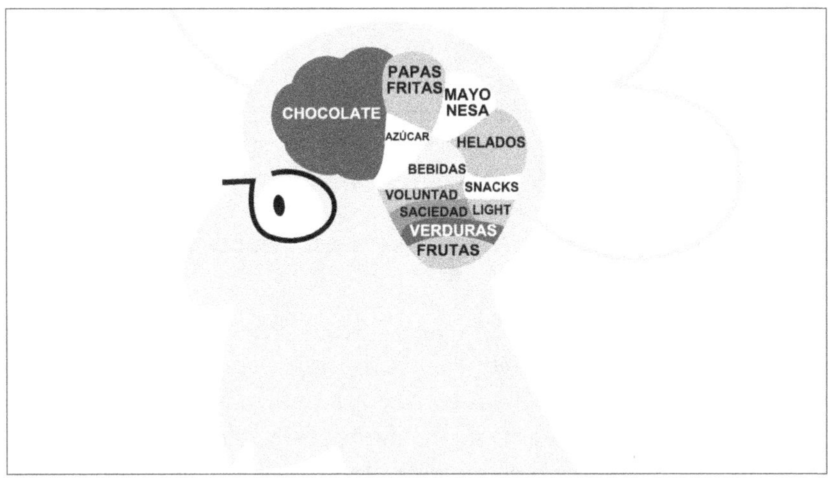


FIGURA 7.2. **Caricatura mostrando que distintas regiones del cerebro se activan al consumir alimentos, las que se pueden visualizar por medio de técnicas de imaginería cerebral.**

La selección de los alimentos ha jugado un papel muy importante en aspectos culturales, religiosos y sociales. Entender cómo funciona el cerebro en la elección y el consumo de los alimentos, y qué propiedades de ellos son las preferidas para satisfacer necesidades específicas, una faceta del *comportamiento del consumidor*, es hoy en día un tema de gran relevancia para la industria alimentaria. También lo son otros aspectos que se relacionan con el cerebro, como por ejemplo, la regulación de la ingesta de alimentos (sección 6.5) y las redes cerebrales involucradas en la percepción hedónica (gratificación).[180]

## 7.6. **De vuelta a moléculas: la digestión**

El dicho "para hacer tortillas hay que romper huevos" insinúa que para obtener algunos resultados deseables hay que destrozar formas que nos parecen agradables, sin vuelta atrás. Lo mismo ocurre con los alimentos. Si se quiere reponer tejidos y obtener energía, hay que romper en el estómago y el intestino delgado las estructuras que han bajado por el esófago en forma de un bolo pastoso, y posteriormente absorber las moléculas que se forman, si no, pasarán de largo. Desde el punto de vista de la ingeniería bioquímica la digestión es un tema fascinante que lleva a las fronteras del conocimiento y permite algunas licencias como suponer que el sistema digestivo funciona como una serie de reactores. El aparato digestivo es, de hecho, un *reactor bioquímico* extremadamente versátil puesto que en cada comida se ingieren distintas proporciones de alimentos de composición química muy diversa y, sin embargo,

---

180 Kringelbach, M.L. 2004. "Food for thought: hedonic experience beyond homeostasis in the human brain". *Neuroscience* 126, 807-819.

siempre se derivan de ellos las mismas moléculas básicas: aminoácidos, azúcares y, monoglicéridos y ácidos grasos.[181]

Está claro que se ingieren estructuras alimentarias muy heterogéneas que encierran a los nutrientes en formas complejas y no píldoras nutritivas que se disuelven fácilmente en un vaso de agua. Durante la digestión los nutrientes deben ser liberados de los tejidos de plantas y de animales, o desde las estructuras formadas durante el procesamiento y la cocción, lo que los expertos en nutrición llaman ahora la *matriz del alimento*.

El proceso de la *digestión* de los alimentos fue siempre un poco subvalorado y tratado en forma simple. Para Hipócrates, la digestión era nada más que una segunda cocción de los nutrimentos, esta vez con calor humano. En una muestra extrema por reproducir los procesos de la vida de un modo reduccionista, Jacques de Vaucanson ideó en 1739 un pato autómata que se suponía comía granos, los metabolizaba y defecaba (figura 7.3). Obviamente era un fraude, pero que desató el debate entre los fisiólogos si la digestión era un proceso químico o mecánico.[182] Hoy en día se sabe que después del cerebro, el tracto gastrointestinal es el órgano más complejo de nuestro cuerpo, una extraordinaria barrera defensiva frente a alimentos contaminados o en mal estado y una conexión directa con el medio externo.

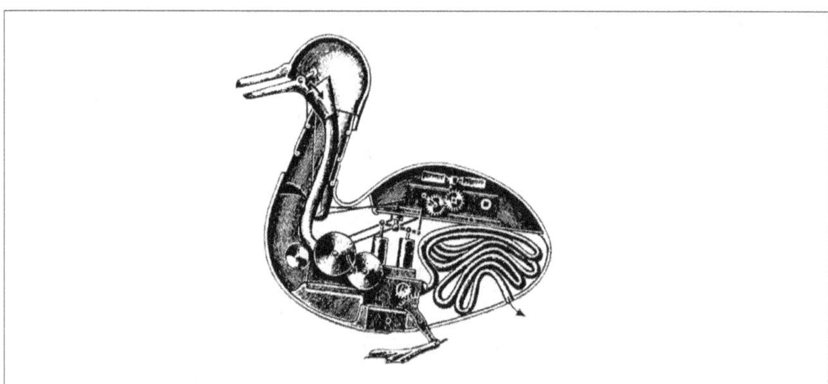

FIGURA 7.3.    **El pato de Vaucanson (1739), autómata que comía y defecaba, simboliza la visión simplista que se ha tenido sobre el proceso digestivo.**

La digestión ha sido descrita en muchos libros de nutrición como un proceso relativamente simple, en que moléculas grandes deben ser cortadas por enzimas (hidrolizadas), formándose moléculas más pequeñas que son absorbidas y luego metabolizadas en las células. Lo que se había ignorado hasta hace poco es que la hidrólisis

---

181 Recientemente hemos escrito un artículo donde se explica la relación entre estructura y digestión: Aguilera, J.M. y Troncoso, E. 2009. "Food structure and digestion". *Food Science and Technology* 23, 24-27.

182 Riskin, J. 2003. "The defecating duck, or, the ambiguous origins of artificial life". *Critical Inquiry*, 29, 4.

requiere que previamente las moléculas se liberen desde las matrices en que se encuentran en los alimentos. Aun alcanzado el nivel molecular, algunas formas son más accesibles por las enzimas que otras, como ocurre con la *beta-lactoglobulina* de la leche, que es más digerible cuando se encuentra denaturada que en su estado original o nativo. La absorción tampoco es un proceso sencillo y compuestos como el licopeno se absorben mejor en su configuración *cis* (en oposición a la *trans*) pues caben dentro de "jaulas" moleculares llamadas *micelas*, que los transportan en su interior hasta la pared intestinal (sobre *cis* y *trans* ver nota en sección 1.7). Las temáticas de la reestructuración de los componentes de los alimentos y las interacciones moleculares durante la digestión están siendo investigadas en forma muy activa.

Es conveniente revisar brevemente el proceso de la digestión comenzando por la boca, siguiendo en el estómago, para finalizar en el intestino delgado y el intestino grueso. En el reactor llamado *boca*, donde el pH es cercano a 6, las estructuras alimentarias sufren una desintegración parcial a consecuencia de la masticación. A pesar del corto tiempo que están los alimentos en la boca, parte del almidón más degradado por el procesamiento (por ejemplo, las dextrinas) puede ser solubilizado e hidrolizado por la *amilasa salival*, como se comprueba si se deja un rato un *snack* de almidón expandido en contacto con la saliva. Existe también una reducida acción de la *lipasa lingual* sobre los triglicéridos. En el caso del material de origen vegetal es muy importante que la masticación sea capaz de romper las paredes celulares, pues de otro modo difícilmente estas se degradaran en un tracto digestivo que es muy diferente al de los herbívoros. Por ejemplo, se ha comprobado que la masticación incompleta de almendras deja varias células intactas que pasan inalteradas hasta terminar en las heces.

El segundo reactor es el *estómago*, que opera a pH entre 1 y 2, causando la denaturación y coagulación de algunas proteínas. La enzima *pepsina* hidroliza las proteínas que están accesibles originando péptidos y aminoácidos. Las grasas terminan en estado de emulsión ya sea porque están así en el alimento (por ejemplo, en la mayonesa) o bien porque los movimientos de las paredes del estómago hacen que el aceite se emulsifique en forma de pequeñas gotitas que pueden ir de menos de 1 micrón hasta unos 100 micrones. La *lipasa gástrica* hidroliza los triglicéridos generando ácidos grasos, monoglicéridos y glicerol (sección 1.2). Sin embargo, si las gotas de aceite están recubiertas por proteínas o polisacáridos, el acceso de la lipasa gástrica a los triglicéridos se ve retardado o parcialmente impedido.

El tercer reactor es el *intestino delgado* que funciona entre pH 6,8 y 7,5. Aquí se produce un rompimiento final que produce las unidades potencialmente absorbibles. En el intestino delgado el almidón se desdobla a glucosa por medio de la enzima $\alpha$-*amilasa*. Hay algunos polisacáridos que logran llegar al colon (intestino grueso) sin cambios, como la celulosa, las pectinas, galactomananos y los glucanos, porque son resistentes a la degradación y retardan el tránsito en el intestino; son parte de la fibra dietética. Más adelante pueden ser fermentados y convertidos en ácidos grasos volátiles por el kilo de bacterias que alojamos dentro del intestino grueso. La *lipasa pancreática* continúa la hidrólisis de los triglicéridos que han sobrevivido. La droga *Xenical®* actúa inhibiendo a la lipasa pancreática y, por tanto, reduce la digestión y absorción de los triglicéridos. La enzima *tripsina* continúa con el desdoblamiento de las proteínas originando más aminoácidos y algunos péptidos.

Un cuarto reactor es el *intestino grueso* que aloja a la *flora bacteriana* que se encarga de metabolizar algunos carbohidratos y proteínas que no han sido digeridos, y también a células desprendidas de la mucosa intestinal. Aquí ocurre la absorción de los productos del metabolismo bacteriano y de gran parte del agua. Por último, el *recto* almacena todo lo que no ha sido digerido y prepara la evacuación de las heces.

Como se ha dicho, una vez que los alimentos han vuelto a ser moléculas es necesario que éstas alcancen la pared del intestino delgado para ser absorbidas. Algunas moléculas deben moverse en un medio acuoso que no es ideal para aquellas que son hidrofóbicas, o sea, no les gusta el agua. La vitamina E que no es soluble en agua, requiere de la presencia simultánea de grasa para alcanzar la pared intestinal. Si se toma una cápsula de vitamina E al desayuno y luego se consumen dos tostadas con mantequilla, la absorción es un 60% mayor que si se hace seguido de un cereal de desayuno con leche descremada. Estudios similares muestran que una misma cantidad de grasa pero en alimentos distintos provocan una absorción diferente de la vitamina E.[183] Lo más probable es que las propiedades de los alimentos con que se consume la vitamina afecten el tiempo de retención en el estómago. Se sabe que alimentos altos en fibra y que contienen proteínas, son más viscosos y retardan el vaciamiento estomacal, dando más tiempo a que se forme una emulsión que acarree en forma segura a la vitamina E hasta el intestino. Esta vitamina para ser absorbida necesita viajar hasta la pared del intestino en el interior de *vesículas lipídicas*, unas especies de jaulas moleculares formadas por monoglicéridos que tienen un exterior hidrofílico y un centro hueco de naturaleza hidrofóbica (sección 2.2).

La absorción de nutrientes en el epitelio que recubre el intestino delgado, fundamental para su incorporación en las células, es compleja e incluye algunos de los siguientes mecanismos: i) el paso por una diferencia de concentración o difusión; ii) el transporte contra un gradiente de concentración mediado por enzimas; iii) La *difusión facilitada*, que opera también contra un gradiente de concentración, pero que requiere de una molécula transportadora, y iv) la *endocitosis* o cuando la célula absorbe directamente al nutriente englobándolo con su membrana (por ejemplo, en los lípidos).

De lo anterior se puede concluir varias cosas importantes: i) la digestión es un proceso mucho más complejo de lo que se creía hasta ahora y donde la estructura del alimento juega un rol importante; ii) la accesibilidad de muchos nutrientes a la acción

---

183 Jeanes, Y.M., Hall, W.L., Ellard, S., Lee, E. y Lodge, J.K. 2004. "The absorption of vitamin E is influenced by the amount of fat in a meal and the food matrix". *British Journal of Nutrition* 92, 575-579.

de las enzimas depende de su liberación de la matriz del alimento; iii) la absorción de ciertos nutrientes requiere de la presencia simultánea de otros compuestos (sinergia) o de su disolución y transporte en una fase adecuada; y, iv) si los alimentos se estructuran de manera adecuada sería posible proteger a algunas moléculas de la acción en el estómago y liberarlas posteriormente más lentamente en el intestino. Esto es lo que se trata de hacer al "encapsular" los microorganismos probióticos en matrices protectoras para que lleguen viables al intestino. Estamos recién comenzando a entender el efecto de la estructura de los alimentos en la nutrición (ver más adelante sección 7.9) y el "otro estructuramiento" de los alimentos: aquel que sufren dentro del sistema digestivo.

Mientras tanto ingenieros y científicos están de cabeza tratando de diseñar una versión moderna del pato de Vaucanson. Sistemas digestivos de laboratorio fabricados con tubos de plástico y membranas permeables tratan de simular los efectos físicos y las reacciones químicas que tienen lugar durante la digestión. Los "estómagos" plásticos pueden incluso simular las contracciones del órgano real y su efecto en la desintegración de los alimentos, mientras los jugos gástricos son dosificados bajo control de un *software*. La idea es entender mejor la forma en que los distintos alimentos se procesan en el sistema digestivo y como se absorben los distintos nutrientes, y de esta manera desarrollar alimentos más saludables.[184]

## 7.7. Almidón a la vena

El almidón es la principal fuente de energía en la mayoría de las dietas. Bajo condiciones normales es rápidamente desdoblado a glucosa, la que se absorbe, entra en la sangre y se distribuye por los distintos tejidos. En secciones anteriores se ha visto cómo el almidón es sintetizado por la naturaleza, acumulado en forma de pequeños gránulos que se hinchan con agua y se disuelven parcialmente durante la cocción (sección 2.3). Ahora corresponde ver cómo se digiere. Como en todo reactor químico, en la digestión importa la velocidad a la que se convierten unas moléculas en otras, y en el caso particular del almidón, la cinética de digestión y su conversión a glucosa depende del tipo de almidón y de la matriz del alimento, algo que se ha descubierto en los últimos 20 años. En la sección 5.4 se mostró cómo se calcula el *índice glicémico* o glucémico (IG) que mide la extensión en que se transforman los carbohidratos complejos (usualmente 50 g) en azúcares durante la digestión. En la práctica, el IG permite ordenar a los alimentos en una escala que, usando como referencia un valor de IG =100 para el pan blanco, va desde aquellos con IG bajo (<55) que liberan lentamente la glucosa, hasta los que lo hacen en forma rápida (IG > 75).[185] Además, cuando el almidón se digiere muy rápidamente se libera gran cantidad de insulina

---

184 Detalles sobre uno de los muchos sistemas digestivos artificiales en desarrollo se pueden encontrar en http://news.bbc. co.uk/2/hi/health/6136546.stm (visitado el 12.06.2010).

185 Como el IG está basado en el consumo de 50g de carbohidratos que generan glucosa, en el caso de porciones pequeñas o alimentos que tienen pocos carbohidratos se prefiere usar la *carga glicémica* (CG), que se define como GC = GI multiplicado por la cantidad de carbohidratos (g), dividido por 100.

que produce hambre en un plazo muy corto, aumentando la necesidad de ingerir nuevamente alimentos. La concentración de glucosa en la sangre está regulada por la insulina secretada por el páncreas y la liberación de insulina a su vez depende de la cantidad de glucosa. Altos niveles de azúcar en la sangre en forma prolongada aumentan el riesgo de desarrollar diabetes tipo 2 y enfermedades cardiovasculares, y de ganar peso.[186]

Hasta hace pocos años los *carbohidratos complejos*, como el almidón y que abundan en el pan, papas, arroz y pastas, eran los recomendados en las dietas saludables, incluso estaban en la base de la pirámide del USDA (sección 12.6). Pero la creciente presencia de la *diabetes tipo 2* (se estima que en 2025 unos 300 millones de adultos padecerán de esta enfermedad a nivel mundial) ha colocado al almidón que genera rápidamente glucosa en la misma lista negra que algunas grasas, por su efecto en el índice glicémico. La diabetes tipo 2 es causada cuando el cuerpo no responde correctamente a la insulina que mueve el azúcar glucosa de la sangre hasta las células. Como resultado, el azúcar de la sangre o glicemia alcanza niveles anormalmente altos o de *hiperglicemia* que pueden ocasionar, entre otros males, hipertensión arterial, daño a los vasos sanguíneos que irrigan las piernas y los pies, accidentes cerebrovasculares, colesterol alto, cataratas y glaucoma.

El *pan* es el alimento común que más almidón aporta a las dietas. A nivel mundial, Chile es el segundo mayor consumidor de pan del mundo, con 96 kilos *per cápita*, sólo superado por Alemania, con 106 kilos. Pero no todo el pan es igual. Una marraqueta aporta 267 kcal por cada cien gramos, mientras una hallulla proporciona un 20% más de calorías y contiene grasas saturadas, lo que no ocurre con la marraqueta que se fabrica a partir de harina de trigo, agua, levadura y sal.[187]

Desde el punto de vista nutricional los almidones se clasifican en *rápidamente digeribles* (ARD), *lentamente digeribles* (ALD) y *almidón resistente* (AR). La velocidad con que transforma el almidón a azúcar durante la digestión depende de la accesibilidad que tengan las enzimas digestivas a las cadenas de amilosa y amilopectina para transformarlas en glucosa (ver figura 5.2). Aquella fracción de almidón que no sufre la digestión en el intestino delgado (AR), y por tanto no es transformada en glucosa, es utilizada por bacterias en el intestino grueso y convertida en *ácidos grasos de cadena corta*, algunos de los cuales pueden no ser muy deseables. La absorción de ácidos de cadena corta provenientes de la degradación del almidón por bacterias aporta sólo 2 kcal/g, la mitad que los almidones ARD y ALD. Por esta razón, el AR junto a otros polisacáridos no digeribles se considera como *fibra dietética*, lo que significa que disminuye la insulina y la concentración de glucosa en el plasma sanguíneo, y genera un efecto positivo en la saciedad.

---

186 Witwer, R. 2005. Understanding glycemic impact. *Food Technology* 59(11), 22-29.

187 La marraqueta, también llamada en Chile "pan francés", fue introducida en Chile en 1905 por un francés de apellido Marraquet que provenía de Alsacia, en el norte de Francia. (Dato proporcionado por el Dr. F. Vio).

La estructura que adquiere un alimento almidonáceo durante el procesamiento es determinante en la liberación de azúcar durante la digestión y en su posible papel como AR. En general, los gránulos más pequeños de almidón gelatinizado se digieren más rápido que los más grandes. Los productos formados por *extrusión*, como algunos *snacks* expandidos, donde el gránulo de almidón ha sido totalmente degradado a *dextrinas*, tienen un alto IG. En cambio en los tallarines, los gránulos de almidón están rodeados de una fuerte matriz de proteína (gluten) que restringe su expansión durante la cocción (sección 3.7) y posteriormente limita físicamente la accesibilidad de las enzimas en el intestino. Como consecuencia, durante la digestión de pastas la hidrólisis de almidón a azúcar es menor (IG entre 50 y 70) que en un plan de molde (IG =100).[188]. Moléculas de amilosa y amilopectina que son liberadas durante la cocción (ver sección 3.4) pueden re-cristalizar o *retrogradar* (ordenarse en forma compacta) con el tiempo, lo que dificulta posteriormente la penetración de las enzimas digestivas en estas zonas muy densas, dando un bajo IG. Durante la digestión de una papa cocida, enfriada, guardada durante un tiempo y recalentada, se produce azúcar más lentamente y en menor cantidad que si la papa se consume recién cocida y la amilosa no ha tenido oportunidad de retrogradar.[189] La retrogradación del almidón es un fenómeno natural que ha sido poco explotado para modular el efecto glicémico en alimentos tradicionales. Otras opciones para consumidores que deseen comer más AR son un almidón alto en amilosa derivado de una variedad de maíz y los almidones comerciales modificados químicamente.

Es bueno saber que no todo el almidón que encontramos en nuestros alimentos se comporta de igual manera. Para partir, los almidones en cereales y tubérculos contienen proporciones distintas de amilosa y amilopectina, empacadas también de forma diferente. Por ser estas materias primas tan importantes en los alimentos, el estudio de sus transformaciones en productos y de su digestión es un área de gran actividad de investigación, cuyos resultados se conocerán en los próximos años. Esto permitirá diseñar alimentos almidonáceos con propiedades nutritivas más adecuadas pero que mantengan las características deseables que nos han acompañado por siglos.

## 7.8. Recibimos menos de lo que pagamos

Hasta cierto punto podemos sentirnos engañados cuando pagamos por cierta cantidad de vitaminas u otros nutrientes que están en un alimento, pero que al final sólo llega una fracción a nuestras células. El contenido de varios nutrientes en una porción de alimento (por ejemplo, 100 gramos o 100 ml) se lista en las *Tablas de Composición de los Alimentos* que existen en muchos países para proporcionar información sobre los alimentos más comunes que componen la dieta. Los datos que van

---

188 Riccardi, G., Clemente, G. y Giacco, R. 2003. "Glycemic index of local foods and diets: the Mediterranean experience". *Nutrition Reviews* 61, S56-S60.

189 Fernandes, G, Velangi, A. y Wolever, T. 2005. "Glycemic index of potatoes commonly consumed in North America". *Journal of the American Dietetic Association* 105, 557-562.

a estas tablas provienen de análisis químicos que se han perfeccionado a través de los años para extraer, separar y purificar los nutrientes específicos de modo de maximizar el rendimiento. Este es el resultado final que va a las Tablas de Composición de los Alimentos y a la información nutricional que aparece en envases y etiquetas de los productos.

Nuestro sistema digestivo dista mucho de ser un laboratorio químico donde se pueden emplear potentes máquinas para triturar las muestras y remojarlas en diferentes solventes por el tiempo que sea necesario para extraer los compuestos. Una cosa es la cantidad de betacaroteno determinada luego de extraer física y químicamente este compuesto de una zanahoria cruda en un laboratorio, y otra es cuánto betacaroteno es absorbido en el intestino y aparece en el plasma sanguíneo luego de masticar, ingerir y digerir la misma zanahoria. La respuesta es que en el último caso se absorbe aproximadamente un 20% del contenido original. Estudios demuestran que la cantidad de betacaroteno absorbido depende de la forma en que se haya procesado la zanahoria.[190]

Esta discrepancia se expresa a través de la *biodisponibilidad* de un nutriente, que es la razón entre la cantidad que se consume y lo que aparece finalmente en el plasma sanguíneo. Lo importante de este concepto es que mide cómo el sistema digestivo humano muele, extrae, diluye y mezcla un nutriente y no el resultado de un ensayo en aparatos de laboratorio. Volviendo al ejemplo anterior, la biodisponibilidad del betacaroteno aumenta al pasar de la zanahoria cruda, a rallada y luego a jugo, pues nuestro aparato digestor no es capaz de romper todas las células de la zanahoria y recuperar la totalidad de este compuesto en la forma en que está en la planta, y parte de él se pierde en las heces (o lo utilizan las bacterias del intestino). Por esta razón la biodisponibilidad del licopeno es mayor en la pasta de tomate que en los tomates frescos (ver sección 1.7). Se puede concluir que al menos en los casos del licopeno y del betacaroteno, el consumo de frutas y verduras en forma procesada puede ser más "nutritivo" que hacerlo en forma fresca.

Los bajos valores de biodisponibilidad de ciertos nutrientes se pueden deber a diferentes causas. Por una parte la naturaleza no sintetiza los compuestos para que sean nutrientes, sino para que realicen funciones metabólicas en el interior de las células de las plantas que los contienen. Por tanto, es común que estos compuestos se encuentren ligados o formando parte de estructuras que deben ser destruidas durante el procesamiento, la masticación y digestión, de modo que estén disponibles para la absorción. Es muy probable que durante estos eventos se produzcan reacciones o interacciones entre las moléculas del nutriente ya liberadas y otros componentes de los alimentos, reduciendo su efectividad. Conocido es el caso de la inhibición de la absorción de hierro no-hemínico por el ácido fítico que contienen los cereales y

---

190 Van het Hof, K., West, C.E., Weststrate, J.A. y Hautvast, J.G.A.J. 2000. "Dietary factors that affect the bioavailability of carotenoids". *Journal of Nutrition* 130, 503-506.

las legumbres. El tema de la biodisponibilidad es *top* actualmente en nutrición y en tecnología de alimentos, pues incide directamente en el efecto beneficioso para la salud derivado de la forma como comemos los nutrientes. Hay más de este tema en la sección 7.9.

Pero también somos botarates y descartamos algo por lo que pagamos. A la ineficiencia con que utilizamos ciertos nutrientes una vez que llegan a la boca, hay que sumar las *pérdidas de nutrientes* que se producen anteriormente, durante la elaboración de los alimentos tanto en la industria como en el hogar. Al conocido caso de pérdidas de vitaminas, minerales y fibra que se encuentran en la cáscara de cereales y están ausentes en las harinas refinadas, se suma ahora el que varios compuestos bioactivos se concentran en la cáscara y pepas de algunas frutas, las que son descartadas. Si se añade que varios de estos compuestos son sensibles al calor y al oxígeno, por tanto su retención depende de las condiciones de procesamiento, envasado y almacenamiento, lo que recibimos puede ser bastante menos de lo que debiéramos.

## 7.9. ¿Por qué envejecemos?

No podrá haber pasado desapercibido que se hable tanto de los antioxidantes presentes en los alimentos o como alimentos funcionales. ¿Cuál es su papel? Todo parte una vez que las moléculas que componen los alimentos llegan a las células. Como se enunció en la sección 1.1, la energía contenida en los enlaces químicos de muchas moléculas se libera en cada una de nuestras células en un proceso llamado *respiración celular*, que utiliza al oxígeno como comburente. Esta combustión que ocurre en las mitocondrias no es perfecta y se producen *radicales libres* que son un conjunto de moléculas altamente reactivas entre las que se cuentan las *especies reactivas del oxígeno* (en inglés ROS). Los radicales libres son destructivos porque les falta un electrón, lo que los induce a sacárselos a otras moléculas, en un proceso que se llama *oxidación*. En este saqueo de electrones un radical libre genera a muchos otros, amplificando su acción destructiva. Cuando actúan en nuestro cuerpo los radicales libres son como balas biológicas que dañan a las membranas celulares, el material genético y las proteínas. Las ROS tienen la capacidad de dañar a las células del cuerpo, a pesar que éste cuenta con una importante batería de antioxidantes: proteínas, enzimas, vitaminas y varios otros metabolitos. Con el tiempo los mecanismos de mantención y reparación del cuerpo empiezan a ser menos efectivos y por lo tanto se comienzan a acumular mutaciones del ADN y otros daños a las células que interfieren con su actividad normal. Esta sería una de las razones por las que envejecemos: nos oxidamos. Otra hipótesis sugiere que ciertos genes están programados para funcionar sólo por un cierto tiempo.

Los *antioxidantes* previenen o retardan el daño ocasionado por la oxidación. Por su estructura química ellos tienen la capacidad de reaccionar con los radicales libres dando productos que son relativamente estables e inofensivos. Bajo condiciones metabólicas normales existiría un balance entre la producción de ROS y los sistemas naturales de defensa (antioxidantes y/o captadores de radicales libres), pero si disminuyen los efectos protectores o aumentan las ROS, se produciría una condición llamada *estrés oxidativo*, la que se asocia con patologías como la ateroesclerosis, cáncer, el mal de Parkinson y la enfermedad de Alzheimer. Los antioxidantes que están en la dieta, como la vitaminas C y E, carotenoides, y los polifenoles y flavonoides presentes en frutas y verduras frescas y el vino, nos protegerían del daño oxidativo. Sin embargo hay científicos escépticos que piensan que es una conclusión muy prematura y difícil de probar.[191] Por otra parte, los análisis de laboratorio que miden capacidad antioxidante son muy variados y dan resultados distintos para un mismo compuesto, por lo que la información derivada de ensayos *in vitro* debe ser manejada con cuidado. Por último, es prudente pensar que la acción antioxidante se deba más a sinergismos que al efecto de un solo tipo de molécula.

Pero volvamos a los genes. Cuando la comida es abundante y los niveles de estrés son bajos, muchos genes sustentan el crecimiento y la reproducción, pero bajo condiciones desfavorables, se vuelcan hacia la protección fisiológica y el mantenimiento de las células. Este cambio protege al organismo del estrés ambiental y también alarga la vida. La más conocida de estas condiciones adversas es la restricción dietética o calórica, la que se ha probado que extiende la vida en muchas especies desde las levaduras hasta los primates.[192] Este es un dato no menor para tener presente a la hora de comer.

## 7.10. **Nutrición** *¿Quo vadis?*

La ciencia de la nutrición se inició con el estudio de carencias específicas y con la identificación de nutrientes que compensaban este déficit. El impacto producido por este enfoque ha sido notable como lo demuestra la historia de la *vitamina C* o ácido L-ascórbico, cuya ausencia en la alimentación produce el *escorbuto*, carencia que puede llegar a ser mortal. La relación entre la vitamina C y el escorbuto se dilucidó en los años 1930s y desde entonces la vitamina se produce industrialmente por síntesis química a partir de la glucosa y más recientemente por fermentación, vendiéndose en forma de tabletas. La incidencia actual del escorbuto sólo va acompañada de la desnutrición general o se presenta en casos especiales.

En tiempos recientes apareció evidencia científica relacionando ciertos tipos de patologías con el consumo de grupos de alimentos o con ciertas dietas (ver el caso de la llamada Paradoja Francesa, sección 12.5). Esto hace una gran diferencia pues cambia la unidad fundamental de la nutrición desde un nutriente específico al alimento completo y al conjunto de alimentos que se consumen habitualmente. Ahora resulta obvio que estudiar el efecto de nutrientes aislados no necesariamente proporciona una comprensión de cómo ellos funcionan cuando se encuentran formando parte de los alimentos. Los expertos en nutrición denominan *matriz de un alimento* a lo que en

---

191 Willett, W.C. 2003. *Eat, Drink and Be Healthy*. Free Press, Nueva York, p. 158.

192 Sobre genes y envejecimiento ver Kenyon, C.J. 2010. "The genetics of ageing". *Nature* 464, 504-512.

este libro se llama la microestructura, es decir, el arreglo espacial en que se encuentran insertos los nutrientes en un alimento real y llaman *sinergias* a las interacciones positivas o negativas entre los distintos compuestos una vez que se encuentran a nivel molecular. Esto último parece estar medianamente claro en el caso de los antioxidantes, donde es más efectiva la acción de una mezcla de varios de ellos que de uno en particular, por muy alta que sea la cantidad presente.

Por primera vez en la historia de la nutrición se da relevancia al rol de la estructura de los alimentos y se acepta que la efectividad de un nutriente no es independiente del entorno supramolecular en que se encuentra contenido. Desde el punto de vista de un nutriente, la matriz en que está inmerso cambia durante el procesamiento y la preparación en la cocina, y se desintegra durante la digestión liberándolo en el seno del contenido gastrointestinal. De aquí en adelante el nutriente es capaz de interaccionar, positiva o negativamente, con los cientos de otros componentes aportados en la comida, lo que afectará su efectividad nutricional. Los temas de *bioaccesibilidad* de nutrientes (cómo se liberan de la matriz), las *interacciones* con otros compuestos presentes en el tracto digestivo en ese momento y la *biodisponibilidad* (proporción en que son absorbidos en el intestino) serán de la mayor relevancia en la nutrición de los próximos años. Por ejemplo, algunos estudios recientes parecen indicar que los antioxidantes en los arándanos interaccionan con las proteínas provenientes de otras fuentes, de modo que aparecen disminuidos en el plasma de la sangre cuando se consumen en forma conjunta con alimentos proteicos (como la leche). La figura 7.4 resume cómo la microestructura de un alimento puede afectar los eventos que ocurren en la boca y también durante la digestión.

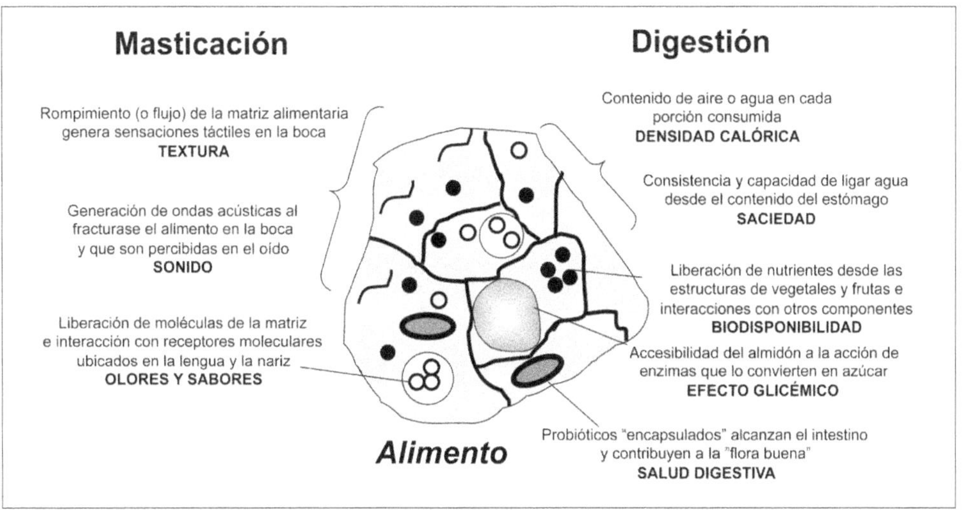


FIGURA 7.4. **Efecto de la matriz de un alimento en sensaciones percibidas durante la masticación y en algunos fenómenos que tienen relación con la digestión y la absorción de nutrientes.**

Puesto que ya están identificadas las carencias de nutrientes básicos y desarrollados los suplementos y estrategias para suministrarlos, los objetivos de la nutrición humana del futuro mediano apuntan a prevenir ciertas enfermedades (protección) y a conseguir mayor bienestar (promoción de la salud y de la calidad de vida). Desde la perspectiva de esta interfase de la nutrición con la salud y el bienestar, el enfoque sigue dos rutas principales. La primera dice relación con el estudio de componentes individuales que podrían tener una actividad biológica favorable, como los alimentos funcionales (sección 1.7), y su comportamiento en alimentos completos y dietas, donde los beneficios para la salud y el bienestar son el resultado de sinergismos e interacciones con otros compuestos. Esta perspectiva *top-down* de la nutrición se complementa con una visión *bottom-up* que surge de la genética y la biología celular. Este enfoque reconoce que los efectos de la alimentación pueden comprenderse mejor si se sabe cómo los nutrientes actúan a nivel molecular y subcelular, para lo cual se aplican tecnologías post-genómicas como la metabolómica (estudio de los metabolitos y sus rutas bioquímicas), la proteómica (relación entre los genes y las proteínas expresadas) y la transcriptómica (análisis de la expresión de los genes), entre otras -*ómicas*.[193]

Al abandonar este capítulo debiera quedar la sensación que el procesamiento de los alimentos no termina en los productos que compramos o preparamos en la cocina, sino que continúa en el interior de nuestros cuerpos. El uso de técnicas nunca antes disponibles para la investigación científica del rol de los nutrientes en el eje que va del cerebro a la célula, como la genómica y la imaginería corporal en tiempo real, va a producir avances espectaculares. Pero el acto de comer es voluntario y depende cada individuo.

---

193 Para aquellos que les interese profundizar más en los temas de los alimentos como unidad básica de la nutrición y el impacto de las plataformas ómicas en nutrición y salud se recomiendan los siguientes artículos, respectivamente: Jacobs, D.R. y Tapsell, L.C. 2007. "Food, not nutrients, is the fundamental unit in nutrition". *Nutrition Reviews* 65, 439-450; y Kussmann, M., Raymond, F. y Affolter, M. 2006. "OMICS-driven biomarker discovery in nutrition and health". *Journal of Biotechnology* 124, 758-787.

# Tecnología culinaria y estructuras

*Hay mucha ingeniería involucrada en la conservación y preparación de alimentos en la cocina, donde la temperatura y la humedad son factores claves. A veces la industria produce cosas que no se pueden hacer en la cocina. Es posible medir las variables que intervienen en la formación de las estructuras alimentarias para tener un mejor control sobre ellas. Aquí se explica la ciencia e ingeniería detrás de las propiedades deseables de varios alimentos a través de algunos ejemplos.*

## 8.1. El mapa de la conservación

Frutillas al refrigerador pero bananas no. Carne fresca al congelador pero nunca un erizo. Galletas y papas *chips* en envases bien cerrados y a temperatura ambiente, sin embargo, para el arroz y la harina basta con un saco (como antiguamente). La disposición de los alimentos en la cocina obedece principalmente a su perecibilidad más que a razones de su mayor o menor uso, y esta sección pretende explicar el porqué. Para partir, digamos que en la conservación de los alimentos hay dos variables que son muy importantes de tener presente: el contenido de agua del alimento y la temperatura del lugar de almacenaje. Con dos variables un ingeniero ya puede crear un gráfico con su eje X y su eje Y, y eso es precisamente lo que se va a hacer. Antes de continuar se advierte que la información que se introducirá en el gráfico requiere de un cierto dominio de las materias tratadas en la sección 2.3.

El eje X va a ser la humedad del alimento, $W$ (g agua /g totales).[194] Alimentos "secos" como las pastas y legumbres secas, que tienen una $W$ muy baja, quedan ubicados a

---

194 Un material que se supone contiene sólo dos componentes como en este caso, agua y un sólido (azúcar), se denomina sistema binario. El porcentaje de humedad (o contenido de agua) del sistema se puede definir también como [g. de agua/ g. de sólido)] multiplicado por 100.

la derecha del eje X. Otros, como las verduras y carnes, son "húmedos" por lo que W es alta y cercana al eje Y. El eje Y va a ser la temperatura *T*, en particular aquella a la que se guarda un alimento. Con esto se tiene la base para construir un *diagrama de conservación de alimentos*, como el de la figura 8.1. En la cocina, la temperatura de un alimento almacenado puede variar entre la del congelador (aproximadamente -18°C, línea segmentada), hasta la "temperatura ambiente", que se puede suponer entre unos 15 y 30°C (zona achurada). Entremedio está la temperatura de refrigeración (alrededor de 5°C, línea punteada).

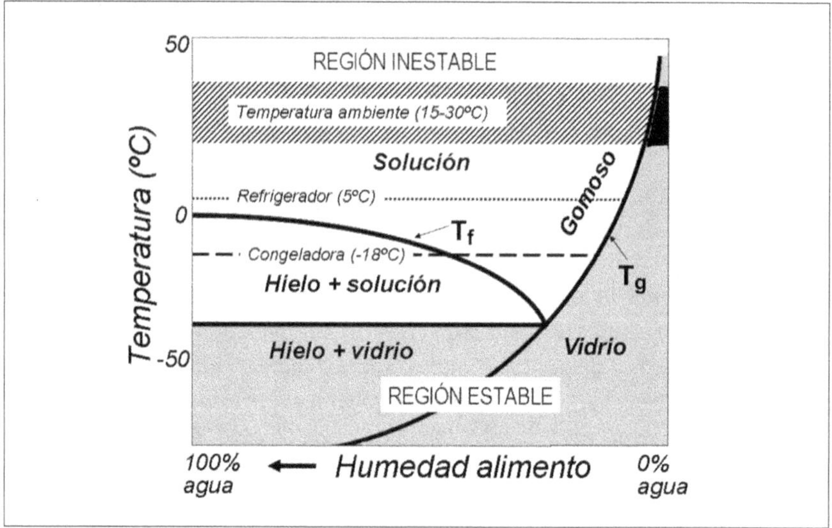



FIGURA 8.1.  **Diagrama que muestra la relación entre la temperatura de almacenaje y la estabilidad de un alimento en función de la humedad. La zona sombreada muestra la zona en que cualquier alimento estaría estable por mucho tiempo. Sin embargo, casi todos los alimentos que almacenamos en nuestras cocinas están en la zona inestable (blanca).**

Alimentos que contienen mucha agua como la leche, los jugos, las bebidas gaseosas, incluso las mermeladas y el manjar, contienen solutos disueltos y partículas en suspensión, ubicándose en la parte superior izquierda del diagrama a temperaturas sobre 0°C (zona **Solución**). Su conservación depende de factores tales como el pH, la cantidad de solutos disueltos, y la presencia de preservantes. En esta zona se ubican también las carnes, pescados y mariscos, y las frutas y hortalizas cuyo caso se discute más abajo.

La curva de la *temperatura de transición vítrea* $T_g$ (ver sección 2.3) es la más relevante del diagrama de conservación y lo cruza casi diagonalmente, separando el estado vítreo (zona **Vidrio**) del estado gomoso (zona **Gomoso**) cuando no hay hielo presente en el alimento. Los alimentos muy secos alcanzan justo a estar bajo la línea $T_g$ si se mantienen a temperatura ambiente y por tanto están como vidrios bajo estas condiciones (área negra extremo superior derecho). Como se ha explicado, un alimento en estado vítreo está en una condición de gran estabilidad, pero si pasa al estado gomoso (por ejemplo, al subir la temperatura o aumentar su humedad) se vuelve inestable. Alimentos de baja humedad como galletas y café soluble se ubican a la derecha del diagrama y cuando se compran suelen estar en forma vítrea dentro de sus envases. Pero si estos productos se exponen directamente a la atmósfera, como cuando se abren los paquetes o los frascos que los contienen, absorben humedad del aire y $W$ se mueve hacia la izquierda lo que significa ¡peligro! ¿Cuánta agua intercambian los alimentos secos con el aire húmedo de la cocina? Hasta que se alcanza un equilibrio en que el alimento expuesto al aire cesa de ganar moléculas de agua y su peso no cambia, lo que depende de la humedad relativa del aire.[195]

Un caso extremo del intercambio de humedad entre un alimento seco y el aire húmedo es el *apelmazamiento de polvos*, como le ocurre al café instantáneo en polvo. Cada vez que se abre un tarro en un ambiente en que el aire tiene una alta humedad relativa el espacio alrededor de las partículas se renueva y parte del agua introducida termina en el producto. Esta ganancia de humedad lleva a que las partículas originalmente vítreas pasen a gomosas, se deformen y se peguen unas con otras transformándose en un sólido compacto en el interior del tarro. La manera de proteger a los alimentos de baja humedad es interponer una barrera impermeable llamada *envase* que los separe del aire. También se mantienen en estanterías a temperatura ambiente los alimentos enlatados, el aceite y el vinagre, y aquellos alimentos que contienen alto contenido de azúcar, como las mermeladas y mieles, pues están bien protegidos o el intercambio de agua no los afecta significativamente.

A la izquierda del diagrama, en condiciones que hay abundante agua, aparece también la curva de la *temperatura de fusión del hielo* $T_f$ y la cosa se complica. Para alimentos cuya $W$ es alta, a temperaturas bajo $T_f$ se forma hielo y la parte que no se congela queda como una solución concentrada (zona **Hielo + solución**). A medida que la temperatura del producto continúa descendiendo bajo $T_f$, más hielo se forma y más concentrada (y viscosa) se pone la solución.

Los alimentos con alta humedad (lado izquierdo en la figura 8.1) son perecibles y van al refrigerador o al congelador. La *refrigeración* disminuye la temperatura de los productos y con esto se reduce la velocidad de crecimiento de microorganismos y de muchas reacciones de deterioro, pero los alimentos no son indefinidamente estables. No se debieran poner en el refrigerador el pan, porque la velocidad de añejamiento es máxima alrededor de los 4°C, ni tampoco algunas frutas que sufren daño por frío.

---

195 La humedad *relativa* del aire (HR) es un término que conviene aclarar. Por razones prácticas no se habla de cuánta agua o humedad contiene un volumen de aire (por ejemplo, en kg de agua/m³) sino de qué tan cerca está el aire de saturarse con vapor de agua (o de formarse neblina), lo que corresponde a una HR de 100%. La HR es una propiedad del ambiente y varía en distintas partes del mundo, y entre el día y la noche.

Hecha esta salvedad, la regla práctica es que las velocidades de deterioro se reducen aproximadamente a la mitad por cada 10°C que desciende la temperatura. Luego, las carnes y pescados, carnes procesadas (jamones, patés, etc.), huevos, leche pasteurizada, frutas y hortalizas se conservan por un período casi cuatro veces más largo bajo refrigeración que a temperatura ambiente.

Varios alimentos que tienen mucha agua se preservan bajo *congelación*, no tanto por el efecto del descenso de la temperatura, sino porque bajo 0°C parte del agua se transforma en hielo, quedando inmovilizada e incapaz de participar en reacciones que dañen la calidad. A -18°C, que es la temperatura a que operan normalmente los congeladores domésticos, no toda el agua que tiene, por ejemplo, un pescado "congelado", va a estar en forma de hielo. Al bajar la temperatura e irse formando los cristales de hielo la solución acuosa remanente va aumentando en concentración y tiene cada vez menor punto de congelación (se mueve hacia la derecha por la curva $T_f$). ¿Hasta cuándo? La mínima temperatura en que se forma la última porción de hielo en frutas y carnes es unos -40 a -45°C. A temperaturas más bajas la solución concentrada es tan viscosa que se vitrifica y el alimento pasa a ser parte hielo y parte vidrio (zona **Hielo + vidrio**). Cuando un material biológico de alta humedad está en estas condiciones, se obtiene la máxima estabilidad posible. Pero con los alimentos esto nunca se alcanza pues no es necesario crío-preservarlos, lo que además de caro sería poco práctico pues habría que mantenerlos a esas temperaturas. Restos de seres humanos primitivos que se han encontrado al derretirse el hielo de las altas cumbres por efecto del calentamiento global se encuentran en un gran estado de preservación por haberse mantenido por varios miles de años en la zona hielo + vidrio.

Los alimentos que compramos congelados van directo al congelador (*freezer*) doméstico. En la industria se trata de congelar lo más rápido posible y alcanzar temperaturas de alrededor de unos -30°C. La congelación lenta produce cristales grandes de hielo que rompen paredes celulares y membranas en frutas y hortalizas, crecen fuera de las células y fibras de la carne removiendo agua del interior de estas, o destruyen las emulsiones, lo que se traduce en la exudación de líquido al descongelar. La respuesta a la pregunta de: ¿se puede congelar en la casa tal o cuál alimento?, es invariablemente sí, todo se puede meter a un *freezer*. Pero el congelador doméstico está hecho para mantener alimentos congelados y no necesariamente para llevarlos a ese estado en la mejor forma. En este sentido la industria sabe congelar de manera rápida mucho mejor que la naturaleza, que nunca ha debido recurrir a esto para conservar estructuras.

No es posible abandonar esta parte dedicada a la conservación de los alimentos secos sin mencionar un ejemplo notable de preservación de la "vida" en el estado de disecación. En el desierto del norte de Chile sobreviven semillas en un ambiente extraordinariamente seco, las que son expuestas intermitentemente al frío y al calor que dañaría irreversiblemente a la mayoría de los seres vivos. Sin embargo, basta una tenue lluvia que hidrate estas semillas para que toda la maquinaria celular se ponga en rápido funcionamiento y aparezca el "desierto florido". Parte de esta resurrección de las semillas tiene que ver con la preservación de moléculas claves para la vida en una matriz de azúcares que permanece vítrea bajo las condiciones imperantes y que pasa a gomosa cuando llega el agua.

## 8.2. Esperando a la cocción

Tanto en el hogar como en la industria, las materias primas deben recibir una preparación previa a la elaboración final. En ingeniería culinaria se utiliza una serie de operaciones que tienen como función acondicionar materiales para procesos posteriores y dicen relación con el descongelado, lavado, remojo, pelado o descascarado, troceado, la reducción fina de tamaño, agitación de líquidos, mezclado de polvos, amasado, etc. La mayoría de estos pasos tiene su equivalente en la ingeniería química, existiendo abundante conocimiento empírico disponible y conceptos fundamentales desarrollados, por lo que es muy recomendable consultar esta fuente antes de comenzar cualquier estudio serio en alimentos.[196] Una característica casi común es que estas etapas se realizan a temperatura ambiente.

La remoción de cutículas o pieles de productos como papas, tomates, zanahorias y algunas frutas se realiza en la cocina por medios físicos (por ejemplo, pelado con cuchillo). Pero el pelado se puede realizar también químicamente, con una solución cáustica que difunda hacia las células que pegan la piel con el material comestible y las disuelva parcialmente. Los restos de piel se remueven posteriormente de manera fácil usando cepillos o chorros de agua, como ocurre en las papas que van a la fritura. Aunque la remoción de cáscaras y cutículas provocan pocas mermas físicas, las pérdidas nutricionales pueden ser importantes pues muchos minerales, vitaminas y compuestos bioactivos se suelen encontrar en las partes que se remueven. En la industria, donde se deben procesar toneladas de productos en una línea de proceso, la ingeniería ha desarrollado máquinas que separan partes incomibles con gran rapidez y precisión. Para producir la harina blanca y el arroz pelado, la parte externa del grano o salvado es removida físicamente pues es solidaria con el endospermo interior. Para algunos pelar almendras o espárragos, separar piedrecitas de lentejas, remover restos de carne de los huesos y extraer jugo de una naranja son labores tediosas que en una fábrica se realizan a velocidades sorprendentes en equipos automatizados. Para otros, pelar un camarón o sacar la carne de una jaiba es una parte entretenida de la degustación de un plato.

El trozado (rebanado, corte en cubitos, etc.) es una etapa intermedia común en la cocina que aumenta la razón superficie/volumen, con lo que se favorecen los procesos de transferencia de calor (cocción o fritura) y de masa (como la extracción o la impregnación). Un ejemplo de lo último se encuentra en la industria azucarera

---

196 Un libro clásico de consulta sobre operaciones unitarias en la ingeniería química en español es McCabe W.L., Smith J.C. y Harriott P. 1995. *Operaciones Básicas de Ingeniería Química*, 4ª ed. McGraw-Hill/ Interamericana, México.

donde la remolacha se rebana en forma de "fideos" de sección triangular para facilitar la difusión rápida de la sacarosa desde las células interiores de los fideos cuyas membranas celulares quedan intactas y actúan como filtro para que no migren moléculas más grandes. En la producción industrial de papas fritas congeladas, las papas enteras previamente peladas se lanzan en un chorro de agua contra un conjunto de afilados cuchillos dispuestos horizontal y verticalmente que las trozan longitudinalmente en forma de largas tiras. Por otra parte, la reducción de tamaño en la cocina permite combinar o mezclar distintos alimentos hasta un estado más o menos homogéneo. Sin embargo, el hecho de romper paredes celulares en vegetales libera enzimas que pueden dar lugar a reacciones que alteran el color y el sabor.

La mayoría de las personas preferiría las comidas hechas en casa y disfrutadas con tranquilidad en una ambientación muy diferente a los patios de comida bulliciosos y donde predominan los utensilios plásticos y el material desechable. A muchos, y cada vez más a los jóvenes, les agrada cocinar aunque sólo sea esporádicamente o como pasatiempo. Sin embargo, está claro que las personas no están dispuestas a transar mucho del tiempo libre o el que les toma la vida diaria por el demandado en la preparación de las comidas. Las alternativas más razonables son disponer de productos preprocesados, inocuos y saludables que permitan "ensamblar" comidas apetitosas en casa en poco tiempo, y/o "gourmetizar" algunas alternativas de comida rápida en el hogar. El "costo" en el primer caso va a ser un mayor distanciamiento de lo fresco y natural, y más tecnología incorporada en productos intermedios, y en el segundo, un mayor desembolso. Si estas opciones no son exitosas, quiere decir que definitivamente se está frente a un cambio en el paradigma de la alimentación.

Los *alimentos preprocesados* ya son una realidad: pre-picados, precocidos, pre-pizzas, etc., y se habla incluso de carnes precocidas que necesitan sólo de calentamiento para ser consumidas. En España se conoce como *cuarta gama* al procesado de hortalizas y frutas frescas limpias, troceadas, desinfectadas y envasadas para su consumo. El producto mantiene sus propiedades naturales y frescas por alrededor de 7 a 10 días. Los alimentos *ready-to-eat* se consumen normalmente en el mismo estado en que se venden, mientras que el concepto de *cook-and-chill* corresponde a comidas o preparaciones cocidas y luego enfriadas rápidamente entre 4 a 6°C, lo que puede ir acompañado de un envase con *atmósfera modificada* (con gases como $CO_2$ y/o nitrógeno) o al vacío para mantener aromas y sabores naturales, y proporcionar una vida útil segura. En el último caso la refrigeración es fundamental pues los productos *cook-and-chill* (o *sous-vide*) no son esterilizados y están al límite de la inocuidad microbiológica.

Varias operaciones de la cocina consistían en la aplicación de fuerza bruta para conseguir su fin. Aun se puede ver en panaderías artesanales y pizzerías a un maestro amasando la mezcla de harina y agua para desarrollar la masa. El batido de la crema de leche con un batidor de alambre casi no se usa y estos aparatos cuelgan como adorno en muchas cocinas. La modernidad ha permitido reemplazar la energía humana por la energía eléctrica para producir el mezclado y la dispersión, con lo que se ha perdido el *feeling* que daban las manos.

La limpieza de utensilios y platos es otra operación que debiera experimentar avances considerables en cuanto al esfuerzo involucrado y al uso del agua potable y detergentes. Aunque en comparación a otros usos del agua en el hogar (en lavadoras de ropa, duchas, toilettes, etc.) el lavado de platos y utensilios en la cocina demanda mucho menos agua, probablemente menos de un 5% del total, la descarga al alcantarillado de materia orgánica exige un mayor tratamiento de los residuos. Es posible que la nanotecnología desarrolle recubrimientos que hagan que las superficies de los utensilios y vajilla sean más "autolimpiables" o más repelentes a los sólidos, reduciendo el uso de agua.

La introducción de nuevas tecnologías en el hogar será clave en el ahorro de tiempo y una mayor conveniencia en la preparación de las comidas. La masificación de las *tecnologías de información* es una oportunidad para adelantar en la preparación de alimentos mediante la activación remota de aparatos. El desarrollo de *envases inteligentes* que interaccionen directamente con hornos y otros dispositivos ayudará también en este sentido.

## 8.3. Materiales y utensilios en la cocina

Hasta la Edad Media las cocinas eran espacios bastante rudimentarios que sólo tenían una chimenea donde había fuego directo y brasas, pero no existían los hornos ni los fogones. Tampoco existía la refrigeración y se usaba una habitación fresca para guardar la mantequilla, la manteca, el tocino y la leche. Las carnes luego de ser maduradas a temperatura ambiente, debían ser hervidas antes de ser asadas para eliminar los microorganismos que habían crecido en la superficie. Lo que sí abundaba eran los brigadistas de cocina, que podían fácilmente exceder la centena y proporcionaban la mano de obra necesaria para las tareas culinarias. A partir del siglo XVIII se trató de facilitar la logística de la cocina y el servicio, utilizando montacargas para mover la comida desde el subsuelo y un tubo acústico para transmitir las órdenes.[197] Los utensilios de comida eran bastante básicos, tanto es así que el tenedor sólo llegó a Francia desde Italia en el siglo XVI. A partir del siglo XVII talladores de madera y torneros europeos fabricaron delicados utensilios de uso cotidiano en la comida y la bebida, como cascanueces, copas y vasos, exprimidores de limón, moldes para mantequilla, sellos para pan, entre otros, que hoy son ávidamente buscados por coleccionistas en tiendas de anticuarios o se encuentran en museos (figura 8.2).[198]

---

197 Neirinck, E. y Poulain, J.P. 2001. *Historia de la Cocina y de los Cocineros*. Ed. Zeendrera Zariquey, Barcelona.

198 En Leavenworth, estado de Washington en EE.UU., se encuentra un museo de cascanueces de madera que contiene más de 6.000 piezas, entre antiguas y modernas. (Ver detalles en www.nutcrackermuseum.com).

FIGURA 8.2.  **Utensilios de madera antiguos utilizados en la cocina. De izquierda a derecha: sello para pan, cascanueces y molde para mantequilla. Propiedad del autor.**

Por el contrario, los cocineros y *chefs* actuales disponen de una amplia batería de materiales y utensilios en sus cocinas, que van desde los aceros inoxidables de mesones y cuchillos, hasta sofisticados equipos eléctricos y electrónicos para cortar, mezclar y calentar.[199] También han hecho su entrada aparatos más específicos como los sifones para hacer espumas, las jeringas que permiten inyectar líquidos, los sopletes para hacer la costra crujiente de caramelo en la *crème brûlée*, y las pinzas para disponer delicadamente pétalos de flores y ramitas sobre los platos, entre otros. Incluso se están poniendo de moda las cámaras de vacío para expandir las burbujas en una espuma.

Entre los metales usados en la cocina el cobre es el que conduce más eficientemente el calor. Los iones cobre que se desprenden de los utensilios otorgan un color verde más intenso a los vegetales cocidos.[200] El merengue, que es la base del secreto del *Baked Alaska* (sección 6.1), se prepara batiendo las claras de huevo en presencia de un poco de sal y cremor tártaro, y a la espuma formada se le agrega azúcar. Uno de los secretos es el batido de las claras en un recipiente de cobre, pues iones de este metal ayudan a que una de las proteínas del huevo (la conalbúmina) se denature (ver

---

199 Un buen capítulo sobre herramientas y tecnologías usadas en la cocina se encuentra en Wolke, R.F. 2003. *Lo que Einstein le contó a su Cocinero*. Ma Non Troppo, Barcelona.
200 This, H. 2006. "El color verde de las judías". *Investigación y Ciencia*, 354, 92.

también sección 2.6). [201]

El *teflón®* es un material que cambió la vida de la gente que no podía freír un huevo sin que se le pegara al sartén y también de aquellos que ahora tienen aortas o rótulas hechas de este producto. Una marca registrada de *Du Pont*, el gigante de la industria química norteamericana, el teflón fue descubierto por casualidad en 1940 por un químico al observar que un cilindro agotado de gas tetrafluoroetileno contenía una sustancia blanca y cerosa en su interior. Las moléculas de tetrafluoroetileno habían polimerizado dando origen a este sólido. Pero no fue sino hasta 1960 que los primeros utensilios de cocina aparecieron en el mercado y sólo en 1986 se desarrolló el recubrimiento capaz de soportar el mismo proceso de limpieza que las ollas y sartenes de metal.[202]

## 8.4. Trayendo la industria a la cocina

Hay muchos productos intermedios y finales que la industria alimentaria hace muy bien y cuya elaboración en la cocina sería algo complicada, de alto costo o simplemente innecesaria (al menos por ahora). Por ejemplo, un proceso sencillo en la industria, pero casi imposible de hacer en la cocina, es secar un alimento líquido y transformarlo en un polvo. ¿Se imagina produciendo jugos deshidratados de sus frutas favoritas o encapsulando aromas en su casa? La gran mayoría de los equipos industriales tienen su versión de laboratorio que permite la preparación de muestras de unos pocos kilos y que podrían tener cabida en el laboratorio de un *chef*. Aunque son muchas las tecnologías industriales que no se aplican en la cocina, en el inserto 8.1 se describen algunas de las más importantes que podrían formar parte de un laboratorio de ingeniería gastronómica.

Aunque es probable que pocos laboratorios gastronómicos puedan contar con estos aparatos en sus versiones más pequeñas (*benchtop*), la alternativa más práctica es acercarse a los departamentos de tecnología de alimentos en universidades o centros de investigación. No pasará mucho tiempo hasta que versiones más económicas de algunos de estos equipos y quizá no tan sofisticadas como lo requiere la investigación, estén disponibles para las cocinas más tecnológicas.

Existen muchas *tecnologías emergentes* en la industria alimentaria.[203] Dos que ya tienen aplicaciones comerciales en distinto grado son el uso de *altas presiones hidrostáticas* para pasteurizar y gelificar alimentos y la *extracción con fluidos supercríticos* que explota la alta difusividad y el poder solvente del $CO_2$ presurizado para extraer solutos con un solvente natural.[204] La presión es una variable termodinámica como

201 McGee, H. 2008. *La Cocina y los Alimentos. Enciclopedia de la Ciencia y la Cultura de la Comida*, 3ª edición. Limpergraf, Barcelona.

202 Roberts, R.M. 1989. *Serendipity: accidental discoveries in science*, Wiley Science Editors, pp. 187-191.

203 En este tema existe un libro en español de Raventós, M. 2005. *Industria Alimentaria. Tecnologías Emergentes*, Ediciones UPC, Barcelona. Una versión más completa es el libro de Sun, D.W. 2005. *Emerging Technologies for Food Processing*, Elsevier Academic Press, Londres.

lo es la temperatura, pero cuya aplicación requiere de una tecnología especial para el diseño de equipos que sean suficientemente resistentes a presiones que pueden ser cientos de veces superiores a la atmosférica. No es extraño, entonces, que proteínas y microorganismos experimenten un efecto similar al subir la presión que al ser calentados. La ventaja es que el efecto es fundamentalmente producido por la presión, necesitándose un bajo calentamiento. Por otra parte, si se comprime un gas a presiones altas se transforma en un *fluido* y adquiere algunas propiedades deseables de los líquidos, como la capacidad de retener solutos, pero con una alta difusividad (capacidad de penetrar en la matriz de un alimento) y baja viscosidad. Esto sucede con el $CO_2$ cuando la presión excede las 73 atm y la temperatura es superior a unos 32°C. Estas condiciones son ideales para extraer solutos como la cafeína y los aceites del lúpulo (para hacer cerveza) con un solvente "amigable", y las aplicaciones potenciales no paran de crecer.

La industria también hace uso de *sensores de calidad* o dispositivos que permiten detectar con rapidez ciertas condiciones en los productos y emitir una señal de alarma. Existe una serie de sensores comerciales que dan información sobre la frescura, madurez, contenido de gases e incluso presencia de algunos microorganismos en un alimento envasado. Los de uso más extendido son los *indicadores de tiempo-temperatura* (TTI), o etiquetas que se adosan a los envases y resumen la "historia térmica" o abusos que pueda haber sufrido un producto durante el almacenaje o distribución mediante un cambio de color. También están los *indicadores de radiofrecuencia* (RFID) que permiten monitorear productos a distancia. Con el desarrollo de las micro y nanotecnologías están apareciendo otros tipos de sensores que convierten en "inteligentes" a los envases que contienen la comida y pueden avisar del estado en que se encuentra el producto o incluso activar y programar aparatos en la cocina para su preparación. Pero indudablemente el futuro en la evaluación de la calidad e inocuidad de los alimentos está en los *biosensores* o dispositivos analíticos compactos y de alta especificidad biológica, que al ser contactados con un alimento convierten una señal bioquímica en una respuesta electrónica. No está lejano el tiempo en que tengamos nuestro propio laboratorio de control de calidad en la cocina, y contemos con una batería de microsensores baratos para asegurarnos de la inocuidad y calidad de los alimentos.

Y también están los "aparatos" (*gadgets*).[205] En Internet existen varios sitios en que inventores ofrecen sus productos para "la cocina del futuro". Entre los aparatos semiinútiles está una pantalla que se ubica fuera del refrigerador y permite ver qué hay dentro. Como no es necesario abrir la puerta se ahorra energía, pero se atenta contra un acto casi sagrado para muchos hambrientos.

---

204 Detalles sobre el proceso de EFS se encuentran en la revisión publicada en español por del Valle, J.M. y Aguilera, J.M. 1999. "Extracción con $CO_2$ a alta presión. Fundamentos y aplicaciones en la industria de alimentos". *Food Science and Technology International* 5, 1-24. En este artículo se describe la extracción de aceites esenciales, principios pungentes, pigmentos y antioxidantes desde hierbas, especias y otros materiales.

205 Uno de los sitios es: www.forbes.com/2008/02/08/kitchen-gadgets-luxury-tech-personal-cx_ag_0211kitchen.html

INSERTO 8.1. **Algunas tecnologías industriales que podrían ser adoptadas en un laboratorio culinario.**

**Secado por aspersión (secado *spray*)**. Método para secar alimentos líquidos donde una boquilla distribuye el líquido en forma de gotitas (como el pitón de una manguera de riego) que luego caen dentro de una cámara por la que fluye aire caliente entre 120 y 180°C. Las gotitas van perdiendo agua a temperaturas menores que las del aire, hasta transformarse en partículas secas de polvo que deben ser rápidamente removidas del secador.[206] Hay *secadores spray* de laboratorio que los *chefs* podrían usar para convertir en menos de una hora a jugos, extractos y salsas en unos cientos de gramos de polvos deliciosos.

**Liofilización (*freeze-drying*)**. Consiste en remover el agua de un producto congelado bajo vacío en forma de vapor.[207] Al pasar el agua directamente de hielo a vapor (sublimación) se desplaza un frente que separa una capa casi seca de la zona aún congelada. Como nunca hay agua líquida, la matriz del producto no se encoje. Tampoco se alcanzan temperaturas muy altas. Los alimentos liofilizados tienen propiedades de forma, textura, color y aroma inalcanzables por otros métodos de secado y al ser reconstituidos en agua muchos adquieren propiedades cercanas al producto natural.

**Extrusión**. Tecnología adaptada de la industria del plástico donde se usa para hacer tuberías y películas de envases. En alimentos, el proceso consiste en dosificar continuamente una harina húmeda dentro de un barril o tubo, en cuyo interior gira ajustadamente un tornillo que avanza la masa hacia una salida. La rotación genera calor por fricción que sube la temperatura de masa por sobre los 100°C (de ahí el nombre de *cocción-extrusión*). Los productos extraídos pueden ser *expandidos* por la vaporización violenta del agua de la masa a la salida (*snacks* basados en almidón), o *fibrosos* producidos por la denaturación de proteínas y su orientación como capas paralelas mientras fluyen en la última sección del tornillo (proteína vegetal texturizada o carne de soya).

**Centrifugación**. La aplicación de un campo centrífugo inducido por la rotación acelera muchas veces la velocidad de separación de materiales que tienen distinta densidad (sección 5.2). La centrifugación permite "desnatar" (por ejemplo, separar crema y leche descremada), clarificar suspensiones (por ejemplo, remover partículas de jugos y caldos), "desaguar" pulpas húmedas (como en las centrífugas domésticas para ropa) e incluso filtrar.

**Homogeneización**. Los homogeneizadores y los molinos coloidales permiten disgregar finamente material particulado y hacer emulsiones con gotitas muy pequeñas. Los homogeneizadores rompen los glóbulos de grasa originalmente presentes en la leche, formándose unos más pequeños que no se separan tan rápido en el envase de cartón o la botella, dando un aspecto más "homogéneo" a la leche. Los homogeneizadores tienen una o dos válvulas en forma de estrechos canales donde chocan y se rompen las gotas impulsadas bajo presión.

**Procesamiento por membranas**. Las membranas poliméricas o cerámicas con distintos tamaños de poros (menores a 100 μm) hacen posible filtrar y separar a una escala que va desde partículas microscópicas hasta moléculas suspendidas en líquidos. La *microfiltración* permite remover partículas finas en suspensión y producir líquidos claros y transparentes. La *ultrafiltración* separa macromoléculas de solutos pequeños, como las proteínas del suero de leche de la lactosa. La *osmosis inversa*, a su vez, remueve iones salinos del agua y se ha usado para desalinizar el agua del mar.

---

206 El fenómeno que explica que las partículas no se quemen se conoce como *temperatura de bulbo húmedo*. Un cuerpo húmedo que se expone a grandes cantidades de aire caliente y seco permanece a una temperatura menor a 100°C en tanto exista agua líquida en la superficie del cuerpo.

207 Aunque a nivel del mar (a presión atmosférica de 1 atm) el agua pasa de hielo a agua líquida a 0°C y de ahí a vapor a unos a 100°C (depende de la altitud, en La Paz sería a unos 89°C), cuando la presión es menor que 0.6 MPa (0.006 atm) el paso por la fase líquida desaparece. La transición ocurre directamente de hielo a vapor, fenómeno que se denomina *sublimación*.

## 8.5. Medir o hacer medible

Una diferencia importante entre los científicos y los *chefs* es que a los primeros les gusta medir cosas con precisión y exactitud, dos términos que conviene aclarar. *Precisión* se refiere a la dispersión del conjunto de valores obtenidos de las mediciones y cuanto menor es la dispersión, mayor es la precisión. *Exactitud* significa qué tan cerca del valor real se encuentran los valores medidos. Por lo tanto, algo puede ser muy preciso pero no exacto. Precisión y exactitud son fundamentales en el caso de la temperatura de un almíbar y los cambios de color, en el pH de la cuajada y la calidad de un queso, y en la consistencia de una gelatina y los costos para un fabricante de postres.

Un laboratorio básico de una empresa dedicada a proporcionar ingredientes culinarios o de un *chef* interesado en la ciencia debe contar con instrumentos para medir parámetros y controlar variables importantes en el desarrollo de las estructuras alimentarias. Algunos de ellos se listan en el inserto 8.2. Cuando sea necesario hacer estudios más elaborados, se puede acceder a los laboratorios de alimentos que existen en varias universidades e institutos de investigación.

INSERTO 8.2.  **Algunos instrumentos de medición que no pueden faltar en un laboratorio gastronómico.**

---

**Termocuplas.** Consisten en dos alambres finos de distinto material unidos en un extremo, que al introducirse en el alimento generan un pequeño voltaje, el cual aumenta con la temperatura. La temperatura se despliega en un visor digital o se puede almacenar en un computador. Existen termocuplas especiales para hornos de microondas. Los *termómetros infrarrojos* por su parte, miden a distancia la temperatura de la superficie de un material caliente, a través de la radiación infrarroja que se emite.

**pH-metros.** El pH o potencial de hidrógeno es una medida de la acidez o alcalinidad de una solución acuosa. El pH se mide de forma precisa con un pH-metro, instrumento que consta de un sistema de electrodos de vidrio y de un registro análogo o digital. También se puede estimar con soluciones especiales o papeles indicadores.

**Viscosímetros.** Miden la *viscosidad* (consistencia) o características de flujo de sustancias líquidas o cuasi-líquidas como cremas, aderezos, salsas, mermeladas etc., en función de la velocidad de deformación (sección 2.4). Existen aparatos muy sencillos que miden la "consistencia" o el tiempo que requiere un material en fluir una cierta distancia (por ejemplo, el consistómetro de Bostwick).

**Colorímetros.** Existen colorímetros portátiles en que cualquier color se representa por un punto en un espacio de tres coordenadas, como el de los colores rojo (R), verde (G) y azul (B) de las cámaras digitales y la TV. El espacio de color que se usa más frecuentemente en alimentos es uno cuyos 3 ejes son: **L** (luminosidad), **a** (va de verde a rojo) y **b** (cubre del azul al amarillo). Con la fotografía digital y el uso de software de análisis de imágenes (algunos disponibles gratis en la red) la medición de color ya no es problema.

---

**inserto 8.2** continua en página siguiente ▶▶

> **Medidores de actividad de agua**. Van desde aparatos tan sencillos como un higrómetro de pelo, hasta equipos automatizados y termostatados (www.decagon.com/water_activity/).
>
> **Lupas y microscopios**. Permiten observar y registrar por medio de imágenes (cámara digital o cámaras de video) cosas que el ojo humano no logra apreciar (ver sección 3.3). Aplicaciones posibles son la observación de superficies, detección de ciertas impurezas en ingredientes, tamaños de gotas en emulsiones y de partículas en polvos finos, etc.[208] La cuantificación de características morfológicas, conteo de objetos, etc., se puede realizar a través del análisis de las imágenes.
>
> **Refractómetros**. Miden la concentración en grados Brix (°Bx) de un compuesto soluble, generalmente de azúcar, en una solución mediante el índice de refracción.[209]
>
> **Balanzas de precisión**. Son imprescindibles a la hora de hacer cualquier experimento en el laboratorio, pues permiten pesar de manera exacta hasta centésimas de gramo.

Existen muchas *propiedades físicas* que se miden en materias primas y alimentos terminados, y que influyen en el procesamiento y la calidad. Entre ellas están la ya mencionada viscosidad, el comportamiento viscoelástico de geles (sección 2.4) que se mide con un *reómetro*, las propiedades térmicas como el calor específico, conductividad térmica, transiciones de fases y la temperatura de transición vítrea $T_g$ (sección 8.1) que se determinan con distintos tipos de *calorímetros*, las características mecánicas o texturales que se obtienen en *equipos de ensayos mecánicos* (texturómetros), el tamaño y forma de partículas y gotas determinados por diversos métodos, y la porosidad fina que se obtiene en un *porosímetro de mercurio* o de otro tipo. Ensayos específicos pueden requerir la construcción de aparatos *ad hoc*, como puede ser el caso de querer medir la hidratación de un polvo o la estabilidad de una espuma. Además existen bases de datos que listan valores representativos de propiedades físicas de distintos productos. El tema de las propiedades físicas de alimentos ha sido de gran interés para los tecnólogos de alimentos latinoamericanos por la necesidad de caracterizar alimentos tradicionales y materias primas autóctonas.[210]

## 8.6. ¿Por qué se expande el *popcorn*?

Para los estadounidenses ver una película no sería lo mismo si no existiera el *popcorn*, costumbre que han exportado exitosamente.[211] Los dueños de las salas de cine están felices con este excelente negocio pues sobre el 90% de lo que venden es aire. Como hemos sido incapaces de coincidir en un nombre en español y ninguno de ellos des-


208 El libro de McGee, H. 2004. *La Cocina y los Alimentos: Enciclopedia de la Ciencia y la Cultura de la Comida*, 3ª edición. Limpergraf, Barcelona, muestra varias imágenes de microscopía, por ejemplo, unas para la elaboración de mayonesa.

209 Los grados Brix (símbolo °Bx) expresan la concentración de sólidos solubles en una solución. Una solución de 20 °Bx contiene 20 g de azúcar por 100 g de solución total (20 g de sacarosa y 80 g de agua).

210 Como resultado de un proyecto hispanoamericano del Programa CYTED en que participaron más de cien investigadores de la región, se publicó el libro Alvarado, J.D. & Aguilera, J.M. (Eds.). 2001. *Métodos para Medir Propiedades Físicas en Industrias de Alimentos*. Editorial Acribia S.A., Zaragoza.

211 Las estadísticas hablan de un consumo anual *per cápita* en EE.UU. de sobre 60 *litros* de *popcorn*.

cribe tan bien al producto como el inglés popcorn, se mantendrá el anglicismo.[212] El *popcorn* califica como alimento chatarra: un paquete grande de *popcorn* comprado en el cine puede tener sobre 1.000 kcal, hasta 1,5 gramos de sodio y a menudo, cantidades no menores de grasas saturadas.

Aunque la literatura científica ha dado mucha consideración a ciertas variables que influyen en la expansión del grano de maíz, como el tipo de maíz, el método de calentamiento, las propiedades físicas del grano, etc., la variable que parece tener más importancia es la humedad. Para entender lo que ocurre en el "inflado" del maíz hay que considerar la estructura de este grano donde las células repletas de almidón están contenidas dentro de una cáscara resistente o pericarpio. Al calentar y subir la temperatura del grano ocurren al menos dos fenómenos importantes: el agua en las células se convierte en vapor, con lo cual aumenta la presión; y, el almidón pasa del estado vítreo al gomoso y luego a un estado fundido en que puede fluir (sección 2.3). En cierto instante, la presión interna producida por el vapor excede la resistencia de la cáscara y esta se rompe violentamente, permitiendo que el almidón se expanda. Al salir el vapor, la humedad baja y el producto se enfría con lo que el almidón vuelve al estado vítreo, que da la crocancia al producto expandido. Para que todo esto ocurra debidamente, la humedad inicial del grano debiera estar entre 10 y 18% y la máxima expansión ocurre alrededor de 14%. Resumiendo, cada grano de maíz actúa como una minúscula olla de presión que explota de manera segura en las cacerolas y hornos de microondas.

Existen otras maneras de expandir granos enteros que no tienen cáscara, pero se requiere de un equipo resistente que haga las veces de "cáscara", soportando las altas presiones generadas por el vapor para luego "explotar", arrojando violentamente el producto y vapor caliente. Arroz, trigo y amaranto, por ejemplo, se pueden introducir en un cilindro de acero que se calienta externamente con fuego directo mientras gira. Alcanzada cierta presión por la evaporación del agua, se abre una puerta accionada remotamente saliendo disparado el producto expandido o "inflado". La expansión del volumen también se puede realizar por medio de la fritura, pero el principio es el mismo: el vapor de agua generado infla el producto. Las papas fritas infladas (*pommes de terre soufflés*) sufren una doble fritura, primero para formar una costra plástica e impermeable de almidón que recubre un centro todavía crudo y luego en aceite bien caliente, para que la humedad interna remanente se convierta en vapor e infle las rebanadas de papa como un globo.

Pero si hubiese un examen en expansión o inflado de alimentos, este consistiría en la preparación de un *soufflé*. Esta gran espuma está formada por múltiples celdas de finas paredes estabilizadas por proteína de huevo e infladas por vapor. El *soufflé* comienza agregando una base de harina a una espuma de claras de huevo. Debe ser horneado

---

212 De acuerdo a Wikipedia el *popcorn* se conoce como *palomitas de maíz* en España y México, *canchita* en Perú, *canguiles* en Ecuador, *pochoclos* en Argentina, *cotufas* en Venezuela, *poporopos* en Guatemala, *crispetas* en Colombia, *cabritas* en Chile y *pipoca* en Brasil. Quizá el nombre más adecuado en español es *maíz inflado*.

a una temperatura lo suficientemente alta para que las proteínas coagulen antes que la espuma alcance su volumen máximo. Interiores suaves o más secos se obtienen a temperaturas entre 160-205°C. No es la expansión del aire en la espuma lo que infla el *soufflé* (valga la redundancia), sino que la evaporación del agua contenida en la clara de huevo, lo cual se advierte por el vapor liberado al partir un *soufflé* recién horneado. La cocción perfecta ocurre cuando las claras de huevo justo han coagulado a unos 70°C.[213] Cuando el *soufflé* se retira del horno, el aire y el vapor de agua en el interior se enfrían y por tanto el volumen empieza a colapsar (al bajar la temperatura, disminuye el volumen). Lo sorprendente es que el proceso de elaboración del *soufflé* es similar al usado para producir la espuma expandida de los colchones y almohadas, y la estructura de ambos es muy parecida cuando se observa con una lupa.

## 8.7. Oda al congrio frito

Con todo respeto, Pablo Neruda se equivocó doblemente cuando escribió su *Oda al Caldillo de Congrio*. No sólo omitió mencionar las papas en el caldillo sino que despreció las bondades del congrio frito. Los conocedores de pescados fritos saben que un medallón de congrio, frito por un buen cocinero, es incomparable y único. Para comenzar, el congrio es un pez singular pues no tiene agallas sino que una piel que se remueve, se puede curtir y sirve para hacer artículos de cuero.

La *fritura* es uno de los mayores aportes de la ingeniería de alimentos a las operaciones unitarias de la ingeniería de procesos. [214] La fritura es un tratamiento térmico que usa un líquido (aceite) a alta temperatura (unos 170-190°C) para producir cambios químicos y físicos importantes en los productos. No sólo remueve el agua superficial e impregna parcialmente al sólido con el aceite caliente, sino que desde el punto de vista mecánico puede convertir en pocos minutos un trozo de papa cruda en una viga semi-rígida.

Un análisis básico de la ingeniería de la fritura por inmersión en aceite caliente comienza con un modelo físico que represente la situación de *transferencia de calor* y de la *transferencia de masa* (o materia). La figura 8.3 es un esquema donde se muestra el trozo de pescado que se está friendo y el aceite caliente a su alrededor. La transferencia de masa tiene que ver con el agua que sale por ebullición de la parte externa del trozo, dejando detrás una costra seca y porosa por donde posteriormente va a entrar el aceite. Como el agua no se disuelve en el aceite, hace abandono de la freidora en forma de burbujas de vapor de agua. También ocurre transferencia de masa al pasar aceite desde el baño al producto final.

---

213 Esta es una versión más o menos libre del artículo sobre el suflé del libro de This, H. 2002. *Casseroles & Eprouvettes*. Belin, París.

214 En ingeniería química se conoce como *operaciones unitarias* a las transformaciones básicas que ocurren en los procesos industriales, como por ejemplo, la molienda, la destilación, el secado y el intercambio de calor. Cualquier proceso en la industria alimentaria consta de varias operaciones unitarias que ocurren generalmente en forma secuencial. Este concepto fue desarrollado en el MIT a principios del siglo XX para analizar de manera más específica los fundamentos de cada operación unitaria.

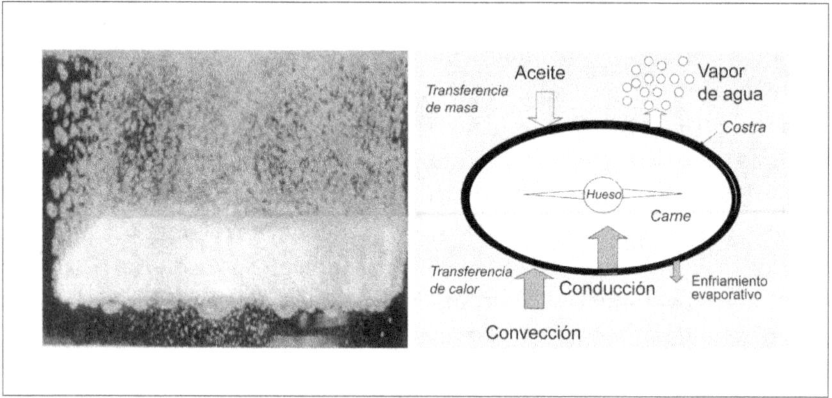


FIGURA 8.3.  **Fritura profunda o por inmersión. Izquierda, trozo de papa friéndose en aceite caliente. Derecha, modelo físico que representa los diversos mecanismos de transferencia de masa y de calor durante la fritura profunda de un trozo de congrio.**

La transferencia de calor se relaciona con los mecanismos que conducen el calor hasta el interior del trozo para que quede cocido. El calor fluye por *convección* desde el aceite a alta temperatura (180-190°C) hasta la superficie del trozo y luego penetra por *conducción* desde la superficie caliente hasta el interior frío (sección 6.6). Existe una pequeña pérdida de calor desde la pieza por la energía que demanda la evaporación de agua de la costra (enfriamiento evaporativo). Una vez avanzado el proceso, la costra seca tiende a alcanzar la temperatura del aceite (por eso se dora y eventualmente podría quemarse), la posición en el interior desde donde se evapora el agua se mantiene a 100°C, y las porciones centrales se calientan y cuecen progresivamente. Un descubrimiento interesante de la ciencia es que el aceite no entra en la costra por difusión (sección 7.2), sino que la mayor parte es succionada desde el aceite que moja la superficie cuando se retira el alimento de la freidora y se enfría la costra.[215]

En el plato, la costra del congrio frito debiera ser de color entre dorado y café (pero no tostada u oscura), y crujiente, mientras que la carne debe ser de color blanco, húmeda y tan tierna que se disgregue fácilmente con el tenedor (pero no elástica). El hueso central no debiera presentar restos de sangre, prueba de una cocción acabada. En realidad, otro examen de grado para un cocinero debiera ser preparar un congrio frito pues es un delicado balance entre llegar con suficiente calor al centro sin que se queme la costra y se reseque el interior. ¿Qué variables tiene el cocinero una vez que ha recibido el pescado para controlar la fritura? Relativamente pocas. La temperatura

---

[215] El mecanismo por el cual entra el aceite en la costra porosa de un producto frito y su relación con la estructura se puede revisar en Bouchon, P., Aguilera, J.M. y Pyle, D.L. 2003. "Structure-oil absorption relationships during deep fat frying". *Journal of Food Science* 68, 2711-2716. Básicamente, al enfriarse el producto el vapor en los poros internos de la costra se condensa produciendo un vacío, que succiona el aceite que cubre la superficie.

del aceite es importante pues afecta la formación de la costra y la transferencia de calor hacia el interior. Un aceite a temperatura menor a la ideal no produce una buena costra y si está muy caliente oscurece el producto y hace que deba ser retirado antes de que se cocine el centro. Además está el tiempo de fritura, pues no todos los trozos son del mismo tamaño así que la experticia del cocinero es fundamental. En algunos casos se ha visto que es ventajoso pre-freír a una temperatura más bien baja y dar la fritura final a una temperatura bastante alta. Respecto al aceite de fritura mismo existen varias reacciones que lo van degradando durante el tiempo por el calentamiento y la interacción con los productos. Las más importantes son la oxidación, que produce olores desagradables y sabores extraños en el alimento, y la polimerización que da lugar a compuestos que pueden llegar a ser incluso tóxicos. Esta es la razón por la cual el aceite de una freidora comercial debe ser inspeccionado y cambiado cada cierto tiempo, y no simplemente rellenado con aceite nuevo.

Lo presentado en las secciones anteriores permite entender el auge y la caída de las papas fritas. La formación de la costra crujiente se debe a que el calor se transmite rápidamente desde el aceite (a una temperatura cercana a los 180°C) a la parte externa del trozo de papa, dando lugar a la deshidratación de esta zona y la formación progresiva de la costra (que no mide más de 1 mm de espesor). La transmisión de calor desde la costra al interior produce la gelatinización del almidón en las células de papa y una textura interna suave y húmeda, casi como puré pero distinta a la de una papa cocida. Luego de retirar la papa frita del sartén ocurre una muerte anunciada, pues el inestable sistema tiende a alcanzar el equilibrio en humedad y temperatura. El trozo se enfría por exposición al aire y desarrolla una progresiva languidez debido a la migración de agua desde el interior húmedo hacia la costra seca, que la "plastifica" y la vuelve flácida.[216] Las cadenas de comida rápida no sirven papas fritas que hayan esperado más de 10 minutos fuera de la freidora, pues aunque se pueden mantener razonablemente calientes bajo una lámpara de infrarrojo, el agua que ha llegado a la costra no puede ser devuelta al centro (ver sección 8.7).

Como la temperatura de ebullición de un líquido baja con una reducción en la presión, también se puede freír bajo vacío a temperaturas de alrededor de 110°C. Con la fritura a vacío es posible obtener productos con un menor nivel de aceite, una mayor retención de nutrientes sensibles a la temperatura y de aspecto y color más parecidos al natural debido a la menor temperatura (reduciéndose de paso el contenido de acrilamida, ver sección 1.10).

## 8.8. En busca del café perfecto

Para muchos es inimaginable comenzar el día sin una buena taza de café. Para los que sólo desean la dosis de cafeína y una apreciación incompleta de los finos aromas,

---

216 Miranda, M., Aguilera, J.M. y Beristain, C. 2005. "Limpness of fried potato slabs during the post-frying period". *Journal of Food Process Engineering* 28, 265-281.

están los cafés instantáneos que se obtienen deshidratando un extracto acuoso de los granos de café en un secador de aspersión o por liofilización (sección 8.4). Ambos productos en polvo se pueden distinguir al ojo pues mientras en el primero las partículas son pequeñas y redondeadas (a veces formando gránulos aglomerados), el producto liofilizado contiene pequeños trocitos irregulares y con bordes lisos, que a menudo son de color café claro (figura 2.8). En cualquier caso, el café contiene cantidades apreciables de *polifenoles* y si se consume regularmente puede llegar a ser una fuente importante de *antioxidantes*.

Todo buen café comienza con la selección de los granos y el tostado. El tostado se realiza a alrededor de 185-240°C, temperatura a la cual ocurren una serie de reacciones químicas, como la reacción de Maillard, que producen compuestos de azúcar con aminoácidos y *melanoidinas* que le dan el sabor al café (sección 1.3). Simultáneamente se producen una serie de moléculas pequeñas y volátiles que le otorgan el aroma. Si el aroma del café verde tiene 250 moléculas odoríferas, el café tostado tiene más de 800. La molienda tiene como objetivo producir partículas pequeñas para aumentar el área de contacto con el agua, de manera que los compuestos solubles sean extraídos en forma rápida y completa. La superficie de las partículas está formada por células rotas que liberan rápidamente sus componentes odoríferos mientras al interior de ellas las células del grano sobreviven intactas y hay que rescatar las moléculas desde su interior.

En las máquinas para preparar café ocurren dos fenómenos que son importantes. El primero es la *extracción* desde las partículas de los polisacáridos solubles, productos caramelizados, lípidos, aromas volátiles (que en peso son una ínfima parte), ácidos solubles y la cafeína. Para esto se utiliza agua caliente. El otro proceso es el *filtrado* donde el extracto debe fluir a través del lecho de partículas sin arrastrar las muy finas. La cafetera de filtro o goteo usa café molido de tamaño medio y receptáculos cubiertos con papel filtro. Los expertos recomiendan enjuagar los filtros de papel con agua hirviendo para remover el olor a papel. La extracción se debe realizar con agua casi hirviendo y debe demorar no más de 4 a 6 minutos. En general, el filtrado depende del tamaño de las partículas, el espesor de la capa de producto molido y la presión. El café turco requiere el mezclado de proporciones iguales de café y agua (y azúcar si se desea) en una cafetera especial (*ibrik*) que se coloca directamente sobre el fuego de modo que se produzca una ebullición ligera de la mezcla. El brebaje debe agitarse y removerse cuando comienza a hervir, proceso que debe repetirse al menos un par de veces.

El café expreso o *expresso* merece mención aparte. Su secreto está en una combinación de varios factores: fina molienda de unos 50 granos de café (con partículas de 350-450 µm de diámetro promedio), mayor proporción de café molido, agua a 92-94°C aplicada a una presión nueve veces la atmosférica, y un tiempo de extracción óptimo de 30 segundos para un total de 30 mililitros de café. El corto tiempo produce una menor extracción de ácidos solubles y cafeína, y la presión remueve gotitas de aceite y trozos de paredes celulares que le dan al café expreso un cuerpo aterciopelado y un sabor intenso. La presión también rompe las gotitas de aceite y libera el dióxido de carbono producido en el tostado que queda atrapado en el interior de células que sobreviven la molienda, provocando la formación de una espuma cremosa y estable. Si la crema es de color claro significa que la extracción no ha sido completa y si tiene un tinte oscuro es señal que la molienda fue muy fina o la cantidad de café molido muy grande.[217] Los buenos baristas o especialistas del café de calidad han empezado a ser tan famosos como algunos *chefs*.

217 Illy, E. 2002. "La complejidad del café". *Investigación y Ciencia* 311, 68-74.

El placer
de comer

*En las últimas centurias los restaurantes han democratizado el acceso a una comida superior. Para entender la situación actual y el importante rol de los chefs es necesario revisar brevemente la historia de la gastronomía tradicional. Aprovechamos este capítulo para introducir una nomenclatura gastronómica básica y presentar algunas referencias que permiten profundizar en el tema.*

## 9.1. Disfrutar comiendo

Muchos psicólogos están de acuerdo en que la actividad culinaria dio lugar al primer disfrute humano por sobre un placer animal.[218] Para los antropólogos, la práctica culinaria podría ser el primer ejemplo de la transmisión del conocimiento empírico en los pueblos primitivos.[219] Se afirma también que "cocinar hizo al hombre", en el sentido que posibilitó el progreso de la actividad animal y terminó dando origen a la palabra. Los biólogos y nutricionistas sugieren que cocinar pareciera ser un rasgo clave en la evolución de los seres humanos al mejorar la calidad y disponibilidad de algunos nutrientes.[220] Para los historiadores, la posibilidad de acceso directo a las especias de Oriente que condimentaban la buena mesa desde tiempos de los romanos, llevó al descubrimiento del Nuevo Mundo y cambió la historia de la humanidad.[221]

---

218 Rodrigo Jordán, jefe de la primera expedición sudamericana en alcanzar la cima del Everest, ha dicho que la comida es lo que más echan de menos los montañistas durante las largas semanas que dura un ascenso.

219 Un relato más completo se encuentra en el capítulo 5 de libro de Cordón, F. 1979. *Cocinar hizo al hombre*. Editorial Tusquets, Barcelona, y que se titula "La cocina enseñó a hablar, y así modeló al hombre".

220 Wrangham, R. y Conklin-Brittain, N. 2003. "Cooking as a biological trait". *Comparative Biochemistry and Physiology* Parte A, 136, 35-46.

221 Entre los alimentos que emergieron del continente americano se pueden citar al maíz, los frijoles o porotos (*phaseolus*), el tomate, las papas, los ajíes y pimientos, el pavo y por supuesto el cacao (chocolate). Los insectos, que formaban parte de la cultura gastronómica de los indígenas, sin embargo, no tuvieron gran aceptación.

En política, se cuenta que Telleyrand luego de asegurar grandes ventajas para Francia alrededor de una buena mesa, habría expresado a Luis XVIII: "*Señor, necesito más cacerolas que instrucciones*". Para el poeta Neruda, sexo y comida riman bien: "*quiero comer tu piel como una intacta almendra*".

La socialización y el compartir la mesa con otros fue un componente vital en la alimentación desde la antigüedad. Comer era más que una mera recarga de energía y constituía un acto de reafirmación de la familia, de amistad y de establecer lazos sociales y religiosos.[222] Que alimentarse fue más que saciar el hambre, queda claro en un par de pasajes de la Biblia. Durante el éxodo desde Egipto, Yahvé envió a los hambrientos y quejumbrosos judíos el *maná*, que según el relato bíblico era como "*...semilla de cilantro, blanco y con sabor a tortas de miel*" (*Éxodo 16*). Después de haber comido maná por 40 años, los israelitas se quejaron a Moisés en estos términos: "*¿Quién nos dará carne para comer? ¡Cómo nos acordamos del pescado que comíamos en Egipto, y de los pepinos, melones, puerros, cebollas y ajos! En cambio ahora tenemos el alma seca; nuestros ojos no ven más que el maná*" (*Números 11*). El recuerdo de comidas variadas y sabrosas hizo olvidar a los judíos que en Egipto eran esclavos, pero pudo ser consecuencia de tener en ese instante, "el alma seca". Este pasaje bíblico debiera hacer meditar a los nutricionistas del siglo XXI sobre ciertos alimentos tradicionales que son considerados nutricionalmente como "no saludables", pero que si son consumidos en cantidades adecuadas y degustados con placer, constituyen bocados para "refrescar el alma".

En los *Aforismos del Profesor*, el gastrónomo e intelectual francés *Jean-Anthelme Brillat-Savarin* (1755-1826) escribía hacia mediados del siglo XIX: "*El placer de la mesa es igual para todas las edades, todas las condiciones, todos los países y todos los días. Se le puede asociar a todos los otros placeres y lo último que quisiéramos es consolarnos de su pérdida*" (ver sección siguiente).[223] Desde el comienzo de la civilización el placer de la comida estuvo reservado para la nobleza y parte del clero, mientras las masas comían para sobrevivir. Los visitantes del palacio Topkapi en Estambul han podido apreciar los diez edificios con sus altas chimeneas que componían la cocina imperial, y que se dividían en secciones especializadas en bebidas, pastelería, cremería, etc., donde cerca de 800 personas preparaban comidas diariamente para unos 4.000 habitantes de palacio.

Para muchos, el acceso a la comida se ha democratizado gracias a la abundancia, variedad y bajos precios relativos de los alimentos. Pero comer bien no significa necesariamente hacerlo en forma copiosa o en lugares caros. Los sabores, olores, texturas y otros rasgos de calidad que normalmente distinguen a una buena comida se pueden

---

222 Esta cita proviene del libro de Wilkins, J.M. y Hill, S. 2006. *Food in the Ancient World*. Blackwell Publishing, Malden, Massachusetts, p. 63, quienes como muchos otros han escrito sobre el rol de la comida en el mundo antiguo.

223 He sido protagonista y testigo de esperas de más de media hora por parte de famosos políticos y destacados empresarios en la cola de una panadería de un balneario, esperando la salida de pan fresco.

encontrar hasta en las cosas más simples, como un trozo de pan acompañado de un buen queso y una copa de vino, o en una ensalada fresca. Disfrutar una comida puede ser algo tan sencillo como degustar lo que se está comiendo, apreciarlo con los cinco sentidos, compartir el momento con otros, y también saber detenerse en el instante preciso.

Para las generaciones recientes escoger en forma cómoda y rápida de entre una amplia gama de opciones de variada calidad, tiene un valor que parecen no estar dispuestas a transar fácilmente, ni siquiera en beneficio de la salud. Aparentemente, poco les importa que un alimento se vuelva insignificante si no se disfruta, que comer en forma distraída sea casi insensato y que hacerlo sin restricción llegue a ser dañino. Ignoran la advertencia de Aristóteles de que procurarse los placeres de la mesa con moderación, vale decir, hasta el justo medio, es bueno y sinónimo de virtud.

## 9.2. Gastronomía, gastrónomo, gourmet y glotón

Es difícil establecer cuándo se origina la *gastronomía* o "el arte de comer bien", cuya etimología viene del griego (*gastros* - estómago y *nomos* - ley). Según el *Larousse Gastronomique*, la Biblia de los gastrónomos, el término "gastronomía" se popularizó en Francia a partir de la publicación en 1801 del libro de J. Berchoux, *La Gastronomie ou l'Homme des Champs a Table*, y en 1835 era palabra oficial para la *Academie Francaise*. Aunque el buen comer no es exclusividad de los franceses, la cultura gastronómica está tan enraizada en la cultura de ese país que es poco probable que en una comedia cinematográfica francesa no aparezca al menos una escena en un restaurante o en la cocina.

La nomenclatura usada para clasificar a los que aprecian la comida deja lugar a ciertas interpretaciones. El nivel más alto en la escala lo ocupan los *gastrónomos*, que son los árbitros del buen gusto culinario. Ser gastrónomo significa saber apreciar y valorar los platos más refinados del arte culinario, estar enterado de cómo se preparan y reconocer sus ingredientes, aunque no es necesario ser un *chef*. El *gourmet*, en cambio, es una persona que sabe escoger una buena comida y la correspondiente bebida, y derivar placer de su consumo, especialmente cuando se lleva a cabo en un ambiente social. Un gourmet famoso en la historia fue Marco Gavio Apicio, quien en el siglo I d.C. escribió el libro de recetas *De re Coquinaria libri decem* (cocina en 10 libros) para posteriormente envenenarse al darse cuenta de que no contaba con suficiente dinero para seguir comiendo bien. Un poco más abajo del gourmet estaría el *gourmand*, quien simplemente disfruta de la buena comida. Una palabra que se usa a menudo en el contexto gastronómico es *sibarita*, que se deriva de los habitantes de Sybaris o Siberius, antigua ciudad griega de la Italia peninsular famosa por su cocina. Fue el exceso de riquezas lo que llevó a los sibaritas a entregarse a los placeres sensuales, entre ellos la comida, por lo que la acepción correcta de la palabra es comer en forma exagerada. Al fondo de la jerarquía de comedores está el *glotón* o *goloso* que representa el abandono total de la razón frente a las ansias de comer sin límite. Un paréntesis es pertinente para mostrar que la glotonería no es exclusiva de los humanos. Los antiguos egipcios fueron los primeros en descubrir que los gansos salvajes al encontrarse a punto de migrar y recorrer miles de kilómetros sin posibilidad de alimentarse, engullían grandes cantidades de alimentos cuyas reservas de energía iban a parar a sus hígados. Así nace el *foie gras*, cuya historia se puede ver actualmente en bajorrelieves ubicados en el museo del Louvre.[224]

Brillat-Savarin es muy importante para la gastronomía moderna pues su ambición era transformar el arte culinario en una ciencia donde confluyeran la química, la física, la medicina y la anatomía. Es autor del libro *Physiologie du Gout ou Meditations de Gastronomie Trascendantel* (París, Sautelet et Cie, 1826), cuya contraportada se muestra en la figura 9.1.[225] Para su época, este libro fue un avanzado tratado del placer que produce una buena comida y se adentra en diversas materias del espíritu humano como la relación entre la gastronomía y la felicidad conyugal. Brillat-Savarin, autor de la célebre frase *"dime qué comes y te diré quién eres"*, es reconocido por aficionados, *chefs* y científicos como un erudito y un gastrónomo que fue capaz de relatar en forma anecdótica y entretenida ciertos aspectos científicos del arte de cocinar, y de reafirmar la compatibilidad de la buena comida, la salud, el bienestar personal y el placer.

Fotografía derecha: Alfredo Barriga A.

FIGURA 9.1.  **Imagen de Jean Anthelme Brillat-Savarin y contraportada del libro *Physiologie du Gout ou Meditations de Gastronomie Trascendantel*, edición de 1840. Propiedad del autor.**

---

224 La historia del foie gras se cuenta de manera muy completa y entretenida en Toussaint-Samat, M. 2005. *History of Foods*. Blackwell Publ., Oxford, pp. 424 - 434.

225 En Nueva York se puede conseguir la versión original de este clásico de la gastronomía por la increíble suma de 9.000 dólares, aunque afortunadamente existen versiones en inglés y español que son bastante más económicas.

## 9.3. Ingeniería en la mesa

La relación del cuerpo humano con las maneras usadas para llevarse los alimentos a la boca y los utensilios usados para este fin constituyen una especie de ergonomía gastronómica. A través de los tiempos y en distintas culturas se ha comido de pie, sentado, recostado o en cuclillas. La mesa alta ovalada o rectangular pone de manifiesto desigualdades en el acceso a los platos, al contrario de la mesa redonda, usada por los chinos, que denota una igualdad entre los comensales. La cuchara es el utensilio más usado mientras que el tenedor y el cuchillo son cubiertos introducidos por la cultura occidental. Los palillos son utilizados en Asia para acceder a alimentos de una fuente común y, por lo tanto, nunca deben tocar los labios. Pero indudablemente el uso de los dedos ha sido y sigue siendo en algunas culturas, el modo más común de llevarse los alimentos a la boca, cuando la consistencia y la temperatura lo permiten.[226]

La logística de la interacción del comensal con los platos y el orden en que se sirven las comidas han cambiado con el tiempo. Para los nobles griegos había una división entre la parte de la comida propiamente tal (*deipnon*) y lo que ocurría después, el *simposium*, que estaba dedicado a beber vino y a conversar (figura 9.2). Hoy, la palabra simposio se usa para las reuniones en que académicos se juntan a discutir sobre un tema específico (y, posiblemente, a beber algún licor posteriormente). Como se observa en la figura 9.2, las comidas y el simposio ocurrían mientras las personas estaban reclinadas, una práctica que se adoptó de la realeza asiria y persa.

FIGURA 9.2. **Bajorrelieve que muestra la escena de un *simposio* en que bebidas y alimentos livianos eran consumidos en posición reclinada. Museo Arqueológico de Tesalónica.**

---

226 Fumey, G. y Etcheverría, O. 2004. *Atlas Mundial de Cocina y Gastronomía*. Ediciones Akal, Madrid.

A partir del siglo XVI se puso en práctica el *servicio a la francesa*, donde una multitud de platos se presentaban simultáneamente en tres ocasiones (tiempos) durante la comida. Aunque permitía que cada comensal pudiera escoger y servirse a su gusto, alcanzar los manjares no era fácil pues se disponían en la mesa en un orden particular y manteniendo una simetría donde la entrada principal ocupaba el centro y los otros platos se distribuían hacia los bordes. Por lo tanto, no todas las posiciones en la mesa ofrecían las mismas posibilidades para acceder a las distintas fuentes. En una mesa ovalada este problema de geometría da preeminencia a las posiciones centrales, que tienen acceso directo a las piezas principales, mientras los extremos deben usar frecuentemente a sus vecinos para alcanzarlas o contentarse con consumir sólo unos pocos platos.

Hacia fines del siglo XIX el servicio a la francesa fue reemplazado por el *servicio a la rusa*. En este caso los distintos platos son presentados y servidos uno después de otro, en una secuencia muy precisa. Se acaba el problema de alcanzar las fuentes y la distribución en la mesa sigue el orden de importancia: los dueños de casa en el centro y los invitados ocupando posiciones laterales, pero sin ser postergados. Las fuentes calientes no llegan a la mesa sino que los alimentos se dosifican en la cocina, se trozan y decoran, y luego se envían al comedor donde el comensal se sirve directamente. Este sistema permite resolver un problema fundamental del servicio a la francesa, que aunque muy agradable a la vista, no era compatible con el condición efímera de una obra culinaria, especialmente de los platos calientes. Se puede decir que es un triunfo del gusto por sobre la vista, pero que resta protagonismo al comensal en la selección y tamaño de las porciones. Otra diferencia importante es que en el servicio a la francesa el orden de los comestibles va de los más sustanciosos a los más ligeros y, en cambio, en el servicio a la rusa iban *in crescendo* desde los entremeses y las sopas hasta llegar a las carnes y luego decrecían hasta los postres y las frutas.[227]

## 9.4. El origen de los restaurantes

En la antigua Atenas no existían los restaurantes y la forma que tenían los ciudadanos ricos de comer de manera distinguida era contratando a cocineros y sus ayudantes en los mercados de la ciudad. Mientras tanto, algunos pobres ya se alimentaban en lugares públicos o compraban comidas al paso.[228] Durante la Edad Media existieron en Europa tabernas y albergues donde se podía comer platos simples en una mesa común, pero aún no se popularizaban los restaurantes.[229] Mientras tanto, las cocinas en las cortes, casas de los nobles y los monasterios pasaron a ser los lugares donde se desarrollaba una activa innovación culinaria.

227 Neirinck, E. y Poulain, J.P. 2001. *Historia de la Cocina y de los Cocineros.* Zendrera Zariquiey S.A., Barcelona, pp. 43-46, 51-53 y 76-78.

228 Wilkins, J.M. y Hill, S. 2006. *Food in the Ancient World.* Blackwell Publishing, Malden, Massachusetts, p. 52.

229 Laurioux, B. 2003. "La gastronomía medieval". *Investigación y Ciencia* 320, 58-65.

Se dice que la palabra *restaurante* (o simplemente restorán) se deriva de un local parisino que, alrededor de 1756, ofrecía "caldos restauradores" o *restaurants*. El significado corresponde actualmente a un establecimiento donde se sirven comidas a ciertas horas, tanto de un menú fijo como a la carta. La verdad es que el origen de los restoranes tiene mucho que ver con el desempleo y el emprendimiento.[230] Con la Revolución Francesa (1789) se abolieron las corporaciones y los privilegios que prohibían la fabricación y venta de ciertos alimentos. Los grandes cocineros que habían estado al servicio de la nobleza se encontraron sin trabajo y con necesidades de "parar la olla", por lo que tuvieron que reconvertirse. Muchos abrieron sus propios restaurantes o se emplearon en algunos de ellos. Los restaurantes se llenaron rápidamente de nuevos ricos producto de la revolución, pero quienes difícilmente tenían una cultura gastronómica. En 1803 había en París unos cuatrocientos restaurantes y hacia fines de ese siglo aquellos de verdadera calidad alcanzaban a mil. Los primeros restaurantes en Londres se establecieron alrededor de 1830 y servían principalmente comida francesa.[231]

Con la gastronomía aparecen también las denominaciones culinarias como el *beef Stroganov* (tiras de carne con una salsa de crema, cebollas y callampas), el cordero a la *Parmentier* (filete de cordero con papas cubierto de una salsa al vino) y la crema *Chantilly*, entre muchas otras que adornan los libros de recetas. El primer gran *chef* francés y también uno de los últimos en trabajar para barones, príncipes y zares fue *Marie-Antoine Careme* (1784-1833). A él se le atribuye el vestón blanco con doble abotonadura (para cambiarla de lado si se manchaba) y los gorros altos de los *chefs* para distinguirlos de los cocineros.

## 9.5. El auge de los restaurantes caros

Cada semana se abren varios restaurantes de lujo en las grandes ciudades y probablemente también se cierran algunos. ¿Qué se espera encontrar en un restaurante fino? Desde luego nada que tenga que ver con una relación óptima entre precio y nutrición. El costo de los nutrientes de una comida en estos lugares no debiera exceder un 10% de la factura. Aún si se compraran los ingredientes más finos y se asignara un costo a la elaboración en la casa, por ejemplo, el costo alternativo del que la prepara (a menos que se trate de Bill Gates, por supuesto), probablemente se llegaría a la mitad o menos de la cuenta. Lo que se espera de un restaurante fino es una comida excelente que utiliza ingredientes de gran calidad, una adecuada variedad y creatividad en platos únicos, vinos de selección, un servicio personalizado y por sobretodo, una atmósfera especial. El punto es que comer de manera excelente y en un ambiente agradable ha sido algo muy apreciado desde la antigüedad, y darse este gusto suele ser caro.

---

230 Aunque existen innumerables versiones sobre el nacimiento del restaurante, esta sección se basa fundamentalmente en la presentada en el libro de Gillespie, C. 2001. *European Gastronomy into the 21st Century*. Butterworth/Heinemann, Oxford.

231 Tannahill, R. 1988. *Food in History*. Crown Publ. Inc., Nueva York, pp. 327.

No hay datos recientes sobre el costo de comer en los restoranes más finos. Según la revista Forbes el menú básico (sin vino) en el *Aragawa* de Tokio costaba unos 277 dólares en el año 2005, en el *Arpege* de París, 211 dólares y en el *Eigensinn Farm* de Toronto, 213 dólares.[232] Se comenta que durante 2005 el alza en los precios de los restoranes top en Londres fue de tres veces la inflación y aquellos que más subieron fueron los más caros. En esta ciudad habría al menos cuatro restoranes que cobran sobre 100 libras (unos 190 dólares) por una comida estándar - dos platos, postre, una botella de vino de la casa para compartir, café y propina.[233] El plato más caro en Alemania es una carne de cerdo apanada (*schnitzel*) recubierta con un baño de oro de 25 kilates y cuesta unos 150 euros.[234] En Chile, hasta antes de la crisis del 2009, las ventas en restaurantes crecían a tasas sin precedente.[235]

Las guías elaboradas por críticos gastronómicos o inspectores profesionales son una buena referencia para elegir dónde comer. La crítica gastronómica nace en 1802 con *Grimod de la Reynere* y su *Almanaque Goloso*, que en su primera edición tenía 280 páginas y fue un éxito extraordinario. Actualmente la guía francesa *Michelin* es la más respetada en cuanto a gastronomía y alta cocina. Independiente del estilo de cocina, *Michelin* otorga sus estrellas desde 1900 sobre la base de cinco criterios: calidad de los productos, maestría en dominar los sabores y la cocina, personalidad y creatividad de los platos, razón valor/calidad y consistencia. Los inspectores, que actúan en forma anónima en 21 países y pagan sus cuentas, pueden visitar varias veces un mismo lugar antes de otorgar o quitar las famosas estrellas: una estrella es un muy buen restaurante en su categoría; dos estrellas reflejan una excelente cocina, y tres estrellas representa una *cuisine* excepcional, digna de un viaje especial. En los inicios de este siglo los restoranes tres estrellas Michelin no sobrepasaban los 50 y, curiosamente, Francia acumulaba más de la mitad de ellos. El año 2009, 26 restoranes franceses recibieron tres estrellas, 73, dos estrellas y 449, una estrella.

## 9.6. Algunos libros y revistas de gastronomía

Cada vez que se entra a una librería se aprecia que la sección de gastronomía o cocina ha crecido y cubre más espacio, sufriendo una especie de obesidad saludable. Ante esta loca proliferación de este tipo de libros conviene ser bastante selectivo a la hora de crear una biblioteca. La mayoría de los libros de cocina no aportan mucho a entender cómo alimentarse o comer mejor, pues son meramente colecciones de recetas, muchas de dudoso gusto y calidad.

---

232 Banay, S. 2005. "World's most expensive restaurants 2005" (www.forbes.com/2005/10/12/restaurants-mostexpensive-world-cx_sb_1013feat_ls.html (visitado el 20.01.2009). Actualmente el precio del menú en el *Eigensinn Farm* es de 275 dólares.

233 Información tomada del artículo "Dinner? That's 100£". *Evening Standard*, 16 de agosto de 2005, p. 9.

234 Restaurante en Dusseldorf. *El Mercurio*, Santiago, 17 de diciembre de 2009.

235 Ventas en restaurantes crecen a récord histórico. *El Mercurio*, Santiago, 29 de agosto de 2005.

Una referencia clásica e infaltable para gastrónomos, científicos culinarios y *chefs* es el *Larousse Gastronomique*, creado hace unos 70 años (1938). Si no es posible acceder a la versión completa hay que contentarse con la versión concisa. Existe un *Glosario Gastronómico* publicado en Chile el año 1999 que contiene cerca de 7.500 términos genéricos y locales que puede ser de gran ayuda a la hora de buscar el significado de una palabra.[236] También son interesantes en cuanto a gastronomía moderna, aunque bastante caros, los libros ilustrados de *chefs* famosos. Hervé This es un excelente científico y prolífico autor que devela los secretos de la cocina y desmitifica muchas creencias y prácticas ancestrales. La mayoría de sus libros son rápidamente traducidos al español, pero posiblemente su libro *De la Science aux Fourneaux* (Belín, 2007), en que aborda muchos aspectos físicos y químicos de diversos platos, sólo se consiga actualmente en francés. Más adelante, la sección 10.10 se refiere a algunos libros de gastronomía y ciencia que se encuentran disponibles en español.

Revistas como *Investigación y Ciencia* o su versión francesa *Pour la Science*, contienen secciones en que científicos explican en términos simples pero rigurosos, fenómenos de la cocina como porqué la jalea se endurece al enfriarse, qué hacer para que una mayonesa no se corte, cuándo hay que agregar la sal a la carne asada, y otras curiosidades gastronómicas similares. Hay una serie de publicaciones periódicas que contienen artículos sobre gastronomía y ciencia, entre las que se pueden mencionar las siguientes:

* *Culinology* es la publicación oficial de la *Research Chefs Association* (RCA) de EE.UU. En sus números se incluyen ejemplos de aplicaciones prácticas de la culinología, desarrollo de recetas y aspectos de la industria alimentaria que pueden ser relevantes para los lectores (www.culinology.com).

* *Journal of Culinary Science & Technology* aborda temas como la ciencia y tecnología detrás de la planificación de las comidas, aspectos de investigación básica y aplicada en ciencia culinaria, la alimentación saludable, estilos de vida y el desarrollo de habilidades culinarias prácticas. (www.haworthpress.com/store/product.asp?sku=J385).

* *Gastronómica* se presenta como una revista enfocada en la intersección entre alimentos, cultura y sociedad. Publicada trimestralmente por la *University of California Press*, incluye artículos o ensayos de columnistas y críticos gastronómicos, historiadores, artistas, etc. (www.gastronomica.org).

* *Gastronomic Sciences* es una revista publicada por la Universidad de las Ciencias Gastronómicas en Italia. Sus colaboradores son principalmente profesores de dicha universidad y por lo tanto los artículos se refieren a temas relacionados con el movimiento *Slow Food* (www.unisg.it).

---

236 Hoppe, A. 1999. *Glosario Gastronómico*. Grupo Lobby Ltda., Santiago.

- *New Food.* Informa sobre desarrollo en nuevas tecnologías e innovación en la industria de alimentos y bebidas. Cuatro números por año (www.russellpublishing.com).

- *Vino + Gastronomía.* Revista publicada en Madrid (redacción@vinoygastronomia.net).

- *Gourmand.* Publicación chilena bimestral de cocina, vinos y viajes (Editor@ RevistaGourmand.cl).

- *Vinos&Más.* Revista chilena publicada por D&S, especializada en vinos y gastronomía (info@planetavino.com).

- La revista *IN* de Lan en sus números de octubre está dedicada a la gastronomía latinoamericana.

# El empoderamiento de los chefs

*Los chefs son los profesionales más creíbles e innovadores de la alimentación moderna. Algunos de ellos quieren quebrar con la tradición, al igual que los pintores de fines del siglo XIX y no dudan en usar el conocimiento científico e incluso acoplar "laboratorios" a sus cocinas. Su impacto llega a las universidades y enriquece la oferta gastronómica.*

## 10.1. Gastronomía y arte

La relación entre el arte y la gastronomía es de larga data. En forma simple, se podría decir que las artes plásticas clásicas se relacionan con las maneras en que el ser humano ha percibido visualmente y representado el mundo que lo rodea tal como es. Análogamente, la gastronomía clásica dice relación con la percepción de los olores, sabores, formas y texturas de los alimentos naturales y en elaboraciones tradicionales. La alta gastronomía, al igual que las bellas artes, sobrepasa lo puramente utilitario (alimentos para sobrevivir) e introduce formas con valor "estético" que son apreciadas por una élite.[237]

En la segunda mitad del siglo XIX los pintores impresionistas franceses lograron captar los placeres cotidianos, como se advierte en el célebre *Almuerzo sobre la hierba* (1863) de *Claude Monet* (1840-1926), donde los alimentos ocupan un primer plano. En los inicios del siglo XX nace la pintura abstracta que rompe con la costumbre de los artistas de pintar la realidad como la vemos. La propuesta era que lo importante en el arte no es reproducir la naturaleza (lo que empezó a hacer la fotografía a partir

---

237 Hegarty, J.A. y Barry O'Mahony, G. 2001. "Gastronomy: a phenomenon of cultural expressionism and an aesthetic for living". *International Journal of Hospitality Management* 20, 3-13.

de 1888), sino que develar sentimientos íntimos a través de colores, formas y líneas. *Georges Seurat* (1859-1891) estudió la teoría científica de la percepción del color y la aplicó pintando en forma de pequeños puntos que cuando se miraban de lejos se percibían como formas conocidas. Un quiebre radical fue pintar sin que exista ningún objeto reconocible, sino que apelando al efecto emocional que producen los colores puros y la simplificación de las formas, como lo propuso *Wassily Kandinsky* (1866-1944). Ningún artista tomó esta propuesta más seriamente que *Pablo Picasso* (1881-1973) quien buscó en otras formas de arte y no en la naturaleza la inspiración para sus obras. El holandés *Piet Mondrian* (1872-1944) quiso representar las realidades inmutables del universo a través de líneas rectas y rectángulos rellenos con colores primarios. Se abría así un número infinito de posibilidades de representación que obviamente son de mayor complejidad para la comprensión por el público lego que ve sólo rayas y manchas. Todos estos genios en su niñez y juventud pintaron los temas clásicos de manera espléndida, como se aprecia al visitar los museos de Pablo Picasso en Barcelona o en el caso de Mondrian el Museo Municipal de la Haya.

No puede ser coincidencia que un primer intento por producir un quiebre importante en la gastronomía del siglo XX haya venido de pintores y poetas italianos, que en 1930 lanzaron el *Manifiesto de la Cocina Futurista*. Encabezados por *Filippo Tommaso Marinetti* (1876-1944), los futuristas preconizaban un cambio de mentalidad para poner en un mismo plano al sabor con la forma y el color. Concebían para los alimentos "...una arquitectura especial, original, posiblemente única para cada individuo".[238] En sus propuestas pretendieron, aunque afortunadamente sin éxito, hacer desaparecer las pastas de las comidas por encontrarlas muy vulgares.

En la última década del siglo XX los *chefs* deben haberse sentido como los pintores de fines del siglo anterior. ¿Cuántos lenguados a la mantequilla negra o salsas bearnesas habían preparado en sus vidas? ¿Es que no había otras formas de explorar las sensibilidades gustativas, olfativas, visuales, táctiles y auditivas a través de las comidas? ¿No podría ser que cada comensal descubriera e interpretara por sí solo, lo que hay en cada plato? Además, la tecnología de congelación ya comenzaba a reproducir algunas comidas tradicionales a través de líneas *premium* de platos preparados bajo la dirección de algunos renombrados cocineros.

La relación entre la gastronomía moderna y la pintura se advierte en cierta terminología usada por algunos *chefs* modernos. Por ejemplo, la *cocina deconstructivista* desarticula los componentes de un plato tradicional y los presenta de manera diferente pero conservando su esencia, para que sea el comensal el que "construya" sus propios sabores en cada bocado. Una tortilla española "deconstruida" consiste en huevo, papas, cebolla y chorizo preparados de diversas formas (por ejemplo, una espuma de papas y un puré de chorizo) que van montados en capas dentro de una

---

238 Un artículo sobre la cocina futurista aparece en www.marjorieross.com/archives/1085 (visitado el 04.01.2010).

copa con forma cónica.[239] Tal como en el arte, las construcciones gastronómicas de avanzada no se transfieren directamente al gran público. Son referentes importantes para la innovación en la cocina, generan nuevos conceptos que enriquecen las comidas diarias y penetran en nuestras vidas sin que nos demos cuenta.

## 10.2. **El *chef* que inventó el aire**

Es martes 9 de diciembre de 2008, 18:30 horas y el Departamento de Física de la Universidad de Harvard, espera al conferencista. El aula está repleta y se deben instalar monitores de TV en el exterior para aquellos que no encontraron lugar. ¿Un premio Nobel o quizá el sucesor de Einstein? No, es un cocinero que hablará sobre ciencia y cocina. Se trata de Ferran Adrià, el español considerado en 2004 por la revista Time como uno de los 100 personajes más influyentes del mundo y *chef* de *El Bulli*, elegido como el mejor restaurante del mundo por cinco años consecutivos.[240] El Bulli, ubicado cerca de Girona, calificado con los máximos puntajes en las guías Michelin y Guault Millau, recibe al año unas 500 mil solicitudes de reserva desde diferentes países. "*¡Joder, si es una locura! Sólo puedo atender unas ocho mil en la temporada (seis meses). Hay gente que lleva pidiendo reserva hace 15 años y todavía no puede conseguir una mesa*" manifestó Adrià en entrevista a un medio local.[241] El precio del menú de degustación en *El Bulli* es de unos 275 euros por persona. Después de la conferencia, la Facultad de Ingeniería de Harvard decidió introducir el tema de ciencia y cocina en el currículo, e incluso crear un centro de Gastrofísica en conjunto con el famoso chef.[242]

El *New York Times* proclamó en su portada a Adrià como el mejor *chef* del mundo y el reportero a cargo del artículo describió el menú servido en *El Bulli* de la siguiente manera: "*La bienvenida incluía whisky sour congelado y mojito espumoso, acompañado de palomitas de maíz molidas reconvertidas como kernels (granos) y tempura de pétalos de rosa. Un arreglo de siete bloques de gelatina caliente que recordaba unas acuarelas, papas aromatizadas con vainilla. Y más, y más, por tres horas y media*".[243]

A Adrià, quien dice que aplica en la cocina conceptos desarrollados en la pintura por maestros rusos, se le ha llamado "el *chef* que inventó el aire" en referencia a su habilidad para introducir aire a los alimentos. La portada del *New York Times Magazine* del año 2003 muestra a Adrià posando junto a un "aire" que no es más que algo licuado y batido en presencia de lecitina para que se forme una espuma. Trabaja en su laboratorio de Barcelona la mitad del año, donde también diseña vajilla, cu-

---

239 Esto lo comí en 2002 en el Casino de Madrid bajo el nombre de "la tortilla española del siglo XXI".

240 Ver www.seas.harvard.edu/cooking/Adria_Talk.pdf (visitado el 16.04.2009). La presencia de Adrià en Harvard no es la primera vez que un cocinero afamado pisa las aulas de una universidad prestigiosa. En 2006 Heston Blumenthal, propietario del restaurante *Fat Duck* cerca de Londres, fue nombrado doctor honorario de la Universidad de Reading en el Reino Unido.

241 "Ferran Adrià: El cocinero que inventó el aire". Revista *El Sábado*. *El Mercurio*, Santiago, 31 de octubre de 2003.

242 http://harvardmagazine.com/extras/next-the-harvard-center-gastrophysics (consultado el 16.03.10).

243 Tomado de un artículo de Arthur Lubow para el *New York Times*, 10 de agosto del 2003.

biertos y utensilios de cocina, lo que revela a través de sus elegantes, pero también caros libros. Sobre este famoso cocinero se ha escrito mucho y se podría continuar escribiendo aquí también. Recientemente Adrià ha anunciado un receso de dos años para repensar su actividad culinaria. Pero no todo es miel sobre hojuelas. Su colega catalán Santi Santamaría, *chef* de *El Racò de Can Fabes* y también tres estrellas Michelin, acusó en 2008 a Adrià (y a otros "cocineros moleculares") de *"cocinar cosas que ni ellos mismos se comerían"*, en referencia a los espesantes, gelificantes y emulsionantes que usan en algunos platos (ver sección 11.2). Peor aún, le imputó no revelar al público lo que se sirve en su restaurante y de apoyar a una multinacional que vende productos poco saludables.[244]

## 10.3. *Chefs*: Los otros *top ten*

La revista inglesa *Restaurant* presenta todos los años un *ranking* de los mejores restaurantes del mundo. Como todo *ranking* basado en opiniones de expertos, sus resultados son debatibles. En 2009 la lista de los restaurantes *top ten* (donde se indica el cambio de posición con respecto al año anterior) fue la siguiente: 1. *El Bulli*, España (=); 2. *Fat Duck*, Inglaterra (=); 3. *Noma*, Dinamarca (+7); 4. *Mugaritz*, España (=); 5. *El Celler de Can Roca*, España (+21); 6. *Per Se*, EE.UU. (=); 7. *Bras*, Francia (=); 8. *Arzak*, España (=); 9. *Pierre Gagnaire*, Francia (-6); y, 10. *Alinea*, EE.UU. (+11).[245] El único restaurante latinoamericano que aparece entre los 50 mejores es *D.O.M.* del *chef* paulista Alex Atala, que se ubicó en un respetable lugar 24.

¿Qué tienen estos *chefs* que los hace ser tan exitosos? Primero que nada, aman lo que hacen y tienen una mentalidad inquisitiva, un deseo de saber más y una curiosidad que los distingue del resto. Además, son audaces y no se sienten atados a lo clásico. Algunos de ellos han descubierto que una cucharadita de ciencia agregada a sus platos despierta sensaciones gustativas y emociones nunca ofrecidas por la cocina tradicional. Por esta razón, muchos de ellos tienen sus propios laboratorios de experimentación (como Adrià y Blumenthal del *Fat Duck*), mantienen conexiones con científicos (un ejemplo es Pierre Gagnaire y Hervé This en París), o bien contratan investigaciones en centros especializados (es el caso de Andoni Luis Aduriz del *Mugaritz* y Azti-Tecnalia en el País Vasco). Son innovadores innatos, capaces de filosofar en torno a la comida y de hacer proposiciones que aportan significados y ciertos simbolismos.[246] Guardando las proporciones, estos *chefs* son para la gastronomía del inicio del siglo XXI lo que Kandinsky y Picasso fueron para la pintura del siglo XX.

A algunos lectores les interesará es saber cuánto pueden ganar estos *chefs* de elite, cuya fama está a la altura de las estrellas de *rock*. De acuerdo a la revista Forbes, el

244 Santamaría, S. 2008. *La Cocina al Desnudo. Una visión renovadora del mundo de la gastronomía*. Eds. Temas de Hoy, Madrid.

245 Para ver la lista completa, ir a www.theworlds50best.com/page/home.html (visitado el 20.12.2009).

246 Para una mayor profundidad en estos aspectos ver Gillespie, C. 2001. *European Gastronomy into the 21st Century*. Butterworth/Heinemann, Oxford, p. 151-155.

año 2004 el chef austríaco Wolfgang Puck, residente en Beverly Hills, tenía ingresos anuales de unos 11 millones de dólares, producto de programas de televisión, negocios de *food service*, su cadena de locales *Express* y la venta de libros y de utensilios de cocina. Además, Puck ganó un premio *Emmy* por la serie de televisión Wolfgang Puck transmitida en el canal estadounidense *The Food Network*. Emeril Lagasse lo secundaba en la lista de acaudalados chefs con 9 millones de dólares al año, quien aparece en vivo siete noches por semanas en *Fine Living Network*.[247] Pero mantenerse en el pináculo de la gastronomía mundial puede ser estresante. El chef francés Bernard Loiseau se suicidó luego que la guía culinaria Gault Millau 2003 le rebajara la puntuación de su restaurante a 17 puntos, o sea menos que perfecto. A los 52 años, Loiseau era un cocinero prolijo y detallista, y había manifestado que quería ser para el arte culinario "lo que Pelé fue para el fútbol".[248]

## 10.4. Las nuevas gastronomías

En la segunda mitad del siglo pasado el conocimiento acumulado en nutrición y ciencia de los alimentos se empezó a hacer sentir en la gastronomía. La estética corporal de la delgadez y una incipiente preocupación por la salud influyeron en que algunos *chefs* mostraran un paulatino alejamiento de las preparaciones complejas y pesadas de la gastronomía clásica, y emprendieran una búsqueda de los sabores y texturas naturales de cada materia prima. La *nouvelle cuisine* se inició cuando ciertos cocineros abrazaron la causa de la autenticidad, frescura de los ingredientes, y la liviandad y armonía entre los componentes y sus acompañamientos. La *cocina fusión*, en cambio, respondió a la oportunidad de mezclar en forma armónica alimentos de orígenes diversos, aprovechando la riqueza de las culturas culinarias del mundo.

La *cocina de autor* es un castigo a la copia de platos al resaltar la creatividad del *chef* buscando formas novedosas de expresión en las preparaciones y conferirles un sello distintivo. Dentro de esta tendencia se inscribe también el remozamiento de los platos típicos o tradicionales de cada país, y la incorporación de materias primas e ingredientes autóctonos poco utilizados. Uno de los formatos de estos restaurantes considera tener una granja propia y derivar de allí las principales materias primas que se ofrecen como naturales y confiables.[249] La gastronomía asociada al *agroturismo* es una expresión más popular de esta corriente, donde cocineros locales ofrecen productos elaborados por procesos artesanales en base a recursos propios de la zona y muchas veces producidos de manera ecológica.

---

247 Datos obtenidos del artículo sobre los *chefs* mejor pagados del mundo que se encuentra en www.forbes.com/celebrities/2004/06/16/celebs04land.html (visitado el 18.06.2007).

248 "*Chef* se suicida tras crítica desfavorable". *El Mercurio*, Santiago, 26 de febrero de 2003.

249 Este es el caso del restaurante *Eigensinn Farm* situado a 150 km de Toronto y donde más del 90% de los ingredientes necesarios para la cocina proviene de una granja propia vecina al local y que es presentada como "un sistema ecológico autosustentable". Se dice que comer aquí "es una de las 10 experiencias culinarias mundiales y una experiencia epicúrea", a un precio de 275 dólares por persona. Más sobre el restaurante en www.theglobeandmail.com/report-on-business/article785268.ece.

*Cocina progresiva o tecno-emotiva* son algunas de las muchas denominaciones que reciben los esfuerzos de los *chefs* modernos por incluir nuevos ingredientes, usar instrumentos y métodos de cocción no convencionales, y expandir los gustos y sensaciones. Como se ha dicho, algunos de los *chefs* más famosos que han abrazado los formatos de esta gastronomía moderna han integrado laboratorios a sus cocinas. En este contexto cabe mencionar que el libro de Harold McGee, *Cocina y los Alimentos: Enciclopedia de la Ciencia y la Cultura de la Comida* (1984), ha sido un vehículo importante para describir y transferir a los *chefs* la ciencia detrás de la cocina y en explicarles cómo nacen, cambian y fallecen las estructuras alimentarias.

Pero el aterrizaje de las nuevas gastronomías no ha sido igual de fácil en todas partes del mundo. Las culturas gastronómicas de los distintos países pesan a veces demasiado y el grueso del público no está preparado para explorar cosas excesivamente innovadoras ni aceptar de buenas a primeras cambios muy radicales. Por el lado de los *chefs* locales, se puede decir que muchos se han limitado a adaptar, por no decir copiar, ideas y platos de los restaurantes más famosos sin adicionar mucha creatividad.

## 10.5. **En las manos de un** *chef*

Muchos de los grandes *chefs* actuales son innovadores y creadores que combinan en sus menús variadas texturas y sabores en diseños impresionantes y prolijos. El *menú de degustación* es la manera más asequible para entrar al mundo de un *chef*. Es un desfile constante de pequeños platos o "tiempos" que son una alternativa al menú tradicional consistente en entrada, plato de fondo y postre. Algunos tiempos pueden llegar a ser un solo bocado, como la ostra con gel de fruto de la pasión y lavanda, del *Fat Duck* y por eso para unos pocos desilusionados (e incluso un famoso *chef*) *"es sólo una manera de dar poco y cobrar caro"*. El menú de degustación pone al comensal "en las manos" del *chef* al acceder secuencialmente a varias de sus creaciones sin escapatoria posible. En este sentido, es lo contrario al *buffet*, donde el cliente escoge de entre múltiples alternativas conocidas, controla el tamaño de las porciones y decide el orden en que las come. El menú de degustación da la libertad al equipo de cocina de crear platillos innovadores, que si fueran de ración completa podrían ser riesgosos de no ser agradables para el comensal. En *El Bulli* se ofrecen más de 20 platillos de degustación, pero lo normal son un par de entradas, cuatro a cinco fondos, y dos a tres postres. Captar la creatividad de este tipo de menú requiere de una predisposición para vivir una experiencia nueva, atender las "instrucciones" previas a cada platillo y jugar un rol preponderante en la dosificación de los componentes en cada bocado, buscando un equilibrio gustativo personal.

En cierta medida el menú de degustación le da rango y formalidad a pedir varios platos en un restaurante, dividirlos y compartir en la mesa para probar varias cosas. Si Enrico Fermi, el famoso físico italiano, estuviera vivo diría que es *"un picoteo...pero a un nivel más alto*".[250] En un restaurante de lujo, el menú de degustación ofrece normalmente una fina elaboración en el instante, un servicio impecable y una decoración cuidada para cada platillo, que se sirve en una vajilla especial. Además, requiere de una introducción personalizada de lo que se va a comer y da oportunidad para lo lúdico (como ver al vecino expeler gas nitrógeno por las narices, cual dragón furioso). Para el cliente es una buena alternativa para experimentar cosas nuevas y adquirir una mayor cultura gastronómica. Para los que se inician en la gastronomía debe ser como para los neófitos en música clásica ir a la ópera, pues requiere entender el mensaje del *chef*, concentrarse a la hora de degustar y estar consciente que no todo va a ser rico y entretenido. Al igual que en la ópera, comer en estos restaurantes sofisticados es algo memorable y hay que esperar las nuevas temporadas para apreciar la renovación de la propuesta. Millones de personas se embarcan cada año en programas turísticos que incluyen al menos una experiencia gastronómica excepcional.

## 10.6. Gastronomía molecular

La relación entre la gastronomía y la química no es reciente. La *alquimia* (del árabe *al-kimiya*) tuvo su equivalente culinario en la búsqueda del "jugo vital" de los alimentos y la preparación del *osmazomo* o el principio sápido de las carnes. El tratado gastronómico *The Gift of Comus*, publicado en París en 1739 establecía que "*...la cocina (moderna) es una especie de química. La ciencia del cocinero consiste hoy en día en analizar, digerir y extraer la quintaesencia de los alimentos obteniendo de ellos los jugos livianos y nutritivos, mezclándolos y combinándolos con otras cosas*".[251] La verdadera "cientificación" de lo culinario comenzó posiblemente en 1877 cuando el *chef* Joseph Favre, quien realizó investigaciones en la Universidad de Ginebra, funda el periódico *La Science Culinaire*, a partir de contribuciones de cocineros. Desde entonces hasta la aparición de lo "molecular" en la gastronomía pasaron 100 años. En términos simples, la *Gastronomía Molecular* es la aplicación de principios científicos para dar respuesta a preguntas y develar los secretos de la gastronomía o del arte culinario. Nos guste o no, al final lo que olemos y comemos son moléculas. Publicaciones científicas de alto prestigio como *Science* y *Nature* han dedicado artículos a la gastronomía molecular.[252]

El término *gastronomía molecular* fue creado por Nicholas Kurti (1908-1998), físico de la Universidad de Oxford y gastrónomo aficionado. Este *Fellow* de la *Royal Society*, que consideraba lamentable que se supiera más de la temperatura en el interior de una estrella que en el centro de un soufflé, introdujo en la cocina aparatos tales como

---

250 Se cuenta que Enrico Fermi (1901-1954) ganador del Premio Nobel de Física en 1938, tras asistir a una conferencia plagada de ecuaciones complejas, pidió la palabra y le comentó al conferencista: "Debo reconocer que antes estaba confundido respecto al tema. Luego de su exposición sigo igual de confundido... sólo que a un nivel más alto". Los grandes científicos son capaces de exponer cuestiones complicadas en términos simples. Nota: es posible que el famoso físico de la anécdota sea otro.

251 Laudan, R. 2000. "Origen de la dieta moderna". *Investigación y Ciencia* 289, 68-75.

252 This, H. 2005. "Molecular gastronomy". *Nature Materials* 4, 5-7.

jeringas para distribuir licores en el interior de un alimento y propuso el uso de vacío para hacer merengues sin aplicar calor. El profesor Kurti inició también una serie de conferencias bianuales en el *Centro Ettore Majorana* en Erice, Sicilia, donde *chefs* del tope de la guía *Michelin* y unos pocos afortunados científicos se juntaban cada dos años para discutir avances y nuevos métodos que enriquecieran las técnicas culinarias.[253] El socio original y heredero de Kurti es el científico francés Hervé This quien ha sido editor adjunto de la edición francesa de *Scientific American* y miembro de honor de la *Academie Nationale de Cuisine*. En su examen de doctorado ante un jurado que incluía a los premios Nobel de Química Pierre Gilles de Gennes y Jean-Marie Lehn, enunció los que serían los cinco objetivos fundamentales de la gastronomía molecular: i) entender el significado de trucos y refranes culinarios de la gastronomía empírica; ii) explicar los fundamentos de las recetas y métodos prácticos de la cocina clásica a fin de mejorarlos; iii) introducir en la cocina nuevos utensilios, ingredientes y métodos; iv) inventar platos novedosos a partir de las investigaciones efectuadas; y, v) utilizar la cocina para presentar la ciencia al público. Hoy en día hay una serie de *chefs* que aplican conceptos de gastronomía molecular en sus restaurantes.[254]

En una visita a las reuniones mensuales sobre gastronomía molecular que tiene Hervé This con *chefs* y científicos en un local de la *Rue de l'Abbé Grégoire* en París, se discutió sobre la apariencia de los *macarons*. Esta especie de galleta de almendras, azúcar y clara de huevo adquiere luego del horneo un color claro y una superficie agrietada (de hecho, en francés se conocen como *macarons craquelés*) que le es característica y forma parte de su encanto.[255] El tema de esa sesión era ver la influencia de la receta y las condiciones de horneo en las superficies, y por tanto, describir el tamaño, distribución y forma de las grietas, algo que no es fácil para nuestro cerebro que es incapaz de cuantificar estos detalles, pero que es elemental para el análisis de imágenes (ver sección 5.8). Fue sorprendente constatar que distintos *chefs* enfundados en impecables vestones blancos, compartían en forma generosa sus experiencias y sus productos. Dos puntos importantes recalcados por This a los asistentes fueron que diversos hornos alcanzan temperaturas distintas, por lo que estas deben ser determinadas de manera exacta, y que "hornear con la puerta semi-abierta" no es un dato muy preciso y reproducible.

---

253 En 2004 asistí a la última conferencia de gastronomía molecular convocada por Hervé This en Erice, pueblo en Sicilia. En ella fuimos invitados unas 30 personas, incluyendo los *chefs* número dos y tres del mundo (H. Blumenthal y P. Gagnaire) y los autores de libros de ciencia y gastronomía H. McGee y P. Barham.

254 En el sitio web http://blog.khymos.org/links/people/ (visitado el 14.12.10) se listan una serie de restaurantes y *chefs* (cuyos nombres están entre paréntesis) que han sido influenciados por la cocina molecular, entre otros: *El Bulli* (Ferran Adrià), *The Fat Duck* (Heston Blumenthal), *Pierre Gagnaire* (Pierre Gagnaire), *Grand Hotel Villa Serbellione* (Ettore Bocchia), *Saint Pierre* (Emmanuel Stroobant) en Singapur, *French Laundry* (Thomas Keller), *Alinea* (Grant Achatz), *Restaurant L* (Pino Maffeo), *Moto* (Homaro Cantu), *Tapas Molecular Bar* (Jeff Ramsey) en Japón, *Mandarin Oriental Boston* (Damian Zedower), *Oud Sluis* (Sergio Herman), *Room 4 dessert* (Will Goldfarb) y *DOM* (Alex Atala) en São Paulo.

255 Un reportaje interesante del *macaron* en la Francia actual aparece en el artículo de Meyers, C. 2009. "The *macaron* and Madame Blanchez". *Gastronomica* 9 (2), 14-18.

A pesar que la palabra "molecular" estaba en boga en los años 1990 y daba una connotación de modernidad, algunos *chefs* no se sintieron a gusto con la relación que sugería el término gastronomía molecular con "lo químico" y lo cercano que era a la "biología molecular", que implica el manejo de genes en un laboratorio. En el fondo, sólo se trataba de asociar a la gastronomía con un mayor conocimiento científico que permitiera entender las transformaciones culinarias y expandir el abanico de opciones gastronómicas. De hecho, algunos *chefs* que fueron inicialmente entusiastas adherentes a esta corriente, como Adriá y Blumenthal, declararon posteriormente que la gastronomía molecular había fallecido de muerte natural pues se había llegado muy lejos en el uso de la química y la técnica. Por esto, algunos entendidos prefieren hablar de *cocina científica*, mientras los norteamericanos inventaron la palabra *culinología*, que es una marca registrada de la *Research Chefs Association* (RCA) de los EE.UU. (www.culinology.com), y se define como un "ensamblaje" de las artes culinarias y la ciencia de los alimentos. Los *culinólogos* de América y los *gastrónomos moleculares* del otro lado del Atlántico parecen no llevarse muy bien. Para los primeros, la gastronomía molecular es como una "clase de ciencias" que los aleja del "arte" de cocinar.[256]

## 10.7. De la probeta al paladar

La asociación espontánea entre la gastronomía y la ciencia parece haber llegado para quedarse. Lo que está en juego es la innovación en nuevas texturas, sabores y sensaciones para un mercado global donde las ventas de los restoranes superan el millardo de dólares anuales.[257] Los *chefs* modernos están conscientes que el acceso a la ciencia y la tecnología les proporciona nuevos conceptos y herramientas para ser más eficientes en su experimentación y para así expresar mejor su creatividad. Están convencidos que gastronomía y ciencia no deben permanecer alejadas una de la otra como en el pasado, sino que por el contrario, existe complementación y sinergias que deben ser explotadas. Se podría decir que juntar ciencia y gastronomía es un caso notable de innovación abierta, donde la colaboración de los *chefs* con agentes externos aporta experticia, infraestructura, compromiso y celeridad en los desarrollos. Desde el punto de vista de los científicos de alimentos, aliarse con los *chefs* significa acceder a profesionales innovadores, muy creíbles ante el público general y una manera eficaz de acercar su ciencia a la gente (figura 10.1).

256 Un artículo aparecido en la revista *Food Technology* de junio de 2008 titulado "Deconstruyendo la Gastronomía Molecular" ha sido replicado por H. This en la misma revista. Ambos artículos se pueden ver en los sitios Internet http://members.ift.org/NR/rdonlyres/FFB5F58C-ECF0-40C1-B90F-A3F5BB3549DB/0/0608featgastronomy.pdf y http://members.ift.org/NR/rdonlyres/68CE5983-B1D1-4772-A60C-389F8E659153/0/1208perspective.pdf, respectivamente.

257 Banay, S. 2005. "World's most expensive restaurants 2005", en www.forbes.com/2005/10/12/restaurants-mostexpensive-world-cx_sb_1013feat_ls.html (visitado el 20.01.2009).

FIGURA 10.1.  **La asociación entre científicos y chefs proporciona sinergias que benefician la innovación gastronómica.**

Se ha mencionado que Adrià y Blumenthal tienen sus propios laboratorios de experimentación y que Gagnaire ha trabajado junto al científico francés Hervé This (secciones 9.6 y 10.3). El centro de investigación Azti-Tecnalia en el País Vasco (www.azti.es) y el restaurante *Mugaritz* de Andoni Luis Aduriz trabajan conjuntamente desde 2006 en el desarrollo de formulaciones y la creación de nuevos productos, en un "laboratorio de ideas" que combina el conocimiento científico-técnico y la creatividad de la restauración. La Fundación Alicia ubicada en Sant Fruitós del Bages, cerca de Barcelona, es un centro de investigación tecnológica que está dedicado a la divulgación gastronómica y a la promoción de hábitos saludables en la alimentación, y donde participa activamente Adrià (www.alimentacioiciencia.org). Davide Cassi, profesor de física de la Universidad de Parma y Ettore Bocchia, *chef* del restaurante Mistral Bellagio, han trabajado juntos varios años y relatan en un libro sus experiencias conjuntas en la cocina molecular.[258]

El *Experimental Cuisine Collective* (http://experimentalcuisine.com) es una colaboración iniciada en 2007 entre científicos de los departamentos de química y de nutrición de la Universidad de Nueva York y el *chef* Will Goldfarb. Tiene como objetivo desarrollar un enfoque académico riguroso para examinar las propiedades de los alimentos en la cocina y estudiar aspectos relacionados con la salud y el bienestar. Internamente, varias empresas multinacionales de la alimentación cuentan con el

---

258 Cassi, D. y Bocchia, E. 2005. *La Ciencia en los Fogones*. Historia, técnicas y recetas de la *cocina molecular italiana*. Ediciones Trea, Gijón.

apoyo de *chefs* que aportan a los desarrollos saludables la cuota imprescindible de sabor. Pero no todo es miel sobre hojuelas. En la Unión Europea existió el proyecto *Inicon* en que cuatro *chefs* (incluyendo a Adrià y Blumenthal) trabajaron junto a la industria alimentaria en la búsqueda de tecnologías innovadoras para modernizar la cocina y la gastronomía. Se comenta que en este caso particular los aportes del proyecto fueron menores a los esperados.

Como académico y luego de haber trabajado durante casi cinco años en cercanía con algunos *chefs* locales, estas son algunas conclusiones de la experiencia. Primero, que la industria de la restauración es parte muy importante de lo que se denomina "la industria alimentaria", la que normalmente para los tecnólogos de alimentos está constituida por las empresas que fabrican los productos procesados que encontramos en los supermercados. Luego, que los *chefs* (especialmente los jóvenes) están muy dispuestos a experimentar en el laboratorio (mientras que los alumnos de ingeniería prefieren "cocinar" en los computadores). Por último, algo muy relevante para un científico que vive en el mundo universitario: los *chefs* no exigen evaluar el posible mercado pues lo tienen cautivo en sus locales, ni parecen tener demasiados problemas con los costos, los que traspasan al precio del menú. No requieren de pruebas de escalamiento en equipos que procesen grandes volúmenes pues las pocas porciones que requieren diariamente las preparan en condiciones similares a las del laboratorio, y llevan de manera expedita sus creaciones a los consumidores. Trabajar con *chefs* es la manera más segura de lograr que productos de la ciencia lleguen a la boca de las personas.

## 10.8. ¿Por qué los científicos no escriben recetas?

La gastronomía tradicional se basa en recetas transmitidas de una generación a la siguiente. En un libro de recetas estas comienzan con un listado de los ingredientes que se deben usar y continúan con una descripción del procedimiento a seguir. Si bien los ingredientes están relativamente bien descritos, por ejemplo, huevos (pero, ¿de qué tamaño?), el procedimiento es bastante impreciso. Tomemos como ejemplo una receta del famoso *chef* francés *Auguste Escoffier* (1846-1935), el emperador de las cocinas mundiales:[259]

> ***Procedimiento para preparar un relleno para espuma de jamón caliente.***
> *Picar a fondo tanto la carne como el sazonamiento, añadirle poco a poco las yemas de huevo y pasarlo por tamiz fino. Recoger el relleno en una terrina honda o en una cacerola de las que se usan para saltear, y mantenerla sobre hielo de 30 a 40 minutos. A continuación desleírla (sic) poco a poco con la crema, trabajándola con precaución, tal como se hace para montar una mayonesa.[260]*

---

259 De acuerdo al *The Concise Larousse Gastronomique*, dicho título le fue conferido por el Emperador Guillermo II diciéndole: " ...yo soy el Emperador de Alemania, pero usted es el Emperador de los *Chefs*". Escoffier recibió el título de Oficial de la Legión de Honor como reconocimiento a su contribución al enaltecimiento del prestigio de la cocina francesa en el mundo. En toda la historia de la cocina no hay otro ejemplo de una carrera profesional tan extensa (64 años).

260 Escoffier, A. 1968. *Mi Cocina*, 3ª edición. Ediciones Garriga S. A., Barcelona, pp., 271-272.

Instrucciones como "picar a fondo", "añadir poco a poco" y "mantener sobre hielo" abundan en los textos de recetas. Esto es irritante para un científico quien está acostumbrado a trabajar con partículas de tamaños conocidos, dispensar gotas con pipetas en volúmenes de microlitros y medir temperaturas con una precisión de décimas de grado. Términos como "agregue una pizca", o "adicione la punta de una cucharita", son enervantes para un físico o un ingeniero acostumbrados a mediciones con precisión de varios decimales. Es obvio que los dedos de una jovencita atrapan una cantidad de pimienta mucho menor que los de un gigantón. Si bien esta indefinición permite la experimentación y es una fuente de variabilidad, creatividad y diferenciación en cocineros profesionales, para el cocinero ocasional es casi seguro sinónimo de frustración y para el científico constituye algo inaceptable y hasta vejatorio.

La ciencia progresa a pasos pequeños en base a aportes de investigación que se revelan públicamente como artículos científicos. En el área de alimentos existen unas 90 revistas científicas importantes publicadas mensual o bimensualmente, aparte de libros, actas de conferencias, revistas para profesionales y patentes. Esto significa que, en promedio, mensualmente aparecen más de 1.000 artículos relacionados específicamente con ciencia y tecnología de alimentos.[261] Cada manuscrito que pretende llegar a artículo (o *paper*, como se conoce en la jerga científica) es revisado anónimamente por al menos dos pares, es decir, investigadores que están en el mismo tema, antes de ser aceptado para publicación. La literatura científica contiene una enormidad de información y ofrece una gran oportunidad para entender mejor ciertos fenómenos y acceder a nuevas ideas.

Los artículos científicos serían un equivalente a las recetas, pues describen materiales y procedimientos para llegar a ciertos resultados. Estos artículos tienen una sección denominada comúnmente "Materiales y Métodos", en la que se detalla prolijamente la procedencia de los reactivos utilizados (incluyendo el número del lote de fabricación), las cantidades utilizadas de cada uno de ellos, los equipos y sus condiciones de operación, las técnicas analíticas específicas y también los procedimientos utilizados para llevar a cabo los experimentos. Existe mención a diseños experimentales y análisis estadísticos para lo cual las experiencias se repiten de modo que los resultados sean estadísticamente confiables. La idea es que otro científico en cualquier lugar del mundo sea capaz de comprobar si estos resultados son reproducibles. Esta característica del método científico ha hecho que en un lapso corto de tiempo se detecten los fiascos de científicos inescrupulosos y los descuidos de aquellos poco riguro-

---

261 Con el advenimiento del Internet, la búsqueda y el acceso a la información científica se ha globalizado y democratizado, en forma total en el caso de los resúmenes de artículos científicos y parcialmente para los textos completos. Diferentes motores de búsqueda permiten rápidamente acceder a la información temática. Existen también sitios web de importantes casas editoriales que permiten acceder cómodamente a los resúmenes de publicaciones (y en algunos casos a artículos completos) como *ScienceDirect* (www.sciencedirect.com/). Otra fuente importante de información científica es *Pubmed* (www.pubmed.com).

sos.[262] Sería impensable y poco práctico pedir tanta rigurosidad para una receta que sólo pretende satisfacer nuestro paladar y no anhela descubrir la última partícula de materia o sanar el cáncer.

Sin embargo, las patentes industriales que tratan de proteger una invención son un poco como las recetas: describen un proceso de la manera más general posible, ocultando los secretos importantes en la vaguedad del texto. Se trata de revelar lo mínimo necesario para demostrar que hay algo nuevo y de ocultar los datos precisos que permitirían la copia. Es común que en una patente se lea que "la concentración de una sustancia debe estar entre $xx$ y $zz$ gramos por litro y la temperatura a usar entre $yy$ y $ww$°C", ambos intervalos lo suficientemente amplios como para que no sea fácilmente alcanzable el resultado exacto de la invención. En este sentido, los ingenieros entendemos mejor a aquellos cocineros que pretenden guardar el secreto de sus creaciones mediante un lenguaje vago. Los *chefs* innovadores revisan los artículos científicos en busca de conceptos novedosos e incluso "roban" ideas de patentes, como lo reconoció públicamente en una conferencia un ejecutivo de un famoso instituto norteamericano de formación de cocineros. El punto es que tanto los artículos científicos como las patentes están ampliamente disponibles y son fuentes de información e inspiración para los científicos de la cocina. No tomarlos en cuenta es dejar pasar una oportunidad, pero una buena comprensión de sus contenidos requiere acercarse a la ciencia.

## 10.9. La gastronomía va a la universidad

El empoderamiento de los *chefs* ha llegado también a las aulas. Los programas de estudio en *culinología* brotan como callampas en EE.UU., con el atractivo que combinan la ciencia de los alimentos y la gastronomía. La fuerza impulsora es una amplia y tentadora oferta de trabajo en un sector que representa alrededor de un tercio del valor de la industria alimentaria. La seducción viene también por la posibilidad de abrir u operar un negocio propio y por los ingresos, que para un *chef* ejecutivo con cinco a ocho años de experiencia, pueden superar los 60.000 dólares anuales, y que son equivalentes al sueldo que recibe un tecnólogo de alimentos con más práctica laboral. Algunas universidades han hecho un lugar para la gastronomía porque las carreras en ciencia de los alimentos están saturadas y se buscan desesperadamente programas que sean más atrayentes y motivadores para los estudiantes.

En general los estudios universitarios relacionados con la gastronomía son muy amplios y variados. La mayoría están orientados a personas que deseen ser maestros en una escuela culinaria, abrir un restaurante, o trabajar en el departamento de desa-

---

262 El caso de la "poliagua" es uno de estos. A principios de los años 1960s un desconocido químico que trabajaba en un pequeño instituto de una provincia rusa informó haber descubierto un tipo especial de agua, llamada "agua anómala" o "poliagua", que no congelaba ni hervía como el agua ordinaria. Después de cinco años y más de 500 publicaciones se demostró que todo era efecto de la contaminación de los aparatos de laboratorio en que se realizaban los experimentos. Más detalles en el libro de Franks, F. 1981. *Polywater*. The MIT Press, Cambridge, Massachusetts.

rrollo de nuevos productos de una empresa. Este es el caso de *Drexel University* en EE.UU., que ofrece una licenciatura de cuatro años en gestión de la hospitalidad (*hospitality management*), artes culinarias y ciencia de los alimentos.

Otros programas van por una vertiente menos técnica, para alumnos que deseen ser periodistas de alimentos y bebidas, ser agentes de turismo gastronómico o tal vez trabajar como relacionador público en grandes hoteles o agencias de turismo. Un centro de estudios superiores muy especial es la *Universidad de las Ciencias Gastronómicas*, fundada en 2004 por los creadores de *Slow Food* y que tiene dos sedes en el norte de Italia. Los estudios de postgrado pretenden no sólo cubrir la producción de alimentos, sino también el impacto en el ambiente y la sustentabilidad, y cultura gastronómica. Entre los cursos destacan antropología e historia de la alimentación, fotografía, técnicas gastronómicas, productos locales, comunicaciones y análisis sensorial, entre otros. Siguiendo la tradición en boga, la universidad ha sido acreditada por el gobierno italiano. La *Boston University* ofrece una maestría en artes liberales en gastronomía, programa fundado por Julia Child, que invita a "explorar el papel de los alimentos y el vino en la cultura mundial, a través de las artes, las humanidades y las ciencias sociales y naturales". La *Universidad de Adelaida* en Australia estableció un Postgrado en Gastronomía enfocado al estudio de los alimentos y bebidas en una variedad de contextos.

Una "universidad" muy peculiar es la *Hamburger University*, pues su dueño es *McDonald's*. Fundada en 1961, hasta la fecha cuenta con más de 5.000 graduados. En 1983 se trasladó a un campus cercano a las oficinas corporativas de la compañía en Illinois, ocupando instalaciones valoradas en 40 millones de dólares. El programa de dos años es reconocido en EE.UU. y, como era de esperar, los alumnos estudian y practican aspectos relacionados con la operación de restaurantes, servicio, calidad y limpieza.[263]

Sin embargo, para los que quieren llegar a ser cocineros connotados la ruta sigue siendo la misma que hace 200 años: ser aprendiz de un gran *chef*. Cientos de jóvenes realizan pasantías cortas en restaurantes famosos donde aprenden no sólo de técnicas culinarias sino que se empapan de la "filosofía" del local.

## 10.10. **Libros de gastronomía y ciencia en español**

La muestra de los libros sobre ciencia y cocina publicados en español a partir del año 2000 comienza con la referencia obligada de todo cocinero aficionado, gourmet o *chef: La Cocina y los Alimentos: Enciclopedia de la Ciencia y la Cultura de la Comida* de Harold McGee (Random House Mondadori, 2007). En casi mil páginas McGee ha sabido presentar de manera rigurosa pero atractiva para el gran público, la química

---

263 Hay limitada información sobre la *Universidad de la Hamburguesa* en el sitio web de McDonald´s, www.McDonald´s.com/es/usa/work/burgeru.html.

de las transformaciones culinarias, las propiedades de distintos ingredientes y los placeres subyacentes en cada comida o plato. Su premisa es que para comprender lo que le ocurre a un alimento mientras se cocina es imprescindible entender las reacciones moleculares que tienen lugar y esto, a su vez, es fuente de inspiración para la experimentación. Este libro es una adición infaltable en una biblioteca de gastronomía moderna.

Otro libro interesante es *El Cerebro Goloso* (Rubes Eds., Barcelona, 2006) de André Holley, profesor de neurociencias que se adentra en el conocimiento científico actual de los secretos del placer de comer. Genes, proteínas, receptores, canales iónicos, neuronas y cerebro forman una cadena jerárquica cuyos eslabones y conexiones permiten que olores y sabores en forma de moléculas sean captados en la nariz y la lengua, respectivamente (ver sección 7.3). Algunos títulos sugestivos de los capítulos son: las señales de la saciedad, el cerebro que huele y degusta, la deliciosa sinergia del azúcar y las grasas, etc. Se plantea que los problemas de obesidad y sobrepeso con las consecuentes enfermedades relacionadas, se debe a que el comensal de hoy es genéticamente el mismo que hace cientos de siglos, pero la disponibilidad de alimentos es ahora abundante y de muy fácil acceso.

*Experimentos en la Cocina*, del profesor G. Schwedt (Editorial Acribia, Zaragoza, 2006), tiene una excelente primera parte sobre la historia de la cocina y la preparación de los alimentos desde la época de la cocina romana, que ya empleaba diversos métodos de cocción como el hervido, el emparrillado, las brasas calientes y la "cocción en frío" o el marinado. Son ahora personajes de la literatura los que aparecen ligados a la cocina, como Alejandro Dumas quien compiló un *Diccionario del Arte de Cocinar* un poco antes de su muerte. El libro describe en más de cien experimentos sencillos, fenómenos como la coagulación de las proteínas, la formación de geles, la caramelización de azúcares y los efectos que tienen los diversos tipos de cocción. Además, el texto es una excelente fuente de ideas para la enseñanza práctica de física y química en los colegios, usando como ejemplos los alimentos.

Peter Barham es un físico cuya otra afición, fuera de la física en la cocina, son los pingüinos. En su libro *La Cocina y la Ciencia* (Ed. Acribia, Zaragoza, 2003) parte sosteniendo que una cocina es similar a la mayoría de los laboratorios científicos y que muchos procesos culinarios son en verdad experimentos de las ciencias físicas. Esto se nota en el capítulo de "física gastronómica" en que discute los efectos de los distintos tipos de calentamiento (grillado, microondas, etc.) e incluso propone una fórmula para determinar el punto correcto de un huevo a la copa. Un experimento sorprendente (pero que debe hacerse con mucho cuidado) es cocer un huevo sobre un trozo de papel. Todo comienza vertiendo el contenido de un huevo sobre una hoja de papel doblada en los bordes para que parezca un sartén rectangular, el que debe sostenerse cuidadosamente a una distancia prudente sobre una llama mínima del quemador de la cocina. Hay que asegurarse que el papel expuesto a la llama esté siempre recubierto por el huevo, de otro modo se quemaría (obvio). Como la clara y la yema tienen una gran cantidad de agua, mientras ésta se evapore lentamente la temperatura del papel nunca excederá los 100°C (punto de ebullición del agua a la presión atmosférica) y todo el calor proporcionado por la tenue llama irá a calentar el huevo y a evaporar agua. Las salsas y los bizcochos son materias preferidas por Barham y los capítulos respectivos están llenos de recetas y sugerencias para mejorar sus apariencias y resolver problemas.

El libro *Química Culinaria* de A. Coenders (Ed. Acribia, Zaragoza, 2007) es usado a veces como texto de química de alimentos para estudiantes de gastronomía. Contiene una buena descripción de las materias primas alimentarias y de las transformaciones que ocurren durante su preparación. La Fundación Alicia y elBullitaller han producido el *Léxico Científico Gastronómico: Las claves para entender la cocina de hoy* (Ed. Planeta, Barcelona, 2006), donde las entradas están ordenadas alfabéticamente y proporcionan definiciones, usos generales y modos de empleo de aditivos y componentes importantes de los alimentos, como también explicaciones referentes a conceptos científicos, procesos físicos y químicos, tecnologías, etc. Es un manual muy práctico y una referencia rápida para la industria y los cocineros. El profesor Joaquín Pérez Conesa en *El Libro del Saber Culinario* (Alianza Editorial, Madrid, 2007) explica varios procesos culinarios en sus bases científicas, con énfasis en la cocción, pero también aquellos que conducen a suspensiones, emulsiones, espumas y geles. Un *Científico en la Cocina* de R. Nuñez (Ed. Planeta, Barcelona, 2007) no consigue lo que promete: que se descubra la ciencia detrás de nuestras comidas. Sin embargo, tiene interesantes capítulos, llenos de anécdotas, sobre comidas típicas españolas como guisos, arroces, pucheros y aquellas derivadas de interiores de animales, y otros dedicados al turrón y al jamón ibérico. El libro de José Bello Gutiérrez *Ciencia y Tecnología Culinaria* (Ed. Díaz de Santos, Madrid, 1998) es un texto básico de una asignatura que existe en España a nivel universitario, la tecnología culinaria. En una primera parte, se aboca a la tecnología de transformación de ingredientes en platos elaborados y posteriormente a aspectos técnicos del negocio de la restauración. Recientemente ha aparecido *Sferificaciones y Macarrones*, (Ed. Ariel, Barcelona, 2010) cuyo autor es C. Mans y donde se comenta la ciencia y la tecnología detrás de la cocina tradicional y la moderna. En *Historia de la Cocina y de los Cocineros*, (Ed. Zendrera Zariquey, Barcelona, 2001), E. Neirinck y J.P. Poulain revisan la evolución de la gastronomía francesa desde la cocina medieval y su fugaz relación con la alquimia, hasta los esfuerzos en el siglo pasado por desarrollar una "ciencia culinaria". Por último, *La Historia de la Comida* de F. Fernández-Armesto (Tusquets Eds., Barcelona, 2004), dejará satisfechos a aquellos que buscan una perspectiva de cómo la tecnología ha cambiado nuestra alimentación. En definitiva, hay libros sobre cocina, gastronomía y ciencia para todos los gustos.

# La ciencia
# que fascina
# a los *chefs*

*Muchos chefs se han fascinado con la ciencia y la tecnología porque les permiten expandir los alcances de su creatividad. Por eso, nuevos ingredientes, aparatos y procesos llegan a la cocina. La combinación de ciencia con audacia da origen a las nuevas estructuras y a los formatos remozados que alcanzan la boca de los comensales. A continuación se presentan algunos ingredientes novedosos e ideas para experimentar..*

## 11.1. *Chefs* e innovación

Los *chefs* de alto nivel deben generar continuamente ideas que se conviertan en platos para los menús de las temporadas futuras. En palabras de un respetado *chef* moderno, la motivación tras la innovación es "la excitación y el deleite de descubrir nuevas maneras de cocinar y de llevar satisfacción y emoción a la mesa". Otra razón para innovar es protegerse de la copia de ideas, algo inevitable en este negocio y que exige de una constante renovación para mantener la vigencia. Que los *chefs* más prósperos, talentosos y capaces sean copiados tiene el lado positivo (aunque no para ellos) que las innovaciones se diseminan y, usando una analogía con la economía, producen un "chorreo" de ideas y conceptos nuevos hacia aquellos cocineros con menos recursos, pero que llegan a un público más masivo.

El proceso de innovación culinaria seguido por los grandes *chefs* es generalmente formal y estructurado, cubriendo etapas similares al desarrollo de productos comerciales.[264] En la *generación de ideas* se recurre a fuentes de inspiración como las cocinas

---

264 Un estudio sobre el proceso de innovación culinaria seguido por doce *chefs* alemanes con estrellas Michelin se encuentra en Ottenbacher, M. y Harrington, R.J. 2007. "The culinary innovation process: a study of Michelin-starred *chefs*". *Journal of Culinary Science & Technology* 5, 9-35.

de otros lugares, algunas recetas tradicionales, nuevas materias primas, patentes, y también a conceptos como deconstrucción, minimalismo, descontextualización y la "búsqueda técnico-conceptual" de nuevos productos y métodos de elaboración. A continuación, en el *análisis de ideas*, que es totalmente informal y basado en la intuición, se seleccionan aquellas que merecen ser investigadas. La etapa de *desarrollo de conceptos* es fundamentalmente un ejercicio de ensayo y error basado en la experiencia y en la adhesión al estilo de cocina que distingue a cada *chef*. Aquí se combinan en forma iterativa los productos principales (carnes, pescados, etc.) con diferentes ingredientes, especias, aromas y texturas complementarias. Es en esta búsqueda donde algunos *chefs* han encontrado que la ciencia les brinda conocimiento, metodologías y una nueva mirada en el diseño de platos y comidas. Un aspecto muy distintivo y que se aparta de los desarrollos industriales es que los *chefs* no consideran importante la etapa de *análisis del negocio*, puesto que compiten en un mercado muy segmentado y son capaces de traspasar costos a los precios del menú. Finalmente, en la *comercialización* de los productos predomina la calidad de las materias primas pues "alimentos excelentes se hacen a partir de ingredientes excelentes" y requiere de un entrenamiento del personal de cocina para que se entienda los estándares y las expectativas, y para que los platos sean de una consistencia tal que siempre tengan la misma apariencia y sabor.

Si bien a diferencia de la actividad industrial, la protección intelectual no existe en el mundo de la restauración, hay algunas ventajas importantes respecto a las empresas alimentarias. Por una parte, la utilización de ingredientes autorizados no tradicionales ha sido dejada al criterio del *chef* y es su reputación la que está en juego. Respecto a las tecnologías, el trabajar con volúmenes pequeños, casi a nivel de laboratorio, les permite soslayar los problemas de escalamiento de procesos y del impacto ambiental inherentes a la producción industrial. Este es el caso de la impregnación a vacío y la deshidratación osmótica (ver sección 11.13), ambas tecnologías ventajosas y probadas, pero difíciles de implementar a nivel industrial pues se generan altos volúmenes de soluciones diluidas que deben ser reutilizados o eliminados, con los consiguientes costos en energía o de descarga al ambiente.

Los *chefs* innovadores y creativos siempre despiertan sospechas de aquellos que dicen preferir lo tradicional y natural, como si esto fuera bueno en sí. Muchos nuevos ingredientes no son menos naturales que el almidón de maíz usado desde hace siglos, que se extrae luego de un proceso químico y posteriormente se seca, del mismo modo que los alginatos y carragenatos derivados de algas. O el mismísimo aceite de soya, consumido por decenas de años, que se obtiene luego de removerlo del grano con un solvente orgánico similar a la bencina de los aviones.[265] Como se ha comen-

---

265 De hecho, el ancestral remojo de los granos de maíz para hacer tortillas en una solución de la sustancia química llamada hidróxido de calcio y que se conoce como *nixtamalización*, permite obtener una mejor biodisponiblidad de los aminoácidos esenciales lisina y triptófano y aporta el calcio necesario para la absorción de la vitamina B3 o niacina.

tado, hay productos naturales que pueden llegar a ser tóxicos y otros desde los cuales no se logran extraer los nutrientes en forma eficiente durante la digestión.

A continuación se abordan dos aspectos que han seducido a los *chefs* en el último tiempo en su afán por desarrollar nuevas estructuras sabrosas, sorprendentes e incluso lúdicas: las casi ilimitadas posibilidades que les brindan los nuevos ingredientes y algunas de las maneras novedosas de transformar las estructuras alimentarias tradicionales o crear nuevos formatos.[266]

## 11.2. **Los nuevos ingredientes**

La masificación de la comida fuera de casa junto a las exigencias de conveniencia y la necesidad de abaratar costos manteniendo o mejorando resultados, han dado lugar a un crecimiento notable en la variedad de ingredientes alimentarios. Una demostración de su superabundancia se percibe en las ferias de la alimentación, como la que realiza anualmente el *Institute of Food Technologists* (IFT) de Estados Unidos, donde cientos de empresas exhiben productos que pertenecen a casi una centena de categorías de *ingredientes alimentarios*. Algunas de las categorías de ingredientes y el número de empresas oferentes (puesto entre paréntesis) que concurrieron a la exposición del IFT en el año 2009, fueron: colorantes (51), emulsificantes (64), espesantes (57), antioxidantes (78), acondicionadores de masas (41), sustitutos de huevo (20), edulcorantes no-nutritivos (57), enmascaradores de sabor (40) y preservantes (45). Una muestra de los ingredientes favoritos de la cocina moderna y la industria se describen en el inserto 11.1

Lejos están los días en que el único espesante disponible era el almidón (o la harina) y en que todos los geles se hacían con gelatina. Hoy existen hidrocoloides, como la *goma xantana*, que dan una alta viscosidad en el plato, pero que a la vez exhiben gran fluencia bajo agitación (para que el producto pueda ser mezclado). Los almidones modificados (sección 1.12) tienen una resistencia inigualable a los ciclos de congelación-descongelación, y por tanto pueden ser usados en salsas para platos preparados congelados evitando la exudación de líquido. Existen gelificantes en uso creciente que no son tan nuevos, como el *agar-agar*, de larga data en Oriente pero de aplicación reciente en la cocina occidental. La mayoría de los ingredientes listados en el inserto 11.1 provienen de diversas materias primas naturales (frutas, exudados de plantas, algas, leguminosas, etc.), son extraídos de estas por métodos usados en la industria alimentaria desde hace mucho tiempo, y sometidos a exigentes regulaciones de pureza y dosificación por las autoridades de inocuidad alimentaria. La crítica que se hace normalmente es que su presencia en algunos platos no se informa adecuadamente en los restaurantes.

---

266 Hay una serie de sitios en Internet que explican algunos de los desarrollos creativos de *chefs*, entre ellos: www.popsci.com/category/category-badges/kitchen-alchemy.

Un buen punto de partida para verificar los ingredientes autorizados y sus condiciones de uso es la Directiva Europea sobre Aditivos Alimentarios (ver también sección 1.4), a la cual debe atenerse toda la industria alimentaria de esa región. Existe la tentación de exceder estos límites en algunas cocinas profesionales, donde no se exige la declaración de ingredientes, y las consecuencias en estos casos pueden ser a veces penosas, como ocurre con la carboximetilcelulosa que en altas dosis es un buen laxante.

## 11.3. Las salsas 3-D

Las más de 200 *salsas* conocidas son acompañantes fundamentales en muchos menús y desde el siglo XIV se esparcen viscosamente sobre los contenidos de un plato, según algunos, para ocultar o bien desviar la atención sobre lo que está debajo.[267] La forma de hacer que las salsas adquieran una tercera dimensión, superando la bidimensionalidad que las restringe a cubrir superficies, se consigue transformándolas en *espumas* (sección 2.6). Además de la expresión estética, las burbujas de las espumas dan la levedad correcta a líquidos que de otra manera serían densos y predominantes. En gastronomía, las espumas se preparan a partir de una salsa, un puré o un líquido que contenga un agente espumante, batiendo o con un sifón. Por ejemplo, un jugo se puede transformar en una espuma agregando saponinas de quillay, una goma para aumentar la viscosidad y agitando o dispersando un gas presurizado. Hay que estar atentos a desarrollos en la tecnología de las espumas alimentarias pues hay una búsqueda de productos que combinen una baja densidad calórica con las propiedades sensoriales que imparten las burbujas de gas. Las innovaciones involucran el uso de distintos ingredientes y gases que den lugar a estructuras diferentes y nuevas técnicas para dispersar los gases produciendo espumas más homogéneas, como el ultrasonido y placas o membranas porosas, incluyendo a futuro la microfluídica.[268]

---

267 Siempre hay que pedir el bife a la pimienta con la salsa al lado, para así advertir fácilmente la calidad de la carne.

268 Entre las microtecnologías con más posibilidades de ser traspasadas a la tecnología de alimentos está la microfluídica que consiste en manejar fluidos (gases o líquidos) en pequeños tubos de menos de 100 _m de diámetro, con lo que se logra formar burbujas o gotas de tamaños muy pequeños y homogéneos. Para detalles se recomienda consultar Skurtys, O. y Aguilera, J.M. 2008. "Applications of microfluidic devices in food engineering". *Food Biophysics* 3, 1-15.

INSERTO 11.1. **Algunos ingredientes de uso creciente en productos comerciales y gastronomía (y número de la Directiva Europea sobre Aditivos Alimentarios).**

**Agar-agar** (E-406). Es un polisacárido extraído de algas como el *Gelidium* y la *Gracilaria* (en Chile conocida como *pelillo*) que se usa desde hace siglos en Japón (conocido como *kanten*) para hacer jaleas moldeadas. Soluciones calientes a muy baja concentración (por ejemplo, 1%) forman geles fuertes cuando se enfrían.

**Alginato de sodio** (E-401). Corresponde a la sal sódica de polisacáridos obtenidos de algas marinas pardas como la *Macrocystis pyrifera* o huiro. Es un agente gelificante en frío que requiere la presencia de iones de calcio y se utiliza entre otras cosas para hacer *caviar artificial* ("esferificación").

**Carboximetilcelulosa** o CMC (E-466). Se trata de un derivado de la celulosa soluble en agua. Se usa para adecuar la textura de muchos productos por su rol de aglomerante, emulsionante, espesante, etc.

**Carragenatos** o carrageninas (kappa, iota y lambda) (E-407). Son una familia de polisacáridos sulfatados extraídos de las algas rojas (por ejemplo, *Chondrus* y *Furcellaria*), que han sido utilizados como aditivos alimentarios por cientos de años. Se utilizan como espesante, gelificante o agente emulsionante en productos lácteos, carnes y para hacer postres, aderezos para ensaladas, etc.

**Celulosa microcristalina** (E-460). Son pequeños cristales de celulosa pura producidos por hidrólisis. Se emplea en productos de bajas calorías como postres y helados, y como soporte para aromas.

**Gelatina**. Proteína soluble en agua obtenida a partir de colágeno de huesos o pieles (fundamentalmente de cerdos). Se usa para preparar gelatinas frías y calientes y como emulsionante en espumas.

**Goma gellan** (E-418). Es un exo-polisacárido producido por bacterias. Puede formar geles duros y quebradizos dando una sensación que se funde en la boca.

**Goma guar** (E-412). Se obtiene del endospermo triturado de semillas de la leguminosa *Cyamopsis tetragonolobus* y consiste principalmente polisacáridos de alto peso molecular. Se utiliza como espesante y estabilizante de emulsiones. Es soluble en agua fría.

**Goma xantana** (E-415). Es un polisacárido extracelular (se secreta al medio) que se obtiene por una fermentación mediada por la *Xanthomonas campestris*. Es ampliamente utilizada como espesante natural y emulsificante, y por su estabilidad térmica.

**Huevo blanco en polvo**. Claras de huevo secadas por aspersión, que sustituyen a las claras frescas.

**Isomalta** (E-953). Es un alcohol derivado de un disacárido. Se usa en una gran variedad de alimentos y fármacos. Tiene el mismo gusto, textura y apariencia del azúcar, pero con la mitad de las calorías. No es pegajoso porque no es higroscópico. Tiene aplicaciones en caramelos y productos de pastelería.

**Lecitina de soya** (E-322). Es un complejo de fosfolípidos que se usa como emulsificante y para hacer las espumas o "aires". La característica de la molécula de disolverse parte en agua y parte en grasa le da a la lecitina una versatilidad que atrae mucho a los chefs, como

inserto 11.1 continua en página siguiente ▶▶

lo atestiguan los "ñoquis de lecitina" de Ettore Bocchia que son suaves pero resistentes.[269]

**Oro** (de 23 kilates o 96% puro) y **plata comestibles**. Se comercializan en forma de láminas, hojuelas y polvo. Se supone que son inertes y se excretan sin transformación.[270]. Los italianos (y también los japoneses) tienen una tradición muy antigua en la utilización de oro comestible en la alimentación humana. Ya en el siglo XVI existía un plato llamado *Risotto d'oro con basilico e parmigiano*.

**Proteínas de soya**. Son polvos con diversas concentraciones de proteína: harinas desgrasadas (50%), concentrados (70%) y aislados proteicos (+90%). Se utilizan para hacer productos texturados análogos a la carne, como fortificantes proteicos e ingredientes en productos de horneo, emulsiones, geles, etc.

**Proteínas de suero de leche**: Es un polvo fabricado a partir del suero de leche dulce y secado por aspersión. Empleadas como fuente de proteínas y para formar geles por calentamiento, entre otros fines.

**Transglutaminasa**. Es una enzima permite unir péptidos y proteínas. Entre sus usos destacan el re-estructuramiento de carnes duras, la producción de geles, el control de textura en yogures, etc.

**Trealosa**. Es un disacárido formado por dos moléculas de glucosa. Se emplea como crioprotector en el *surimi*.

## 11.4. Películas comestibles

Varios polímeros naturales (sección 2.1) pueden formar *películas comestibles*, entre otros, muchas proteínas y lípidos, polisacáridos como la celulosa, el almidón y sus componentes, la amilosa y la amilopectina, incluso el quitosano, polímero derivado de la quitina que da rigidez a caparazones de camarones y centollas. En muchos casos, las propiedades de barrera al vapor de agua y las características mecánicas son deficientes, por lo que las materias primas deben ser combinadas con sustancias hidrofóbicas. En otros casos las películas son rígidas y quebradizas y es preciso usar un plastificante como el glicerol. Se puede esperar que a futuro algunas películas comestibles recubran productos frescos comerciales como frutas y verduras, retardando la pérdida de agua y protegiéndolos del ataque de microorganismos. También será posible "impermeabilizar" estructuras que deben permanecer secas, como masas de pizzas y rebanadas de pan en los sándwiches, de modo que no se impregnen de los jugos de componentes frescos con que entran en contacto (lechugas, tomates, etc.).

---

269 Tomado del artículo del profesor de la Universidad de Parma: Cassi, D. 2004. "Science and cooking combine gastronomic physics lab in Italy". *Physics Education* 38, 108.

270 Si desea comprar alguno de estos ingredientes puede recurrir a amazon.com. Por ejemplo, www.amazon.com/Edible-Gold-Leaf-Chocolates-Leaves/dp/B0006GSQYK.

Como la tecnología de fabricación de estas películas es sencilla (por ejemplo, en algunas sólo se requiere dejar secar al aire una capa fina de la solución polimérica formulada adecuadamente), los *chefs* no se han quedado atrás en sus aplicaciones. Se ha diseñado una "piel artificial" para cubrir trozos de pescado, fabricada a partir del colágeno extraído durante la cocción y un poco de gelatina comercial. La película es transparente, se pone flexible con la humedad por lo que se ajusta a la forma de las piezas, y puede ser decorada en su exterior.[271] El *chef* Homaru Cantu en su restaurante *Moto* de Chicago, presenta el menú impreso con tintas comestibles sobre una de estas películas que va soportada sobre una masa cocida. Luego de revisar y tomar nota, el mozo invita a ¡comérselo! Tiritas de películas comestibles pueden servir a *chefs* como vehículos para refrescar la boca entre platos o liberar aromas y sabores especiales.

## 11.5. Esferificación

Sobre el *caviar* o huevos del esturión se ha escrito mucho, pero lo mejor que se ha dicho de este *non plus ultra* de los alimentos, es que es "un sueño". De hecho, se usa la expresión "es un caviar" para denotar algo exquisito al paladar.[272] Han pasado cuatro décadas desde que científicos de la ex Unión Soviética se propusieron desarrollar un caviar sintético y existen varias patentes de gelificación de alginatos. Los *chefs* redescubrieron el proceso para hacer pequeñas esferas gelatinosas y lo denominaron *esferificación*. Todo parte haciendo una solución de alginato de sodio al 1-3% en la cual se pueden también disolver jugos, purés o extractos de variados tipos. La mezcla se introduce en una jeringa y las gotitas se dejan caer en una solución de calcio, generalmente cloruro de calcio, donde se transforman casi instantáneamente en esferas semi-sólidas (figura 11.1). También se puede introducir directamente una cucharada de mezcla en la solución de calcio con lo que se forma una "piel" que pasa a contener el líquido. Este es el origen de los símiles de "yema de huevo".

---

271 El procedimiento se describe en forma detallada en el artículo de Arboleya, J.C., Olabarrieta, I., Aduriz, A. L., Lasa, D., Vergara, J., Sanmartin, E., Iturriaga, L., Duch, A. y Martínez de Marañón, I. 2008. "From the chef's mind to the dish: How scientific approaches facilitate the creative process". *Food Biophysics* 3, 261-268.

272 Hay que tener cuidado al usar la palabra *exquisito* en Brasil o Portugal para referirse a una comida deliciosa, menos aún decirla como cumplido a una dueña de casa luego de una cena, pues significa raro o extraño.

FIGURA 11.1. **Caviar de pebre a la chilena creado en los laboratorios del Departamento de Ingeniería Química y Bioprocesos de la Universidad Católica. Consiste en tres tipos de esferas de alginato de calcio mezcladas con extractos de tomate, cebolla y perejil (foto gentileza de Ignacio Gundelman).**

## 11.6. Humos y aromas

El *humo* es una mezcla de partículas y aromas que se desprenden de la combustión de distintas maderas. En la actualidad el ahumado se usa más por su efecto en el sabor y la apariencia de un alimento que por su limitado efecto en la preservación. En gastronomía el uso de humo, tanto generado *in situ* como en forma líquida, permite otorgar a ciertos platos distintos aromas y sabores asociados a bosques nativos y a maderas autóctonas. La empresa *PolyScience* ofrece un cañón ahumador (*smoking gun*) que permite a los cocineros infundir en los alimentos sabores de humo pero a temperatura ambiente.[273] Un *chef* de Nueva York lo utiliza para ahumar hojas de lechuga tiernizadas, que luego las envuelve alrededor de unas ostras crudas. Algunos componentes del humo como los *benzopirenos*, pueden tener efectos mutagénicos y cancerígenos.

Los aromas están compuestos por moléculas volátiles que provocan sensaciones olfativas agradables. En la cocina interesa ser capaz de recuperar un aroma desde una materia prima o producto, y concentrarlo de manera de añadirlo posteriormente como se desee. El evaporador rotatorio o *rotavapor* usado en los laboratorios para la *destilación* de una mezcla líquida es utilizado por algunos *chefs* para generar aromas

---

273 Esta empresa *PolyScience* (www.polyscience.com) vendió a los cocineros en 2007 cerca de un millón de dólares, entre baños termostatados, evaporadores rotatorios, un congelador para salsas y purés, y otros artefactos.

o incluso para "destilar" barro cuya "esencia terrenal" recuperada se convierte luego en una espuma. En el caso de extractos sensibles a la temperatura e inmiscibles con el agua se puede montar un sencillo aparato de *destilación por arrastre de vapor*. En este proceso se introduce vapor a la muestra (hojas, flores, etc.) y los compuestos que ebullen a una temperatura menor a la normal salen junto al vapor de agua, se enfrían (condensación) y se separan del agua líquida (*aceites esenciales*).[274]

## 11.7. Estructuras que suenan

Hay alimentos que al morderlos y masticarlos generan ruidos a medida que se fracturan (sección 2.12). De hecho, los especialistas en textura hablan de una "firma acústica" que caracteriza a las señales de sonido emitidas durante el rompimiento y captadas por un micrófono. Los paneles sensoriales anglosajones usan las palabras *crispness, crunchiness, crumbliness* y *crackliness* para denotar texturas de alimentos que se fracturan emitiendo algún tipo de sonido, aunque no existen definiciones exactas para cada una de ellas.[275] Podría decirse que *alimentos crujientes* son aquellos que se fracturan de manera frágil (poca deformación antes de quebrarse) y con poco esfuerzo y en cambio los *crocantes* requieren de una fuerza mayor. Entre los productos crujientes los hay húmedos, como las manzanas y el apio, y secos como las papas *chips* y las galletas de soda. Los productos húmedos derivan su crujencia de la turgencia de las células y el rompimiento de las paredes celulares al mascar, mientras que en los secos la emisión de sonidos se origina de la vibración de las finas paredes de las celdas de aire al ser fracturadas durante la masticación. Una posible diferencia entre el crujiente y el crocante sería la vía que cada sensación emplea para alcanzar el caracol o cóclea del oído interno: vía aérea y oído externo en el caso del crujiente, y vía ósea directa desde los dientes para el crocante. Pero no hay nada claro. Mi amiga la profesora Zata Vickers de la Universidad de Minnesota, lleva más de 30 años tratando de entender el ruido producido por los alimentos. En todo caso, los *chef* están muy interesados en desarrollar estructuras que se fracturen emitiendo sonidos y en esto abusan de la fritura, que obviamente resulta en productos sabrosos y ruidosos.

Quizás sea la simultaneidad de las sensaciones táctiles en la boca y auditivas en el oído lo que hace muy agradables al crujiente y al crocante. En un discutible experimento culinario del *chef* Heston Blumenthal en *The Fat Duck*, cada comensal podía escuchar los sonidos que se producían al mascar, pero amplificados a través de auriculares. Probablemente el excesivo protagonismo del sonido sobre el tacto haya sido el motivo de que sólo para muy pocos clientes esta experiencia haya sido realmente placentera.

---

274 En rigor, el vapor de agua no "arrastra" físicamente a los compuestos aromáticos, sino que los remueve a una temperatura menor a su punto de ebullición, evitando que se descompongan. Consultar http://200.13.98.241/~rene/separacion/manuales/psdvapor.pdf (visitado el 20.04.2010).

275 Al respecto se ha contactado a la Dra. Cristina Primo experta en evaluación sensorial del *TI Food and Nutrition* de Holanda. En su opinión, la traducción de los términos al español podría ser como sigue: *crispy* = crujiente; *crunchy* = crocante (en algunos lugares de habla hispana); *crumbly* = desmenuzable, que forma migas; *crackly* = quebradizo. Consultada por ella sobre estos términos y su uso en alimentos, la Real Academia de la Lengua Española no emitió una opinión que sea relevante.

## 11.8. Matrices explosivas y burbujeantes

Lo lúdico es también parte de algunos menús de degustación. Las sensaciones que producen en la boca las partículas "explosivas" y ruidosas, apreciadas en caramelos para niños conocidos como *peta zetas*, ya han sido traspasadas a platos. El efecto proviene del anhídrido carbónico atrapado a presión en pequeñas burbujas dentro de una matriz sólida de azúcar, la que en contacto con la saliva comienza a disolverse. Eventualmente las paredes que rodean a las burbujas son lo suficientemente delgadas y frágiles para que se fracturen con la presión, liberando el gas y provocando el característico chisporroteo. La idea del producto fue patentada por la empresa norteamericana *General Foods* en 1956.[276] Los caramelos explosivos se hacen mezclando los ingredientes de la matriz (por ejemplo, sacarosa, lactosa y almidón) y calentándolos hasta que se funden. Luego se inyecta el dióxido de carbono a presión (unas 40 atm o 4 MPa), se enfría la espuma y el sólido se muele en pequeños trocitos. Un desafío es descubrir otros tipos de matrices en que atrapen gases (¿y por qué no aromas?) y produzcan el mismo efecto. Por otra parte, la liberación violenta de gas al disolverse la matriz en un líquido ha sido explotada para producir espumas, como en el caso del café *capuccino* en polvo.

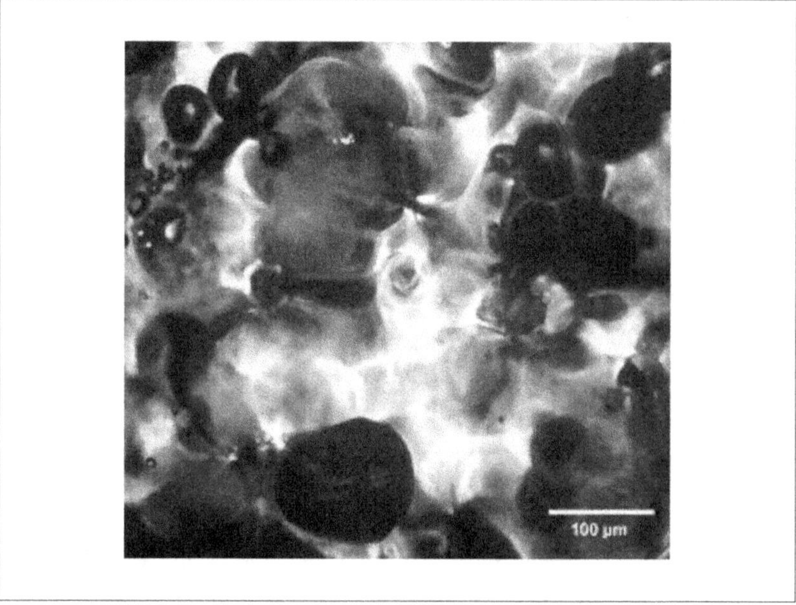


FIGURA 11.2.   **Interior de una partícula de peta zeta que muestra celdas de gas a presión rodeadas de la matriz sólida de azúcar.**

---

276 La historia del desarrollo de las peta zetas y de su inventor se relata en el libro de Rudolph. M. 2006. *Pop Rocks: the inside story of America's revolutionary candy*. Specialty Publ., Sharon, MA.

Las *frutas carbonatadas* o "burbujeantes" (*fizzy fruits*) se hacen poniendo trozos de frutas y un poco de hielo seco, también llamado "nieve carbónica" (dióxido de carbono sólido a -78,5°C), dentro de un frasco tapado. Luego de una noche en el refrigerador el gas se sublima (pasa directamente a vapor), presuriza el contenedor e introduce gas en las frutas que ahora saben igual que antes, pero dan un cosquilleo en la lengua al mascarlas. El efecto dura unos 15 minutos por lo que hay que servirlas rápido. Estas frutas carbonatadas están en los menús de varios *chefs* y han sido usadas también en almuerzos escolares como una forma novedosa y entretenida de fomentar el consumo de frutas frescas.

## 11.9. Cocina criogénica

El *nitrógeno líquido* (NL) ebulle a presión atmosférica a -196°C y el calor necesario para el cambio de fase se usa para congelar productos hasta esa temperatura. Es empleado en laboratorios de química y física, por dermatólogos, y para congelar semen y embriones en ganadería. La pureza del NL es muy alta, pudiendo ser usado en contacto directo con los alimentos. Requiere ser almacenado en termos *Dewar*, manejado con guantes aislantes y usando antiparras protectoras, y debe ser aplicado con cuidado pues el nitrógeno gaseoso emanado puede enrarecer el aire y afectar a algunas personas.

Al verter NL sobre un alimento o sumergir un producto dentro de él se consigue una rápida velocidad de congelación, cristales de hielo muy pequeños y temperaturas finales extremadamente bajas, inigualables por cualquier otro método de congelado usado en alimentos. Esto ha sido ampliamente usado por *chefs* para transformar cremas en helados de textura suave y aterciopelada, o bien para generar "costras" congeladas que contienen en su interior cremas calientes. En palabras del chef Joel Robuchon, normalmente crítico a la cocina molecular, *"...el empleo del NL permite crear sorbetes sublimes y texturas untuosas gracias a la rapidez de enfriamiento que evita la formación de (grandes) cristales de hielo"*. En nuestro laboratorio se desarrolló un *coulant* sumergiendo por algunos segundos en NL una esfera de chocolate caliente, hasta formar una fina costra helada en el exterior (figura 11.3). Al ser quebrada la costra en la mesa, el chocolate caliente fluye desplegando su consistencia y aroma. Obviamente, este efecto requiere de una preparación en el momento y de un servicio rápido, pues eventualmente el calor fluirá desde el chocolate caliente derritiendo la costra. En la onda más lúdica, hay *chefs* que usan bocados o pastillas tratadas con NL para producir el "efecto dragón". Las instrucciones son de introducirlos en la boca, esperar mientras se evapora el gas, y luego expulsarlo por nariz. ¡Es el momento para una buena foto luciendo como un dragón enfurecido! Otra aplicación interesante se deriva de que los materiales congelados con NL se vuelven muy quebradizos. Gajos de frutas cítricas desprovistos de su cutícula, congelados a menos de -130°C y golpeados, originan saquitos de jugo individuales. Estos saquitos han sido usados en helados y para decorar postres. ¿Alguna otra idea?

FIGURA 11.3.  **Coulant de chocolate hecho con nitrógeno líquido. La fría costra exterior esconde el centro caliente de chocolate que fluirá tan pronto como se rompa la esfera.**

## 11.10. Reducciones en frío

El término *reducción*, muy usado por cocineros, debe venir de las recetas que instruían "reducir" el volumen de caldos y jugos a una fracción del original. Para esto, se evapora agua por calentamiento a ebullición, lo que además desarrolla aromas deseables pero también causa el escape de volátiles presentes en el producto natural. En el caso de jugos de frutas, el calentamiento origina sabores extraños y daña algunas vitaminas y componentes bioactivos. Una posibilidad practicada en la industria y en laboratorios es evaporar al vacío, en que el agua hierve a temperaturas menores (por ejemplo, bajo un vacío de 0,5 atm, el punto de ebullición es 80,6°C). Los aromas volátiles emanados junto al vapor pueden ser condensados y reintegrados al concentrado. Algunos *chefs* ya disponen en sus laboratorios de los evaporadores rotatorios que pueden operar bajo vacío lo que les permite preparar sus propias reducciones y concentrados.

Pero también se puede remover agua separándola primero como hielo a temperaturas bajo 0°C (ver sección 8.1). Al enfriar una solución, el agua no congela a 0°C sino que unos grados más bajo. Por ejemplo, una solución de sacarosa al 12% (p/p) equivalente a 12°Bx (g sacarosa/100 g solución), como puede ser un jugo de manzana o naranja, congela a alrededor de -0,8°C (figura 11.4). Si se continúa bajando la temperatura hasta -4,8°C, casi la mitad del agua estará como hielo y la solución tendrá ahora una concentración de aproximadamente 45% de sacarosa. Es lo que se ve cuando se retira una botella de bebida gaseosa que se ha quedado inadvertidamente en el congelador: una masa de hielo rodeada de un jarabe. Está entonces la posibilidad de concentrar caldos y jugos a bajas temperaturas usando un proceso que se conoce como *concentración por congelación*.[277]

---

[277] Una revisión actualizada del proceso de concentración por congelamiento es Sánchez, J., Ruiz, Y., Auleda, J.M., Hernández, E. y Raventós, M. 2009. "Review. Freeze concentration in the fruit juices industry". *Food Science and Technology International* 15, 303-315.

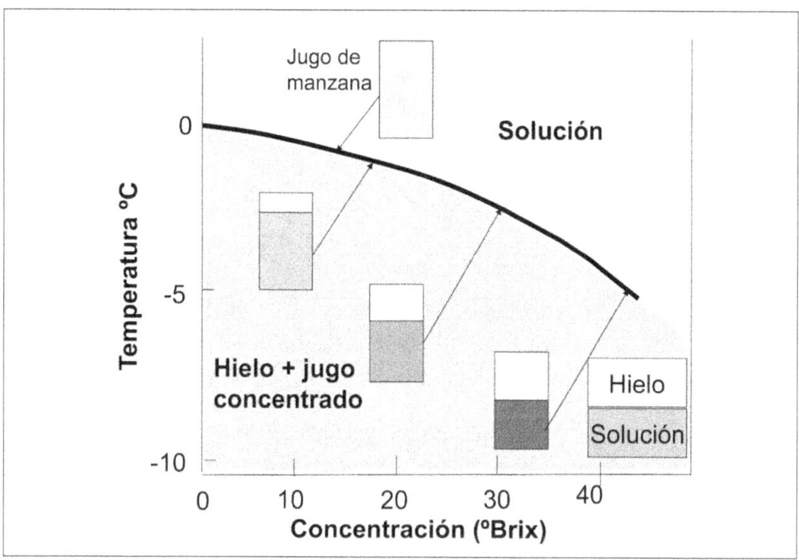


FIGURA 11.4.  **Separación de solución concentrada y hielo a medida que la temperatura de un jugo desciende bajo el punto de congelación. Cada vez se forma más hielo y la solución remanente es más concentrada (reducción), pero sin sufrir calentamiento.**

Este método de concentración que remueve parte del agua como hielo no da rendimientos de solución concentrada o jarabe de un 100% (algo de jarabe queda ocluido en el hielo) pero el concentrado mantiene un buen color y contiene la mayor parte de los sabores y aromas originales. Mejores resultados se obtienen si se aplica vacío a la masa congelada para recuperar más jarabe, lo que equivale a lo que hacen los niños al succionar el líquido dulce y coloreado de un helado de agua en paletas, y dejar el hielo pegado al palito.

## 11.11. Estructuramiento por congelación

El hecho que al congelar un producto que contiene agua líquida parte de ésta se separa como hielo ha sido usado para "texturizar" geles. En la producción de *kori-tofu*, los trozos de gel se congelan a -10°C, se dejan añejar a -2°C por algunas semanas y luego se descongelan removiendo el agua exudada. El resultado es un *tofu* que tiene una textura más cohesiva y una estructura porosa (donde los poros provienen de los sitios ocupados por los cristales de hielo). La *texturización por congelación* hace posible obtener también estructuras fibrosas y masticables si una solución de proteína se congela de manera que se formen capas alternadas de hielo y solución concentrada y se induce posteriormente la gelificación de la fase proteica (sección 2.7). Hay algunas patentes al respecto que esperan la visita de los cocineros innovadores.

## 11.12. Algodones deliciosos

Quien se haya acercado a una máquina que produce *algodón de azúcar* habrá observado que se calienta una carga de azúcar granulada (la cual funde sobre los 150°C, sección 2.3) mientras se hace girar el recipiente a alta velocidad. Finas hebras salen expelidas por la fuerza centrífuga a través de unos orificios, las que se van enrollando en un palito. El rápido enfriamiento de los filamentos en contacto con la temperatura ambiente hace que el azúcar se solidifique en estado vítreo. La patente de la maquinita data de alrededor del año 1.900 cuando se juntaron un fabricante de caramelos y un dentista en Nashville, EE.UU., es decir, alimentos y ciencia. El algodón de azúcar tiene una vida corta pues la posterior exposición al aire húmedo lo vuelve progresivamente pegajoso al pasar al estado gomoso (sección 2.2).

Algunos restoranes están ofreciendo algodones de azúcar para satisfacer el gusto por lo dulce y recordar experiencias de la niñez. Otros lo usan como base para combinar el dulzor con sabores lejanos, como es el algodón de azúcar recubierto con *foie gras*. Un aparato sencillo que funde un sólido y forma hebras en estado vítreo debiera despertar la imaginación. ¡A experimentar!

## 11.13. Impregnar a vacío

Muchas frutas y verduras presentan en su microestructura largos poros que penetran en los tejidos y normalmente están llenos de aire. El caso más notable es la manzana, donde alrededor de un 20% del volumen son poros interconectados. Las frutas confitadas y las hortalizas en vinagre deben sus propiedades a que absorben azúcar o ácido, respectivamente, en sus estructuras. La *impregnación a vacío* consiste en sumergir los trozos de frutas o vegetales en una solución, hacer vacío para remover parte de los gases que están en los poros, y retornar a presión atmosférica de modo de introducir la solución en los poros.[278] Puesto que la solución puede contener sabores, vitaminas y/o compuestos bioactivos es posible lograr productos innovadores y nutritivos.[279] ¿Se podrá impregnar con cualquier solución? *Gastrovac®* es una "olla de vacío" provista de una fuente de calentamiento usada por *chefs* para realizar la impregnación a vacío. También permite cocinar o freír bajo vacío, lo cual reduce la temperatura y atenúa las reacciones indeseables producto del calentamiento.

## 11.14. Cocina *sous-vide*

*Cocinar bajo presión* (como en una olla a presión) permite mantener el agua líquida a temperaturas sobre 100°C y acelerar el proceso de cocción, pero ¿qué sucede al coci-

---

278 En el uso de vacío es conveniente recordar que la máxima diferencia de presión alcanzable (que es lo que importa), es casi una atmósfera y para esto es necesario una buena bomba de vacío. Cuando se aplica presión sobre algo, como en el proceso de altas presiones para pasteurizar alimentos (sección 8.4), la diferencia de presión puede alcanzar a varios miles de atmósferas.

279 Una excelente revisión del tema de alimentos de IV gama y aplicaciones prácticas en frutas y vegetales se presenta en Zhao, Y. y Xieb, J. 2004. "Practical applications of vacuum impregnation in fruit and vegetable processing". *Trends in Food Science & Technology* 15, 434-451.

nar a vacío, o sea, removiendo aire para que la presión sea inferior a la atmosférica? Los productos envasados en películas flexibles impermeables y sellados bajo vacío se conocen desde hace más de 50 años, y abundan en el supermercado, especialmente en la sección de productos cárnicos laminados. Otros, como las salchichas, se tratan térmicamente (pasteurizan) bajo vacío pues los envases (y los sellos) resisten el calor. De manera que lo novedoso es usar la cocción a vacío en frutas, verduras, carnes y pescados. Un referente en esta innovación culinaria, el *chef* Thomas Keller del restaurante *French Laundry* en Nueva York, revela sus secretos de la cocina *sous vide* (del francés, bajo vacío) en el libro *Under Pressure* (Bajo Presión).[280] El proceso de cocción a vacío comienza poniendo el alimento en una bolsa plástica, haciendo vacío de modo que el plástico se ajuste apretadamente sobre el alimento, y sellando herméticamente. La segunda etapa consiste en introducir la bolsa y el alimento en un baño de agua caliente, cuya temperatura se controla con una precisión de un grado centígrado. Para esto los *chefs* han adoptado los baños termostatados y agitados que se utilizan en los laboratorios, pero les llaman Roner.

La aplicación estrella es la cocción de carnes duras, donde el objetivo es ablandar los tejidos sin perder los jugos. Para empezar, el "sellado" de la carne previo a la cocción en agua es un mito pues no contribuye a retener más jugos.[281] Las proteínas que constituyen la estructura de las fibras del músculo comienzan a acortarse y a soltar jugo alrededor de los 54°C, alcanzando su máximo encogimiento a temperaturas superiores a los 75-80°C. Por otra parte, el colágeno que cementa las fibras de las carnes rojas tiene un punto de denaturación (solubilización) que depende de la edad del animal y tipo de carne, pero fluctúa alrededor de los 70°C. En los pescados, el colágeno es más suave y se disuelve a los 50-55 °C. Muchas carnes se ablandan y permanecen jugosas si se cocinan *sous vide* por tiempos prolongados a una temperatura entre los 60 y los 85°C (hay que determinar las condiciones para los distintos cortes y porciones). Aquí van algunas condiciones: lomo, 59,5°C y 45 min; lengua, 70°C y 24 hr; pierna y hombro de cerdo: 82,2°C y 8 hr. En resumen, las ventajas de la cocción a vacío son texturas delicadas y menores pérdidas de jugos y sabores característicos de las materias primas, junto a la posibilidad de regenerar (calentar antes de servir) en la misma bolsa cerrada.

## 11.15. Cocinando con glucono-*delta*-lactona

La *glucono-delta-lactona* (GDL) es un éster derivado de la glucosa que se hidroliza al calentarlo, formando ácido glucónico, y cuyo uso está permitido en alimentos. La GDL es empleada cuando se requiere una liberación lenta de ácido, que se puede

---

280 Keller, T. 2008. *Under Pressure. Cooking sous vide.* Artisan, Nueva York. En el prólogo, Harold McGee celebra que por fin la variable más importante en la cocción, el calor, pueda ser controlada de manera precisa a través de la temperatura del medio de calentamiento.

281 Esto ha sido demostrado experimentalmente muchas veces, hasta por cocineros en sus shows de televisión. Para una explicación más completa ver This, H. 2006. *Molecular Gastronomy.* Columbia University Press, Nueva York, pp. 23-25.

controlar con la temperatura, como en cecinas fermentadas crudas o en algunos productos lácteos, o similar a la producida por los polvos de horneo. La GDL se usa para gelificar caseína o proteínas de soya, con el atractivo adicional que el pH de los geles depende sólo de la cantidad de GDL usada y de la temperatura de calentamiento.[282] En el caso de sucedáneos del yogurt, la GDL evita tener que manipular microorganismos que causan el descenso del pH de la leche y la formación del gel. Una manera de hacer *tofu* es gelificando la proteína de soya usando GDL en combinación con calcio.[283]

---

282 Un completo estudio de antecedentes del uso de la GDL en alimentos se puede encontrar en www.omri.org/GDL.pdf (visitado el 12.12.2009).

283 La preparación de un símil de tofu usando GDL se presenta en Campbell, L.J., Gu, X., Dewar, S.J. y Euston, S.R. 2009. "Effects of heat treatment and glucono-δ-lactone-induced acidification on characteristics of soy protein isolate". *Food Hydrocolloids* 23, 344- 351.

# Hábitos
# saludables

*No podemos obviar que somos producto de la evolución, por tanto, al funcionar los antiguos genes con un poderoso combustible se produce un desbalance que es peligroso. Es fundamental desarrollar hábitos alimentarios saludables desde temprano, pero también es posible adquirirlos más tarde, por ejemplo, mediante el MBA (Master en Buena Alimentación) que se sugiere. La ciencia y la tecnología tienen mucho que aportar para que los alimentos sean más saludables pero la última palabra la tiene el consumidor.*

## 12.1. Un pasado que marca

Es conveniente analizar los aspectos relacionados con la biología a la luz de la evolución.[284] Los seres humanos y sus antecesores fueron capaces de surgir y desarrollarse en casi todos los ecosistemas en la tierra, y en condiciones climáticas globales muy diversas usando diversos tipos de alimentación. Aún hoy en día, hay poblaciones en el Ártico que consumen dietas basadas en alimentos de origen animal y otras que se nutren principalmente de tubérculos y cereales en el altiplano de los Andes.[285] Por esta razón es raro pensar que exista una dieta única, aunque es probable que existan unas mejores que otras.

Para revisar los grandes cambios en la alimentación no es necesario remontarse al origen último de nuestra especie, unos seis millones de años atrás, sino que basta comenzar cuando los seres humanos pasaron a ser *cazadores-recolectores*, hace aproxi-

---

284 Dobzhansky, Th. 1973. "Nothing in biology makes sense except in the light of evolution". *The American Biology Teacher* 35, 125-129.

285 Los esquimales de Alaska tienen un consumo diario de energía de unas 3.000 kcal, donde casi un 50% proviene de grasa, 30-35% de proteína, y menos del 20% de hidratos de carbono (en forma de glucógeno).

madamente unos dos millones de años (figura 12.1). Su alimentación se basaba en la recolección de frutas y vegetales, que proporcionaban más de la mitad de las calorías, y en la carne proveniente de la caza de animales salvajes, lo que requería de un gran esfuerzo físico. Con la domesticación de plantas y animales ocurrida hace unos 10.000 a 12.000 años, muchos grupos de cazadores-recolectores adoptaron una vida más sedentaria y se convirtieron en *agricultores*. La presencia de valles irrigados por ríos o la construcción de sistemas de riego permitieron a estos grupos humanos desarrollar, hace unos 5.000 años, una compleja actividad social y cultural llamada *civilización* y aparecieron las primeras ciudades. El gran cambio en la dieta de la sociedad agrícola fue la introducción de los cereales de grano, los que se comían provistos de sus cutículas externas. La revolución industrial, que introdujo grandes transformaciones sociales y económicas, tuvo lugar hace unos 260 años e inició la producción a gran escala. Desde el punto de vista de la alimentación, las *sociedades modernas* donde el asentamiento humano preponderante pasa a ser la gran ciudad, emergieron aceleradamente a partir de la II Guerra Mundial, coincidiendo con una mayor abundancia de alimentos, el surgimiento del supermercado y de las cadenas de comida fuera de casa.[286]

Desde la perspectiva actual, unas 80.000 generaciones correspondieron a cazadores-recolectores, 560 generaciones dependieron de la agricultura, 10 generaciones han vivido desde el comienzo de la era industrial y sólo dos generaciones se han desarrollado en la sociedad moderna. Como una generación equivale aproximadamente a unos 25 años, podemos afirmar que el ser humano ha tenido que luchar por sus alimentos durante el 99,9% del tiempo transcurrido desde que aparecieron los cazadores-recolectores. Sólo ha disfrutado de una oferta relativamente estable de nutrientes a partir de los últimos 100 años, y de la abundancia en los últimos 50 años. Una manera gráfica de verlo es que si el alto de esta página representa los 12.000 años desde el comienzo de la agricultura, el último siglo equivale al tamaño de una letra. Las grandes diferencias entre la alimentación de las sociedades modernas y la de nuestros antepasados están en los tipos de alimentos, la cantidad ingerida, y la dificultad de equilibrar las calorías consumidas con las calorías gastadas producto de la actividad física, lo que se ilustra en la figura 12.1.

Hay otras cosas que saltan a la vista cuando se analiza desde la perspectiva de la evolución la forma en que vivimos actualmente. Los homínidos debieron desarrollar una gran capacidad para soportar situaciones de hambruna y esta escasez de alimentos los obligó a alimentarse mediante de pequeñas ingestas que por lo demás eran esporádicas.[287] Entonces, cabe preguntarse qué sustento real tienen las recomendaciones de comer cuatro veces al día (y abundantemente en al menos dos de ellas), cuando

---

286 Abundante información sobre la urbanización en países con ingresos bajos y medios se puede encontrar en Cohen, B. 2004. "Urban growth in developing countries: a review of current trends and a caution regarding existing forecasts", *World Development* 32, 23-51.

287 Cordón, F. 1980. *Cocinar hizo al hombre*. Tusquets Eds., Barcelona, p. 109.

desde el punto de vista de reducir las calorías lo deseable sería comer menos o simplemente saltarse una comida. Los incas ingerían una primera comida temprano en la mañana y otra por la tarde, poco antes de anochecer, y fuera de eso no comían nada. Se podría añadir que con este esquema fueron capaces de construir una gran civilización hace sólo una decena de siglos.[288] Quizás la verdadera "dieta paleontológica" debiera ser comer variado, poco y cuando se tiene hambre, a lo que habría que agregarle que producto de la abundancia, esto se puede realizar comiendo "rico". Otro aspecto evolutivo a considerar es que si la selección natural sólo imponía sobrevivir lo suficiente para traspasar los genes a la generación siguiente, hoy en día el período post-reproductivo, que pareciera no tener sentido desde el punto de vista evolutivo, se ha extendido considerablemente. Esta nueva situación exige entender cuáles son los requerimientos nutricionales en la etapa del envejecimiento, a la cual nunca antes se vio expuesta la humanidad.

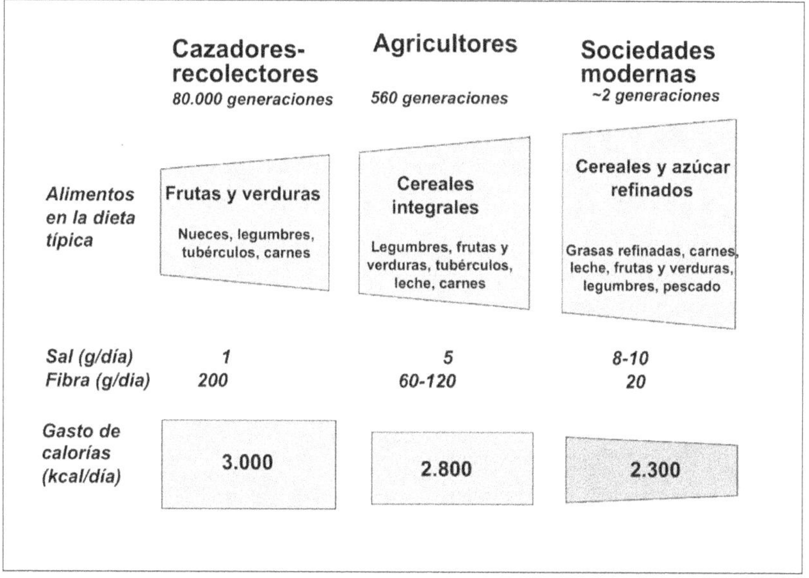


FIGURA 12.1. **Tipos de alimentos predominantes en las dietas (y consumo de sal y fibra) durante distintas etapas de la evolución humana hasta llegar a las sociedades modernas. El área creciente de los rombos en la parte superior representa el aumento en la cantidad de alimentos consumidos. En la parte inferior se muestra el gasto calórico demandado por la actividad física. Las cifras son promedios aproximados recopilados de diversas fuentes, pero lo relevante son las tendencias.**

---

288 Bollinger, A. 1993. *Así se alimentaban los Inkas.* Los Amigos del Libro, Cochabamba.

Los antropólogos han propuesto todo tipo de hipótesis acerca de por qué evolucionaron los miembros del género *Homo* y se diferenciaron del resto de los primates. Muchos de ellos sugieren que en buena medida se debió a la calidad de la alimentación y la eficiencia con que fueron capaces de buscar las fuentes de nutrientes. Expresado en un contexto evolutivo, somos lo que hemos comido.[289] La *nutrición evolutiva* es una corriente poco conocida y difundida que ha sido desarrollada por algunos antropólogos, biólogos, genetistas y médicos. Las dos premisas básicas de este grupo son que el genoma humano se seleccionó lentamente en el pasado y en condiciones muy diferentes a las actuales, y que los cambios en estilos de vida y alimentación ocurren hoy día de una manera acelerada que no permite la acomodación genética. En consecuencia, se sugiere que este desajuste está detrás de algunas de las enfermedades degenerativas actuales.[290]

Un último aspecto relacionado con la alimentación del pasado tiene que ver con que, además de la energía para hacer funcionar el cerebro, se necesitaron aminoácidos en las proporciones correctas para hacer las proteínas del cuerpo humano. Estas proteínas se sintetizan a partir de un conjunto de 20 aminoácidos, de los cuales 10 deben ser aportados por la dieta (sección 1.2). Con respecto a las proteínas humanas, las de origen vegetal son deficientes en el caso de los cereales en el aminoácido lisina, y en aminoácidos azufrados como la metionina y la cisteína, en las legumbres. A partir del comienzo de la agricultura todas las civilizaciones parecen haberse desarrollado combinando en su dieta básica un cereal y una legumbre, lo que produjo la complementariedad de aminoácidos necesaria para hacer las proteínas humanas. Esto que pudo ser fortuito, se dio en las dietas de arroz y lentejas de la India, arroz y soya de China y el sudeste asiático, trigo y garbanzos en el Medio Oriente, y de maíz y porotos (fréjoles) en América Latina.[291]

### 12.2. Lo que dicen nuestros genes

A todo esto ¿qué dicen nuestros genes? Un *gen* es un segmento de ADN (ácido desoxirribonucleico) localizado en alguna parte de un cromosoma, cuya secuencia de nucleótidos especifica el orden de los aminoácidos en una proteína. Se denomina *genoma* al conjunto de genes que forman nuestro patrimonio genético, el cual al interactuar con el medioambiente determina los rasgos físicos y conductuales de los seres vivos, lo que se denomina el *fenotipo*. Como las enzimas que catalizan la mayoría de las reacciones en una célula son proteínas y ellas provienen de la *expresión de los genes*, el metabolismo celular se ve afectado por las enzimas presentes.

289 Leonard, W.R. 2003. "Incidencia de la dieta en la hominización". *Investigación y Ciencia* 317, 48-57.

290 Eaton, S.B. y Cordain, L. 1997. "Evolutionary aspects of diet: old genes, new fuels". En Simopoulos, A. P., Nutrition and Fitness: Evolutionary Aspects, *Children's Health, Programs and Policies. World Rev Nutr Diet.* Karger, Basilea, pp. 26-37.

291 Un artículo muy sencillo en que se explica la complementariedad aminoacídica y la calidad de las proteínas en las dietas es Vitz, E. 2005. "Amino acid complementarity: a biochemical exemplar of stoichiometry for general and health sciences chemistry". *Journal of Chemical Education* 82, 1013-1016.

El estudio de la relación entre el genoma y la nutrición se denomina *nutrigenómica*. El ejemplo más familiar de cómo la alimentación condiciona la expresión de los genes lo constituyen las abejas de miel, donde la diferenciación entre las reinas y obreras se debe a una nutrición distinta. En efecto, las larvas de las cuales saldrán las abejas obreras y las reinas son genéticamente idénticas, sin embargo, la alimentación especial con jalea real hace que las abejas reinas sean fértiles, mucho más grandes y vivan más tiempo que las abejas obreras.[292,293] En el caso de los humanos, un estudio realizado hace más de 50 años demostró que la segunda y tercera generación de japoneses avecindados en California eran significativamente más altos que sus antecesores, lo que se atribuyó a un cambio en la nutrición que influyó en la expresión de los genes relacionados con la estatura.

Sin embargo, nuestros genes no se han modificado significativamente por al menos los últimos 40.000 años.[294] Es decir, de los aproximadamente tres mil millones de genes que componen el genoma humano, sólo alrededor de 15 millones o menos del 1% han sufrido algún cambio desde que el linaje de los monos y el de los humanos divergieron hace unos seis millones de años. Por lo tanto, nuestros cuerpos tienen casi el mismo *hardware* genético que antes, pero lo que ha "mutado" es el combustible en los alimentos que consumimos y la actividad física que realizamos.

La relación entre genes y ciertas enfermedades está relativamente bien establecida. También existe evidencia de que la expresión de algunos genes depende de ciertas moléculas relacionadas directa o indirectamente con los alimentos. Se podría deducir que la alimentación influye no sólo en el corto plazo (por ejemplo, en las deficiencias nutricionales) sino que también en la salud de largo plazo. Algunos científicos proponen que el incremento reciente en el cáncer de mama es el resultado en gran parte de los cambios del entorno y formas de vida, y sólo ocasionalmente se debe a anomalías genéticas. Se argumenta que la tasa de este tipo de cáncer en sociedades "no modernas" es sólo una pequeña fracción de la prevaleciente en los EE.UU.[295]

Se piensa que a partir de la próxima década será posible obtener el perfil genético de cualquier individuo, identificar aquellos genes relacionados con las enfermedades de mayor riesgo y hacer recomendaciones personalizadas sobre alimentos o nutrientes, sean estos beneficiosos o perjudiciales. Esta "terapia" se basa en que ciertos alimentos promueven la acción de *genes protectores* mientras otros tienden a anularla. Usar alimentos para prevenir o curar enfermedades va a ser mucho más complicado que emplear productos farmacéuticos (drogas), porque se come de por vida (e incluso en

292 Kucharski, R, Maleszka, J., Foret y S. Maleszka, R. 2008. "Nutritional control of reproductive status in honey bees via DNA methylation". *Science* 319, 1827-1830.

293 Jordá, M. y Peinado, M.A. 2009. "La regulación génica del comportamiento social de las abejas". *Investigación y Ciencia* 395, 40-43.

294 Cordain, L., Gotshall, L.W., Boyd Eaton, S. y Boyd Eaton III, S. 1998. "Physical activity, energy expenditure and fitness: an evolutionary perspective". *International Journal of Sports Medicine* 19, 328-335.

295 Nesse, R.M. y Williams, J.C. 1998. "Evolution and the origins of disease". *Scientific American* 277(11), 86-93.

muchas ocasiones no se sabe lo que se come), los nutrientes presentes son numerosos (como también lo son las posibles interacciones entre ellos) y por último, existen innumerables genes involucrados en el metabolismo. Este concepto de *nutrición personalizada* ya se ha aplicado en los alimentos delactosados (como la leche sin lactosa) para aquellos que tienen una variación genética que no les permite metabolizar la lactosa. Esta azúcar es un disacárido de la glucosa y la galactosa (sección 1.2) y mediante un proceso enzimático con la enzima lactasa se hidroliza directamente en la leche produciendo los azúcares anteriores que son perfectamente metabolizados.

Cuando una variante de un gen se encuentra presente con relativa abundancia a nivel de una población, se habla de *polimorfismo genético* y algunos polimorfismos se han vinculado a enfermedades crónicas. Se estima que actualmente hay al menos 150 variantes de genes que intervienen en la diabetes tipo 2 y 300 o más asociados con la obesidad.[296] Otro tipo de variabilidad en el material genético proviene de las modificaciones epigenéticas, que no involucran cambios en la secuencia del ADN sino que de metilaciones de esta molécula que afectan la expresión de un gen. Por ejemplo, se está acumulando considerable evidencia que sugiere que un desequilibrio nutricional de la madre durante la preñez puede inducir mecanismos epigenéticos, ocasionando que la descendencia sea más proclive a la obesidad, a la diabetes tipo 2 y al síndrome metabólico.

## 12.3. El peso de la salud

Todos queremos vivir más y alcanzar una vejez saludable, agregando calidad de vida a esos últimos años. Pero, ¿cómo hacerlo? Por una parte están la genética y el medioambiente, que son factores fuera de nuestro control y que obviamente condicionan la posibilidad de conseguirlo. Desde el lado de la psicología se afirma que viven más quienes se sienten bien o experimentan un mejor "bienestar".[297] Los biólogos, a su vez, aseveran que al menos en animales, una dieta equilibrada y baja en calorías es la manera más segura para prolongar la vida y vivir más sanamente. La explicación estaría en ciertos *genes protectores* que fueron decisivos cuando los seres humanos debieron sobrevivir períodos de hambruna y que se gatillan con una baja ingesta calórica. En los humanos, la *restricción calórica* significa en términos prácticos comer alrededor de un 30% menos de lo que se considera normal.[298] Es muy probable que esta disminución en la comida haga infelices a algunos humanos y, por tanto, no se cumpla la condición impuesta por la psicología.

De acuerdo a la Organización Mundial de la Salud (OMS) existe una creciente epidemia mundial de *sobrepeso* y *obesidad* (ver definiciones más abajo) denominada *globesidad*, que podría causar graves trastornos para la salud de alrededor de 1.500

296 Underwood, A. y Adler, J. 2005. "Diet and genes". *Newsweek*, 17 de enero, pp. 40-48.
297 Frederickson, B.L. 2003. "The value of positive emotions". *American Scientist* 91, 330-335.
298 Sinclair, D.A. y Guarente, L. 2006. "Los genes de la longevidad". *Investigación y Ciencia* 356, 6-15.

millones de personas hacia el año 2015. En el mundo en desarrollo se habla de una *transición nutricional*, en que los problemas de la sobrealimentación han pasado a ser más importantes que los tradicionalmente asociados a la desnutrición y la hambruna. EE.UU. lidera las estadísticas de adultos con sobrepeso y obesos con un 66% de la población, y en Chile se estima que el segmento con problemas de peso alcanzaba en 2003 a un 61,3% (38% con sobrepeso, 22% con obesidad y 1,3% con obesidad mórbida).[299] Más preocupante aún es que las tasas de obesidad que eran altas principalmente en los estratos más pobres, ahora se han casi equiparado con las de estratos afluentes. El tratamiento de la obesidad ocasiona para los norteamericanos más gastos que la guerra en Irak (sobre 100 mil millones de dólares anuales). En México, donde casi no se registraban adultos con sobrepeso y obesidad en 1990, en el año 2007 este grupo ya alcanzaba el 70% de la población y las enfermedades relacionadas con este exceso de peso demandaban un gasto en salud pública de alrededor de 15 mil millones de dólares anuales.

La prevalencia sostenida del sobrepeso y la obesidad inciden en la salud pública porque el exceso de grasa corporal conlleva un mayor riesgo de muerte prematura, diabetes tipo 2, hipertensión, dislipidemia (colesterol alto), enfermedades cardiovasculares, enfermedades de la vesícula, gota, osteoartritis y ciertos tipos de cáncer. Desde el punto de vista público, las medidas a tomar para parar esta tendencia pueden llegar a ser extremas. Con el fin de reducir el déficit del sistema de salud pública que alcanzaba a 41 mil millones de euros, en 2004 el Ministro de Finanzas alemán propuso que las personas obesas pagaran más impuestos y sus seguros de vidas fueran más caros.[300] Algunos médicos aprobaron la propuesta.

La otra cara de la obesidad tiene que ver con el *sedentarismo*. A medida que los ingresos aumentan y la población se hace más urbana, disminuye la actividad física. Mayores tiempos de transporte motorizado, mejores tecnologías en el hogar y actividades de ocio más pasivas, conforman una vida moderna más sedentaria. Algunos investigadores estiman que el gasto energético diario (ajustado por peso) del hombre moderno es sólo un 65% del de un ser humano de finales del paleolítico. De acuerdo a la *Encuesta Nacional de Salud* del año 2003, en Chile casi el 90% de la población es sedentaria, entendiéndose por esto que realiza menos de 30 minutos de actividad física tres veces por semana.[301]

*"Mantener el peso en un rango saludable es más importante para la salud de largo plazo que todos los cuidados que uno pueda tener respecto a lo que se come"* afirma el Dr. Walter C. Willett de la Universidad de Harvard. Continua diciendo que tres aspectos relacionados con el peso influyen de manera significativa en la probabilidad de sufrir o morir

299 Datos proporcionados por el Dr. Fernando Vio. La información de la última Encuesta Nacional de Salud del año 2009 se encuentra en procesamiento.

300 "Taxes not paid". *Irish Examiner*, 11 de septiembre de 2004.

301 Mardones S., F., Mardones R., F., Mallea, R. y Silva, S. 2009. "Aspectos generales de la epidemia de obesidad". En F. Mardones (ed.), *Obesidad ¿Qué podemos hacer?* Ediciones Universidad Católica, Santiago, p. 33.

de un ataque al corazón, desarrollar diabetes o ser diagnosticado con algún tipo de cáncer (mama, colon o riñón): la relación peso-altura, la circunferencia de la cintura y cuánto peso se ha ganado desde los veinte años.[302] El *índice de masa corporal* (IMC) es un parámetro muy usado para evaluar la relación entre peso y altura, y se calcula de acuerdo a la siguiente fórmula:

$$IMC = \frac{[Peso\ en\ kilos]}{[Altura\ en\ metros]}$$

La tabla 12.1 muestra la relación entre el IMC y el *peso saludable, sobrepeso* y *obesidad*. El IMC recomendado que se asocia con una larga expectativa de vida está entre 20 y 25, mientras que un IMC bajo 18,5 es signo de desnutrición. Pero como muchas de las cosas relacionadas con nutrición y salud, no existe acuerdo unánime sobre las consecuencias negativas de la acumulación de grasa y su relación directa con diversas patologías y expectativas de vida. Los críticos del control estricto del peso provienen mayoritariamente de fuera de la profesión médica y aducen fallas en el procesamiento estadístico de datos de sobrepeso y obesidad, una exageración en la definición de lo que constituye el sobrepeso, y por último, una subestimación del efecto beneficioso que tendría la acumulación de reservas en casos de enfermedades que requieran de tratamientos largos.[303]

TABLA 12.1. **Relación entre IMC y peso saludable, sobrepeso y obesidad**

| Bajo 18,5 | 18,5 - 24,9 | 25 - 29,9 | 30 - 34,9 | 35 - 39,9 | Sobre 40 |
|---|---|---|---|---|---|
| Bajo peso normal | Peso saludable | Sobrepeso | Obesidad ligera (clase I) | Obesidad moderada (clase II) | Obesidad mórbida (clase III) |

Hay maneras sencillas de reducir la ingesta calórica, sobre todo para aquellos que tienen "holguras" en el balance de calorías. Las bebidas gaseosas azucaradas son un invento de la industria alimentaria moderna que explota la necesidad de consumir líquidos, el deseo por lo dulce y la sensación de cosquilleo que hacen las burbujas de $CO_2$ al explotar en la boca. La *Coca Cola* fue "inventada" en 1886 usando el edulcorante más barato y común que existía a la fecha, el azúcar refinada. Pero si su aparición hubiese ocurrido en nuestros días, probablemente sólo existiría la versión dietética. Las bebidas gaseosas azucaradas suelen ser responsables de hasta un 8 a 10% del aporte calórico diario y cada lata aporta unas 150 kilocalorías, el equivalente

---

302 Willett, W.C. 2003. *Eat, Drink and Be Healthy*. Free Press, Nueva York.
303 Wayt Gibbs, W. 2005. "Obesity: An overblown epidemic?". *Scientific American* 292(6), 48-55.

a unas 10 cucharaditas de azúcar.[304] Alguien que consume una de estas bebidas azucaradas al día podría bajar más de dos kilos de peso al año por el sólo hecho de reemplazarla por otra que tenga edulcorantes no calóricos. El control del peso en este caso sólo requiere de un pequeño sacrificio en el sabor, y confianza en los científicos y los reguladores que estudiaron y aprobaron el edulcorante artificial. Pero pareciera que la batalla se está ganando: mientras en supermercados de EE.UU. las ventas de bebidas carbonatadas bajas en calorías subieron a tasas del 10% en el período 2003-2004, las de aquellas que contienen azúcar disminuyeron en 4,2%.[305]

Si se examinan las dietas de algunas poblaciones actuales que subsisten con una alimentación muy básica como los *turkana* de Kenya y los *incas* del altiplano peruano, se puede apreciar que tanto los primeros, que son fundamentalmente carnívoros, como los segundos, que derivan una gran proporción de la energía de alimentos provenientes de plantas, tienen una baja ingesta calórica (entre 1.500 y 2.000 calorías por día) la que es suficiente para realizar las tareas físicas.[306] Yendo al extremo, la especie humana tiene una resistencia impresionante a la inanición, lo que no debiera ser sorpresa dado los extensos períodos sin consumir alimentos que debieron pasar nuestros antepasados. Una persona sana y de peso normal puede perder hasta un 25% del peso original, sin poner en riesgo su vida. En 2005 murió a la edad de 80 años el biólogo y médico francés Alain Bombard, quien en 1952 cruzó el Atlántico en una balsa inflable para probar que los náufragos podían sobrevivir un cruce oceánico sin provisiones. Durante 65 días comió sólo pescado crudo y ocasionalmente tomó agua de mar, perdiendo 25 kilos. Hace algunos años un grupo de reos de entre 30 y 38 años estuvieron 64 días en huelga de hambre y bajaron cerca de 20 kilos, sin que el prolongado ayuno provocara consecuencias irreversibles en ellos. Personas que se extravían durante excursiones al aire libre por períodos de varios días, si logran superar la hipotermia y disponen de agua para beber, se recuperan rápidamente sin que queden secuelas permanentes.

## 12.4. Hábitos y dietas

*Hábito* es un comportamiento repetido regularmente. De manera sencilla se entiende por *hábitos alimentarios* los tipos de alimentos que se comen más frecuentemente y la forma en que se hace, lo que está influido por las creencias y tradiciones. Por otra parte, un primer significado de la palabra dieta dice relación con el conjunto de alimentos que conforman la ingesta de una población, una cultura o un individuo. Ambos términos (hábitos y dietas) están en el centro del concepto de *estilo de vida saludable*, que incluye una dieta sana, el mantener un peso correcto, hacer ejercicio

304 Malik, V.S., Schulze, M.B. y Hu, F.B. 2006. "Intake of sugar-sweetened beverages and weight gain: a systematic review". *American Journal of Clinical Nutrition* 84, 274-288.

305 Anónimo. 2005. "Cruising the center-store aisle". *Food Technology* 59(10), 28-39.

306 Leonard, W.R. 2003. "Incidencia de la dieta en la hominización". *Investigación y Ciencia* 317, 48-57. Además, tanto los turkana como los incas presentan bajos niveles de colesterol total (entre 140 y 150 mg/dl).

en forma regular, no fumar, beber alcohol en forma moderada, controlar el estrés, tener un trabajo estable y satisfactorio, no consumir drogas y tener buenas relaciones familiares y sociales.

Los hábitos de la alimentación tradicional en los distintos países y culturas están siendo amenazados por nuevas formas de nutrición que encuentran un nicho propicio en el ritmo apresurado de la vida moderna, especialmente en centros urbanos. Sin embargo, no es cierto que la comida rápida sea un mal de estos tiempos. Los guías turísticos en Pompeya se detienen especialmente a mostrar los lugares donde la gente compraba sus comidas antes de retirarse a sus casas, pues allí no disponían de espacio para cocinar. En las grandes ciudades europeas durante muchos siglos existieron cocinas públicas donde se podía comprar comidas preparadas y los vendedores ambulantes de alimentos han existido en casi todos los ambientes urbanos. En Bangkok, los vendedores callejeros proporcionan desde hace unos 200 años la alimentación a miles de trabajadores, especialmente a parejas con niños que no disponen ni del espacio ni del tiempo para preparar sus propias comidas. Actualmente en Tailandia este es un lucrativo negocio de 1.600 millones de dólares al año, en que unos 24.000 vendedores registrados ofertan cinco veces al día productos locales de variados sabores y texturas.[307]

Pareciera, entonces, que el problema con la comida rápida moderna es la pérdida de tradiciones culinarias, la extinción de la comida reposada y socializada, pero sobretodo, la adopción de productos foráneos procesados con alto contenido de grasas saturadas, azúcar y sal, convenientes y baratos, lo que se conoce bajo el nombre genérico de *comida chatarra*. Sin embargo, las hamburguesas, papas fritas, *hot dogs*, pizzas y helados son considerados apetitosos por millones de consumidores alrededor del mundo, que en la era de la globalización acceden libremente por su conveniencia y bajo costo. Para comprar un *Bic Mac*, que es idéntico en todas partes del planeta, es necesario trabajar 185 minutos en Nairobi, 79 en Lima, 52 en Santiago de Chile y sólo 12 en Nueva York. Si el mismísimo Ferran Adrià, el gran *chef* español, reconoce que hay mucha gente en el mundo que no puede gastar más de tres dólares en comer y, por tanto, no está en contra del *fast food*: *"...voy al McDonald's cuatro veces al año y nunca he escuchado a alguien que coma en estos lugares y hable mal de la comida rápida. Sólo hablan mal los que no van"*.[308] Lo que está en riesgo es toda una cultura de platos, sabores y gustos tradicionales.

Mucha gente preferiría comer regularmente comidas tradicionales y alimentos frescos, "naturales", sin aditivos, que provengan de una agricultura más amigable con el medioambiente, una especie de *slow food* que le salga al paso al *fast food*. En palabras

---

307 El reportaje sobre los vendedores callejeros de alimentos en Tailandia apareció en *The New York Times*, 27 de mayo de 2009.

308 "Ferran Adrià: El cocinero que inventó el aire". Entrevista en Revista *El Sábado*. *El Mercurio*, Santiago, 31 de octubre de 2003. Adrià y sus socios (NH Hoteles) abrieron una cadena de restoranes *Fast Good*, que ofrecía un servicio de comida rápida, pero sana y de calidad.

de su fundador y presidente, el italiano Carlo Petrini, el movimiento *Slow Food* tiene dos estrategias fundamentales para detener la "degeneración del gusto": educar en el área de los alimentos y defender la biodiversidad de estos. Un problema no menor es que la *Slow Food* es más costosa y elitista. En un mundo que debe alimentar diariamente a 6.500 millones de individuos y donde un porcentaje importante de la población vive en grandes centros urbanos, hablar de huertos familiares, alimentos orgánicos y productos artesanales, pareciera ser poco acertado. Por lo demás, la juventud no quiere dedicarse a la agricultura y migra a las ciudades aunque allí las condiciones de vida sean cada vez peores. Pero la filosofía detrás del *Slow Food* es muy atendible. En palabras de Petrini: *"...el gastrónomo que no está consciente de las implicancias medioambientales de los alimentos es un estúpido y el medioambientalista que es ignorante de la gastronomía es un infeliz"*.[309]

Se afirma que no hay alimentos buenos ni alimentos malos a secas, sino que buenos y malos hábitos de alimentación. Existen los *alimentos saludables*, que en general son aquellos que tienen poca sal, azúcar y grasa. La comida chatarra, en cambio, contiene una elevada proporción de estos componentes que asociamos con el buen sabor de un alimento, pero que no son adecuados en exceso para una buena nutrición y para la salud. Pero los alimentos chatarra, además de ser percibidos como sabrosos, proporcionan conveniencia, son baratos, y consumidos en cantidades moderadas y en forma esporádica "son menos malos".[310] Al menos a esta conclusión llegaron unos investigadores ingleses quienes cuestionaron los mitos que rodean a la comida chatarra y hasta se atrevieron a decir que muchos de los nutrientes que contienen son importantes.[311] Lo que hay que tener presente es que cuando se consume una hamburguesa con papas fritas se ingieren alrededor de 1.300 kilocalorías, es decir, el 70% del requerimiento calórico diario de un niño, por tanto, equivale a la comida principal del día. Los especialistas están de acuerdo que el consumo de hamburguesas, *hot dogs* y pizzas cada 15 días no es intrínsecamente malo, pero lo es el hábito de comerlos frecuentemente. ¿Es que alguien podría decir que nuestro bife a lo pobre o las sopaipillas, que contienen una alta proporción de grasa, si se consumen de vez en cuando, son comida chatarra? En el otro extremo, alimentos que parecen muy saludables, como los *jugos de fruta* envasados, contienen las mismas calorías que una gaseosa. Doscientos centímetros cúbicos de jugo de clarificado de manzana no sólo proporcionan 165 kilocalorías, sino que además contienen menos vitaminas y nada de la fibra beneficiosa que tiene la fruta entera.

---

309 Cita tomada libremente de Halwell, B. 2004. *Eat Here: Reclaiming homegrown pleasures in a global supermarket*, W.W. Norton and Co., Londres, p. 148. Se ha traducido la palabra *sad* por infeliz, en el sentido de desposeído de felicidad (triste).

310 Para aquellos interesados en la comida chatarra existe Smith, A.F. 2006. *Encyclopedia of Junk Food and Fast Food*. Greenwood Publishing, Conneticut.

311 Feldman, S. y Marks, V. 2005. *Panic Nation* (develando los mitos sobre comida y salud). John Blake Publishing, Londres.

La otra acepción de la palabra dieta denota una restricción en el consumo de calorías o de cierto grupo de alimentos, ya sea voluntariamente o por prescripción médica. Dietas para adelgazar existen miles, como también la creencia de que son una solución definitiva. La dieta de la manzana, de la zanahoria, de choque, de la luna, del repollo, la hipocalórica o la antidieta son algunas de las más renombradas (ver inserto 12.1). Hay dietas que sugieren un alto consumo de agua, lo que es muy bueno para el negocio de las aguas embotelladas que excede mundialmente los 15 mil millones de dólares al año. Un litro de agua embotellada puede costar más de 100 veces lo que vale el litro de agua potable, pero esto no la hace más pura. Incluso en países desarrollados los estándares para el agua en botella no son más estrictos que los que rigen para el agua potable. Un estudio realizado en EE.UU. reveló que de 108 marcas de aguas embotelladas, un 15% contenían más bacterias que las permitidas por los estándares de pureza microbiológica y un quinto de las muestras contenían sustancias químicas industriales como tolueno, estireno, etc., aunque en niveles bastante bajos.[312]

INSERTO 12.1.    **"Principios" en que se basan las dietas de reducción de peso.**

**Dietas bajas en grasas** (*low-fat*) restringen en extremo el consumo de grasas, pero no distinguen entre grasas "buenas" y "malas". El inconveniente es que las grasas producen un efecto de saciedad que es importante para moderar el consumo de calorías.

**Dietas bajas en carbohidratos** (*low-carb*) donde se limita la cantidad y tipo de carbohidratos para reducir los niveles de glucosa e insulina. La última versión de la dieta *Atkins* recomendaba evitar los carbohidratos y comer carne, queso y huevos sin restricción para mantener baja la glucosa en la sangre y así moderar el apetito. Como algo hay que comer, estas dietas pueden conducir a un alto consumo de grasas saturadas y colesterol.

**Dietas bajas en calorías** (*low-cal*). La idea es que una caloría es una caloría, provenga de donde provenga (ver sección 6.4). Por tanto, si se reduce el consumo total de calorías y se aumenta el gasto (ejercicio físico), se pierde gradualmente peso, que es la base del método de *Weight Watchers*. Requiere contar calorías, puntos o llevar control sobre el tamaño de las porciones.

Las *dietas de reducción de peso* suelen ser aburridas y sólo tienen efecto de corto plazo, pero no crean buenos hábitos alimentarios ni permiten disfrutar de toda la variedad gastronómica al alcance. Parafraseando a los judíos que retornaban desde Egipto "nos secan el alma" (sección 9.1). Desde el punto de vista práctico son odiosas porque al momento de comer segregan a los que las hacen de aquellos que no están a dieta, requieren de mayor esfuerzo en las compras y en la cocina, y algunas de ellas son caras. Por último, está demostrado que el 95% de las personas que hacen dieta, recuperan el peso original a los seis meses de abandonar el tratamiento.

---

312 Ver el artículo de Shermer, M. 2003. "Bottle twaddle". *Scientific American* 289(1), 33.

Muchos de los hábitos de alimentación saludables se forman durante la niñez y por eso la educación nutricional en la casa y en los colegios es tan importante.[313] Pero los hábitos de alimentación cambian con el tiempo debido al entorno social y laboral, las modas, pero principalmente por el ritmo acelerado de la vida moderna. Hasta el momento no se ha demostrado que exista una mejor dieta para el cuerpo y la psiquis que aquella que es variada, sabrosa pero frugal, y que se comparte socialmente. Los que esperan la píldora milagrosa que se preocupe de su peso sin efectos secundarios, han nacido un poco anticipadamente.

## 12.5. Las dietas saludables

No es fácil encontrar una definición de lo que constituye una *dieta saludable*, porque probablemente no existe "la" dieta saludable para todo el mundo. En la actualidad una *dieta equilibrada y saludable* consiste en consumir una gran variedad de alimentos, donde predominan las frutas y verduras, los cereales integrales y fuentes de proteínas como carnes blancas, pescado, huevos, legumbres y productos lácteos. Se recomienda que una dieta de este tipo sea baja en grasas (especialmente en grasas saturadas), sal y azúcar. La Escuela de Salud Pública de Harvard prefiere referirse a *hábitos saludables* de alimentación que incluyen el ejercicio físico, el equilibrio del balance calórico y la atención a los cambios de peso. En concordancia con lo anterior, estos buenos hábitos requieren que se consuma abundantemente frutas y verduras, granos enteros, leche (calcio) y grasas saludables (como el aceite de oliva y de canola), y a la vez sugieren mantenerse alejado de las carnes rojas, granos refinados, bebidas azucaradas y papas. Por último se recomienda un complemento multivitamínico diario (como "seguro") y el consumo moderado de alcohol.[314] Un aspecto importante es considerar al ejercicio físico como algo consustancial con una vida saludable.

En 2004 la Organización Mundial de la Salud aprobó una *Estrategia Mundial sobre Régimen Alimentario, Actividad Física y Salud*, que se tradujo en una serie de recomendaciones a la industria alimentaria.[315] Entre ellas se pueden destacar: promover las dietas saludables y la actividad física; limitar los niveles de grasas saturadas, ácidos grasos *trans*, azúcares y sal en los productos; ampliar el conjunto de productos saludables y nutritivos; proporcionar información que sea adecuada y comprensible por parte de los consumidores; practicar una publicidad responsable, especialmente aquella dirigida a niños; proporcionar información en los envases que permita efectuar elecciones informadas y saludables, y; apoyar a las agencias gubernamentales con información sobre la composición de los alimentos. Diez multinacionales de la alimentación, cuyas ventas anuales suman más de 350 mil millones de dólares y son

---

313 Actualmente muchos niños se preocupan de la ecología y del medio ambiente pues han sido enseñados en sus casas y en los colegios, una combinación que es fundamental.

314 Mayores antecedentes se encuentran en www.hsph.harvard.edu/nutritionsource/.

315 Para mayor información se puede consultar el documento original de la OMS que se encuentra en el sitio www.who.int/dietphysicalactivity/strategy/eb11344/strategy_spanish_web.pdf.

responsables de casi el 80% de la publicidad en alimentos, se han comprometido con estos objetivos, formando la Alianza Internacional de Alimentos y Bebidas (conocida por su sigla en inglés como IFBA).[316]

El interés por las dietas saludables se deriva de estudios que correlacionan positivamente este tipo de alimentación con una menor incidencia de enfermedades crónicas no transmisibles, como cáncer, enfermedades cardiovasculares, diabetes, etc. Por ejemplo, se habla que una dieta saludable podría prevenir hasta el 30% de los cánceres. La *dieta mediterránea* (DM) es una opción de dieta saludable, variada y de gran palatabilidad, que se fue amalgamando a través de los siglos en países europeos de la cuenca del mar Mediterráneo. Fuera de esta región existen otras cuatro zonas en el mundo con condiciones climáticas similares, propicias para la producción de muchos de los alimentos que componen esta dieta: California, Chile central, el sur-oeste de Australia, y zonas costeras de Sudáfrica. El carácter saludable de la DM fue sugerido hace unos 40 años luego que la investigación epidemiológica llamada *Estudio de los Siete Países* demostrara que la menor incidencia de infartos agudos de miocardio en Europa se daba en áreas rurales mediterráneas. A la DM se la considera como sinónimo de dieta saludable por ser baja en grasas saturadas y alta en grasas poli-insaturadas, tener un buen balance entre AG omega-3 y omega-6, ser baja en proteína animal y rica en antioxidantes (vitaminas y polifenoles), hidratos de carbono complejos y fibra. Esto implica una ingesta relativamente alta de pescado y carnes blancas, cereales integrales y leguminosas, frutas y verduras, aceite de oliva virgen (con alto contenido de AG monoinsaturados), y un consumo moderado de productos lácteos y vino.[317]

Se conoce como *Paradoja Francesa* al hecho que teniendo EE.UU. y Francia un consumo similar de grasas y colesterol, la incidencia de ECV es significativamente menor en el país europeo. La explicación más razonable del análisis de las dietas fue que los franceses tienen un consumo moderado de *vino*. En esta bebida se conjugan dos efectos positivos sobre el riesgo cardiovascular: los del alcohol (compartidos por todas las bebidas alcohólicas) y aquellos derivados de los *compuestos polifenólicos antioxidantes*. Múltiples estudios han demostrado que el consumo moderado de vino (especialmente tinto) no sólo asociado a la DM sino que como complemento a la dieta occidental, reduce los riesgos asociados con las ECV.

La evidencia científica actual sugiere que la mayoría de las bondades de la DM se deriva de los componentes *antioxidantes* en el vino, frutas y verduras, y el aceite de oliva (sección 1.7). El estrés oxidativo lleva a reacciones de radicales libres (átomos o moléculas que poseen electrones no apareados, lo que los torna sumamente reactivos) con lípidos, proteínas, carbohidratos y el ADN, que desencadenan un daño fisiológico irreversible (sección 7.9). El daño oxidativo en las moléculas biológicas se asocia

---

316 La International Food and Beverage Alliance mantiene el sitio www.ifballiance.org.

317 Leighton, F. y Urquiaga, I. 2004. *Dietas Mediterráneas: La evidencia científica*. Universidad Católica de Chile, Santiago.

con patologías tales como el cáncer, ateroesclerosis y el envejecimiento. La DM, al elevar la capacidad antioxidante del plasma sanguíneo, protegería del daño oxidativo. Muchas frutas, verduras y el vino contienen una alta cantidad de *polifenoles*, un grupo de compuestos con propiedades antioxidantes muy activas, que también están presentes en el té, el café y el chocolate. Entre las frutas, las *bayas* presentan el contenido más alto de polifenoles totales, pero la manzana no se queda atrás.[318] Sin embargo, durante el procesamiento industrial de jugos de frutas se reduce enormemente la concentración de polifenoles, los que al romperse la estructura celular quedan libres para participar en reacciones de oxidación. Por esto, no es igual tomarse un jugo recién preparado que uno reconstituido a partir de un concentrado.[319]

¿Y las dietas vegetarianas? Un vegetariano se alimenta de productos vegetales con o sin la adición de huevos y/o productos lácteos. La posición actual de la *American Dietetic Association* es que las dietas vegetarianas adecuadamente planificadas son saludables y nutricionalmente apropiadas, incluso podrían aportar beneficios en la prevención de ciertas enfermedades. Los vegetarianos tienden a tener un bajo IMC (sección 12.4) y a consumir abundantes frutas y vegetales. Lo importante para los seguidores de estas dietas es saber qué significa "adecuadamente planificadas". Algunas potenciales deficiencias de las dietas vegetarianas son: i) suelen ser marginales en AG omega-3 (EPA y DHA), lo que se recomienda suplir con algunas microalgas; ii) el hierro inorgánico de los vegetales se absorbe mucho menos que el hierro hemo de carnes y pescados, y además, su absorción puede ser inhibida por fitatos y polifenoles presentes en vegetales y en el té, café y derivados de la cocoa, y; iii) el calcio, sobretodo en relación a la osteoporosis, debe venir de la leche, vegetales verdes o de alimentos fortificados con este mineral.[320]

En conclusión, todo parece indicar que lo comido repercute temprano o tarde en la salud. Es importante recalcar que el concepto moderno de "dieta" significa una gran variedad de alimentos que se consumen en forma regular, sin una preeminencia de algunos alimentos o nutrientes específicos por sobre otros.

## 12.6. Ingeniería nutricional

¡Se cayó la pirámide! Lejos de tratarse de una catástrofe arqueológica, se trataba de la *pirámide alimentaria* que el Departamento de Agricultura de los Estados Unidos (USDA) había propuesto en 1992 como guía para que la población eligiera aquellos alimentos que los mantuvieran sanos y saludables. La pirámide tenía distintos niveles representando la proporción de grupos de alimentos en el consumo diario. La base la constituían los carbohidratos complejos, léase pan, arroz, cereales de de-

---

318 Los valores promedios de polifenoles totales son: entre 300 y 600 mg/100 g en variedades de arándano y unos 100 mg/100 g, en manzanas.

319 Mattivi, F. 2004. "Antioxidantes polifenólicos naturales en la dieta". En Leighton, F. y Urquiaga, I. (eds.). 2004. *Dietas Mediterráneas: La evidencia científica*. Universidad Católica de Chile, Santiago, pp. 100-111.

320 Para mayor información sobre dietas vegetarianas consultar: Anónimo. 2009. "Position of the American Dietetic Association: vegetarian diets". *Journal of the American Dietetic Association* 109, 1266-1282.

sayuno, y pastas, y en la cúspide, que simbolizaba aquellos alimentos que debieran ser consumidos en menor proporción u ocasionalmente, estaban las grasas y aceites. Entremedio estaban en orden decreciente de importancia las frutas y verduras frescas, las carnes, aves y huevos, terminando con la leche y productos lácteos.[321]

¿Por qué se cayó la pirámide alimentaria original? En parte por un deseo de los nutricionistas de simplificar las recomendaciones, pero fundamentalmente por recientes evidencias epidemiológicas y la comprobación práctica que una dieta variada no sólo es atractiva sino que saludable. Se sabe que ciertos tipos de grasas son esenciales para la salud y que una elevada ingesta de hidratos de carbono puede no ser siempre beneficiosa. En la *nueva pirámide* todos los grupos de alimentos van desde la base hacia la cúspide, lo que reconoce que la mejor forma de alimentarse es comer en forma variada (figura 12.2).

La nueva pirámide alimentaria del USDA se asienta sobre unos cimientos de ejercicio diario y control del peso. Promueve el uso de aceites vegetales (mono y poli-insaturados), cuyo efecto en el control del colesterol se encuentra demostrado en estudios epidemiológicos, y el consumo de productos a base de cereales integrales (por ejemplo, pan integral, cereales con fibra). Recomienda consumir abundantes frutas y vegetales, incorporando también las nueces y legumbres. Los alimentos de ingesta limitada son las carnes rojas y la mantequilla, como también el arroz descascarado, el pan blanco, las papas, pastas y los dulces. Ahora la pirámide no está sola y hay unas palmeras a su alrededor adornándola: se aconseja el uso de suplementos vitamínicos y el consumo de alcohol con moderación cuando no esté contraindicado.[322]

FIGURA 12.2.   **La nueva pirámide alimentaria. No existe una recomendación única; los alimentos y las cantidades correctas dependen de cada persona (Fuente: USDA).**

---

321 La información sobre la pirámide alimentaria del USDA se encuentra disponible en español en www.mypyramid.gov/.

322 En 1997 se confeccionó la primera guía alimentaria para la población chilena, lo que se cambió el año 2005 por "mensajes saludables" (Fuente: Dr. Fernando Vio, INTA, Chile).

Esta forma de ingeniería nutricional pretende inducir una acción colectiva tal que si todos los individuos siguieran las recomendaciones, la obesidad se batiría lentamente en retirada. Comer la mitad de los productos derivados de granos (como el pan y el arroz) en forma de granos enteros, consumir abundantes frutas y verduras y ejercitarse unos 30 a 60 minutos diarios, serían suficientes para mejorar el balance calórico y ayudar a bajar de peso si fuese necesario.

¿Cuánto durará la nueva pirámide? Es probable que nuevamente los nutricionistas hayan simplificado su análisis. Hay evidencia científica que no todos los almidones son creados iguales y los que son más resistentes a las enzimas digestivas y generan menos azúcares, conllevan un menor riesgo para el desarrollo de la diabetes tipo 2 (sección 7.7). Por otra parte, es muy probable que el efecto beneficioso no sea del alcohol *per se*, sino que de otros componentes de las bebidas alcohólicas como los polifenoles, que el vino contiene abundantemente y actúan como antioxidantes. Existen además otras recomendaciones que deben ser implementadas como los *planes "cinco al día"* que existen en más de 40 países y promueven el consumo de cinco porciones diarias de frutas y verduras por su aporte de vitaminas, minerales, fibra y compuestos fitoquímicos.

## 12.7. Una intoxicación de información

Si sólo prestáramos atención a lo difundido en los medios de comunicación no sería fácil saber qué se debe comer y qué evitar, pues la información es muchas veces contradictoria. Un día resulta que comer margarina es lo recomendado y la mantequilla debe evitarse. En unos pocos años la cosa se revierte y es más saludable comer mantequilla porque los ácidos grasos *trans* que contiene la margarina son malos para la salud (ver sección 1.3). Similares situaciones han ocurrido con los huevos, algunos edulcorantes y muchos aditivos, entre otros. Con justa razón nos sentimos confundidos, incrédulos y a veces engañados. El problema parte porque la información es generada por científicos que escriben para otros científicos y no para los comunicadores o el público general (sección 10.8). La prensa extrae de los artículos científicos lo que estima de interés para el público, lo interpreta y traduce a un lenguaje simple, y lo empaqueta en forma de mensajes sencillos, con titulares que despierten la atención y sin detalles que puedan "confundir". En el camino se pierden casi siempre los supuestos, las sutilezas metodológicas y las situaciones especiales que eran parte fundamental del artículo científico.

Para entender por qué suceden estos problemas hay que conocer los métodos que usan los médicos y los nutricionistas para probar hipótesis sobre qué es bueno y qué es malo para la salud y la nutrición. No es fácil hacer experimentos con humanos y las experiencias controladas (con "voluntarios") deben cumplir con estrictos protocolos éticos, por lo que suelen ser complejas y onerosas. Si se logra superar lo anterior, existe una gran variabilidad en la respuesta individual (esto es, somos muy distintos en algunas de nuestras reacciones a alimentos similares) y, por lo tanto, es difícil conformar grupos homogéneos de donde se puedan hacer extrapolaciones y establecer conclusiones que sean válidas para toda una población (sección 5.3). Por último, toma algún tiempo el comprobar si los resultados son claramente beneficiosos o nocivos. Los tipos de estudios que analizan el impacto de los alimentos en la nutrición y la salud se describen resumidamente en el inserto 12.2.

INSERTO 12.2. **Algunas fuentes de información y tipos de estudios para evaluar el impacto de los alimentos en la nutrición y la salud.**

---

**Estudios epidemiológicos** en que se analiza una gran cantidad de información ya existente para encontrar los posibles factores que inciden en una condición de salud. Evidentemente, la interpretación y conclusiones dependen de la calidad de la información.

**Seguimientos longitudinales** donde se mantiene bajo observación a un grupo grande y homogéneo de personas. Esto depende de que la gente recuerde lo que ha comido, lo que no es fácil. Además, la gente normalmente come muchas cosas e inferir el efecto de un nutriente específico en una dieta compleja es muy difícil.

**Ensayos de intervención clínica.** Son aquellos en que se hace una intervención controlada en las dietas de un grupo de personas. Un subgrupo recibe una dieta específica, otro recibe un placebo y un tercero es el grupo control que continúa con su dieta habitual.

**Experimentos con animales.** Eran muy usuales en el pasado y hoy son universalmente cuestionados por razones éticas, sobre todo en especies cercanas al hombre. El utilizar animales en la experimentación genera resultados que no siempre son extrapolables a otra especie (por ejemplo, de ratas a humanos).[323,324] Las condiciones de confinación y aislamiento de animales en jaulas aumentan el estrés, influyendo en la respuesta al tratamiento.

---

Por ejemplo, el afirmar que las dietas ricas en antioxidantes aminoran los riesgos de sufrir algunas enfermedades degenerativas, proviene de información adquirida a varios de los niveles anteriormente expuestos. Por un lado están los *estudios epidemiológicos* como la Paradoja Francesa (sección 12.5) que relacionó la menor mortalidad cardiovascular de los franceses con el consumo moderado y regular de vino, que se sabe contiene poderosos antioxidantes. Se deriva de muchos estudios longitudinales similares a uno que encontró que el consumo diario de frutas, verduras y té estaba asociado positivamente con la buena salud cardiovascular y la longevidad de más de 800 ancianos. También se ha generado evidencia en varias *intervenciones clínicas*, como la que involucró a miles de ancianos a quienes se les suministró vitamina E durante seis años, comprobando una reducción en la incidencia de la enfermedad

---

323 Como ejemplo, en un estudio realizado en 1988, el efecto de carcinógenos en animales tan cercanos genéticamente como ratas y ratones sólo coincidió en el 70% de los casos. Ver Barnard N. D. y Kaufman S. R. 1997. "Una investigación despilfarradora y engañosa". *Investigación y Ciencia* 247, 66-69.

324 Los estudios con animales son tema de controversia incluso dentro de la comunidad científica, y por supuesto cuentan con la oposición total de los grupos de defensa de los animales. El ensayo de un nuevo pesticida puede requerir de alrededor de 10.000 animales de diversas especies si se prueba que alcanza el torrente sanguíneo.

de Alzheimer respecto a un grupo control y a un placebo. Por último, es el resultado de múltiples *estudios en animales*, análogos a uno en ratas que mostró que extractos fenólicos de manzana brindaban protección a la mucosa gástrica.

Todo este tipo de estudios abunda en la literatura científica, aunque no siempre los resultados son tan obvios y consistentes como en el ejemplo anterior de los antioxidantes. Como se manifestó anteriormente, en muchos casos los artículos que atraen a la prensa provienen de investigaciones prospectivas (que no son concluyentes y sólo sirven para generar hipótesis de trabajo), pero que son informados con atractivos titulares (del tipo, "nueva droga que cura el cáncer"). Un caso particular son los estudios vigilados en un grupo de personas que manifiestan una respuesta positiva durante el período de la intervención, la cual puede ser sólo válida mientras los individuos se sienten "sujetos" de una investigación. De ahí en adelante se pierde el control de la información y las interpretaciones dan origen a distintos tipos de recomendaciones por parte de profesionales de la alimentación y la dietética, o a la autoprescripción y el autotratamiento.[325] Un reciente artículo de prensa ha titulado que "La comida chatarra puede ser tan adictiva como el tabaco y las drogas".[326] El artículo se basa en una publicación científica de un estudio en ratas alimentadas con comida del tipo que abunda en cafeterías y que comemos de vez en cuando, que incluye entre otras salchichas, *cheesecake* y queque. En ninguna parte los autores del artículo se refieren a la dieta suministrada como comida chatarra.[327]

Parte importante de la información nutricional se recibe directamente de los envases de los alimentos procesados. El *etiquetado o rotulación nutricional* de un producto explicita el contenido de energía total y el aportado por los componentes básicos, lista los principales ingredientes (de mayor a menor contenido en el producto) y también entrega mensajes nutricionales como "liviano en calorías", "bajo en grasa" o "reducido en sodio". Estos mensajes no son fáciles de comprender, a menos que nos hayamos informado previamente lo que significa cada una de estas invocaciones. Por ejemplo, "bajo en sodio" significa que el alimento debe tener menos de 140 mg de sodio (¡que no es lo mismo que mg de sal!) por porción de consumo habitual, frase que tampoco ayuda mucho. Muchas veces la información nutricional viene expresada en base a 100 gramos de producto seco, como sería el caso de los tallarines. Saber el contenido de calorías y nutrientes en lo que se come requeriría pesar la porción de tallarines cocidos y hacer un cálculo del agua que han absorbido.

---

325 Un caso interesante fue la recomendación del Prof. Linus Pauling (1901-1994), doble premio Nobel (de Química y de la Paz) de consumir altas dosis de vitamina C (del orden de 10 gramos diarios) para contrarrestar la oxidación causante del envejecimiento, y en particular, el resfrío común. En sus palabras "...si no llego a los cien años, es porque empecé a tomar la megadosis de vitamina C tarde, a los sesenta y cinco, cuando mi cuerpo ya estaba envejecido". Pauling vivió 93 años.

326 *El Mercurio*, Santiago, 29 de marzo de 2010, p. A11.

327 El título del artículo publicado en la prestigiosa revista *Nature Neuroscience* es: "Dopamine D2 receptors in addiction-like reward dysfunction and compulsive eating in obese rats". Publicado *online* el 28 de marzo de 2010, doi:10.1038/nn.2519.

Aunque cada vez es más la gente que lee la información nutricional de etiquetas y rótulos que aparecen en los alimentos envasados, lo preocupante es que la gran mayoría de los compradores dicen no entender lo que significa al menos uno de los ingredientes listados. Esto es comprensible pues algunas listas suelen ser largas y muchos ingredientes son sustancias complejas que tienen funciones bastante específicas en los productos (ver sección 1.4), las que sólo se pueden entender si se han aprendido en el colegio o se ha tenido la curiosidad de averiguarlo. El marketing no pretende precisamente contribuir a aclarar las cosas. En la mitología griega el néctar era la bebida de los dioses, pero para la industria alimentaria *"néctar"* es un producto elaborado a partir de pulpa de fruta, agua potable, azúcar, ácido cítrico, preservante químico y estabilizador. Muy pocas personas se habrán enterado que una botella rotulada en grandes letras como "NÉCTAR" y cuya etiqueta muestra en forma resaltada una fruta, contiene ácido cítrico, goma xántica, saborizante idéntico a natural (*sic*), benzoato de sodio, sorbato de potasio y colorante, como se declara en un pequeño recuadro de la etiqueta.

De lo anterior se deriva que para interpretar correctamente los estudios nutricionales es necesario entender muy bien las suposiciones, métodos y diseños de las pruebas clínicas y de laboratorio, y los conceptos estadísticos que hay detrás (sección 5.6). Mucha de la información que nos llega se basa en inferencias poco documentadas sobre extrapolaciones a otras poblaciones (por ejemplo, de estudios en animales menores a humanos) o simplemente es producto de una pseudo ciencia sensacionalista.

## 12.8. Educando al consumidor

Si se realizara una prueba sobre conocimientos en alimentos y nutrición entre el universo de escolares, el resultado sería más desastroso que los del Simce y la PSU. Evidentemente lo que se enseña en el colegio respecto a estas materias es poco y malo. Es difícil saber cuántos alumnos necesitarán resolver una ecuación de segundo grado en su vida, pero es seguro que todos ellos se continuarán alimentando. En química, los programas de enseñanza media prefieren tratar la clasificación experimental de los suelos por sus propiedades y las etapas en la producción de ácido sulfúrico, antes que materias que están directamente relacionadas con el bienestar personal y calidad de vida.[328] Mientras tanto, de acuerdo a estudios del INTA el 27% de los escolares adolescentes chilenos son obesos, superando el 17% que ostenta EE.UU.[329]

Aunque lo ideal sería hacerlo en casa, hoy en día se ha traspasado a los colegios una buena parte de la alimentación que se recibe entre los 4 y los 18 años, un

---

328 El sitio web http://aep.mineduc.cl/images/pdf/2005/Em_quimica.pdf (consultado el 01.03.10) detalla siete ejes temáticos con varios subejes, correspondientes a las competencias de un profesor que debe enseñar química en la educación media. La palabra "alimentos" aparece una vez en las 11 páginas, y en relación a los aditivos alimentarios.

329 Recientemente Michelle Obama ha manifestado que uno de sus principales legados será terminar con la obesidad infantil. Un 32% de los niños chilenos en edad escolar sufre de sobrepeso. *La Tercera*, Santiago, martes 9 de febrero de 2010, p.11.

período crítico en la creación de hábitos. ¿Qué habría que hacer? Lo primero sería incorporar en los planes de estudio materias relacionadas con nutrición y química de alimentos.[330] Lo siguiente sería mejorar la calidad de los almuerzos escolares, incluyendo más frutas, hortalizas, legumbres y pescados, y menos productos altos en grasas. Esto implicaría posiblemente mayores costos, pero que deberían ser balanceados contra el probable gasto futuro en salud pública como consecuencia de una mala alimentación. Hay también un desafío para la industria alimentaria de desarrollar alimentos que sean económicos y saludables, pero sobre todo convenientes y atractivos para el segmento escolar. La hora del almuerzo en las escuelas debiera ser una oportunidad para incentivar una cultura nutricional y gastronómica básica, destacando las bondades de las dietas tradicionales y enfatizando la degustación. A las comidas locales hay que inventarles un "cuento" que las haga más atractivas y proporcionarles un formato que esté más acorde con la vida moderna, y aquí la creatividad de los *chefs* tiene un rol importante que jugar. La *colación* (término que viene del siglo XVIII y que correspondía a platos dulces que se servían al final de la tarde) que llevan los niños al colegio es muchas veces superflua desde el punto de vista nutricional y crea malos hábitos como el *snacking*. Por último, se debería condicionar la venta de dulces, galletas, snacks, etc. en los quioscos de los colegios a que una alta proporción de ellos sea "saludable", es decir, que no contenga demasiada sal, azúcar o grasas. En los establecimientos educacionales de origen anglosajón se llega al exceso que estos puestos se llaman *candy* (que significa golosinas).[331]

Por otra parte, las actividades realizadas en la asignatura de educación física en el colegio son insuficientes y no alcanzan a las tres horas semanales, con lo cual no se producen las adaptaciones fisiológicas requeridas por el mayor consumo de alimentos. Casi la mitad de los niños cae en la categoría de sedentarios, en su mayor parte, las mujeres. Se debiera fomentar el traslado a pie o en bicicleta al colegio, proporcionando la seguridad necesaria en lo personal y respecto a los vehículos (robos). En los adultos, la manera más adecuada de cumplir con los requisitos diarios de actividad física es combinando el medio de transporte motorizado con una caminata de 20 a 30 minutos.

La industria alimentaria debe contribuir también a la educación de los consumidores a través de la divulgación de sus investigaciones, emitiendo una publicidad veraz y promocionando sus productos más saludables. Por ejemplo, una multinacional de la alimentación puede llegar a vender en el mundo cientos de millones de productos

---

330 Herve This ha escrito un libro dedicado a los niños y traducido al español: *Los Niños en la Cocina*, Editorial Acribia, Zaragoza (2000), donde se refiere a moléculas, almidones y emulsiones. El famoso chef Heston Blumenthal ha desarrollado una serie de experimentos y videos demostrativos de química en que se usan alimentos. Ver Lister, T. y Blumenthal, H. 2005. *Kitchen Chemistry*. Royal Society of Chemistry, Londres, pp. 101-102.

331 Una encuesta realizada a escolares chilenos de 8 a 15 años en 10 colegios privados y públicos, puede dar una idea del impacto que tienen las colaciones y las compras de alimentos en quioscos. La mitad llevaba alimentos al colegio, el monto promedio de las compras era 500 pesos (un dólar), y el 61% de ellas correspondían a papas fritas y otros *snacks*, dulces, y galletas. *El Mercurio*, Santiago, jueves 2 de agosto de 2007, p. A11.

por día, cuyos envases representan miles de metros cuadrados de espacio para transmitir mensajes saludables al consumidor. Algunas empresas han formado consorcios con universidades para estudios sobre el comportamiento del consumidor, especialmente de niños, frente a productos que sean más saludables.[332]

## 12.9. MBA: Máster en Buena Alimentación

De toda la evidencia científica y empírica que se ha presentado en las páginas anteriores, pareciera que hay tres cosas fundamentales para establecer una relación con los alimentos que proporcione un alto grado de bienestar personal y acceso a una vida sana y vital: primero, comer variado, rico y saludable; segundo, alimentarse sin excesos y mantener un peso adecuado; y tercero, hacer ejercicio físico. Estas tareas se han desplegado en orden de creciente dificultad. Comer variado era el consejo de las abuelitas a sus nietos y no debiera ser tan complicado en estos días de superabundancia de alimentos. Para comer rico y saludable hay que aprender a distinguir lo bueno de lo menos bueno, saber degustar y probar cosas nuevas. Controlar el peso dentro de ciertos límites requiere dedicación, perseverancia y algo que es escaso en estos días: la "fuerza de voluntad". Mantener una actividad física adecuada requiere más que nada de hacerse el tiempo necesario y establecer rutinas que sean agradables y flexibles.

Si bien las personas tienen en sus manos (o en sus bocas y bolsillos) el manejo de la alimentación, en forma incomprensible el problema se desplaza cada vez más desde el individuo hacia la intervención y la regulación por parte del Estado. Si las personas supieran más sobre los alimentos y la nutrición no sería necesario poner luces rojas en los envases de alimentos con alto contenido de grasa, como los quesos (¿qué dirían los franceses?) o controlar la publicidad de la comida chatarra. ¿Es que acaso existen los semáforos en las chequeras o se limitan los avisos en los medios de comunicación y correos electrónicos invitando al crédito fácil? La gran mayoría de la gente sabe las consecuencias personales que arrastra un mal manejo de las platas y el endeudamiento irresponsable.

Y hablando de finanzas y dineros, muchos aspiran a obtener una maestría en administración de negocios (o *MBA* en inglés). Pero existe otro *MBA*, la *Maestría en Buena Alimentación*, que es una invitación para que en el transcurso de un año se cambien algunos hábitos de alimentación y de actividad física. Está claro que hay "cursos cortos" llamados dietas, pero son aburridos, sólo producen efectos momentáneos y no crean buenos hábitos. El fundamento de este *MBA* proviene de la constatación empírica que cambiar radical y masivamente los hábitos de alimentación en los del mundo actual, sólo es posible si la transformación es paulatina e internalizada por

---

332 Durante una Visita de Estado a Holanda, la delegación nacional encabezada por la Presidenta Bachelet tuvo la oportunidad de visitar el Restaurante del Futuro en la Universidad de Wageningen, una de las más importantes de Europa en alimentación. El día de la visita, se estudiaba la reacción de grupos de niños frente a diversas verduras preparadas de distintas maneras. Ver www.restaurantvandetoekomst.wur.nl/UK/.

las personas, para minimizar la tasa de deserción. Este *MBA* de "excelencia" (como se acostumbra en la propaganda de estos estudios) es un programa de autoaprendizaje, sin prerrequisitos de ingreso ni costo de matrícula (más bien se podrían producir algunos ahorros), y de ser aprobado podría cambiar la calidad de vida. Como varios programas de maestría, requiere de una dedicación diaria mínima y una permanencia total de dos semestres. El ingreso a este *MBA* sólo requiere consultar a un médico que dé su visto bueno.

Como no existen profesores, la aprobación de los cursos del *MBA* se realiza por autoevaluación de las materias y autocalificación de los exámenes. El curso de Actividad Física I se aprueba aumentando al doble lo realizado inicialmente o alcanzando el equivalente a dos horas y media de caminata más o menos intensa a la semana. En el segundo semestre se requiere llegar a trotar suave algunas veces. El ramo de Contabilidad Alimentaria consiste en tomar conciencia del contenido calórico de cada alimento que se consume, de modo de acostumbrarse a llevar una contabilidad mental de las calorías. El exceso de un día, se paga en los siguientes (en este programa no se posterga la entrega de tareas). Hábitos Alimentarios es básicamente una materia para aprender a comer menos y mejor: reducir las porciones, disminuir los alimentos altos en grasas, sustituir las bebidas con azúcar y comer una cantidad creciente de frutas y verduras. Para acostumbrarse a comer menos conviene aplicar un impuesto del 5% a las porciones que nos son ofrecidas, ya sea dejando en el plato, o sirviéndose este porcentaje menos que lo normal. Los que están en el tramo de ingresos calóricos altos (por lo tanto comen demasiado) pueden autoimponerse una tasa impositiva mayor. Hay que reducir progresivamente las visitas a locales de comida chatarra y sustituirlos por una rica comida en casa. La parte del programa referente a Nutrición y Alimentos requiere aprender los conceptos básicos de estas materias que se encuentran disponibles en muchos libros y en Internet. Los exámenes mensuales son el control del peso y la medición del contorno de la cintura.

El *MBA* dura un año y al final se encontrará que "se puede". No sólo se habrá reducido el peso y el perímetro de la cintura, sino que se habrán desarrollado hábitos mejores y más saludables. Incluso es posible que se piense en el doctorado, que implica cambios más profundos y ramos interesantes como ingeniería gastronómica, laboratorio de cocina, nutrición y salud avanzadas, introducción a las corridas y maratones, y salidas a terreno (gimnasio).

## 12.10. ¿Alimentos diseñados?

Está claro que la inteligencia intuitiva dice que comer como nuestros abuelos puede ser lo más aconsejable. Pero hay varias cosas que ocurrían en aquellos tiempos que son diferentes a las actuales. Las abuelas no trabajaban en oficinas, por lo que tenían tiempo para comprar en ferias libres y cocinar al menos dos veces al día. Pocas de ellas tenían acceso a refrigeradores y *freezers*, y la comida se preparaba con productos frescos. Las labores del hogar les demandaban una actividad física no menor, distinta a la que llevan las nietas y nietos actualmente. Sus hijos (nuestros padres) jugaban en la calle y caminaban a los colegios, o al menos a tomar locomoción. El conocimiento científico sobre los alimentos y la nutrición era bastante limitado, y con el tiempo han caído muchos mitos como el que los niños gordos eran los niños sanos. Sin embargo, nuestros abuelos vivían en promedio bastante menos que las generaciones actuales. Es muy atractivo proponer de manera simplista que volver a la alimentación del pasado es lo recomendable. Es probable que exista esa posibilidad para algunas élites de países desarrollados, pero es muy dudoso que sea factible de implementar para los cientos de millones de personas que viven alrededor del mundo en áreas urbanas y donde el tiempo es el bien más escaso. Más aún, es aceptar que si bien los avances científicos y tecnológicos son confiables y beneficiosos en todas las otras esferas de nuestra vida cotidiana, sobre alimentos y nutrición parece que no hemos aprendido casi nada en las últimas décadas.

Habiendo llegado a este punto en el recorrido desde la prehistoria hasta nuestros días, y saltado de genes a células y de moléculas a estructuras, hay una pregunta muy pertinente: ¿No será que algunos alimentos procesados muy demandados en la actualidad, simplemente no están hechos para las necesidades que impone la vida moderna? Aquellos alimentos modernos cuyas formas, texturas y sabores nos agradan en demasía y están al alcance de nuestros bolsillos, suelen tener un alto contenido calórico. Pueden hasta llegar a ser nocivos si no tenemos el tiempo ni las ganas de reducir o limitar su consumo, o de gastar las calorías consumidas. En este contexto y llegado el siglo XXI con dinámicas de vida y de alimentación nunca experimentadas en el pasado, cabe preguntarse si no será el momento de movilizar a la ciencia y la tecnología para diseñar o rediseñar algunos alimentos procesados. La palabra *diseño* significa adecuación con un propósito final; las casas, los autos, los aparatos electrónicos y las vestimentas que utilizamos provienen de un diseño acorde con las exigencias actuales. Este diseño es constantemente revisado y mejorado pues las necesidades cambian y es la tecnología la que proporciona alternativas más convenientes. Sin embargo, nuestros alimentos nunca fueron diseñados; no se han encontrado ni se encontrarán jamás los planos de las papas fritas, los croquis de los helados o los prototipos de las hamburguesas.

Se sostiene que en los millones de años de ensayo y error es poco probable que la naturaleza se haya equivocado en las soluciones que ha ideado y, por tanto, es ventajoso copiarla. Pero cuando es necesario abordar problemas en forma rápida, esta hipótesis no es siempre correcta pues cuando se trató de que el hombre viajara por el aire, copiar el vuelo de las aves hizo trastabillar hasta al mismísimo Leonardo da Vinci. La propulsión de los aviones se basa en una física que es bien distinta a la que usan los pájaros. En el caso de los alimentos no hay que equivocarse; la naturaleza va a seguir siendo una fuente inagotable de inspiración para cocineros y científicos, pero no se puede buscar en ella soluciones a problemas que no ha enfrentado nunca.

Actualmente introducimos en nuestros cuerpos partes artificiales y tejidos que reemplazan o reparan la función de ciertos órganos naturales que la vida moderna ha agotado o destrozado.[333] Cuando la disfunción en nuestros cuerpos proviene de un impulso incontrolable de "disfrutar" o consumir ciertos alimentos y existe la capacidad de hacerlos mejor y más saludables con riesgos muy bajos en su consumo ¿por qué no darle una oportunidad de elección al consumidor? Si las personas buscan ávidamente, y en muchos casos en forma irresponsable, pseudo-fármacos (algunos de los cuales se venden sin control alguno por Internet) o cirugías que solucionen las consecuencias de la obesidad ¿por qué no usar el conocimiento científico disponible en el siglo XXI para proporcionar algunas alternativas alimenticias de bajo riesgo a este problema?

Los principales objetivos del diseño de alimentos son reducir el contenido de azúcar, sal y grasas malas, como también el contenido calórico total e inducir una sensación de saciedad más prolongada. Ya se ha hablado de reemplazar algunas moléculas naturales por moléculas diseñadas (sección 1.12) y de "agrandar" las porciones mediante estructuras que inmovilizan el agua o el aire (secciones 2.6 y 2.7). También ha debido quedar claro que los aspectos sensoriales son fundamentales a la hora de desarrollar cualquier producto nuevo. Todo lo anterior ha llevado a una estrategia de diseño de *alimentos estructurados* (o el rediseño de los antiguos) la cual tiene como requisito fundamental que estos sean nutricionalmente adecuados, sanos y sabrosos. Algunos ejemplos de cómo estos alimentos diseñados podrían satisfacer los objetivos anteriormente señalados solamente en base a nuevas tecnologías y usando ingredientes "naturales" u otros ya aprobados para su uso en alimentos, son:

1. Control de la saciedad. Los polisacáridos distintos del almidón, como las gomas (sección 1.2), se pueden usar para formular alimentos que modulen el tránsito estomacal y controlen el apetito por su capacidad de impartir altas viscosidades o atrapar agua en forma permanente (gelificar). Cuando el alimento debe contener aceite, es posible diseñar emulsiones usando distintos surfactantes naturales, que permanezcan como gotitas finas en el estómago y no se separen en dos fases (aceite y agua) como las emulsiones tradicionales. Este control de la microestructura hace que el vaciamiento del estómago se retarde significativamente.

2. Alimentos grasos con menor densidad calórica. En la sección 2.5 se comentó que es factible "rellenar" las gotas de aceite de una mayonesa con agua y así reducir su contenido de calorías. Por ejemplo, en vez de tener un 85% de aceite típico del producto tradicional, las nuevas mayonesas podrían tener sólo 60% y saborearse casi indistinguiblemente. En los productos fritos comerciales tipo snacks, está siendo posible controlar la cantidad del aceite impregnado a través de varios

---

333 En un reciente artículo por Khademhosseini, A., Vacanti, J. P. y Langer, R. 2009. "Avances en ingeniería tisular". *Investigación y Ciencia* 394, 82-89, se informa que unos 50 millones de estadounidenses, especialmente mayores de 65 años, viven actualmente gracias a órganos artificiales. Los tejidos biológicos obtenidos por ingeniería se crean a la medida y producen un cambio notable en la calidad de vida de los pacientes que tienen órganos disfuncionales.

procesos novedosos como la fritura a vacío, la remoción del exceso de aceite y la combinación del horneo y la fritura (sección 8.7).

3. Alimentos almidonáceos con menor densidad calórica y bajo índice glicémico. Aquí la clave es controlar la gelatinización del almidón y su posible cristalización posterior (ver secciones 3.5 y 7.7). Se trata de estructurar alimentos con almidones convencionales pero que estén menos disponibles al ataque de las enzimas digestivas y, por tanto, una proporción menor de ellos sea convertida en azúcar.

4. Sustitución del azúcar y de la sal. Los avances provendrán al optimizar el rol sensorial en la boca y minimizar el exceso que va ser posteriormente absorbido en el intestino. Estos temas se trataron en las secciones 1.5 y 1.6. Cabe recordar que la sustitución del azúcar por edulcorantes permitidos en productos sólidos (no así en bebidas) está limitada por la alta cantidad de azúcar usada y sus roles en la formación de estructuras.

5. Control de la textura. Si se dispersa el aire en forma de pequeñísimas burbujas, las estructuras alimentarias se vuelven más livianas y suaves, pero con menos calorías por unidad de volumen. Un ejemplo son los nuevos helados batidos lentamente por un proceso de extrusión, en que la misma cantidad de aire, pero dispersada en forma de burbujas mucho más pequeñas que en los helados tradicionales, genera una rica "cremosidad" pero con 50% menos grasa y 30% menos calorías.[334]

6. Protección de los nutrientes y compuestos bioactivos. Diferentes técnicas de encapsulación de moléculas y de liberación controlada se están usando para proteger estas sustancias de modo que ejerzan su rol beneficioso en el intestino, sobreviviendo el procesamiento y el tránsito hasta este órgano.

El punto es que la industria de los alimentos procesados, considerada hasta ahora como tradicional y poco innovadora, está preparada para proporcionar productos que redunden en mejor salud y bienestar. Es probable que los alimentos diseñados del siglo XXI cambien la oferta de algunos productos, como ocurrió hace un par de siglos atrás cuando "aparecieron" la mayonesa, los chocolates, las papas fritas y tantos otros alimentos que hoy satisfacen el paladar y el cerebro, pero con reparos a su efecto sobre la salud al ser consumidos en exceso. Sin embargo, en el camino existirán vallas que superar, las que serán mayores en tanto los ingredientes y productos se alejen más de lo "natural" y lo que se considera seguro y sano. La tarea no es fácil y el desafío, enorme.

---

334 La información sobre estos helados fabricados por Dreyer's y denominados Slow Churned™ Grand Light® Ice Cream se puede encontrar en el sitio www.dreyersinc.com/, y aspectos de su microestructura en Palzer, S. 2009. "Food structures for nutrition, health and wellness". *Trends in Food Science and Technology* 20, 194-200.

# Comentarios finales

## 13.1. **Lecciones de un experimento fallido**

El experimento sobre alimentación llevado a cabo en las últimas dos generaciones de seres humanos ha dado un resultado contrario al que se esperaba y la hipótesis ha demostrado ser falsa. Se suponía que al tener refrigeradores bien surtidos en casa y comida barata por doquier, los seres humanos se iban a alimentar bien. En cambio, la proyección al año 2015 es que habrá cerca de 1.500 millones de individuos con sobrepeso y obesidad, muchos de los cuales padecerán de una serie de enfermedades crónicas que afectarán severamente la calidad de sus vidas. A la vez, se creía que la abundancia de alimentos "chorrearía" desde los ricos hacia los pobres, eliminando el hambre y la desnutrición en un mundo que se dice globalizado. La penosa realidad es que aún existen en el mundo 850 millones de seres humanos que no alcanzan a comer lo adecuado y 250 millones que padecen de hambre. El problema es que son muy pobres.

Pero volviendo al primer caso, los experimentos fallidos no se reportan en ciencia y los resultados se guardan en el último cajón del escritorio. Todo mal resultado deja alguna lección y en este caso lo positivo tiene que ver con los millones de personas en este planeta que han aprovechado lo que actualmente ofrecen las cadenas alimentarias modernas, y como consecuencia viven más y mejor. Han encontrado en la abundancia y la variedad de alimentos una manera de hacer las elecciones saludables que más los satisfacen. He aquí su secreto:

1.  Se han preocupado de aprender los aspectos básicos de la ciencia de los alimentos y la nutrición, lo que les permite acceder a la información disponible en el siglo XXI y tomar decisiones informadas. Así se aseguran de distinguir "la paja

del trigo" y que no les pasen "gato por liebre" en temas relativos a la alimentación. No siguen a *gurúes* ni demonizan ciertos alimentos o tipos de comidas *per se*. Comen frugalmente, rico y variado.

2.  Creen en las leyes de la termodinámica. Saben que mantener un peso correcto, la base para una vida saludable, es un delicado balance entre las calorías que se ingieren y las que se gastan. Esto último lo satisfacen en buena parte con una adecuada rutina de actividad física. Han encontrado su propio equilibrio sin dietas milagrosas ni privaciones absurdas, limitando el consumo de alimentos altos en azúcar, grasas y sal, ajustando el tamaño de las porciones y llevando una contabilidad casi inconsciente de las calorías que entran y las que salen.

3.  Son confiados pero prudentes. Están conscientes que las agencias reguladoras hacen su trabajo de protección de la salud mejor de lo que podrían hacerlo ellos mismos, y exigen una información veraz y oportuna de los riesgos involucrados. Consideran que hay parte de verdad en la afirmación que "no existen los alimentos malos", pero saben que algunos son menos buenos que otros. Confían en los esfuerzos de la ciencia por entender los procesos de producción y preservación de alimentos y su complejo impacto en la nutrición y la salud.

4.  Basan su alimentación en evidencias sencillas o, como se dice actualmente, en una "inteligencia intuitiva". Una dieta variada como la que se ha comido desde antaño debiera ser un buen punto de partida, pues es beneficiosa para sus genes y saludable para sus cuerpos. Pero cada persona es distinta y lo que puede ser óptimo para una, puede que no lo sea para otra.

5.  Disfrutan el placer de comer bien, lo que no significa comer mucho ni sofisticado ni caro. Son curiosos de los avances y tendencias de la gastronomía y experimentan con cosas nuevas. Han aprendido a degustar los alimentos y bebidas con calma y utilizando los cinco sentidos. Creen que el comer es parte de una actividad social ineludible y propia de los seres humanos.

6.  Están conscientes de que viven en un planeta con recursos limitados donde a futuro habrá que ser mucho más cuidadosos con la manera en que se producen los alimentos, especialmente los de origen animal y los que provienen del mar. Comprenden el impacto que tienen las descargas al medioambiente y el uso de los recursos escasos como la energía y el agua.

El lector que ha recorrido estas páginas en forma perseverante debiera haberse impresionado de la ciencia que hay detrás de cada uno de los alimentos que comemos. En su mayoría son estructuras preservadas, transformadas o creadas por el ser humano que responden a principios de la química y de la física, y donde aún queda mucho por descubrir. Pero lo más notable que nos depara el futuro es entender cómo nuestros cuerpos pueden ser más sanos y vitales a través de una buena alimentación.

## 13.2. *Gastronator* y el *homo gastronómicus*

Una característica de la alimentación actual que debiera haber causado sorpresa es la aparente polarización de hábitos de consumo entre individuos que tienen acceso a abundantes fuentes de nutrientes. Por un lado están los que comen para satisfacer una necesidad básica, y por otro, una minoría preocupada de obtener lo mejor de los alimentos que consumen. Hay una mayoría que simplemente traga y unos pocos que degustan en búsqueda del deleite y la exquisitez. Existen los que saben muy poco o nada de cómo los alimentos y la actividad física contribuyen a la salud y el bienestar, y los que se preocupan por conocer más del tema y poner en práctica estos conocimientos. En resumen, por un lado están los *"gastronators"* que devoran alimentos casi inconscientemente y sin degustarlos, y una nueva "rama" de seres humanos, el *homo gastronómicus*, que evoluciona hacia estados superiores de salud, bienestar y placer a través de hábitos alimentarios que son compatibles con la mayoría de los seis puntos descritos anteriormente (figura 13.1). Convertirse en uno u otro ejemplar depende de cada persona.

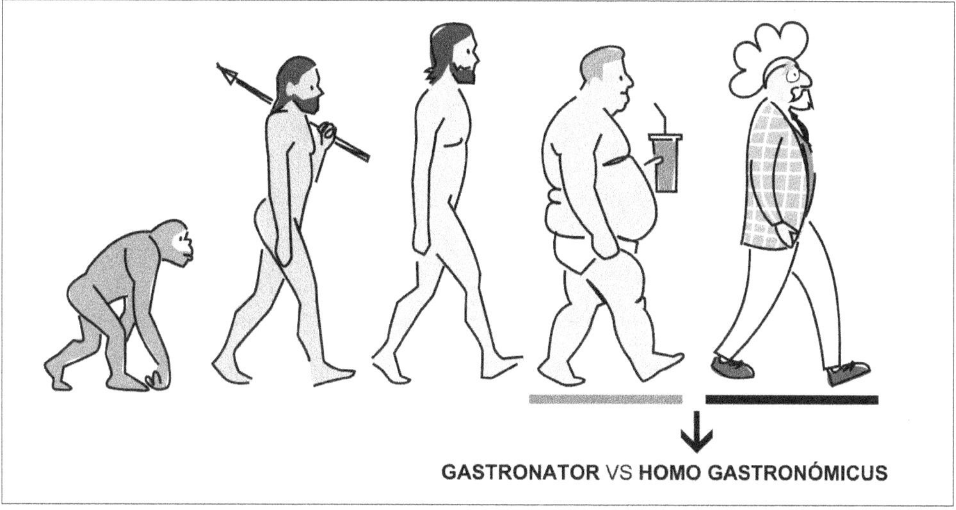



FIGURA 13.1. **Evolución humana y aparición de los** *gastronators* **y del** *homo gastronómicus* **en el siglo XXI.**

El súbito acceso de los seres humanos a la abundancia a través de la tecnología, trasciende a la alimentación. Nuevos estilos de vida aparecen como consecuencia del acceso barato y casi ilimitado a las comunicaciones, deteriorando en muchos casos la calidad de las relaciones interpersonales.

Los devoradores de información sin contenido parecen estar expuestos al mismo riesgo que los *gastronators*, cuando la idea era que alimentaran adecuadamente sus cerebros, enriquecieran sus vidas y se transformaran en mejores personas. La comunicación chatarra y comida chatarra, por ahora, están para quedarse.

### 13.3. La Ingeniería Gastronómica

Ahora se puede explicar por qué se ha dado el título de *Ingeniería Gastronómica* a este libro. La *ingeniería* utiliza los conocimientos técnicos y científicos, y los mezcla con la imaginación y el razonamiento para encontrar soluciones a problemas nuevos o antiguos. Sin ir más lejos, el reciente problema de la obesidad y el infortunio de las enfermedades crónicas asociadas a la alimentación requieren de prevención, pero también de soluciones basadas en la ciencia y la ingeniería. Con la palabra *gastronómica* se ha querido sintetizar que lo deseable es no sólo alimentarse bien, sino que disfrutar los alimentos y de paso tener una mejor salud y bienestar. Ingeniería Gastronómica reconoce los roles complementarios del conocimiento científico, la tecnología para la elaboración de productos y comidas, y el arte de comer bien y saludable.

Pero además hay otra acepción para la Ingeniería Gastronómica y es aquella que pretende entender la ciencia y la ingeniería que hay detrás de la formación de estructuras alimentarias que sean sabrosas y deseables. Los especialistas en alimentos la definen como "... la aplicación de conceptos de la ciencia de los materiales alimentarios junto a métodos y herramientas de la ingeniería, para controlar las transformaciones físicas y químicas del procesamiento y la práctica culinaria, de modo de diseñar estructuras que sean sabrosas y saludables".

Como se ha visto a través de estas páginas, este otro significado de la Ingeniería Gastronómica ha llevado a ver la "ingeniería" al *interior* de los alimentos, pues comemos, masticamos y degustamos estructuras y no moléculas nutritivas. Por fin se reconoce que la unidad básica de la alimentación y la nutrición es el alimento mismo y no los compuestos químicos o los nutrientes. La Ingeniería Gastronómica está llamada a ser una fuente inagotable de innovación para la industria alimentaria y los *chefs* de principios del siglo XXI.

## Abreviaciones

**ADN**    ácido desoxirribonucleico

**AF**    alimentos funcionales

**AG**    ácido graso

**AGM**    alimento genéticamente modificado

**ALD**    almidón lentamente digerible

**AR**    almidón resistente

**ARD**    almidón rápidamente digerible

**BHA**    butil hidroxianisol

**BHT**    butil hidroxitolueno

**D**    coeficiente de difusión, difusividad

**DDA**    dosis diaria admisible

**DL$^{50}$**    dosis letal media

**DM**    dieta mediterránea

**EBB**    encefalopatía espongiforme bovina

**ECV**    enfermedades cardiovasculares

**EFSA**    Autoridad Europea para la Inocuidad de los Alimentos

**FAO**    Organización para los Alimentos y la Agricultura de las Naciones Unidas

**FDA**    Administración de Alimentos y Fármacos de los EE.UU.

**GDL**    glucono-delta-lactona

**HDL**    Lipoproteínas de alta densidad

**HLB**    *hydrophile-lipophile balance*

**HR**    humedad relativa del aire

**IG**    índice glicérico

**IQ**    cociente de inteligencia

**IMC**    índice de masa corporal

**NASA**    Agencia Nacional para la Aeronáutica y el Espacio de los EE.UU.

**NL**    nitrógeno líquido

**PCR**    *polymerase chain reaction*

**PVC**    cloruro de polivinilo

**RFID**   indicadores de radiofrecuencia

**RMN**   resonancia magnética nuclear

**ROS**   especies reactivas del oxígeno

**TBHQ**   terbutil hidroquinona

**Tg**   temperatura de transición vítrea

**TMR**   tasa metabólica en reposo

**TTI**   indicadores de tiempo-temperatura

**OGM**   organismo genéticamente modificado

**OMS**   Organización Mundial de la Salud

**USDA**   *United States Department of Agriculture*

## Unidades

dL   decilitro

g   gramo

kcal   kilocaloría

kg   kilogramo

mg   miligramo

ml   mililitro

mm   milímetro

μm   micrómetro o micrón

nm   nanómetro

ppb   partes por cada mil millones

# A

*Snacks*  36, 43, 51, 77, 81, 93-95, 130-131, 134-135, 207, 225, 305, 309
    *snacking* 146, 305

Sobrepeso  14, 54, 173, 175, 179, 263, 290-292, 313

Sobresaturación  72-73

**Sólidos**  63, 69, 71, 77-79, 82, 91, 93, 149, 155, 182, 192-193, 221, 310
    ideales  78, 155

*Soufflé*  228, 229, 255

Surfactante  79, 81, 120-121

Surimi  118-119, 138-139, 272

Sustentabilidad  93, 133, 143, 147-149, 262

*Stevia*  35

Tallarines  69, 113, 130, 178, 207, 303

Tasa metabólica  178-179, 318

**Tecnología**  65, 71, 81, 90, 94-95, 128-131, 136,-137, 146-147, 212, 221, 223, 225, 246, 259, 264, 268, 291, 309
    de información 221
    texturas y sabores 257, 268, 277

Teflón  113, 223

**Temperatura**  25-26, 30, 41, 44, 51, 71, 75-77, 82-83, 85-87, 92, 97, 110-111, 113, 117, 119, 131, 140, 154, 158, 161-165, 173-174, 176, 183-186, 194, 215-221, 224-232, 240, 255, 261, 264, 274-275, 277-280, 282
    de almacenaje 130, 216
    de transición vítrea (Tg) 73, 97

Tensión superficial 79, 81

Termodinámica  14, 72, 173-177, 195, 223, 314

**Textura**  28, 29, 31, 36, 45, 74, 84, 86-87, 92, 96, 98, 102, 111, 114-115, 118-119, 140, 163, 183, 192-193, 198, 225, 231, 271-272, 275, 277, 279, 310
    carne 139, 176
    medición 103

This, Hervé  245, 252, 256, 258

Tocoferoles  27

*Toffees*  177

*Tofu*  68, 70, 279, 282

Tomografía 107, 200

Toxinas 44, 160, 161

**Transferencia**
    de calor 184, 186, 193, 219, 229, 230, 231
    de masa o materia 194, 229, 230

Transición nutricional  29

Trazabilidad  109, 144,

Triglicéridos  25-27, 29-30, 54, 67, 88, 117, 158, 203-204

*Umami* 197

Unión Europea  50, 56, 81, 129, 142, 144, 259

Vapor 28, 74, 85, 174, 185, 197, 225, 228-229, 275, 278
    de agua 71, 116, 194, 272

**Velocidad**  108, 110, 158, 164, 182, 205-206, 217, 225, 280
    calentamiento/enfriamiento 71-72, 74, 97, 161, 163, 277
    de deformación 95, 155, 226
    terminal 155

Vendedores ambulantes  294

Vidrio  63, 71, 72-77, 76, 106, 131, 192, 194-195, 216, 218, 226

Virus 43, 55-56, 90, 104

Viscosidad  28, 54, 72, 77-79, 81-82, 95, 113, 155, 177, 182, 224, 226, 227, 269, 270

**Visión**  17, 39, 49, 98, 101, 103, 106, 109, 117, 129, 145, 198, 212
    digital 168
    límite de resolución 103, 105

**Vitaminas**  23, 25, 37, 40, 44, 67, 158, 207, 209, 219, 278, 295, 298, 301
    vitamina C 37, 40, 210,
    hidrosolubles 51
    liposubles 122
    vitamina E 27, 204, 302

Yogurt 33, 38-39, 45, 68, 84, 85, 91, 93, 134, 282